普通高等教育"十三五"规划教材

建筑结构

李章政　主编

侯　蕾　陈妍如　副主编

化学工业出版社

·北京·

全书共分四篇。第一篇建筑结构概论包含 3 章，主要介绍建筑结构绪论、建筑结构设计基础、建筑结构材料；第二篇钢筋混凝土结构由 4 章组成，主要内容包括钢筋混凝土受弯构件、钢筋混凝土受压构件、钢筋混凝土梁板结构、钢筋混凝土框架结构；第三篇砌体结构仅包括 2 章，介绍了砌体构件的受压承载力、混合结构房屋；第四篇钢结构分为 3 章，主要介绍钢结构连接、钢结构构件、钢结构房屋；附录为设计计算需要查阅的数据表格。

本书可作为高等院校工程管理、工程造价、建筑学、城市规划等专业学生的教材，也供相关领域的设计人员、管理人员阅读使用。

图书在版编目（CIP）数据

建筑结构/李章政主编. —北京：化学工业出版社，2016.12（2023.8 重印）
普通高等教育"十三五"规划教材
ISBN 978-7-122-28579-9

Ⅰ.①建⋯　Ⅱ.①李⋯　Ⅲ.①建筑结构-高等学校-教材　Ⅳ.①TU3

中国版本图书馆 CIP 数据核字（2016）第 287010 号

责任编辑：满悦芝　　　　　　　　　　　　文字编辑：荣世芳
责任校对：王素芹　　　　　　　　　　　　装帧设计：刘亚婷

出版发行：化学工业出版社（北京市东城区青年湖南街 13 号　邮政编码 100011）
印　　装：北京虎彩文化传播有限公司
787mm×1092mm　1/16　印张 22　字数 544 千字　2023 年 8 月北京第 1 版第 5 次印刷

购书咨询：010-64518888　　　　　　　　　　售后服务：010-64518899
网　　址：http://www.cip.com.cn
凡购买本书，如有缺损质量问题，本社销售中心负责调换。

定　　价：48.00 元　　　　　　　　　　　　　　　　版权所有　违者必究

　　"建筑结构"是高等学校建筑领域非结构类专业（工程管理、工程造价、建筑学、城市规划等）的主干课程之一。课程内容丰富，包括结构设计的理论基础，建筑结构的作用，建筑材料的性能及设计指标取值，钢筋混凝土结构、砌体结构和钢结构的构件设计计算及构造要求、结构布置与计算。课程牵涉的知识面广，应用规范多，主要有《工程结构可靠性设计统一标准》、《建筑结构荷载规范》、《混凝土结构设计规范》、《砌体结构设计规范》、《钢结构设计规范》、《建筑地基基础设计规范》、《建筑抗震设计规范》等。课程的综合性和实践性都很强，它是数学、力学知识和结构设计知识的综合应用，以解决建筑结构设计的实际问题，满足安全性、适用性和耐久性的功能要求。本书不仅可作为本科教材，也可作为相关工程技术人员、设计人员准备注册考试和知识更新的参考书。

　　编者根据多年的教学实践和学时的变动情况，精心组织材料，既突出重点知识，尽可能扩大覆盖面，又能在较少的学时内完成教学任务，不至于浪费过多篇幅，全书共包括四篇12章和附录。其中，第一篇建筑结构概论包含3章，主要介绍建筑结构绪论、建筑结构设计基础、建筑结构材料；第二篇钢筋混凝土结构由4章组成，主要介绍钢筋混凝土受弯构件、钢筋混凝土受压构件、钢筋混凝土梁板结构、钢筋混凝土框架结构；第三篇砌体结构仅有2章，主要介绍砌体构件的受压承载力、混合结构房屋；第四篇钢结构分为3章，主要介绍钢结构连接、钢结构构件、钢结构房屋；附录为设计计算需要查阅的数据表格。其中第一篇、第二篇为教学重点，第三篇、第四篇是否重点讲授，可根据各学校学时多寡灵活掌握。完成全书的教学计划，大约需要60学时±12学时。为了巩固基本概念、熟悉构造要求、掌握计算方法，每章后面还配有练习题。

　　本书由四川大学李章政担任主编，湖南工学院侯蕾、四川大学锦城学院陈妍如担任副主编，四川大学锦城学院郭慧珍、李宗梅参编。具体编写分工如下：四川大学，李章政（第1章～第3章、第12章、附录）；四川大学锦城学院，郭慧珍（第4章、第5章）；四川大学锦城学院，李宗梅（第6章、第7章）；四川大学锦城学院，陈妍如（第8章、第9章）；湖南工学院，侯蕾（第10章、第11章）。

　　本书在编写过程中，除参考国家现行标准、规范以外，还参考了有关书籍，在此表示感谢！本书重印时根据《混凝土结构设计规范（2015年版）》GB 50010—2010和《钢结构设计标准》GB 50017—2017进行了订正。

　　由于编者时间和水平所限，不足之处在所难免，敬请读者批评指正。

编　者
2019年5月

目录

第三篇 砌 体 结 构

第一篇　建筑结构概论

传统与现代建筑

　　建筑从无到有，紧跟人类历史的脚步，发展至今已达到相当高的水平。洪荒之世，野处穴居，一万多年以前北京周口店山顶洞人穴居山洞，如今的陕北窑洞（左上图）是其继承和发扬；有曹氏构木为巢，土木方兴，建造草顶木屋，秦砖汉瓦成就了瓦顶木屋（右上图）和砖房，并延续至今。随着科学技术的发展，新材料、新技术、新工艺、新设备不断出现，建筑向大跨度、超高层发展，达到了一个新的里程碑。位于英国伦敦的千年穹顶（左下图），直径320m，是目前世界上跨度最大的屋盖，1999年12月31日揭幕，耗资大约12.5亿美元；位于阿拉伯联合酋长国迪拜的哈利法塔（右下图），由连为一体的管状多塔组成，具有太空时代的风格，该塔楼2010年年初竣工，共163层，总高度达到828m，为当前世界第一高楼。高度超过152m的摩天大楼在中国发展很快，建成和在建的总体量已位居世界首位。在建的苏州中南中心总高度为729m，中国第一高，世界第二高。

第1章　建筑结构绪论

【内容提要】

本章简要介绍建筑和建筑结构的概念，建筑结构的类型，建筑结构构件体系，课程的特点和学习要求。

【基本要求】

通过本章的学习，要求了解建筑和建筑结构的概念，掌握建筑结构的类型和构件体系，熟悉课程特点和学习要求。

1.1　建筑和建筑结构

建筑是利用不同材料经人工建造的工程实体，为人类服务；建筑由结构和非结构两大部分组成，在外观上给人以美感，而内在结实、耐用。

1.1.1　建筑的概念

建筑乃建筑物的简称，是主要供人们生产、生活或从事其他活动的场所，为人们提供遮风避雨、保温隔热的空间。供人们生产的建筑有工业建筑（轻工业厂房、重工业厂房）和农业建筑；供人们生活或从事其他活动的建筑为民用建筑。民用建筑又可分为居住建筑（住宅、集体宿舍）和公共建筑（商场、学校、医院、旅馆、车站、礼堂、剧院……）。工业与民用建筑习惯上称为"工民建"。建筑或建筑物又被人们称为房屋或楼房，它由建筑师构思创作，结构工程师、造价工程师和水、电、设备等其他专业工程师参与形成蓝图（建筑施工图、结构施工图、给排水施工图……），最后由建造师和建筑工人（历史上称为工匠）将设计图纸所描绘的建筑物变成地面实体。所以，建筑牵涉面广，是一个系统工程，具有庞大的行业队伍，历史悠久。

房屋具有外在和内在两个方面的特质。美观或美学上的要求是房屋的外在特质，取决于建筑师这种特殊艺术家的艺术细胞，好的建筑是一件艺术品，给人以美的感受，往往成为一个地方或一座城市的标志；房屋的安全性、适用性和耐久性则属于房屋的内在特质。

建筑从上到下一般由屋顶、楼梯、楼面、墙或柱、基础和门窗等几大部分所组成，其基本组成部件称为构件。若构件只承受自身重力，而不承担其他外力，则这种构件称为自承重构件，如门窗、填充墙等；如果构件除承受自身重力以外，还要承受别的外力作用，则称为承重构件，如楼板、梁、柱等构件。整个建筑由自承重构件和承重构件构成。

1.1.2　建筑结构

房屋的骨架部分称为建筑结构，它由基础、立柱（或墙体）、大梁、楼板、屋盖系统组成。建筑结构是建筑物赖以存在的物质基础，要承担各种外部作用，如荷载、温度变化、地基不均匀沉降、地震等，并维持整体平衡和稳定。建筑的内在特质取决于结构，即结构必须满足安全性、适用性和耐久性的功能要求，它取决于结构工程师的正确设计，也取决于建造师和建筑工人的精心组织、精心施工，还取决于监理工程师的质量监控。

建筑结构的组成部件称为结构构件，它们均为承重构件或受力构件。建筑结构根据承重结构的空间位置不同，还可以分为水平承重结构、竖向承重结构和下部承重结构三类。其中水平承重结构和竖向承重结构因位于地面以上，故又称为上部结构。水平承重结构由楼盖或屋盖、楼梯等组成，它要承受竖向荷载（恒载、活载）并将竖向荷载传递给墙或柱；竖向承重结构由墙、柱等竖向构件组成，承受水平承重结构传来的竖向荷载、自身竖向荷载和各种水平作用（比如风荷载、地震作用等）；下部承重结构通常称为基础，它位于地面以下，承担竖向承重结构（上部结构）传来的荷载或作用，并将其扩散后传给地基，基础分为浅基础（独立基础、条形基础、十字形基础、筏形基础、箱形基础）和深基础（桩基础、沉井基础、地下连续墙）两类。

建筑结构根据层数不同，又可分为单层建筑结构、多层建筑结构、高层建筑结构和超高层建筑结构四类。

（1）单层建筑结构 单层建筑结构仅一层，主要应用于单层工业厂房和仓库、实验室、食堂、礼堂等单层空旷房屋。

（2）多层建筑结构 多层建筑结构的层数为 2～9 层或高度不超过 28m 的住宅建筑和高度不超过 24m 的其他民用建筑，主要应用于住宅、办公楼、商店、教学楼等民用建筑，也用于轻工业厂房。

（3）高层建筑结构 10 层及 10 层以上或高度超过 28m 的住宅建筑和房屋高度大于 24m 的其他民用建筑称为高层建筑，相应的结构即为高层建筑结构。随着国家城市化进程的加快，高层建筑结构在各大、中、小城市中大量涌现，它是经济繁荣和科技进步的一个象征。

（4）超高层建筑结构 超高层建筑结构的层数在 40 层及以上或高度超过 100m，其中国外将高度超过 500 英尺（152.4m）的超高层建筑称为摩天大楼。在人口很多、用地十分紧张的大城市、特大城市和超大城市中，超高层建筑结构越来越多，主要用于经融、商贸中心等民用建筑。

建筑结构的设计应做到安全适用、技术先进、经济合理，确保质量、方便施工等各个方面的要求。

1.2　建筑结构的类型

建筑结构有许多分类方法，可以根据主要材料分类，也可以根据受力方式分类。

1.2.1　建筑结构按材料分类

根据结构所用主要材料不同，建筑结构可分为混凝土结构、砌体结构、钢结构、木结构和混合结构五类。

1.2.1.1　混凝土结构

混凝土是由水泥、水、细集料（砂）、粗集料（碎石、卵石）和掺合剂（减水剂、增塑剂、早强剂等），经搅拌、浇筑、成型后制成的人工石材，它是建筑工程领域中应用极为广泛的一种建筑材料。混凝土结构属于现代结构类型，它是以混凝土为主制成的结构，包括素混凝土结构、钢筋混凝土结构和预应力混凝土结构。所谓素混凝土结构，就是无筋或不配置受力钢筋的混凝土结构；钢筋混凝土结构则是配置普通受力钢筋的混凝土结构；而预应力混凝土结构则是指配置受力的预应力筋，通过张拉或其他方法建立预加应力的混凝土结构。混凝土结构是现代建筑结构的主流，如图 1-1 所示为某城市的钢筋混凝土结构建筑群。

图 1-1　钢筋混凝土结构建筑群

混凝土的抗压强度较高，而抗拉强度则较低。因此，未配置受力钢筋的素混凝土结构的应用受到限制，一般只用作基础垫层或室外地坪、基础墙、柱墩等，不能用在承受拉力、弯矩的结构构件中。

钢筋混凝土结构中配置有由受力的普通钢筋、钢筋网形成的钢筋骨架，承载能力和变形性能显著提高。预应力混凝土结构中除配置有普通受力钢筋外，还配有预应力筋，变形性能进一步改善，抗裂能力明显提高。钢筋混凝土结构和预应力混凝土结构都由钢筋和混凝土两种材料组成，它们能够结合在一起有效地共同工作，主要是由于下述三个方面的原因。

① 钢筋与混凝土的接触面上存在黏结强度，能够传递两者之间的相互作用力，使之共同受力、共同变形。

② 钢筋与混凝土的温度线膨胀系数很接近，钢筋为 $1.2 \times 10^{-5}(1/℃)$，混凝土为$1.0 \times 10^{-5} \sim 1.5 \times 10^{-5}(1/℃)$。当温度变化时，钢筋和混凝土的变形基本相等，不会破坏两者之间的黏结，能够保证结构的整体性。

③ 钢筋包裹于混凝土之中，避免了与大气的接触，不会锈蚀，从而保证了耐久性。

钢筋混凝土结构是目前应用最广泛的结构，具有节省钢材、就地取材、耐火耐久、可模性好、整体性好等多项优点。钢筋混凝土结构的缺点表现在结构自重大，抗裂性能差，现浇结构模板用量大、工期长，隔热隔声效果较差。随着科学技术的进步，这些缺点正在被逐一克服。采用轻质高强混凝土，可以克服自重大的缺点；采用预应力混凝土结构可以控制裂缝宽度，甚至可以保证在使用过程中不开裂；采用预制构件，可减少模板、缩短工期。

1.2.1.2　砌体结构

由砖、石、混凝土砌块等块材和砂浆经砌筑而成的整体称为砌体，以砌体作为承重构件的结构称为砌体结构。砌体结构（尤其是砖砌体结构）大量用于居住建筑和公共建筑。

砌体结构是古老的建筑结构之一，能够延续至今，说明自身具有优势。砌体结构的优点在于取材方便，造价低廉；良好的耐火性和耐久性；保温、隔热、隔声，节能效果好；施工简单，技术容易普及。

砌体结构也存在一些不足，那就是材料强度低，结构自重大，整体性差，施工劳动强度大。如图 1-2 所示为施工中的砖砌体结构，完全靠人工操作。

图 1-2　施工中的砖砌体结构

1.2.1.3　钢结构

钢结构是指以钢材为主制作的结构，属于现代结构类型。根据所用钢材截面尺寸的大小，钢结构又分为轻型钢结构和普通钢结构两种，如图 1-3 所示。轻型钢结构采用圆钢和小角钢制作水平和竖向构件，如图 1-3（a）所示，其特点是材质均匀，自重轻，用钢省。普通钢结构采用普通型钢、普通钢板制作梁、柱等主要承重构件，如图 1-3（b）所示。

(a)　　　　　　　　　　　(b)

图 1-3　轻型钢结构和普通钢结构

钢结构的优点在于材质均匀，强度高，构件截面尺寸小、重量轻，塑性和延性好，可焊性好，制造工艺简单、便于机械化施工，无污染、可再生。钢结构不仅在单层厂房具有竞争能力，而且在多层、高层，特别是高度超过 100m 的超高层建筑中，具有优势；同时钢结构的跨越能力远远大于钢筋混凝土结构，故在大跨度结构中更是独占鳌头。

然而，钢结构的缺点也不容忽视，那就是钢材易腐蚀、维护成本高，耐火性较差，且造价较高。

耐火性差导致的悲剧，从纽约世界贸易中心倒塌导致大量人员伤亡可以看到。"9.11"事件发生于美国东部时间 2001 年 9 月 11 日上午（北京时间晚上），恐怖分子劫持飞机撞击纽约世界贸易中心，起火燃烧，如图 1-4 所示。由于钢结构不耐火，达到一定温度时，钢材迅速软化，两幢 110 层钢结构塔楼相继倒塌。从撞击起火到倒塌的时间短，楼房高，楼内人员多数来不及逃生，导致 3021 人遇难，6291 人受伤，倒楼后仅救出 3 名幸存者，损失相当惨重！

图 1-4　纽约世界贸易中心塔楼起火

1.2.1.4 木结构

木结构是以木材为主制作的结构，是一种古老的建筑结构，如图1-5所示。木结构通常为单层、二层或三层，梁、柱、楼板均为木材制作，为了耐久性要求，一般都要上油漆。上油漆者称为"朱门"，不涂刷油漆者为"白屋"。屋面为小青瓦，属于轻型屋盖。

图1-5 木结构房屋

由于受自然条件的局限和曾经人为大量砍伐的破坏，致使中国木材资源缺乏，木材使用受到国家的严格限制。目前仅在山区、林区和部分农村地区建房，才采用木结构。城市区域、乡镇居民点等已不再修建木结构房屋。在古建筑的维修中，要求修旧如旧，仍然采用木结构。仿古结构如武汉的黄鹤楼、南昌的滕王阁、永济的鹳雀楼等都采用的是钢筋混凝土结构。

木结构的优点在于制作简单、自重轻、容易加工，缺点是易燃、易腐、易受虫蛀、变形较大。

1.2.1.5 混合结构

由两种或两种以上材料为主制作的结构称为混合结构，主要有砖木结构、砖混结构和钢-混凝土混合结构。

（1）砖木结构 老式多层砌体房屋，多采用砖木结构。砖墙、砖柱作为竖向承重构件，木梁、木楼板作为水平承重构件，再配上瓦屋盖。

（2）砖混结构 现代多层砌体房屋，一般采用砖混结构。砖墙、砖柱作为竖向承重构件，混凝土作为水平承重构件（钢筋混凝土梁、楼板和屋盖）。

（a） （b）

图1-6 上海金茂大厦和环球金融中心

（3）钢-混凝土混合结构 超高层建筑中的混合结构一般是钢-钢筋混凝土混合结构，由钢框架或钢骨混凝土框架与钢筋混凝土筒体结构所组成的结构体系共同承受竖向作用和水平作用。

上海金茂大厦和上海环球金融中心是钢-混凝土混合结构的代表。1998年建成的上海金茂大厦，如图1-6（a）所示，地上88层，加上塔尖楼层共93层，地下3层，总高度421m；2008年竣工的上海环球金融中心，位于金茂大厦附近，如图 1-6（b）所示，地上 101 层、地下 3 层，建筑高度 492m。

1.2.2 建筑结构按受力性能分类

根据结构受力性能不同，建筑结构可分为平面结构和空间结构两类，每类中又包含若干种结构形式。

1.2.2.1 平面结构

平面结构是指构件平行布置，传力途径主要沿平面内，空间作用不明显的一类结构形式。平面结构包括排架结构、框架结构、剪力墙结构和筒体结构等，设计计算时按平面力系简化分析，可减少内力计算的工作量。

（1）排架结构 屋面横梁或屋架在柱顶处铰接，柱脚与基础固接，横梁（屋架）、柱、基础是主要的承重部分。每根横梁和相应的柱形成一榀平面排架，简化图形如图 1-7（a）所示。该结构为一次超静定结构，假设横梁刚度无穷大，则在外荷载作用下柱顶的水平位移相等，据此变形协调条件可列出一个补充方程，求解结构的内力和变形。

排架结构主要应用于单层工业厂房，一般是钢筋混凝土柱、基础，预应力混凝土屋架（大梁）、屋面板，预制安装；对吊车吨位大的重型厂房，可采用钢结构。

如图 1-8 所示为施工中的混凝土单层厂房排架结构，可见排架柱和吊车梁，其余构件还未吊装。

（2）框架结构 梁柱之间刚性连接、柱与基础固接形成的刚架，称为框架结构。框架结构中，梁、柱、基础是主要的承重部分。沿房屋的横向和

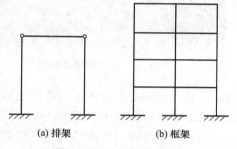

(a) 排架　　　　　(b) 框架

图 1-7 排架和框架简图

纵向可分别划分出若干榀框架，每榀框架成为平面刚架。一榀横向平面框架的简化图形如图 1-7（b）所示，该示意图为四层二跨框架。框架结构在内力分析时属于高次超静定结构，手工计算时需要专门的方法（见本书第 7 章）。

框架结构在多层和高层建筑中应用广泛，可以是钢筋混凝土框架，也可以是钢框架。如图 1-9 所示为钢筋混凝土框架结构房屋，其中墙体只起维护、分隔作用，不参与受力。这种维护墙、隔墙统称为填充墙，因其仅承受自身的重力，故又叫自承重墙。顶部出屋面的墙为女儿墙或压檐墙，作为屋顶上的栏杆（栏板）或是房屋外形处理的一种措施。

图 1-8 单层厂房排架施工现场

图 1-9 钢筋混凝土框架结构房屋

（3）剪力墙结构 结构中布置的钢筋混凝土墙体具有较大的承受侧向力（水平剪力）的能力，这种墙体称为剪力墙。利用剪力墙承担竖向荷载、抵抗水平荷载和水平地震作用的结构称为剪力墙结构。剪力墙具有双重功能，既是承重构件，又是分隔、维护构件。剪力墙的空间整体性强，侧向刚度大，侧移小，有利于抗震，故又称为抗震墙。剪力墙结构的适用范围很大，常见于十几层到三十几层的高层建筑，更高的高层建筑也适用。非抗震设计时，可建造的高度为 130～150m。在水平荷载作用下，剪力墙的变形属于弯曲型，可按平面结构进行分析。

剪力墙的间距不大，平面布置不灵活，通常用于旅馆、办公楼、住宅等小开间建筑。另外，剪力墙结构自重较大，施工较麻烦，造价较高。如图 1-10 所示为建造中的剪力墙结构住宅楼，有整体墙和开洞墙，其中开洞墙的墙肢通过连梁相连。

图 1-10 剪力墙结构房屋

（4）框架-剪力墙结构 在框架结构中增设部分剪力墙，形成的结构体系称为框架-剪力墙结构，如图 1-11 所示。框架-剪力墙结构是两种结构的组合，属于双重抗侧力体系，同时兼具框架和剪力墙的优点，既能形成较大的空间，又具有较好的抵抗水平荷载的能力，因而在实际工程中应用较为广泛。20 层左右的高层建筑通常采用框架-剪力墙结构。

（5）筒体结构 筒体结构是一种空间筒状结构，整体性强、空间刚度大，抵抗水平作用的能力很大，适合于修建超高层建筑。筒体的形成有三种方式，由剪力墙围成实腹筒、由密柱深梁围成框筒、四周由桁架围成桁架筒。框架和实腹筒组成框架-核心筒体系，实腹筒和框筒组成筒中筒体系，框筒和（或）桁架筒组成束筒体系。

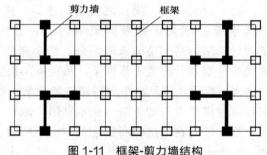

图 1-11 框架-剪力墙结构

马来西亚吉隆坡于 1998 年建成佩特纳斯双塔大厦，其主体为框架-核心筒，并附带伸臂，如图 1-12 所示。它是两座并排的圆形建筑，亦称双塔大厦。地下 3 层，地上 88 层，考虑夹层共 95 层，总高度 452m。

1.2.2.2 空间结构

承重构件布置成空间形状，在 x、y 和 z 三个方向受力，不能简化为平面力系，而只能按空间力系进行受力分析的结构，称为空间结构。空间结构跨越能力远远超过平面结构，所以又称为大跨度空间结构。空间结构主要用于使用上需要大空间的体育场馆、歌舞剧院、航站楼、飞机库等建筑。

图 1-12 佩特纳斯双塔大厦

空间结构由屋盖、支撑和基础组成，古代空间结构有拱券结构、穹顶结构等，现代空间房屋结构的形式多种多样，主要有薄壳结构、网格结构、空间桁架结构和张拉结构等。

（1）薄壳结构　壳是一种曲面构件，主要承受各种作用产生的中面内的力。所谓薄壳结构，就是曲面的薄壁结构，大都采用钢筋混凝土建造。这种结构自重轻，跨越能力大，容易形成大的建筑空间。

如图1-13所示为意大利罗马小体育馆，1957年建成，屋顶是混凝土网格型薄壳结构，圆顶直径60m，由1620个钢筋混凝土预制菱形构件联合而成，最薄处仅25mm。该结构的支撑为36根外露的叉形斜柱，外观和平面俯视或仰视都像一朵盛开的葵花。整个结构清晰、明快，具有很好的美学表现。

图1-13　意大利罗马小体育馆

如图1-14所示为著名的澳大利亚悉尼歌剧院，1973年建成使用，外观由三组巨大的壳片组成，且三面临水。建筑长183m，宽118m，高67m。外部造型已无墙柱的概念，贝壳形屋顶下方是结合剧院和厅室的综合建筑。

悉尼歌剧院的外部造型与内部功能无直接联系，内部的形状由吊在钢筋混凝土壳上的钢桁架决定。该建筑的结构受力相当复杂，为计算方便，将所有壳体设计成同样的曲率，如同从一个直径为75m的大圆上切取下来的一样。但就是这样仍使计算和施工困难重重，最终是以Y形、T形的钢筋混凝土肋骨拼接成三角形壳瓣，才使设计和施工得以进行。由于结构的复杂和施工的困难，使该建筑的工期长达17年，造价超过预算的十几倍。

图1-14　澳大利亚悉尼歌剧院

悉尼歌剧院是二十世纪最具特色的建筑之一，是悉尼市的标志性建筑，2007年被联合国教科文组织评为世界文化遗产。

由于混凝土壳体施工复杂，且开裂问题不易解决，现在较少采用，取而代之的是大跨度钢结构。

（2）网格结构　由若干杆件按照某种有规律的几何图形通过节点连接起来的空间结构称为网格结构。网格结构中，平者为网架、曲者为网壳。网架、网壳结构的基本受力构件是二力杆件，承受轴心拉力或压力作用，截面受力均匀，可充分利用钢材的强度。

如图 1-15 所示为四川大学体育馆，其中图（a）为江安校区体育馆，网架结构；图（b）为望江校区体育馆，网壳结构。

(a)　　　　　　　　　　　　　　　(b)

图 1-15　网格结构

网壳结构的跨度以日本福冈体育馆为最大，屋盖直径 222m，如图 1-16 所示。它的著名不仅在于跨度最大，而且还在于屋盖具有开合性。图 1-16 中左图为屋盖开启后的情况，右图为闭合后的情形。球形屋盖由三块可以旋转的扇形网壳组成，最下面一块扇形网壳固定，中间和上面两块扇形网壳可以沿圆周导轨移动，开合方式为回转重叠式，体育馆可呈全封闭、开启 1/3 或开启 2/3 等不同状态。

图 1-16　日本福冈体育馆

（3）空间桁架结构　由仅承担拉力或压力的钢杆件组成的平面结构，称为桁架。由若干桁架组成空间结构，三个方向受力，跨越能力可以大大增强。如果杆件（钢管）之间无专门节点，而是直接相贯焊接，则称为管桁。

如图 1-17 所示为位于北京长安街附近的中国国家大剧院，由空间桁架组成半椭球形，平面投影东西方向长轴尺寸为 212.2m，南北方向短轴尺寸为 143.6m，建筑物高 46.3m，比人民大会堂略低 3.3m。整个项目于 2007 年秋建成，造价达到 31 亿元人民币。

图 1-17　中国国家大剧院

如图 1-18 所示为成都新世纪环球中心，简称环球中心，位于成都市天府大道绕城高速公路 G4201（四环路）内侧，2013 年秋建成。该中心由星级酒店、购物中心、中央商务城、海洋乐园等项目组成，主体平面尺寸 500m×400m，高约 100m，建筑面积约 176 万平方米，是目前世界上最大的单体建筑，为成都的标志性建筑之一。

环球中心的钢结构屋盖由最大跨度达 194m，共 18 榀倒三角形拱形桁架（立体桁架）组成，采用地面拼接、大型设备起吊，高空就位安装，施工难度大，技术要求高。

图 1-18　成都新世纪环球中心

（4）张拉结构　张拉结构就是将柔软材料通过某种方式施加拉力，使其张紧，作为屋盖的组成部分，覆盖较大空间。张拉钢索可以做成悬索结构，张拉膜材可以形成膜结构，两者结合便成为索膜结构（索穹顶结构）。

悬索结构是以一系列受拉钢索为主要承重构件，按照一定规律布置，并悬挂在边缘构件或支撑结构上而形成的一种空间结构。由钢索的拉伸来抵抗外部作用力，屋面位于钢索之上。中国悬索结构的代表之一，是建成于 1961 年的北京工人体育馆，屋盖为圆形平面，直径 94m。1983 年建成的加拿大卡尔加里体育馆，采用双曲抛物面索网屋盖，其圆形平面直径为 135m，外形美观，是当时世界上最大的索网结构。

膜结构由帐篷发展而来。膜结构可以分为气承式膜结构和张拉式膜结构两类。在薄膜覆盖的空间内充气，利用内外气压差来承担外力，并与钢索共同形成结构，称为气承式膜结构；将薄膜和索张紧在边缘构件上，获得确定的形状，称为张拉式膜结构。膜结构所用膜材，有玻璃纤维布、塑料薄膜等。

如图 1-19 所示为 1975 年建成的美国密歇根州庞蒂亚克"银色穹顶"，平面为间等八边形，短边 183m，长边 234.9m，为气承式充气膜结构。

索穹顶结构是以索、杆、膜合理组合而成的一种张拉结构，首次应用在韩国 1988 年汉城（今首尔）奥运会的体操馆和击剑馆。其中体操馆直径 120m，如图 1-20 所示。随后，美国亚特兰大佐治亚 1996 年奥运会主赛馆的屋盖结构设计做了一些改进，为双曲抛物面形张拉整体索穹顶结构，如图 1-21 所示。佐治亚穹顶，平面为椭圆形，193m×240m，造型美观，受力合力，节约材料，曾被评为全美最佳设计。

另一个应用索、杆、膜组合的成功案例便是位于联合王国（英国）伦敦的千年穹顶。该穹顶直径 320m，由 12 根穿出屋面达 100m 的桅杆通过总长度超过 70km 的钢缆绳悬挂，外形酷似飞碟，是目前世界上跨度最大的屋盖。千年穹顶室内最高处为 50 多米，容积约为 240 万立方米。它的屋面材料表面积达 10 万平方米，膜材厚度仅 1mm，透光性好，可充分

图 1-19　美国密歇根州庞蒂亚克穹顶

图 1-20　韩国汉城（首尔）体操馆

图 1-21　美国亚特兰大佐治亚穹顶

利用自然光。

1.3　建筑结构构件体系

　　建筑结构是房屋的承重骨架，该骨架的组成部件称为构件。构件是结构的基本单元，建筑结构这门课程首先研究各种构件的设计方法，然后才讨论结构的布置、内力的计算等。

1.3.1　基本构件及传力途径

　　建筑结构的基本构件按位置和作用可分为水平构件、竖向构件和基础三类。

　　（1）水平构件　水平构件包括梁、楼板等构件，用钢或钢筋混凝土制作。水平构件的作用是承受竖向荷载，如构件自重、楼面（屋面）活荷载。钢筋混凝土梁式、板式楼梯虽然是斜置的，但通常按水平构件（简支梁）进行内力计算。

　　（2）竖向构件　竖向构件包括墙、柱等构件，由钢、钢筋混凝土制作，也可由砌体充任。竖向构件的作用，一是支承水平构件（承担竖向力）；二是承受水平作用，如风荷载、水平地震作用。

　　（3）基础　基础位于结构的最下部（地面以下）。人们将基础称为下部结构，基础以上的结构称为上部结构。基础可由砌体、素混凝土、钢筋混凝土等制作，其作用是承受上部结构传来的荷载，并经过扩散后传给地基。

　　单层、多层房屋以竖向荷载为主要荷载，控制结构设计；高层和超高层房屋水平荷载成为主要荷载，控制结构设计。结构构件的传力途径如下：

　　竖向荷载通过板→梁→柱→柱下基础→地基的顺序传递，或通过板→墙→墙下基础→地基的途径传递。

　　水平荷载通过外墙面→楼盖→柱（或内墙）→柱下基础（或墙下基础）→地基的方式传递。

　　所以，板、梁、柱、墙和基础是建筑结构中受力、传力的基本构件。它们承受的内力不同，变形形式也不相同。

1.3.2　基本构件受力分类

　　根据上述基本构件受力状态的不同，可将构件分为受弯构件、受压构件、受拉构件和受扭构件四类。

1.3.2.1　受弯构件

　　受弯构件包括梁（主梁、次梁，楼梯的梯段梁、平台梁）、板（屋面板、楼面板、楼梯的梯段板、平台板、雨篷板）和基础（扩展式钢筋混凝土基础的底板、桩基础的承台板或承台梁）等构件。

　　受弯构件的截面内力有弯矩 M 和剪力 V，引起弯曲变形和剪切变形。弯曲变形使轴线挠曲，截面转动；剪切变形使截面发生相对错动。梁截面内存在弯矩和剪力，而板内剪力较小，以承担弯矩为主。设计时需要考虑抗弯承载力（或正应力强度）和抗剪承载力（或剪应力强度）两个方面的条件。

1.3.2.2　受压构件

　　受压构件包括墙、柱、屋架上弦杆和受压腹杆等构件。受压构件分轴心受压构件和偏心受压构件两种。

　　轴心受压构件截面上仅存在轴心压力 N，引起沿轴线方向的压缩变形。截面上压应力分布均匀，构件较短时属于强度问题，构件较长时需要考虑压杆稳定问题，还要考虑纵向弯曲的影响。

　　偏心受压构件，又称为压弯构件。截面上承受轴心压力 N、弯矩 M 和剪力 V 的作用，构件主要产生沿轴线方向的压缩和弯曲两种变形，还可能产生剪切变形。偏心受压构件可能全截面受压，也可能部分截面受压、部分截面受拉。截面上应力分布不均匀，偏心方向一侧的压应力大、边缘达到最大值，另一侧的压应力小（或为拉应力）。

1.3.2.3　受拉构件

　　受拉构件包括屋架中的受拉腹杆、下弦杆件以及其他结构中设置的拉杆等构件。受拉构件分轴心受拉构件和偏心受拉构件两种。

　　轴心受拉构件横截面上只存在轴心拉力 N，仅产生沿轴线方向的伸长变形，截面上受力均匀。对钢构件而言，这种受力方式是最好的受力方式；但对钢筋混凝土构件来说，这种受力却并不好，因为混凝土受拉开裂后退出工作，全部拉力将由钢筋承担；对砌体结构而言，如果受拉截面沿通缝，那将是很糟糕的，因为通缝只有砂浆，抗拉能力很低。

　　偏心受拉构件，又称为拉弯构件。截面上承担轴心拉力 N、弯矩 M 和剪力 V 的作用，构件主要产生沿轴线方向的伸长和弯曲两种变形，其次还产生剪切变形。偏心受拉构件可能全截面受拉，也可能部分截面受拉、部分截面受压。截面上应力分布不均匀，偏心方向一侧的拉应力大、边缘达到最大值，另一侧的拉应力小（或为压应力）。

1.3.2.4 受扭构件

截面内力存在扭矩 T 的构件，称为受扭构件。截面内仅存在扭矩的构件为纯扭构件，截面内除扭矩以外，还存在其他内力的构件为复合受扭构件。受扭构件包括雨篷梁（挑檐梁）、框架结构的边梁和吊车梁等构件。

纯扭构件在工程上很少见，往往是以弯扭、剪扭、弯剪扭的面目出现，构件产生组合变形。构件横截面上同时存在正应力和剪应力，钢构件需要用强度理论计算折算应力（或等效应力），钢筋混凝土构件则依据各内力分别配置钢筋。

1.4 课程的特点和学习要求

建筑结构课程是土建领域非结构类专业的一门必修课程，主要讲述建筑结构设计的理论基础，各组成构件的材料性能，受力特点，设计计算和构造要求，梁板结构、框架结构、混合结构等的设计方法，集理论、材料、构件、结构于一课。这里介绍其特点和学习要求。

1.4.1 课程特点

本课程的专业性和实用性很强，与其他课程相比，具有下述几个特点。

（1）材料的特殊性　除钢材外，混凝土、砖、石、砌块等的力学性能均不同于材料力学中所学的均质弹性材料的力学性能。即便是钢材，也还要考虑局部塑性变形。有鉴于此，材料力学的公式不能照抄照搬，许多情况下不能直接应用。

（2）公式的实验性　由于混凝土材料、砌体结构材料性能的特殊性，计算公式一般是建立在试验分析的基础之上的，有许多属于经验公式或半理论半经验公式。要注意公式的适用范围或限制条件。

（3）设计的规范性　建筑结构设计的依据是现行的国家标准或规范。本书直接涉及的国家标准和规范有：《工程结构可靠性设计统一标准》（GB 50153—2008），《建筑结构荷载规范》（GB 50009—2012），《混凝土结构设计规范（2015 年版）》（GB 50010—2010），《砌体结构设计规范》（GB 50003—2011），《钢结构设计标准》（GB 50017—2017），《建筑地基基础设计规范》（GB 50007—2011），《建筑抗震设计规范（2016 年版）》（GB 50011—2010）。

国家标准和规范条文根据重要性分四个层次：一是必须严格执行的条文，即强制性条文（黑体字印刷）；二是要严格遵守的条文，非这样不可，正面词用"必须"，反面词用"严禁"；三是应该遵守的条文，在正常情况下均应如此，正面词用"应"，反面词用"不应"、"不得"；四是允许稍有选择或允许有选择的条文，表示允许稍有选择，在条件许可时应首先这样做，正面词用"宜"，反面词用"不宜"；表示允许有选择，在一定条件下可以这样做的，用词为"可"。要熟悉标准和规范的用词，不同用词含义不同。

（4）解答的多样性　结构布置和构件设计没有标准答案。比如承受给定内力的钢筋混凝土构件，其截面形式、截面尺寸、配筋方式和数量，都可以有多种答案。没有对错之分，只有合理性之别。同一问题可有多种选择，答案并不唯一，这是与先修课程的最显著区别。

1.4.2　学习要求

对初学者而言，学习中有两点需要重视：重视向实践学习，重视各种构造措施。

课程的实践性很强。建筑结构课程的学习，不仅在书本上，而且更重要的是在实践中。书本理论来源于生产实践，是大量工程实践经验的总结和升华。课程学习过程中，要注意向工程实践学习，根据课程进度抽空到附近工地现场参观，将理论和实际联系起来，就能够达到活学的目的，以便将来更好地为社会服务。

构造措施，是针对结构计算中未能详细考虑或难以定量计算的诸多因素所采取的技术措施。它与结构计算是结构设计中相辅相成的两个方面，同等重要，不可偏废其一。所以要求，除了学会计算外，还要重视构造措施。结构设计必须满足各项构造要求。

要求通过课堂学习、练习题（思考题、选择题、填空题、判断题和计算题）演练来掌握建筑结构的基本理论与方法，通过后续课程、认识实习、生产实习和毕业设计等实践性环节，逐步熟悉和运用课程中的知识和方法来进行建筑结构设计，了解结构方案的布置、构造要求、施工技术等，扩大知识面，加深对基础理论知识的理解，增加设计经验。

练习题

1-1　什么是建筑结构？

1-2　按照材料的不同，建筑结构可分为哪几类？

1-3　何谓结构构件？　建筑结构主要有哪些构件？

1-4　多层和高层建筑结构如何区分？

1-5　砌体结构和木结构均是古老的建筑结构，它们各自有何优点和缺点？

1-6　什么是钢筋混凝土剪力墙？

1-7　结构设计应做到哪几个方面的要求？

1-8　本门课程有些什么特点？

1-9　构造措施的含义是什么？　结构设计是否可以不采取构造措施？

1-10　排架结构的杆件连接方式是屋面横梁与柱顶铰接，（　　　）。

A. 柱脚与基础底面固接　　　　　　　　　B. 柱脚与基础顶面固接

C. 柱脚与基础底面铰接　　　　　　　　　D. 柱脚与基础顶面铰接

1-11　下列构件中不属于水平构件的是（　　　）。

A. 屋架　　　　　　B. 框架梁　　　　　　C. 框架柱　　　　　　D. 雨篷板

1-12　建筑结构必须满足的功能要求是安全性、适用性和（　　　）。

A. 耐久性　　　　　B. 经济性　　　　　　C. 优质性　　　　　　D. 美观性

1-13　钢结构的缺点之一是（　　　）。

A. 自重大　　　　　B. 工期长　　　　　　C. 耐火性差　　　　　D. 整体性差

1-14　受弯构件的内力通常有弯矩 M 和（　　　）。

A. 拉力 N　　　　　B. 压力 N　　　　　C. 扭矩 T　　　　　D. 剪力 V

1-15　结构设计规范中要严格遵守的条文，非这样不可，正面用词"必须"，反面用词（　　　）。

A. 不应　　　　　　B. 不得　　　　　　　C. 不宜　　　　　　　D. 严禁

第2章　建筑结构设计基础

【内容提要】

　　本章主要内容包括建筑结构设计基本规定，建筑结构上的作用，结构可靠度理论和结构极限状态设计方法，重点内容是荷载和荷载效应组合。

【基本要求】

　　通过本章的学习，要求了解结构的安全等级、设计基准期、设计使用年限等基本概念，了解作用与荷载的关系、作用或荷载代表值的确定方法，熟悉结构的功能要求，掌握承载能力极限状态和正常使用极限状态的设计表达式，熟练掌握作用或作用效应组合的计算方法。

2.1　建筑结构设计基本规定

　　建筑结构作为建筑的骨架，不仅要承受自身重力，还要承受各种外部作用。结构设计中应贯彻国家的技术经济政策，做到安全适用、技术先进、经济合理、确保质量、方便施工，为此，结构设计标准（规范）对结构的安全等级、设计基准期和设计使用年限做出了规定。

2.1.1　结构的安全等级

　　根据结构破坏后果的严重程度，我国将房屋建筑结构划分为三个安全等级，见表2-1。进行建筑结构设计时，应根据结构破坏后可能产生的后果（危及人的生命、造成经济损失、产生社会影响等）的严重性采用不同的安全等级。

表2-1　房屋建筑结构的安全等级

安全等级	破坏后果	示　例
一　级	很严重：对人的生命、经济、社会或环境影响很大	大型的公共建筑等
二　级	严重：对人的生命、经济、社会或环境影响较大	普通的住宅和办公楼等
三　级	不严重：对人的生命、经济、社会或环境影响较小	小型的或临时性贮存建筑等

　　抗震设计中将建筑物分为特殊设防类（甲类）、重点设防类（乙类）、标准设防类（丙类）和适度设防类（丁类）四类。甲类建筑指使用上有特殊设施，涉及国家公共安全的重大建筑工程和地震时可能发生严重次生灾害等特别重大灾害后果，需要进行特殊设防的建筑；乙类建筑指地震时使用功能不能中断或需尽快恢复的生命线相关建筑，以及地震时可能导致大量人员伤亡等重大灾害后果，需要提高设防标准的建筑；丙类建筑为除甲、乙、丁类以外，按标准要求设防的建筑；丁类建筑则是指使用上人员稀少且地震损坏不致产生次生灾害，允许在一定条件下适度降低要求的建筑。甲类建筑和乙类建筑的安全等级宜规定为一级，丙类建筑的安全等级宜规定为二级，丁类建筑的安全等级宜规定为三级。

　　建筑结构中各类结构构件的安全等级，宜与结构的安全等级相同，但允许对部分结构构件根据其重要程度和综合经济效益进行适当调整。如提高某一结构构件的安全等级所需额外费用很少，又能减轻整个结构的破坏，从而大大减少人员伤亡和财物损失，则可将该结构构件的安全等级比整个结构的安全等级提高一级；相反，如果某一结构构件的破坏并不影响整个结构或其他结构构件，则可将其安全等级降低一级，但不得低于三级。

不同的安全等级在设计计算中用重要性系数 γ_0 来体现，对持久设计状况和短暂设计状况，与安全等级一级、二级、三级相对应的结构重要性系数 γ_0 分别不小于 1.1、1.0 和 0.9。

2.1.2　结构的设计基准期

结构设计所采用的作用（或荷载）统计参数（如平均值、标准差、变异系数、最大值、最小值等）需要一个时间参数，才能确定。为确定可变作用（或荷载）的取值而选用的时间参数，称为结构的设计基准期。

我国建筑结构的设计基准期为 50 年，港口工程结构的设计基准期也是 50 年。以荷载统计来说明这个 50 年的意义：以 50 年内的一定高度的最大风速确定基本风压力，以 50 年内空旷地带的最大积雪深度确定基本雪压力。

我国铁路桥涵结构和公路桥涵结构的设计基准期均为 100 年。

2.1.3　结构的设计使用年限

结构的设计使用年限定义为设计规定的结构或构件不需要进行大修即可按其预定目的使用的时期。它是设计规定的一个时期，在这一规定时期内，只需要进行正常的维护而不需要进行大修就能按预期目的使用。也就是说，建筑结构在正常设计、正常施工、正常使用和维护（必要的检测、防护及维修）下应达到的使用年限，如达不到这个年限则意味着设计、施工、使用与维护的某一环节上出现了非正常情况，应查找原因。

表 2-2　建筑结构的设计使用年限

类别	设计使用年限/年	示　例	类别	设计使用年限/年	示　例
1	5	临时性建筑结构	3	50	普通房屋和构筑物
2	25	易于替换的结构构件	4	100	标志性建筑和特别重要的建筑结构

建筑结构的设计使用年限应按表 2-2 采用。很明显，结构的设计基准期和结构的设计使用年限是两个不同的概念，两者不能混淆或等同。对于普通房屋和构筑物，设计基准期和使用年限都是 50 年。

2.2　建筑结构上的作用

使结构或构件产生效应（内力、应力、位移、应变、裂缝等）的各种原因称为作用。直接施加在结构上的集中力或分布力为直接作用，引起结构外加变形或约束变形的原因（如地基变形、混凝土收缩、焊接变形、温度变化或地震等）为间接作用。通常将直接作用称为荷载，间接作用称为相应作用（如地震作用、温度作用、基础变位作用等）。由此可知，作用包含了荷载，而荷载只是众多作用中的一部分。

2.2.1 建筑结构上的作用分类

建筑结构上的作用可按随时间、空间位置的变异和结构反应特点来分类。

2.2.1.1 按随时间的变异分类

作用按随时间的变异分类，是对作用的基本分类。它直接关系到概率模型的选择，而且按各类极限状态设计时所采用的代表值与其出现的持续时间长短有关。《工程结构可靠性设计统一标准》将作用分为永久作用、可变作用和偶然作用三类。

（1）永久作用 永久作用是指在设计基准期内始终存在，其量值不随时间变化或其变化与平均值相比可以忽略不计的作用，或其变化是单调的并趋于某个限值的作用。

永久作用的特点是其统计规律与时间参数无关（图 2-1），故可采用随机变量概率模型来描述。结构自重是典型的永久作用，其量值在设计基准期内基本保持不变或单调变化而趋于限值，其随机性只是表现在空间位置的变异上。结构自重，习惯上称为恒荷载，简称恒载。

结构上的永久作用除结构自重以外，还包括土压力、预应力等。当水位不变时，水压力可按永久作用考虑。

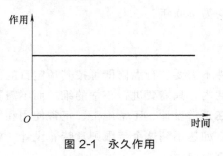

图 2-1 永久作用

（2）可变作用 可变作用是指在设计基准期内其量值随时间变化，且其变化与平均值相比不可以忽略不计的作用。可变作用的特点是统计规律与时间参数有关（图 2-2），故必须采用随机过程概率模型来描述。

建筑结构上的可变作用有楼面活荷载、屋面活荷载和积灰荷载、吊车荷载、风荷载、雪荷载等。水位变化时，水压力按可变作用考虑。

（3）偶然作用 偶然作用是指在设计基准内不一定出现，而一旦出现，其量值很大且持续时间很短的作用。偶然作用的特点是在结构设计基准期内可能不出现，一旦出现量值很大、持续时间很短，如图 2-3 所示。

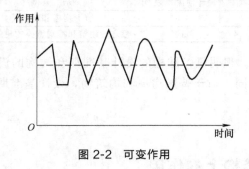

图 2-2 可变作用

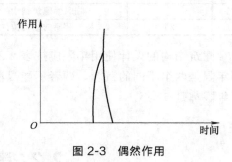

图 2-3 偶然作用

结构上的偶然作用包括爆炸力、撞击力、地震作用等。

2.2.1.2 按空间位置的变异分类

作用按空间位置的变异分类，是由于进行作用效应（荷载效应）组合时，必须考虑作用在空间的位置及其所占面积大小。根据空间位置变异，作用可分为固定作用和自由作用两类。

（1）固定作用 固定作用是指在结构上具有固定分布的作用。其特点是作用出现的空间位置固定不变，但其量值可能具有随机性。例如，建筑楼面上固定的设备荷载，屋面上的水箱重力等，都属于固定作用。

（2）自由作用　自由作用是指在结构上一定范围内可以任意分布的作用。其特点是可以在结构的一定空间上任意分布，出现的位置和量值都可能是随机的。例如办公室内的桌椅、文件柜和人员等荷载就是自由作用。楼面上、屋面上的自由作用又称为活荷载，简称活载。

2.2.1.3　按结构的反应特点分类

作用按结构的反应特点分类，主要是因为进行结构分析时，对某些出现在结构上的作用需要考虑其动力效应（加速度反应）。按结构的反应特点，作用可分为静态作用和动态作用两类，其依据不在于作用本身是否具有动力特性，而在于它是否引起结构不可忽略的加速度。

（1）静态作用　静态作用是指使结构产生的加速度可以忽略不计的作用。楼面上的活荷载，本身可能具有一定的动力特性，但使结构产生的动力效应可以忽略不计，归类为静态作用。

（2）动态作用　动态作用是指使结构产生的加速度不可以忽略不计的作用。对于动态作用，在进行结构分析时一般均应考虑其动力效应。然而，有一部分动态作用，例如对于风荷载，设计时可采用增大量值（乘以动力系数）的方法按静态作用处理，再如预制构件的搬运、吊装受力分析也可作如此处理；而另一部分动态作用，例如地震作用、大型动力设备的作用等，则应采用结构动力学方法进行结构分析。

2.2.2　建筑结构上的永久荷载

荷载是随机变量，任何一种荷载的大小都有一定的变异性。在建筑结构设计中，不可能直接引用反映荷载变异性的各种统计参数，通过复杂的概率运算进行具体设计。因此，在设计时，除了采用能便于设计者使用的设计表达式以外，对荷载仍应赋予一个规定的量值，该规定量值称为荷载代表值。荷载代表值也可以这样定义：结构设计中用以验算极限状态所采用的荷载量值。

永久荷载以标准值为其代表值。所谓标准值，就是在结构设计基准期内可能出现的最大荷载值。永久荷载标准值，对于分布线荷载用 g_k 表示，集中荷载用 G_k 表示。

永久荷载主要是结构自重及粉刷、装修、固定设备等的重量（重力）。变异来源于单位体积重量的变异和结构（构件）尺寸的不定性，经过研究发现永久荷载的变异性不大，而且多为正态分布，所以一般以其分布的均值作为荷载标准值，即可按结构设计规定的尺寸和材料或构件单位体积的自重（或单位面积的自重）平均值确定。对于自重变异性较大的材料，尤其是制作屋面的轻质材料，考虑到结构的可靠性，在设计中应根据荷载对结构的有利或不利，分别取其自重的下限值或上限值。

常用材料单位体积自重（kN/m^3）：钢筋混凝土 24.0~25.0，对结构不利时取 25.0，对结构有利时取 24.0；水泥砂浆 20.0，石灰砂浆、混合砂浆 17.0，石膏砂浆 12.0；纸筋石灰泥 16.0；烧结普通砖砌体 19.0，钢 78.5。部分材料单位面积自重（kN/m^2）：贴瓷砖墙面 0.50，钢丝网抹灰吊顶 0.45，松木板顶棚 0.25，硬木地板 0.20，小瓷砖地面 0.55，水磨石地面 0.65。

已知单位体积自重，可计算单位面积自重和单位长度自重：单位面积自重＝单位体积自重×构件高或厚；单位长度自重＝单位体积自重×构件横截面面积＝单位面积自重×构件宽度。

【例2-1】 钢筋混凝土矩形梁截面尺寸 $300\text{mm} \times 500\text{mm}$，梁的底面和侧面用20mm厚混合砂浆抹灰，试求梁的自重标准值 g_k（线荷载）。

【解】 构件自重线荷载（单位长度自重）为单位体积自重乘以构件截面面积。钢筋混凝土单位体积自重为 $24.0 \sim 25.0\text{kN/m}^3$，变异较大，且该荷载对梁的承载力不利，取上限值 25.0kN/m^3；混合砂浆单位体积自重 17.0kN/m^3。

$$g_k = 25.0 \times 0.3 \times 0.5 + 17.0 \times (0.3 + 0.5 \times 2 + 0.02 \times 2) \times 0.02 = 4.21\text{kN/m}$$

【例2-2】 某钢筋混凝土房屋结构楼面自上至下的做法为：硬木地板，20mm厚水泥砂浆找平层，80mm厚钢筋混凝土现浇楼板，钢丝网抹灰吊顶。试求楼层的自重面积荷载。

【解】

硬木地板	0.20
水泥砂浆找平层	$20.0 \times 0.02 = 0.40$
现浇钢筋混凝土楼板	$25.0 \times 0.08 = 2.00$
＋ 钢丝网抹灰吊顶	0.45

$$3.05\text{kN/m}^2$$

2.2.3 建筑结构上的可变荷载

在荷载组合中，伴随主导荷载的可变荷载值，称为可变荷载伴随值。主导荷载取标准值，而可变荷载伴随值可以是组合值、频遇值或准永久值。可变荷载根据设计要求，以可变荷载标准值或可变荷载伴随值作为代表值。

2.2.3.1 可变荷载标准值

可变荷载标准值为设计基准期内最大荷载统计分布的特征值，它是可变荷载的基本代表值，其他代表值（可变荷载伴随值）都是由标准值来计算。

由于荷载本身的随机性，最大荷载也是随机变量，原则上也可用它的统计分布来描述。对某类荷载，当有足够资料而有可能对其统计分布做出合理估计时，可取最大荷载分布的特征值为标准值。对大部分自然荷载，包括风荷载、雪荷载，习惯上都以其规定的平均重现期来定义标准值；对资料不充分的可变荷载，根据已有工程实践经验，通过分析判断，协议一个公称值作为标准值。

可变荷载标准值，对分布线荷载用 q_k 表示，对集中荷载用 Q_k 表示。

(1) 民用建筑楼面均布活荷载标准值　楼面活荷载经大量调查和统计分析，按房间面积平均计算，确定其标准值。楼面活荷载标准值取值如下：住宅、宿舍、旅馆、办公楼、医院病房、医院门诊室、托儿所、幼儿园、会议室、实验室等建筑 2.0kN/m^2，教室、浴室、卫生间、食堂、餐厅 2.5kN/m^2，商店、展览厅、车站（港口、机场）大厅及其旅客等候室 3.5kN/m^2，健身房、演出舞台、运动场、舞厅 4.0kN/m^2，多层住宅楼梯 2.0kN/m^2，其他楼梯 3.5kN/m^2 等。

(2) 屋面活荷载标准值　房屋建筑的屋面按使用不同，分为不上人屋面、上人屋面、屋顶花园和屋顶运动场四类，其中不上人屋面的活荷载主要是施工荷载、检修荷载。房屋建筑的屋面，其水平投影面上的屋面均布活荷载标准值取值如下：不上人屋面 $0.5kN/m^2$，上人屋面 $2.0kN/m^2$，屋顶花园 $3.0kN/m^2$，屋顶运动场 $4.0kN/m^2$。

屋面均布活荷载，不应与雪荷载同时组合（或出现）。

（3）雪荷载　雪荷载属于屋面荷载，按屋面水平投影面积计算。雪荷载标准值应按式（2-1）计算：

$$s_k = \mu_r s_0 \tag{2-1}$$

式中　s_k——雪荷载标准值，kN/m^2；

　　　μ_r——屋面积雪分布系数，与屋面形式有关；如单跨单坡屋面，坡度不超过 25°时，$\mu_r=1.0$；坡度为 30°时，$\mu_r=0.85$；坡度为 40°时，$\mu_r=0.55$；坡度为 45°时，$\mu_r=0.4$；坡度为 50°时，$\mu_r=0.25$；坡度为 55°时，$\mu_r=0.10$；坡度≥60°时，$\mu_r=0$；

　　　s_0——基本雪压，kN/m^2，部分城市的基本雪压取值见附表 16。

基本雪压是根据全国 672 个地点的气象台站自建站开始到 2008 年为止记录到的最大雪压或积雪深度资料，经统计得出的当地 50 年一遇最大雪压，即重现期为 50 年的最大雪压。

（4）风荷载　风荷载属于动态荷载，设计中乘以系数后按静态荷载对待。在结构的风振计算中发现，一般是第 1 振型起主要作用，所以采用平均风压乘以风振系数作为风压标准值。而垂直于建筑物表面的风荷载标准值，应按式（2-2）计算：

$$w_k = \beta_z \mu_s \mu_z w_0 \tag{2-2}$$

式中　w_k——风荷载标准值，kN/m^2；

　　　β_z——高度 z 处的风振系数，对于多层框架结构和砌体结构其值可取 1.0；

　　　μ_s——风荷载体型系数；

　　　μ_z——风压高度变化系数（按附表 17 取值）；

　　　w_0——基本风压，kN/m^2，部分城市的基本风压取值见附表 16。

根据全国各气象台站历年来的最大风速纪录，将不同风仪高度和时次时距的年最大风速，统一换算为离地 10m 高、自记 10min 平均年最大风速（m/s）。根据该风速数据，经过统计分析而确定出来的 50 年一遇的最大风速，作为当地的基本风速 v_0，再按流体力学中的伯努利公式确定基本风压 w_0。

2.2.3.2　可变荷载伴随值

建筑结构设计验算用到的可变荷载伴随值有可变荷载组合值和可变荷载准永久值。

（1）可变荷载组合值　可变荷载组合值是指使组合后的荷载效应在设计基准期内的超越概率，能与该荷载单独出现时的相应概率趋于一致的荷载，或使组合后的结构具有统一规定的可靠指标的荷载。可变荷载组合值可作如下理解：两种或两种以上的可变荷载同时作用于结构上时，所有可变荷载都达到其单独出现时可能达到的最大值的概率极小，因此除主导荷载（产生最大效应的荷载）仍可以其标准值为代表值以外，其他伴随荷载均应以小于标准值的荷载为代表值，此值即为可变荷载组合值。

可变荷载组合值为可变荷载标准值乘以小于 1 的组合值系数 ψ_c，即 $\psi_c q_k$ 或 $\psi_c Q_k$。民用建筑楼面可变荷载（活荷载）组合值系数除书库、档案库、贮藏室取 0.9 以外，其余情况取值 0.7；屋面活荷载组合值系数 0.7；雪荷载组合值系数 0.7；风荷载组合值系数 0.6。

（2）可变荷载准永久值　可变荷载准永久值是指在设计基准期内，其超越的总时间约为设计基准期一半的荷载值。这是设计基准期内经常可达到或被超过的荷载，它对结构的影响类似于永久荷载。

可变荷载准永久值为可变荷载标准值乘以小于 1 的准永久值系数 ψ_q，即 $\psi_q q_k$，或 $\psi_q Q_k$。楼面活荷载准永久值系数 ψ_q 的取值，对于住宅、宿舍、旅馆、办公楼、医院病房、托儿所、幼儿园为 0.4，试验室、阅览室、会议室、医院门诊室、教室、食堂、餐厅、一般资料档案室为 0.5；不上人屋面 $\psi_q = 0$，上人屋面和屋顶运动场 $\psi_q = 0.4$，屋顶花园 $\psi_q = 0.5$；风荷载 $\psi_q = 0$；雪荷载准永久值系数分区为 Ⅰ、Ⅱ、Ⅲ 时，准永久值系数 ψ_q 分别取 0.5、0.2 和 0。

2.2.4 建筑结构上的地震作用

地震是一种自然现象。在地应力作用下地壳内岩层突然断裂或滑移释放出的能量，通过地震波向周围传播，引起地面运动的现象称为地震。地面上的建筑物随地面运动而发生振动，因加速度产生惯性力，而使结构受到影响。因此，一次地震，房屋会受到不同程度的影响，抗震设计就是希望房屋能经受住这种影响，而不致引起严重破坏或倒塌。

2.2.4.1 抗震设防烈度

某一地区的地面和各类建筑物遭受一次地震影响的平均强弱程度，称为地震烈度。我国的地震烈度共分为 12 度，其中 1~5 度以人的感觉为主进行评判，6~10 度以房屋震害为主来评判，11 度、12 度则以地表现象为主判断。距震中的距离不同，地震的影响程度也不同，即烈度不同。通常情况下，震中附近地区，烈度高；距震中越远的地区，烈度越低。

建筑行业中所说的小震、中震、大震都与地震烈度有关。小震又称"多遇地震"，是指 50 年内超越概率约为 63% 的地震烈度；中震又称"设防地震"，是指 50 年内超越概率约为 10% 的地震烈度，即中国地震动参数区划图规定的峰值加速度所对应的烈度；大震又称"罕遇地震"，则是指 50 年内超越概率为 2%~3% 的地震烈度。

所谓抗震设防烈度，就是按国家规定的权限审批、颁发的文件（图件）确定的地震烈度，是一个地区抗震设防依据的地震烈度。一般情况下，取 50 年内超越概率 10% 的地震烈度，即中震或设防地震。抗震设防烈度本书中简称为烈度，有 6 度、7 度、8 度和 9 度，相应的设计基本地震加速度分别为 $0.05g$、$0.10g(0.15g)$、$0.20g(0.30g)$ 和 $0.40g$（此处 g 为重力加速度），7 度和 8 度分别有两个不同的设计基本地震加速度取值。同样的设防烈度，不同的地区设计基本地震加速度可能取值相同，也可能取值不相同。

部分城市的抗震设防烈度、设计地震分组和设计基本地震加速度，见附表 18。

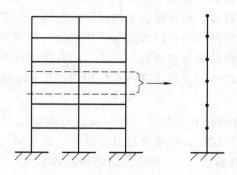

图 2-4　结构动力计算简图

2.2.4.2 结构的计算简图

地震作用是惯性力，因此结构质量的描述成为计算的关键。描述结构质量的方法有两种：一是分布质量，二是集中质量。

采用集中质量法的计算简图如图 2-4 所示。底端固定，将结构计算单元中重力荷载代表值 G_i 分别集中在各楼层、屋盖结构的标高处，并用竖向弹性杆串联各质点，形成"糖葫芦串"。

底部固定端的位置，应区别不同情况确定。当基础埋置较浅时，取基础顶面；当基础埋置较深时，取室外地坪以下 0.5m 处；当设有整体刚度很大的全地下室时，取地下室顶板处；当地下室整体刚度较小或为半地下室时，取为地下室室内地坪处，此时地下室顶板也算一层楼面。各楼层的计算高度 H_i 为底部固定端起到楼层结构标高处的距离。

集中在第 i 层楼盖处的重力荷载代表值 G_i 为第 i 层自重标准值和可变荷载组合值之和。自重标准值取第 i 层楼盖自重和该楼层为中心上下各半层的墙体自重；第 i 层楼面上的可变荷载组合值为可变荷载组合值系数×可变荷载标准值。可变荷载的组合值系数，对雪荷载为 0.5、屋面活荷载取 0、藏书库和档案馆取 0.8、其他民用建筑楼面活荷载取 0.5。

2.2.4.3　水平地震作用

建筑物地震惯性力的最大值称为地震作用。大多数规则结构，震害主要是由水平地震作用引起的，因此抗震计算时通常只考虑水平地震作用；而对于质量和刚度不对称的结构，需要计入双向地震作用下的扭转影响；设防烈度为 8、9 度时的大跨度和长悬臂结构及设防烈度为 9 度时的高层建筑，应计算竖向地震作用。这里介绍水平地震作用计算。

水平地震作用的计算通常采用振型分解反映谱法。对于高度不超过 40m、质量和刚度沿高度分布比较均匀，水平地震时以剪切变形为主的房屋，可采用底部剪力法计算水平地震作用。底部剪力法是振型分解反应谱法的一种简化算法或特殊情况，即只取第一振型，且振型按倒三角形分布。

（1）地震影响系数　建筑结构的地震影响系数应根据烈度、场地类别、设计地震分组和结构自振周期以及阻尼比确定。其水平地震影响系数的最大值 $\alpha_{\max}$ 应按表 2-3 采用；特征周期 T_g 应根据场地类别和设计地震分组按表 2-4 确定。

表 2-3　水平地震影响系数最大值 $\alpha_{\max}$

地震影响	6 度	7 度	8 度	9 度
多遇地震	0.04	0.08(0.12)	0.16(0.24)	0.32
罕遇地震	0.28	0.50(0.72)	0.90(1.20)	1.40

注：括号中数值分别用于设计基本地震加速度为 $0.15g$ 和 $0.30g$ 的地区。

表 2-4　特征周期值 T_g　　　　　　　　　　单位：s

设计地震分组	场地类别				
	I_0	I_1	II	III	IV
第一组	0.20	0.25	0.35	0.45	0.65
第二组	0.25	0.30	0.40	0.55	0.75
第三组	0.30	0.35	0.45	0.65	0.90

地震影响系数 α 与结构自振周期 T 的关系，如图 2-5 所示。图 2-5 中的曲线分为四段，

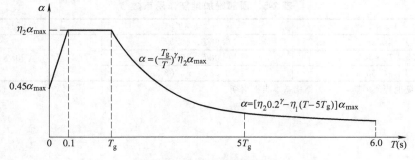

图 2-5　地震影响系数曲线

即直线上升段、水平段、曲线下降段和直线下降段。除有专门规定外，建筑结构阻尼比应取0.05，此时曲线公式中的参数取值为：直线下降段的下降斜率调整系数 $\eta_1 = 0.02$，阻尼调整系数 $\eta_2 = 1.0$，曲线下降段的衰减指数 $\gamma = 0.9$；当建筑结构的阻尼比按有关规定不等于0.05 时，地震影响系数中的系数 η_1、η_2 和 γ 应按现行《建筑抗震设计规范》的规定确定。

（2）总水平地震作用标准值　结构的总水平地震作用标准值 F_{Ek}（即底部剪力标准值），按式（2-3）计算

$$F_{Ek} = \alpha_1 G_{eq} \qquad (2\text{-}3)$$

式中　α_1——相应于结构基本自振周期的水平地震影响系数值，对多层砌体房屋取 $\alpha_1 = \alpha_{max}$；

G_{eq}——结构等效总重力荷载，单层房屋（单质点）取总重力荷载代表值，多、高层房屋（多质点）取总重力荷载代表值的 85%。

对于质量和刚度沿高度分布比较均匀的混凝土框架结构、框架-剪力墙结构和剪力墙结构，其基本自振周期 T_1（s）可按式（2-4）计算：

$$T_1 = 1.7\psi_T \sqrt{u_T} \qquad (2\text{-}4)$$

式中　ψ_T——考虑自承重墙刚度对结构自振周期的影响系数，框架结构可取 0.6～0.7，框架剪力墙结构可取 0.7～0.8，剪力墙结构可取 0.8～1.0；

u_T——假想的结构顶点水平位移，m，即假想把集中在各楼层处的重力荷载代表值 G_i 作为该楼层水平荷载，计算得到的结构顶点弹性水平位移。

（3）各楼层水平地震作用　底部剪力法只考虑了第一振型，对高阶振型的影响采用在结构顶部附加集中水平地震作用 ΔF_n 来解决。结构顶部附加集中水平地震作用 ΔF_n 后，应保持总水平地震作用不变，所以房屋第 i 层的水平地震作用标准值 F_i 按下列公式计算（图 2-6）：

$$F_i = \frac{G_i H_i}{\sum\limits_{j=1}^{n} G_j H_j} F_{Ek}(1 - \delta_n) \qquad (2\text{-}5)$$

$$\Delta F_n = \delta_n F_{Ek} \qquad (2\text{-}6)$$

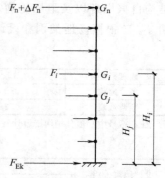

图 2-6　水平地震作用
计算简图

式中　G_i，G_j——分别为集中于第 i 层、j 层的重力荷载代表值；

H_i，H_j——分别为第 i 层、j 层的计算高度；

δ_n——顶部附加地震作用系数，可按表 2-5 采用。

表 2-5　顶部附加地震作用系数 δ_n

T_g/s	$T_1 > 1.4T_g$	$T_1 \leqslant 1.4T_g$
$T_g \leqslant 0.35$	$0.08T_1 + 0.07$	
$0.35 < T_g \leqslant 0.55$	$0.08T_1 + 0.01$	0.0
$T_g > 0.55$	$0.08T_1 - 0.02$	

注：T_g 为场地特征周期，T_1 为结构基本自振周期。

2.3　结构可靠度理论

结构上的作用（荷载）和效应具有随机性，材料性能和构件几何尺寸也具有随机性，这就使得建筑结构的可靠与否不能采用定量方法描述，只能用统计方法分析，以概率大小来度量。现行可靠度理论采用一次二阶矩法较好地解决了结构设计中的随机性问题。

2.3.1　结构的功能要求

建筑结构的设计、施工和维护应使结构在规定的设计使用年限内，以适当的可靠度且经济的方式满足规定的各项功能要求。建筑结构应满足下列功能要求：

① 能承受在施工和使用期间可能出现的各种作用；

② 保持良好的使用性能；

③ 具有足够的耐久性能；

④ 当发生火灾时，在规定的时间内可保持足够的承载力；

⑤ 当发生爆炸、撞击、人为错误等偶然事件时，结构能保持必需的整体稳固性，不出现与起因不相称的破坏后果，防止出现结构的连续倒塌。

对重要的结构，应采取必要的措施，防止出现结构的连续倒塌；对一般的结构，宜采取适当的措施，防止出现结构的连续倒塌。

上述结构必须满足的五项功能中，第①、④、⑤项是对结构安全性的要求，第②项是对结构适用性的要求，第③项是对结构耐久性的要求。所以，结构功能要求可概括为安全性、适用性和耐久性。

安全性是指建筑结构在正常施工和正常使用时，能承受可能出现的各种作用；在设计规定的偶然事件（如罕遇地震、爆炸、撞击等）发生后，仍能保持必需的整体稳定性。所谓整体稳定性，即在偶然事件发生时和发生后，建筑结构仅产生局部的损坏而不致发生连续倒塌。

适用性是指建筑结构在正常使用时具有良好的工作性能。例如，混凝土受弯构件在使用时不出现过大的挠度，混凝土构件不产生让使用者感到不安全的裂缝等。

耐久性是指建筑结构在正常使用和正常维护的情况下，应具有足够的耐久性能。所谓足够的耐久性能，就是要求结构在规定的工作环境中、在预定时期内、其材料性能的劣化不致导致结构出现不可接受的失效概率，即在正常维护条件下结构能够使用到规定的设计使用年限。对于混凝土结构，其耐久性应根据环境类别和设计使用年限进行设计。

安全性、适用性和耐久性是结构可靠的标志，称为结构的可靠性。结构的可靠性可以定义为：结构在规定的时间内、在规定的条件下，完成预定功能的能力。

2.3.2　结构功能的极限状态

若结构满足安全性、适用性和耐久性的功能要求，则结构"可靠"或"有效"，否则结构"不可靠"或"失效"。区分结构工作状态"可靠"与"不可靠"的界限，就是极限状态。在极限状态以内结构可靠，超出极限状态结构不可靠。

整个结构或结构的一部分超过某一特定状态就不能满足设计规定的某一功能要求，此特定状态称为该功能的极限状态。极限状态分为承载能力极限状态和正常使用极限状态两类。

2.3.2.1 承载能力极限状态

承载能力极限状态对应于结构或结构构件达到最大承载力或不适于继续承载的变形的状态，即结构或结构构件发挥允许的最大承载能力的状态。结构构件由于塑性变形而使其几何形状发生显著改变，虽未达到最大承载能力，但已彻底不能使用，也属于这种极限状态。

当结构或结构构件出现下列状态之一时，应认为超过了承载能力极限状态：

① 结构构件或连接因超过材料强度而破坏，或因过度变形而不适于继续承载；
② 整个结构或其一部分作为刚体失去平衡（如倾覆等）；
③ 结构转变为机动体系；
④ 结构或结构构件丧失稳定（如压屈等）；
⑤ 结构因局部破坏而发生连续倒塌；
⑥ 地基丧失承载能力而破坏（如失稳等）；
⑦ 结构或结构构件的疲劳破坏。

结构或结构构件一旦超过承载能力极限状态，将造成结构全部或部分破坏或倒塌，如图2-7所示。因承载能力不足而导致的破坏或失效，其损失可能较大，也可能很大。所以，设计中对所有结构构件都必须按承载能力极限状态进行计算，并采取相应构造措施，以保证结构功能要求的"安全性"。

图 2-7　超过承载能力极限状态的案例

2.3.2.2 正常使用极限状态

正常使用极限状态对应于结构或结构构件达到正常使用或耐久性能的某项规定限值的状态，即结构或结构构件达到使用功能上允许的某个限值的状态。

当结构或结构构件出现下列状态之一时，应认为超过了正常使用极限状态：

① 影响正常使用或外观的变形；
② 影响正常使用或耐久性能的局部损坏（包括裂缝）；
③ 影响正常使用的振动；
④ 影响正常使用的其他特定状态。

虽然超过正常使用极限状态的后果一般不如超过承载能力极限状态那样严重，但也不可小视，因为它影响适用性、耐久性的功能要求。设计中要进行正常使用极限状态验算，如验算受弯构件的挠度、混凝土构件的裂缝宽度等。

2.3.3　结构的可靠度

由作用引起的结构或结构构件的反应，例如内力（轴力、弯矩、剪力、扭矩等）、变形和裂缝宽度等，称为作用效应，用 S 表示。由直接作用（荷载）引起的内力、变形和裂缝等效应，又称为荷载效应。由荷载引起的内力和变形效应可由材料力学或结构力学方法计算。作用和作用效应之间是一种因和果的关系，作用具有随机性，作用效应也具有随机性。

结构或结构构件承受作用效应的能力称为抗力，用 R 表示。影响结构抗力的主要因素是结构的几何参数和材料性能。因制作偏差和安装误差会导致几何参数的变异，结构材料由于材质和生产工艺的影响，其强度和变形性能也会有差异，因此，结构或结构构件具有随机性，即抗力 R 具有随机性。

2.3.3.1　结构的极限状态方程

结构的工作性能可用结构的功能函数来描述。所谓功能函数就是关于基本变量的函数，该函数表征一种结构功能。若结构设计时需要考虑 n 个随机变量（基本变量），即 X_1、X_2、$\cdots$、X_n，则这 n 个随机变量之间可建立起结构的功能函数 Z：

$$Z = g(X_1, X_2, \cdots, X_n) \tag{2-7}$$

为了分析的方便，仅考虑两个随机变量：荷载效应 S 和结构抗力 R，于是有简化后的功能函数

$$Z = g(R, S) = R - S \tag{2-8}$$

上式中 R 和 S 是随机变量，函数 Z 也是随机变量。实践中可能出现以下三种情况（图 2-8）：

$Z > 0$　结构处于可靠状态，对应于图中左上区域；

$Z < 0$　结构处于失效状态，对应于图中右下区域；

$Z = 0$　结构处于极限状态，对应于坐标轴夹角的平分线。

显然，保证结构或结构构件可靠或不失效的条件应该是 $Z \geqslant 0$。由极限状态所对应的结构功能函数，就是结构的极限状态方程：

$$Z = g(R, S) = R - S = 0 \tag{2-9}$$

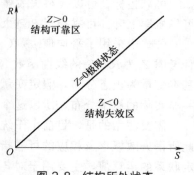

图 2-8　结构所处状态

2.3.3.2　结构的可靠度

结构在规定的时间内，在规定的条件下，完成预定功能的概率，称为结构的可靠度，又称可靠概率。可靠概率用 P_s 表示，$P_s = P(Z \geqslant 0)$。反之，结构在规定的时间内，在规定的条件下，不能完成预定功能的概率 P_f，称为失效概率，且有 $P_f = P(Z < 0)$。结构的可靠概率和失效概率之和应为 1（或 100%）：

$$P_s + P_f = 1 \tag{2-10}$$

由式（2-10）可知，可靠概率上升，失效概率下降；可靠概率下降，失效概率上升。只要知道了失效概率，可靠概率也就唯一确定。

假设 R、S 均服从正态分布，平均值分别为 μ_R、μ_S，标准差分别为 σ_R、σ_S，则 Z 亦服从正态分布，其平均值 μ_Z 和标准差 σ_Z 为：

$$\mu_Z = \mu_R - \mu_S, \quad \sigma_Z = \sqrt{\sigma_R^2 + \sigma_S^2} \tag{2-11}$$

失效概率为单边概率，由定义可得

$$P_f = P(Z < 0) = F(0) \tag{2-12}$$

式中，$F(\cdot)$ 为一般正态分布 $N(\mu, \sigma^2)$ 的分布函数。由概率论与数理统计可知，一般正态分布 $N(\mu, \sigma^2)$ 和标准正态分布 $N(0, 1)$ 的分布函数之间存在如下关系：

$$F(x) = \Phi\left(\frac{x - \mu}{\sigma}\right) \tag{2-13}$$

式中，$\Phi(\cdot)$ 为标准正态分布的分布函数。将式（2-13）代入式（2-12），得到：

$$P_f = \Phi\left(\frac{0 - \mu_Z}{\sigma_Z}\right) = \Phi\left(-\frac{\mu_Z}{\sigma_Z}\right) \tag{2-14}$$

若令

$$\beta = \frac{\mu_Z}{\sigma_Z} = \frac{\mu_R - \mu_S}{\sqrt{\sigma_R^2 + \sigma_S^2}} \tag{2-15}$$

则式（2-14）成为

$$P_f = \Phi(-\beta) \tag{2-16}$$

β 称为结构的可靠指标。结构的可靠指标 β 与失效概率 P_f 的对应关系见表 2-6。

表 2-6　可靠指标与相应的失效概率

β	1.0	2.0	2.7	3.0	3.2	3.7	4.2
P_f	15.87×10^{-2}	2.275×10^{-2}	3.467×10^{-3}	1.350×10^{-3}	6.871×10^{-4}	1.078×10^{-4}	1.335×10^{-5}

可靠指标 β 可以代替失效概率 P_f，由表 2-6 可知，可靠指标增大，失效概率下降，也即可靠概率上升。可靠指标 β 越大，结构越可靠。

公式中采用了平均值 μ_Z（一阶原点矩）和标准差 σ_Z（σ_Z^2 为方差，又称二阶中心矩），且考虑 Z 为 R、S 的线性函数（一次函数），所以这个方法又称为一次二阶矩法。因为假定基本变量为正态分布，假定变量之间为线性函数关系，只用到了平均值和标准差两个参数，并非实际的概率分布，所以这个方法只能算是近似概率设计方法。

需要注意的是，目前由于统计资料不够完备以及结构可靠度分析中引入了近似假定，因此所得失效概率及相应的可靠指标尚非实际值。这些值是一种与结构构件实际失效概率有一定联系的运算值，主要用于对各类结构构件可靠度作相对的度量。

2.3.3.3　按可靠指标的设计准则

在结构设计时，根据结构物的安全等级、规定的可靠指标（又称目标可靠指标）进行设计的准则，称为按可靠指标的设计准则。

结构构件设计时采用的可靠指标，是用校准法求得的。所谓"校准法"就是根据对已有结构构件进行反复计算和综合分析，求得其平均可靠指标来确定今后设计时应采用的目标可靠指标。对于承载能力极限状态的可靠指标，不小于表 2-7 的规定。从表中可以看出，桥梁结构的可靠指标高于建筑结构的可靠指标 1.0。

表 2-7　结构构件承载能力极限状态的可靠指标

破坏类型	建筑结构 安全等级			桥梁结构 安全等级		
	一	二	三	一	二	三
延性破坏	3.7	3.2	2.7	4.7	4.2	3.7
脆性破坏	4.2	3.7	3.2	5.2	4.7	4.2

延性破坏是指结构构件在破坏前有明显的变形或其他预兆，脆性破坏则是指结构构件在破坏前无明显的变形或其他预兆。

建筑结构构件正常使用极限状态的可靠指标，根据其可逆程度宜取 $0 \sim 1.5$。可逆程度较高的结构构件取值较低，可逆程度较低的结构构件取值较高。可逆极限状态是指产生超越状态的作用被移掉后，将不再保持超越状态的一种极限状态；不可逆极限状态是指产生超越状态的作用被移掉后，仍将永久保持超越状态的一种极限状态。

2.4 结构极限状态设计方法

按可靠指标的设计准则，因公式复杂，故不直接用于具体设计，结构的具体设计方法是极限状态设计方法。极限状态设计方法中，采用多系数分析、多系数表达的简化的设计计算公式，其中系数有荷载分项系数、材料分项系数（或抗力分项系数）、结构重要性系数、考虑设计使用年限的荷载调整系数等。而各分项系数的确定，则是以可靠指标和工程经验为依据的❶。设计公式的形式，符合人们长期以来的习惯，便于应用。

2.4.1 材料强度设计值

材料强度是随机变量，具有变异性。材料强度标准值应具有 95% 及以上的保证率，即材料强度实际取值不低于标准值的概率 $\geqslant 95\%$。建筑结构中混凝土材料、砌体取保证率为 95%，所以材料强度标准值 f_k 为

$$f_k = \mu_f - 1.645\sigma_f = \mu_f(1 - 1.645\delta_f) \tag{2-17}$$

式中　μ_f——材料强度平均值；

σ_f——材料强度标准差；

δ_f——材料强度变异系数，$\delta_f = \sigma_f/\mu_f$。

钢筋和钢材的冶金出厂标准要求材料强度保证率不低于 95%。即冶金废品限值为平均值减去 α_f 倍标准差（$\alpha_f \geqslant 1.645$），强度低于这个值者作为废品不予出厂。所以，钢筋、钢材的强度标准值具有不小于 95% 的保证率。

材料强度设计值 f 为材料强度标准值 f_k 除以材料强度分项系数 γ_M 所得：

$$f = f_k/\gamma_M \tag{2-18}$$

不同材料的材料强度分项系数取值不同，例如：混凝土 1.40、400MPa 及以下热轧钢筋 1.10、500MPa 级热轧钢筋 1.15、B 级施工质量砌体 1.6（A 级质量 1.5、C 级质量 1.8）、Q235 钢 1.090、Q345 钢 1.125。常用建筑材料的强度设计值，见附表2、附表5、附表19～附表21、附表24～附表26。

下列情况的砌体，其抗压强度设计值应取附表19～附表21之值乘以如下调整系数 γ_a。

① 对无筋砌体构件，其截面面积 $A < 0.3\text{m}^2$ 时，$\gamma_a = 0.7 + A$；对配筋砌体构件，当其中砌体截面面积 $A < 0.2\text{m}^2$ 时，$\gamma_a = 0.8 + A$；构件截面面积 A 以 "m^2" 计。

② 当用强度等级低于 M5.0 的水泥砂浆砌筑时，轴心抗压，$\gamma_a = 0.9$。

---

❶ 概率极限状态设计方法必须以统计数据为基础，按可靠指标的要求确定分项系数；当缺乏统计数据时，可以不通过可靠指标 β，直接按工程经验确定分项系数。

③ 当验算施工中房屋的构件时，$\gamma_a = 1.1$。

④ 当采用施工质量控制等级为 C 级时，$\gamma_a = 0.89$；当采用 A 级时，$\gamma_a = 1.05$。

同时满足上述多项时，γ_a 的系数应连乘。

2.4.2 承载能力极限状态设计

结构设计时分四种不同的设计状况：持久设计状况，短暂设计状况，偶然设计状况和地震设计状况。持久设计状况是在结构使用过程中一定出现，且持续时间很长的设计状况，其持续时间一般与设计使用年限为同一数量级；短暂设计状况是在结构施工和使用过程中出现概率较大，而与设计使用年限相比，其持续时间很短的设计状况；偶然设计状况是在结构使用过程中出现概率很小，且持续时间很短的设计状况；地震设计状况是结构遭受地震时的设计状况，在抗震设防地区必须考虑地震设计状况。

所谓设计状况，就是代表一定时段内实际情况的一组设计条件，设计应做到在该组条件下结构不超越有关的极限状态。结构设计时应根据结构在施工、使用中的环境条件和影响，区分不同的设计状况。不同设计状况的结构体系、结构所处环境条件、经历的时间长短都是不同的，所以设计时所采用的计算模式、作用（或荷载）、材料性能的取值及结构的可靠度水平也有差异。

任何结构构件、不管处于何种设计状况，均应进行截面承载能力设计，以确保安全。截面承载能力极限状态下的设计表达式为：

$$\gamma_0 S_d \leqslant R_d \tag{2-19}$$

式中　γ_0——结构重要性系数：对持久设计状况和短暂设计状况，安全等级为一级的结构构件不应小于 1.1，安全等级为二级的结构构件不应小于 1.0，安全等级为三级结构构件不应小于 0.9；对偶然设计状况和地震设计状况不应小于 1.0；

　　　　S_d——荷载组合的效应设计值；

　　　　R_d——结构构件抗力设计值。

结构构件抗力设计值在后续的相关章节分别涉及，荷载组合的效应设计值是荷载组合中的最不利值，下面介绍荷载组合的效应。持久设计状况和短暂设计状况承载能力极限状态计算时采用基本组合，基本组合就是永久荷载和可变荷载组合；偶然设计状况承载能力极限状态计算时采用偶然组合，偶然组合就是永久荷载、可变荷载及一个偶然荷载的组合；地震设计状况承载能力极限状态计算时采用地震组合，地震组合就是地震作用和其他作用的组合。

本书后面将 $\gamma_0 S_d$ 作为一个整体称为相应内力设计值，分别用轴力设计值 N、弯矩设计值 M、剪力设计值 V 和扭矩设计值 T 取而代之：即 $N = \gamma_0 S_d$，$M = \gamma_0 S_d$，$V = \gamma_0 S_d$，$T = \gamma_0 S_d$。

2.4.2.1 基本组合

（1）荷载组合　各个荷载组合后称为荷载设计值。可变荷载控制的组合，应按式(2-20)计算

$$G + Q = \sum_{j=1}^{m} \gamma_{G_j} G_{jk} + \gamma_{Q_1} \gamma_{L_1} Q_{1k} + \sum_{i=2}^{n} \gamma_{Q_i} \gamma_{L_i} \psi_{c_i} Q_{ik} \tag{2-20}$$

式中　γ_{G_j}——第 j 个永久荷载分项系数，当其荷载对结构不利时应取 1.2；对结构有利时，一般情况下应取 1.0，对结构的倾覆、滑移或漂浮验算应取 0.9；

γ_{Q_i}——第 i 个可变荷载分项系数，其中 γ_{Q_1} 为主导可变荷载 Q_1 的分项系数，一般情况下取 1.4；对于标准值大于 $4kN/m^2$ 的工业房屋楼面结构的活荷载应取 1.3；

γ_{L_i}——第 i 个可变荷载考虑结构设计使用年限的荷载调整系数，其中 γ_{L_1} 为主导可变荷载 Q_1 考虑设计使用年限的调整系数，楼面和屋面活荷载该系数取值为：使用年限 5 年取 0.9，使用年 50 年取 1.0，使用年限 100 年取 1.1；

G_{jk}——第 j 个永久荷载标准值；

Q_{1k}——起控制作用的一个可变荷载（主导可变荷载）标准值❶；

Q_{ik}——第 i 个可变荷载标准值；

ψ_{c_i}——可变荷载 Q_i（或 q_i）的组合值系数，取值参见《建筑结构荷载规范》；

m——参与组合的永久荷载数；

n——参与组合的可变荷载数。

永久荷载控制的组合，应按式（2-21）计算

$$G + Q = \sum_{j=1}^{m} \gamma_{G_j} G_{jk} + \sum_{i=1}^{n} \gamma_{Q_i} \gamma_{L_i} \psi_{c_i} Q_{ik} \tag{2-21}$$

式中　γ_{G_j}——第 j 个永久荷载分项系数，对结构不利时应取 1.35。

由可变荷载控制的组合，γ_G 一般取 1.2，工程上又称为"1.2 组合"；由永久荷载控制的组合，γ_G 取 1.35，又称为"1.35 组合"。

当为均匀分布的线荷载时，公式中的 G、Q 应改为 g、q。由组合后的荷载（荷载设计值）根据力学关系计算相应效应，就是荷载组合的效应设计值，公式形式为

$$\gamma_0 S_d = \gamma_0 S_d(G + Q) \tag{2-22}$$

式中　$S_d(\cdot)$——荷载组合的效应函数。

（2）荷载效应组合　对于线弹性结构，荷载和效应成比例，荷载组合的效应和荷载效应组合，两者相等。所以，可以先分别计算荷载效应，然后按下列公式进行荷载效应组合。

由可变荷载（效应）控制的组合

$$\gamma_0 S_d = \gamma_0 \left(\sum_{j=1}^{m} \gamma_{G_j} S_{G_{jk}} + \gamma_{Q_1} \gamma_{L_1} S_{Q_{1k}} + \sum_{i=2}^{n} \gamma_{Q_i} \psi_{c_i} \gamma_{L_i} S_{Q_{ik}} \right) \tag{2-23}$$

式中　γ_{G_j}——第 j 个永久荷载分项系数，对结构不利时应取 1.2；

$S_{G_{jk}}$——第 j 个永久荷载标准值的效应；

$S_{Q_{1k}}$——起控制作用的一个可变荷载（主导可变荷载）标准值的效应；

$S_{Q_{ik}}$——第 i 个可变荷载标准值的效应。

由永久荷载（效应）控制的组合

$$\gamma_0 S_d = \gamma_0 \left(\sum_{j=1}^{m} \gamma_{G_j} S_{G_{jk}} + \sum_{i=1}^{n} \gamma_{Q_i} \gamma_{L_i} \psi_{c_i} S_{Q_{ik}} \right) \tag{2-24}$$

式中，γ_{G_j} 取 1.35。

2.4.2.2　偶然组合

对于偶然组合，荷载效应组合的设计值宜按下列规定确定：偶然荷载的代表值不乘分项

---

❶ 当无法明显判断哪一个可变荷载起控制作用时，可将各可变荷载依次取为 Q_{1k} 进行组合，选最不利的组合用于设计计算。

系数；与偶然荷载同时出现的其他荷载可根据观测资料和工程经验采用适当的代表值。各种情况下荷载效应的设计值公式可由有关规范另行规定。

2.4.2.3 地震组合

地震设计状况下，结构构件的水平地震作用效应和其他荷载效应的基本组合，应按式(2-25)计算：

$$S_d = \gamma_G S_{GE} + \gamma_{Eh} S_{Ehk} + \psi_w \gamma_w S_{wk} \tag{2-25}$$

式中　S_d——结构构件内力组合的设计值，包括弯矩、轴力、剪力；

γ_G——重力荷载分项系数，一般情况下应采用 1.2，当重力荷载效应对构件承载能力有利时，不应大于 1.0；

γ_{Eh}——水平地震作用分项系数，仅计算水平地震作用时取 1.3；

ψ_w——风荷载组合值系数，一般结构取 0.0，风荷载起控制作用的建筑应采用 0.2；

γ_w——风荷载分项系数，应采用 1.4；

S_{GE}——重力荷载代表值的效应；

S_{Ehk}——水平地震作用标准值的效应；

S_{wk}——风荷载标准值的效应。

【例 2-3】 某砖混住宅楼，采用简支空心楼板，板宽 0.9m，计算跨度 3.3m，包括板间灌缝在内的板自重产生的恒载标准值为 1.6kN/m²。板顶采用 20mm 厚水泥砂浆抹面，板底采用 20mm 厚纸筋石灰泥粉刷。楼面活荷载标准值 2.0kN/m²，组合值系数 $\psi_c = 0.7$。结构安全等级为二级，设计使用年限为 50 年，试计算板跨中的弯矩设计值。

【解】

(1) 沿板长方向均匀分布的线荷载标准值

20mm 厚水泥砂浆面层：　　$20.0 \times 0.02 \times 0.9 = 0.36$kN/m

板自重（含板缝）：　　$1.6 \times 0.9 = 1.44$kN/m

20mm 厚纸筋石灰泥粉刷：　　$16.0 \times 0.02 \times 0.9 = 0.288$kN/m

恒载标准值：$g_k = 0.36 + 1.44 + 0.288 = 2.088$kN/m

活载标准值：$q_k = 2.0 \times 0.9 = 1.8$kN/m

(2) 方法之一：先将荷载组合，然后计算效应

可变荷载控制的组合，"1.2 组合"：

$$g + q = \gamma_G g_k + \gamma_Q \gamma_L q_k = 1.2 \times 2.088 + 1.4 \times 1.0 \times 1.8 = 5.026 \text{kN/m}$$

永久荷载控制的组合，"1.35 组合"：

$$g + q = \gamma_G g_k + \gamma_Q \psi_c \gamma_L q_k = 1.35 \times 2.088 + 1.4 \times 0.7 \times 1.0 \times 1.8 = 4.583 \text{kN/m}$$

取两者的较大值计算弯矩，即取 $g + q = 5.026$kN/m。

$$M = \gamma_0 S_d = \gamma_0 \frac{1}{8}(g + q) l_0^2 = 1.0 \times \frac{1}{8} \times 5.026 \times 3.3^2 = 6.84 \text{kN} \cdot \text{m}$$

(3) 方法之二：先计算荷载标准值产生的效应，然后进行效应组合

$$M_{Gk} = \frac{1}{8} g_k l_0^2 = \frac{1}{8} \times 2.088 \times 3.3^2 = 2.84 \text{kN} \cdot \text{m}$$

$$M_{Qk} = \frac{1}{8} q_k l_0^2 = \frac{1}{8} \times 1.8 \times 3.3^2 = 2.45 \text{kN} \cdot \text{m}$$

可变荷载控制的组合，"1.2 组合"：

$$M = \gamma_0 S_d = \gamma_0 (\gamma_G M_{Gk} + \gamma_Q \gamma_L M_{Qk})$$
$$= 1.0 \times (1.2 \times 2.84 + 1.4 \times 1.0 \times 2.45) = 6.84 \text{kN} \cdot \text{m}$$

永久荷载控制的组合，"1.35 组合"：

$$M = \gamma_0 S_d = \gamma_0 (\gamma_G M_{Gk} + \gamma_Q \psi_c \gamma_L M_{Qk})$$
$$= 1.0 \times (1.35 \times 2.84 + 1.4 \times 0.7 \times 1.0 \times 2.45) = 6.24 \text{kN} \cdot \text{m}$$

板跨中弯矩设计值应取两者中的较大值，即：$M = 6.84 \text{kN} \cdot \text{m}$。两种方法所得结果相同。

2.4.3　正常使用极限状态设计

结构构件应根据其使用功能及外观要求，按下列规定进行正常使用极限状态验算：对需要控制变形的构件，应进行变形验算；对不允许出现裂缝的构件，应进行混凝土拉应力验算；对允许出现裂缝的构件，应进行受力裂缝宽度验算；对舒适度有要求的楼盖结构，应进行竖向自振频率验算。

对于正常使用极限状态，构件应分别按荷载的准永久组合并考虑长期作用的影响或标准组合并考虑长期作用的影响，采用如下极限状态设计表达式进行验算：

$$S_d \leqslant C \tag{2-26}$$

式中　S_d——正常使用极限状态荷载组合的效应设计值；

C——结构或结构构件达到正常使用要求的规定限值，例如变形、应力、裂缝宽度、振幅、加速度、自振频率等的限值。

2.4.3.1　标准组合

① 标准组合的效应设计值可按式（2-27）确定：

$$S_d = S_d \left(\sum_{j=1}^{m} G_{jk} + Q_{1k} + \sum_{i=2}^{n} \psi_{c_i} Q_{ik} \right) \tag{2-27}$$

② 当作用与作用效应按线性关系考虑时，标准组合的效应设计值按式（2-28）计算：

$$S_d = \sum_{j=1}^{m} S_{G_{jk}} + S_{Q_{1k}} + \sum_{i=2}^{n} \psi_{c_i} S_{Q_{ik}} \tag{2-28}$$

2.4.3.2　准永久组合

① 准永久组合的效应设计值可按式（2-29）确定：

$$S_d = S_d \left(\sum_{j=1}^{m} G_{jk} + \sum_{i=1}^{n} \psi_{q_i} Q_{ik} \right) \tag{2-29}$$

② 当作用与作用效应按线性关系考虑时，准永久组合的效应设计值可按式（2-30）计算：

$$S_d = \sum_{j=1}^{m} S_{G_{jk}} + \sum_{i=1}^{n} \psi_{q_i} S_{Q_{ik}} \tag{2-30}$$

··练习题··

2-1　结构的设计基准期和设计使用年限有什么区别？

2-2 结构在设计使用年限内应满足哪些功能要求?

2-3 永久荷载和可变荷载分别取什么值为代表值?

2-4 荷载组合的效应和荷载效应的组合有什么区别?

2-5 安全等级为二级的建筑结构构件,延性破坏的目标可靠指标应为多少?

2-6 结构的可靠概率和失效概率之间有什么关系?

2-7 混凝土和砌体的材料强度保证率是多少?

2-8 什么是持久设计状况和短暂设计状况?

2-9 下列哪项房屋结构的设计使用年限为 100 年?( )

A. 标志性建筑   B. 大型商场   C. 高层住宅楼   D. 教学楼

2-10 下列荷载中,属于静力荷载的是( )。

A. 撞击力   B. 吊车荷载   C. 雪荷载   D. 风荷载

2-11 对于土压力 I、风荷载 II、检修荷载 III、结构自重 IV,属于可变荷载的是( )。

A. I、II   B. III、IV   C. I、IV   D. II、III

2-12 按随时间的变异,作用可分为永久作用、可变作用和( )三类。

A. 地震作用   B. 爆炸作用   C. 温度作用   D. 偶然作用

2-13 安全等级为一级的房屋结构,其重要性系数 γ_0 不应( )。

A. 大于 1.1   B. 小于 1.1   C. 大于 1.0   D. 小于 1.0

2-14 下列情况下,构件超过承载能力极限状态的是( )。

A. 在荷载作用下产生较大的变形而影响使用

B. 构件在动力荷载作用下产生较大的振动

C. 构件受拉区混凝土出现裂缝

D. 构件因过度变形而不适于继续承载

2-15 下列情况中,构件超过正常使用极限状态的是( )。

A. 构件因过度变形而不适于继续承载

B. 构件丧失稳定

C. 构件在荷载作用下产生较大的变形而影响使用

D. 构件因超过材料强度而破坏

2-16 设计使用年限为 100 年的建筑结构,考虑结构使用年限的荷载调整系数 γ_L,取值应为( )。

A. 0.8   B. 0.9   C. 1.0   D. 1.1

2-17 工业房屋楼面活荷载为 4.5kN/m²,则其分项系数 γ_Q 应为( )。

A. 1.4   B. 1.2   C. 1.3   D. 1.1

2-18 现浇钢筋混凝土楼面的做法是:20mm 厚水泥砂浆面层,80mm 厚钢筋混凝土现浇板,20mm 厚石灰砂浆抹底。试计算楼板自重标准值(kN/m²)。

2-19 某住宅房屋的楼面梁跨中截面,由永久荷载标准值引起的弯矩 M_{Gk}= 48.5kN·m,由楼面活荷载标准值引起的弯矩 M_{Qk}= 32.7kN·m。结构安全等级为二级,设计使用年限为 50 年,活荷载组合值系数 ψ_c= 0.7,试求基本组合下的弯矩设计值。

2-20 钢筋混凝土矩形截面简支梁,截面尺寸为 250mm × 500mm,计算跨度 l_0= 6.0m,净跨度 l_n= 5.7m,梁上作用有永久荷载标准值 12.6kN/m(不含梁自重),可变荷载标准值 q_k= 15.8kN/m,可变荷载组合值系数 ψ_c= 0.7。结构的安全等级为二级,设计使用年限为 50 年。按持久状况承载能力极限状态设计,试计算梁的跨中弯矩设计值和支座剪力设计值(提示:计算跨中弯矩时,采用梁的计算跨度;计算支座剪力时,采用梁的净跨度)。

第3章 建筑结构材料

【内容提要】

本章简要介绍建筑结构中主要材料的性能、品种和规格，包括钢材的力学性能、钢筋和结构钢的品种和规格，混凝土的强度等级、混凝土的力学性能以及混凝土和钢筋之间的黏结，砌体的材料组成、砖砌体受压的力学性能和砌体结构材料选用要求。

【基本要求】

通过本章的学习，要求了解钢材的力学性能指标的含义，掌握热轧钢筋和钢材的品种、规格；了解混凝土的强度试验方法和变形性能，熟悉混凝土和钢筋之间黏结的概念和提高黏结强度的措施；了解砌体的材料组成，掌握砖砌体受压的力学性能及强度影响因素。

3.1 钢　　材

由铁矿石在高炉内冶炼得到的含碳量＞2.06％的铁碳合金，称为生铁。生铁中除铁、碳元素以外，还含硅、锰和少量的磷、硫。据考证，早在二千多年前的春秋时期，先民就用铁制作农具。现代建筑结构采用钢材，而不用生铁或熟铁。钢是由生铁、废钢冶炼而成的以铁为主要元素，含碳量为 0.02％～2.06％，并含有其他元素的合金材料。

3.1.1 钢材的力学性能

钢材的力学性能主要指单向拉伸性能、冷弯性能和冲击韧性等几个方面。

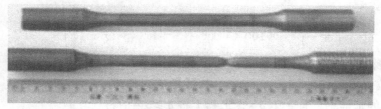

图 3-1　标准钢试样

3.1.1.1 单向拉伸性能

测定材料性能参数时，要考虑到试样尺寸的影响，为统一起见，采用钢材制作的标准试样（图 3-1）。圆试样直径 10mm，长试样标距 100mm，短试样标距 50mm。也可采用规定长度的钢筋试样。碳素结构钢和热轧钢筋拉伸时的应力-应变曲线如图 3-2 所示，经历弹性阶段、屈服阶段、强化阶段（应变硬化阶段）和颈缩阶段共四个阶段。

（1）强度指标　图 3-2 中纵坐标（拉应力）的特征值称为材料的强度指标，共有比例极限 f_p、弹性极限 f_e、屈服点 f_y 和强度极限 f_u 四项。

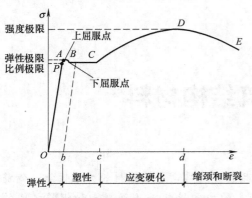

图 3-2　钢材典型的应力-应变曲线

在弹性阶段 OA 之中，应力和应变之间满足线性关系的最大应力，即图示直线段的最高点 P 的应力，称为比例极限，用 f_p 表示。当应力不超过比例极限时，胡克定律成立：$\sigma = E\varepsilon$，其中比例系数 E 称为弹性模量或杨氏模量。弹性变形的上限应力，即图中 A 点的应力，称为弹性极限。因弹性极限和比例极限靠得很近，一般试验很难区分开，故不作单独测定。

当应力达到一定水平以后，应力不再增加或有略有下降（小范围内波动）而应变急剧增大的现象，称为屈服。屈服阶段 ABC 又称为流动阶段。流动阶段的最大应力称为上屈服点，最小应力称为下屈服点。大量试验证实，下屈服点比较稳定，通常以此作为材料的屈服点，又称屈服极限或屈服强度，用 f_y 表示。屈服点是钢材重要的力学指标，因为进入屈服阶段，表明材料已失去对变形的抵抗能力，所以应力达到屈服就认为材料已失效。

经过屈服阶段以后，钢材内部晶粒经调整重新排列，抵抗外荷载的能力有所提高，CD 段称为强化阶段或应变硬化阶段。试样所能承受的最大名义应力即最大拉力除以截面初始面积，定义为材料的强度极限（抗拉强度），即图 3-2 中最高点 D 所对应的应力，用 f_u 表示。当以屈服点作为强度计算的限值时，f_u 与 f_y 的差值可作为强度储备。强度储备的大小常用 f_y/f_u 表示，该比值称为屈强比。

对于无明显屈服现象的高强度钢材或钢筋，应力-应变曲线如图 3-3 所示。一般取使试样产生 0.2% 残余应变所对应的应力作为名义屈服点或条件屈服点，用 $f_{0.2}$ 表示（对应于材料力学的 $\sigma_{0.2}$）。

（2）塑性指标　材料塑性的好坏是决定结构或构件是否安全可靠的主要因素之一，它是以拉断试样后的残余变形量来定义的。试样初始标距长 l_0，试样断后标距长 l_1，则断后伸长率 δ 定义为：

$$\delta = \frac{l_1 - l_0}{l_0} \times 100\% \tag{3-1}$$

断后伸长率又称延伸率，δ 之于长试样和短试样其值不同，故以 l_0/d 的数值为角标加以区别。δ_{10} 为长试样的延伸率，δ_5 则为短试样的延伸率，且 $\delta_5 > \delta_{10}$。工程上将 $\delta \geqslant 5\%$ 的材料称为塑性材料或延性材料，而将 $\delta < 5\%$ 的材料称为脆性材料。

3.1.1.2　冷弯性能

拉伸试验所得到的力学性能指标是单一的指标，而且还是静力指标，钢筋或钢试样的冷弯性能是综合指标。冷弯性能由冷弯试验确定，如图 3-4 所示。钢筋或钢试样绕直径为 D（规定的弯芯直径）的辊轴弯曲 180°或用冲头加压使其弯曲 180°，再用放大镜检查钢筋或钢试样表面，如果无裂纹、脱皮、分层等现象出现，则认为钢材的冷弯性能合格。

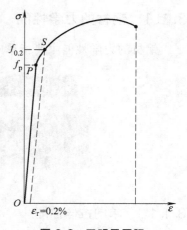

图 3-3　无明显屈服钢材的 σ-ε 曲线

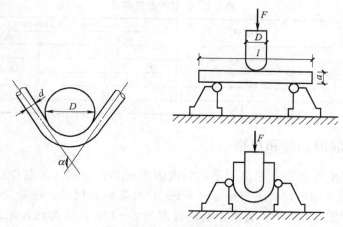

图 3-4 钢材冷弯试验示意

冷弯性能合格，表明钢材在构件制作过程中的冷加工性能或弯折加工性能好。

冷弯试验不仅能直接检验钢材的弯曲变形能力或塑性性能，而且还能暴露其内部的冶金缺陷，如硫、磷偏析和硫化物与氧化物的掺杂情况。这些内部冶金缺陷将降低冷弯性能。所以，冷弯性能合格是鉴定钢材在弯曲状态下的塑性应变能力和钢材质量的综合指标。

3.1.1.3 冲击韧性

冲击韧性表示材料抵抗冲击作用的能力。它与材料的塑性有关，而又不同于塑性，是强度与塑性的综合表现。若强度提高，韧性降低则说明钢材趋于脆性。

如图 3-5 所示，中部带有 V 形缺口的标准试样，尺寸为 55mm×10mm×10mm，两端铰支，用摆锤冲击缺口断面。缺口附近承受拉应力，且发生应力集中，故试样沿缺口断面断裂。测量试样破坏后所消耗的功 A_{kv}，单位为焦（J），以此定义冲击韧性。冲击功的大小与材料的内在质量、宏观缺陷和微观组织变化有关，受温度影响大。

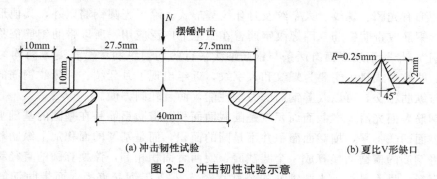

(a) 冲击韧性试验   (b) 夏比V形缺口

图 3-5 冲击韧性试验示意

冲击韧性随温度的降低而下降。其规律是开始下降缓慢，当达到一定温度范围时，突然下降很多而呈脆性，这种性质称为钢材的冷脆性，这时的温度称为脆性临界温度。钢材的脆性临界温度越低，低温冲击韧性越好。同一牌号的钢材质量根据不同温度下的冲击韧性指标划分等级（表 3-1），碳素结构钢分 A、B、C、D 四级，低合金高强度结构钢分 A、B、C、D、E 五级。

对于直接承受动力荷载而且可能在负温下工作的重要结构，应有相应温度下的冲击韧性保证。

表 3-1　钢材的质量等级

质量等级	温度/℃	冲击功 A_{kv}(纵向)/J,不小于	
		碳素结构钢	低合金高强度结构钢
A		不要求	不要求
B	20	27	34
C	0	27	34
D	−20	27	34
E	−40	—	27

3.1.2　普通钢筋的品种和规格

加固混凝土所使用的钢条称为钢筋,它由碳素钢和合金钢加工制作而成。一般将直径 $d \geqslant 6mm$ 的钢条称为钢筋,而将直径 $d < 6mm$ 的钢条称为钢丝。钢筋交货时可以是直条,也可以是盘卷,如图 3-6 所示。直条钢筋的长度为 $6 \sim 12m$,长度允许偏差为 $0 \sim +50mm$。盘卷交货时,每盘应是一条钢筋,允许每批有 5% 的盘数(不足两盘时可有两盘)由两条钢筋组成。其盘重和盘径由供需双方协商确定,每根盘条重量(质量)不应小于 $500kg$。

图 3-6　直条和盘卷钢筋

3.1.2.1　钢筋的外形

钢筋外形有光圆、螺纹、人字纹及月牙纹等形式。除了光圆钢筋以外,其他形式的钢筋统称为变形钢筋或带肋钢筋。因螺纹钢筋曾在工地上广泛应用,所以带肋钢筋俗称"螺纹钢筋或螺纹钢"。带肋钢筋表面有两条与钢筋轴线平行的均匀纵肋和沿长度方向均匀分布的横肋,横肋的肋纹形式过去主要为螺纹和人字纹,近年出现了月牙纹。月牙纹钢筋的横肋呈月牙形且不与纵肋相交,可以改善钢筋的力学性能,而且轧制方便。

光圆钢筋表面光滑,横截面面积就是圆截面面积。带肋钢筋是在基圆的基础上附加了突起的肋,表面凹凸不平,横截面面积并不是圆的面积,而是基圆的面积加上纵肋和横肋的截面面积。将钢筋的横截面换算成一个圆截面,使两者面积相等,该换算圆的直径称为带肋钢筋的公称直径。显而易见,光圆钢筋的公称直径 d 就等于钢筋直径,而带肋钢筋的公称直径 d 小于钢筋表面外接圆的直径(外径)d_e,大于基圆直径(内径)d_i。带肋钢筋公称直径、内径、横肋高度和外径的对应关系见表 3-2。

表 3-2　带肋钢筋公称直径 d 与内径 d_i、横肋高度 h 和外径 d_e 之间的对应关系

单位:mm

d	6	8	10	12	14	16	18	20	22	25	28	32	36	40	50
d_i	5.8	7.7	9.6	11.5	13.4	15.4	17.3	19.3	21.3	24.2	27.2	31.0	35.0	38.7	48.5
h	0.6	0.8	1.0	1.2	1.4	1.5	1.6	1.7	1.9	2.1	2.2	2.4	2.6	2.9	3.2
d_e	7.0	9.3	11.6	13.9	16.2	18.4	20.5	22.7	25.1	28.4	31.6	35.8	40.2	44.5	54.9

3.1.2.2 普通钢筋的品种和规格

用于钢筋混凝土结构中的钢筋和预应力混凝土结构中的非预应力筋，称为普通钢筋。普通钢筋由碳素钢、低合金钢热轧而成，又称热轧钢筋。经热轧成型并自然冷却的成品钢筋称为普通热轧钢筋，在轧制过程中通过控轧控冷工艺形成的细晶粒钢筋称为细晶粒热轧钢筋，轧制成型后经高温淬火、再余热处理的钢筋称为余热处理钢筋。

（1）普通热轧钢筋　建筑结构中采用的普通热轧钢筋，按屈服强度标准值大小分为以下四个级别。

HPB300 级（符号Φ）热轧光圆钢筋，由碳素钢经热轧而成，公称直径 6～22mm，国家标准《钢筋混凝土用钢》（GB 1499）推荐直径：6mm、8mm、10mm、12mm、16mm、20mm。

HRB335 级（符号Φ）、HRB400 级（符号Φ）、HRB500 级（符号Φ）热轧带肋钢筋，由低合金钢经热轧而成，公称直径 6～50mm，推荐直径：6mm、8mm、10mm、12mm、16mm、20mm、25mm、32mm、40mm、50mm。

HRB400 级、HRB500 级钢筋强度高、延性好、锚固性能好，混凝土结构中纵向受力钢筋宜优先采用，作为纵向受力的主导钢筋；HRB335 级钢筋虽然延性和锚固性能均较好，但强度较低，故限制其应用（公称直径不超过 14mm），并逐步淘汰❶；HPB300 级钢筋强度低、锚固性能差，只用作板、基础和荷载不大的梁、柱受力钢筋，可用作箍筋和其他构造钢筋，且可用直径为 6mm、8mm、10mm、12mm、14mm。

（2）细晶粒热轧钢筋　细晶粒热轧带肋钢筋可采用两个级别，即 HRBF400 级（符号ΦF）和 HRBF500 级（符号ΦF），公称直径 6～50mm。该系列的钢筋在结构中应用不多，积累的经验有限，一般用于承受静力荷载的构件，经过试验验证后，方可用于疲劳荷载作用的构件。

（3）余热处理钢筋　余热处理带肋钢筋的强度级别为 RRB400 级（符号ΦR），公称直径为 6～50mm。余热处理钢筋的强度虽然较高，但延性、可焊性、机械连接性能及施工适应性降低，其应用受到一定限制。RRB400 级钢筋一般可用于对变形性能及加工性能要求不高的构件中，如基础、大体积混凝土、楼板、墙体以及次要的中小结构构件，且不宜用于直接承受疲劳荷载的构件。

用于混凝土结构的钢筋应具有适当的屈强比、足够的塑性、可焊性、与混凝土良好的黏结力、抗低温性能，设计时应按下列规定选用：①纵向受力普通钢筋宜采用 HRB400、HRB500、HRBF400、HRBF500 钢筋，也可采用 HPB300、HRB335、RRB400 钢筋；②梁、柱纵向受力普通钢筋应采用 HRB400、HRB500、HRBF400、HRBF500 钢筋；③箍筋宜采用 HRB400、HRBF400、HPB300、HRB500、HRBF500 钢筋，也可采用 HRB335 钢筋。

3.1.3　结构钢的品种和规格

按照用途不同，工业用钢常分为结构钢、工具钢和特殊性能钢；钢材按照化学成分可分为碳素钢和合金钢两大类；根据脱氧方式和程度不同，钢材又可分为沸腾钢（F）、镇静钢（Z）和特殊镇静钢（Tz）三类。

---

❶　国家标准《钢筋混凝土用钢——第 2 部分：热轧带肋钢筋》（GB 1499.2—2012）已取消了 335MPa 级钢筋，生产厂家将淘汰该级别钢筋的生产，新增加了 600MPa 级钢筋。

3.1.3.1 建筑结构钢的牌号

建筑结构中广泛采用碳素钢和低合金钢，其牌号介绍如下。

（1）碳素结构钢 碳素钢按碳含量的多少，分为低碳钢、中碳钢和高碳钢三类。其中低碳钢碳含量＜0.25％，中碳钢碳含量为0.25％～0.6％，高碳钢碳含量＞0.6％。

建筑结构用碳素钢多采用低碳钢，因为其塑性、韧性和可焊性均好于中碳钢和高碳钢；有时也使用中碳钢，比如高强度螺栓用钢；也有使用高碳钢的情形，如碳素钢丝。

碳素结构钢的牌号用屈服强度标准值编号，其牌号标注如下：代表屈服点字母、屈服应力标准值-质量等级、脱氧方法。其中，代表屈服点字母为Q；屈服应力标准值为钢材厚度（直径）≤16mm时的屈服点标准值f_{yk}；质量等级共分A、B、C、D四级，与冲击韧性有关，见表3-1；脱氧方法，对于沸腾钢标注F，镇静钢和特殊镇静钢不用标注。

例如：Q235-BF——屈服应力标准值为235N/mm²的B级沸腾钢

Q275-C——屈服应力标准值为275N/mm²的C级镇静钢

碳素结构钢有Q195、Q215、Q235和Q275共四个牌号。钢结构中通常只使用Q235钢。Q235钢根据厚度尺寸分档，厚度越厚，存在的缺陷可能越多，强度就越低。

（2）合金钢 合金钢是在冶炼过程中加入一种或多种合金元素，如硅、锰、钛、钒等而得的钢种。按合金元素含量不同，合金钢可分为低合金钢（合金含量＜5％）、中合金钢（合金含量5％～10％）和高合金钢（合金含量＞10％）。

低合金高强度结构钢的牌号用屈服强度标准值编号，其牌号标注为：Q、屈服应力标准值、质量等级。其中，质量等级分为A、B、C、D、E五级，与冲击韧性有关，见表3-1。

例如：Q345C——屈服应力标准值为345N/mm²的C级低合金钢

Q460E——屈服应力标准值为460N/mm²的E级低合金钢

目前低合金高强度结构钢有Q295、Q345、Q390、Q420和Q460共五个牌号。其中Q345钢、Q390钢和Q420钢为钢结构的选用钢材。

3.1.3.2 建筑结构钢的品种和规格

钢结构用钢包括钢板、热轧型钢、钢管、冷弯薄壁型钢和压型钢板等。因各种钢构件一般直接选用型钢或钢板及其组合，构件之间可直接连接或辅以钢板进行连接（焊缝连接、螺栓连接、铆钉连接），故钢结构所用钢材主要是钢板和型钢。

（1）钢板 用光面轧辊轧制而成的不固定边部变形的热轧扁平钢材，以平板状态供货的称为钢板；成卷交货、轧制宽度不小于600mm的条带形钢材称为钢带，如图3-7所示。根

图 3-7 钢板和钢带

据轧制温度不同，又可分为热轧和冷轧两种。建筑结构用钢板及钢带的钢种主要是碳素结构钢，重型结构、大跨径桥梁、高压容器等用钢板通常采用低合金结构钢。

钢板按厚度分为薄钢板和厚钢板两大规格，薄钢板是冷弯薄壁型材的原料，厚钢板广泛用来组成焊接构件和连接钢板。

① 薄钢板。薄钢板是用热轧或冷轧方法生产的厚度在 0.2～4.0mm 之间的钢板，其宽度为 500～1400mm。

② 厚钢板。厚钢板是厚度 $t>4$mm 钢板的统称，其宽度为 600～3000mm。在工程应用中，常将厚度 4mm$<t<20$mm 的钢板称为中板；厚度 20mm$\leqslant t\leqslant 60$mm 的钢板称为厚板；厚度 $t>60$mm 的钢板因需在专门的特厚板轧机上轧制，故称为特厚板。

(2) 型钢　钢结构用热轧型钢主要是碳素结构钢和低合金结构钢，按截面形状分为角钢、槽钢、工字钢和 H 型钢，如图 3-8 所示。

① 角钢。经过热轧工艺处理的两边相互垂直成直角形的实心长条钢材，称为热轧角钢，简称角钢。根据边长是否相等，角钢分为等边角钢和不等边角钢两种。角钢符号为"∟"，等边角钢用"肢宽×肢厚（mm）"表示，如∟36×5，表示肢宽为 36mm、肢厚为 5mm 的等边角钢。不等边角钢用"长肢宽×短肢宽×肢厚"表示，如∟100×80×7，表示长肢宽为 100mm、短肢宽为 80mm、肢厚为 7mm 的不等边角钢。

图 3-8　热轧型钢

角钢可按结构的不同需要组成各种不同的受力构件，也可作构件之间的连接件，广泛应用于各种钢结构。

② 槽钢。经过热轧工艺处理的具有槽形截面的实心长条钢材，称为热轧槽钢，简称槽钢。槽钢的符号为"["，用截面高度的厘米数和腹板厚度类型 a、b、c 表示型号。例如[36a、[36c，表示截面高度均为 36cm，腹板厚度分别 9.0mm、13.0mm 的槽钢。

槽钢翼缘表面的斜度比较平缓，连接螺栓比较容易。

③ 工字钢。经过热轧工艺处理的具有工字形截面的实心长条钢材，称为热轧工字钢，

简称工字钢。工字钢用符号"I"后面跟截面高度的厘米数和腹板厚度类型 a、b、c 来表示型号。如 I32a、I32b、I32c，表示普通工字钢截面高度均为 32cm，腹板厚度则不同，其厚度依次为 9.5mm、11.5mm 和 13.5mm。

工字钢翼缘表面的斜度较大，连接螺栓不方便。工字钢主要作为大型结构的钢梁、钢柱使用。

④ H 型钢。经过热轧工艺处理的截面形状为 H 形的实心长条钢材，称为热轧 H 型钢，简称 H 型钢。热轧 H 型钢分宽翼（HW）、中翼（HM）、窄翼（HN）和薄壁（HT）四种类型，产品规格：高度 H×宽度 B×腹板厚度 t_1×翼缘厚度 t_2。

H 型钢翼缘内外表面平行，内表面无斜度，翼缘端部为直角，便于与其他构件连接。由 H 型钢剖分的截面形状为 T 形的实心长条钢材，称为剖分 T 型钢。H 型钢和剖分 T 型钢广泛应用于工业与民用建筑。

（3）钢管　钢管可由热轧或冷拔等无缝工艺制成无缝钢管，也可由热轧钢带、冷轧钢带电焊加工制成直缝电焊钢管。钢管外形上有圆钢管和方钢管之别。如图 3-9 所示为圆钢管，一般网架结构和网壳结构用的是圆钢管；2008 年北京奥运会游泳馆"水立方"屋盖用的是方钢管。

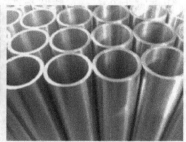

图 3-9　圆钢管

（4）冷弯薄壁型钢　冷弯薄壁型钢是用碳素结构钢或低合金结构钢之薄钢板，经模压或弯曲制成，壁厚一般为 1.5～5mm。冷弯薄壁型钢的截面形式有箱形、C 形、L 形、Z 形和波形等，各部分的厚度相同，转角处均呈圆弧形。因其壁薄，截面几何形状开展，因而与面积相同的热轧型钢相比，抗弯能力大、稳定性能好，是一种高效经济的截面，多用于跨度小、荷载轻的轻型钢结构。

（5）压型钢板　压型钢板是经辊压冷弯，其截面呈 V 形、U 形、梯形或类似波形的薄钢板。

图 3-10　夹芯彩色钢板

有防锈涂层的彩色压型钢板，是近年来开始使用的薄壁型材，所用钢板厚度为 0.4～1.6mm，用作轻型屋面及墙面等构件。

如图 3-10 所示板材为广泛应用于建筑工程上的夹芯彩色钢板，它是在两层压型钢板之间夹泡沫材料形成的。这种板材质量轻，保温、隔热性能较好，广泛用于屋盖和围护墙。

3.2　混　凝　土

混凝土曾用一个汉字"砼（tóng）"表示，即人工石，它是以水泥、集料和水为主要原料，也可加入外加剂和矿物掺合料，经拌和、成型、养护等工艺制作的、硬化后具有强度的工程材料。

在混凝土中，砂、石等集料起骨架作用，水泥与水形成水泥浆包裹在集料表面并填充其孔隙。在拌和物硬化前，水泥浆、外加剂与掺合料起润滑作用，赋予拌和物一定的流动性，便于施工操作；水泥浆硬化后，则将砂、石集料胶结成一个结实的整体。砂、石一般不参与水泥和水之间的化学反应，其主要作用是节约水泥，承担荷载和限制硬化水泥的收缩。外加剂、掺合料除了起改善混凝土性能的作用外，还有节约水泥的作用。

3.2.1　混凝土的强度等级

混凝土在成型过程中，由于水泥石的收缩作用，在集料和水泥石的黏结处以及水泥石内部都不可避免地存在着微细裂缝。混凝土试样受压破坏的根本原因是，在外加压力作用下，试样纵向缩短的同时，横向发生膨胀变形，引起部分微细裂缝扩展与贯通。其破坏模式，与试样的尺寸、端面条件及应力状态等因素有关。

如图 3-11 所示为受压破坏前后的混凝土立方体试块。试验机压板与试块端面之间存在摩擦力，该摩擦力约束了试块的横向变形，起"箍"的作用。试件中部，"箍"的效应降低，随着压力的增大，试样中部外围混凝土不断剥落，形成两个相连的截锥体。

图 3-11　混凝土立方体试块

在压板和混凝土端面之间抹上润滑剂时，摩擦力减小甚至趋于零，试样横向变形自由。当横向拉应变达到极限拉应变时，混凝土纵向开裂。此时抗压强度小于压板与混凝土之间不加润滑剂时混凝土的抗压强度值。

试验还发现，立方体尺寸越小，抗压强度越高。为了便于比较，需统一试样尺寸和试验方法。我国混凝土材料试验中，国家标准规定以 150mm×150mm×150mm 立方体、在温度为（20±2）℃、相对湿度＞95％的环境下养护 28 天、端面不加润滑剂的抗压试验作为参照标准。取具有 95％保证率的立方体抗压强度作为立方抗压强度标准值 $f_{cu,k}$，以此作为确定混凝土强度等级的依据。同时，立方抗压强度标准值也是混凝土各种力学指标的基本代表值。

依据立方抗压强度标准值，将混凝土的强度等级分为 C15、C20、C25、C30、C35、C40、C45、C50、C55、C60、C65、C70、C75 和 C80 共十四级，其中 C 代表混凝土，C 后数值为立方抗压强度标准值 $f_{cu,k}$。C50 及其以下的混凝土称为普通混凝土，C55 及其以上的混凝土为高强度混凝土。

利用 $f_{cu,k}$ 可以确定轴心抗压强度（棱柱体抗压强度）、轴心抗拉强度以及弹性模量，所以立方抗压强度标准值是混凝土的基本力学性能参数。

3.2.2 混凝土的力学性能

实际工程中的混凝土受压构件，并不是立方体，而是棱柱体（高度大于边长），故设计采用的力学性能参数是棱柱体的力学性能参数而不是立方体的力学性能参数。

3.2.2.1 混凝土的轴心抗压强度

混凝土棱柱体试样的高度等于截面边长的二倍，测得的抗压强度称为混凝土的轴心抗压强度。工程上很少直接测定混凝土轴心抗压强度，而是通过立方体抗压强度进行换算。《混凝土结构设计规范》采用的混凝土轴心抗压强度标准值是由如下公式计算得到的：

$$f_{ck} = 0.88\alpha_{c1}\alpha_{c2}f_{cu,k} \tag{3-2}$$

式中 α_{c1}——混凝土棱柱强度与立方强度之比，对 C50 及以下取 $\alpha_{c1}=0.76$，对 C80 取 $\alpha_{c1}=0.82$，中间按线性规律变化；

α_{c2}——对 C40 以上混凝土考虑脆性折减系数，对 C40 取 $\alpha_{c2}=1.0$，对 C80 取 $\alpha_{c2}=0.87$，中间按线性规律变化。

考虑到结构中混凝土强度与试样混凝土强度之间的差异，根据实践经验并结合统计数据分析，对试样混凝土的结果予以修正，取修正系数为 0.88。

按式（3-2）计算的结果，修约到 0.1N/mm^2，详见附表 1。

3.2.2.2 混凝土的轴心抗拉强度

混凝土是典型的脆性材料，其抗拉性能很差。抗拉强度标准值 f_{tk} 大约是抗压强度标准值 f_{ck} 的 1/16～1/7，强度等级越高，这种差别就越大。设计中 f_{tk} 按式（3-3）计算：

$$f_{tk} = 0.88 \times 0.395\alpha_{c2}f_{cu,k}^{0.55}(1-1.645\delta)^{0.45} \tag{3-3}$$

式中 δ——混凝土立方强度变异系数，按表 3-3 取值。

由式（3-3）计算得到的抗拉强度标准值，修约到 0.01N/mm^2，详见附表 1。

表 3-3　混凝土立方强度变异系数

$f_{cu,k}$	C15	C20	C25	C30	C35	C40	C45	C50	C55	C60～C80
δ	0.21	0.18	0.16	0.14	0.13	0.12	0.12	0.11	0.11	0.10

3.2.2.3 混凝土的弹性模量

混凝土的弹性模量即原点切线模量，与混凝土强度等级有关，强度等级越高，弹性模量越大。根据大量的试验结果，拟合得到由立方抗压强度标准值 $f_{cu,k}$ 计算 E_c 的经验公式，作为设计时的采用值：

$$E_c(\text{N/mm}^2) = \frac{10^5}{2.2+34.7/f_{cu,k}} \tag{3-4}$$

上式计算的结果修约到 $0.05 \times 10^4\text{N/mm}^2$。也可根据混凝土的强度等级，由附表 3 取值。

3.2.2.4　混凝土的变形性能

混凝土的变形可分为两种：一种变形是由外荷载引起的，另一种变形则由非外力因素引起。荷载可产生短期变形——弹塑性变形、长期变形——徐变，非荷载因素引起的变形主要有温度变形和收缩变形。

（1）荷载产生的短期变形　混凝土棱柱体试样轴心受压完整的应力-应变曲线如图 3-12 所示，总体上可分成上升 OC 和下降 CF 两部分，包含如下几个阶段：①弹性阶段 OA，当压应力较小时，混凝土的变形主要是由集料和水泥石中的水泥结晶体在压力作用下产生的弹性变形，水泥石中水泥胶凝体的塑性变形和初始微裂缝变化的影响都很小，材料表现出弹性性质；②裂缝稳定扩展阶段 AB，当应力超过 A 点以后，便出现塑性变形，裂缝开始缓慢发展，若应力不再继续增加，则裂缝停止扩展；③裂缝不稳定扩展阶段 BC，这一阶段内，试样所积蓄的弹性变形能大于裂缝发展所需的能量，造成裂缝的快速扩展，即使荷载不再增加，裂缝也会继续发展，即裂缝扩展已处于不稳定状态；④下降段 CF，应力到达峰值以后，裂缝迅速扩展，结构内部的整体性遭到严重破坏，传力路径不断减少，平均应力下降，形成曲线的下降段。

在图 3-12 中，最高点 C 的压应力 σ_{max} 称为峰值应力，它作为棱柱体试样的抗压强度 f_c。C 点对应的应变 ε_0 称为峰值应变，其值随混凝土强度等级的提高而略有增加，大约在 $0.0015\sim0.0025$ 之间波动，平均值为 $\varepsilon_0=0.002$，这是混凝土均匀受压时设计压应变的限值；D 为曲线的拐点（或反弯点），该点对应的压应变 ε_{cu} 为 $0.003\sim0.005$，称为混凝土的极限压应变，其值随混凝土强度等级的提高而略有下降，它是混凝土非均匀受压时设计压应变的限值。

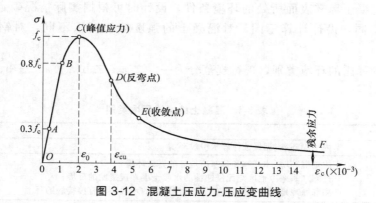

图 3-12　混凝土压应力-压应变曲线

（2）混凝土的徐变　荷载产生的变形随时间的增长而增大的现象，称为徐变。徐变是混凝土黏弹性、黏塑性特性的表现，也是材料在长期荷载作用下的变形性能。

影响徐变的主要因素有应力水平、混凝土龄期、材料配比和温度湿度四项。①应力越大，徐变越大。当 $\sigma_c<0.5f_c$ 时，徐变与应力成比例，称为线性徐变。线性徐变一年后趋于稳定，一般经历三年左右而终止。当 $\sigma_c>0.5f_c$ 时，徐变增长大于应力增长，出现非线性徐变。当应力过高时，非线性徐变将会不收敛，它可直接引起构件破坏。②施加荷载时混凝土龄期愈小，徐变愈大；反之，混凝土龄期愈大，徐变则愈小。③水泥用量越多，徐变越大；水灰比越大，徐变也越大；而集料的强度、弹性模量越高，则徐变越小。④养护温度高、湿度大，水泥水化作用充分，徐变就小；构件工作温度越高，湿度越低，徐变就越大。

混凝土的徐变可使构件的变形增加，对结构有不利的影响，主要表现在：它使受弯构件挠度增大、使柱的附加偏心距增大、引起预应力混凝土的预应力损失，还可使截面上的应力重分布等几方面。

（3）温度变形　物体受热膨胀、遇冷收缩，混凝土也如此。当温度上升时，混凝土膨胀，体积增大，产生拉应变；当温度下降时，混凝土收缩，体积减小，产生压应变。

没有约束的自由膨胀与收缩，对结构没有影响。当构件的温度变形受到其他构件约束时，膨胀与收缩受到限制，于是在构件内产生拉应力或压应力，即温度应力。当收缩受限制时，产生的温度应力为拉应力，该应力一旦超过材料的抗拉能力，就会出现裂缝，即温度裂缝。

（4）收缩变形　混凝土在结硬过程中，体积会发生变化。当在水中结硬时，体积要增大——膨胀；当在空气中结硬时，体积要缩小——收缩。混凝土的收缩应变比膨胀应变大得多，有试验数据说明收缩应变可达 $0.2\times10^{-3}\sim0.5\times10^{-3}$。收缩变形可分为凝缩变形和干缩变形两部分，前一部分是水泥胶凝体在结硬过程中本身的体积收缩，后一部分是自由水分蒸发引起的收缩。

混凝土的收缩对构件有害。它可使构件产生裂缝，影响正常使用；在预应力混凝土结构中，混凝土收缩可引起预应力损失。实际工程中，应设法减小混凝土的收缩，避免它对结构或构件的不利影响。

3.2.2.5　混凝土的强度等级要求

要满足结构耐久性的要求，应对混凝土的最低强度等级提出要求。因为结构所处环境是混凝土劣化、钢筋锈蚀，引起性能衰退的外因，所以有必要对环境进行分类。混凝土结构的环境类别是指混凝土暴露表面所处的环境条件，设计时可根据实际情况确定适当的环境类别。环境类别不同，设计计算不同，对混凝土的强度等级要求不同，对钢筋的保护措施不同。

混凝土结构暴露的环境类别，现行规范分为一、二a、二b、三a、三b、四、五共七个类别，见表3-4。

表 3-4　混凝土结构的环境类别

环境类别	条　件
一	室内干燥环境；无侵蚀性静水浸没环境
二 a	室内潮湿环境；非严寒和非寒冷地区的露天环境； 非严寒和非寒冷地区与无侵蚀性的水或土壤直接接触的环境； 严寒和寒冷地区的冰冻线以下与无侵蚀性的水或土壤直接接触的环境
二 b	干湿交替环境；水位频繁变动环境；严寒和寒冷地区的露天环境； 严寒和寒冷地区的冰冻线以上与无侵蚀性的水或土壤直接接触的环境
三 a	严寒和寒冷地区冬季水位变动区环境；受除冰盐影响环境；海风环境
三 b	盐渍土环境；受除冰盐作用环境；海岸环境
四	海水环境
五	受人为或自然的侵蚀性物质影响的环境

注：1. 室内潮湿环境是指构件表面经常处于结露或湿润状态的环境；
2. 严寒和寒冷地区的划分应符合现行国家标准《民用建筑热工设计规范》（GB 50176）的有关规定；
3. 海岸环境和海风环境宜根据当地情况，考虑主导风向及结构所处迎风、背风部位等因素的影响，由调查研究和工程经验确定；
4. 受除冰盐影响环境是指受到除冰盐盐雾影响的环境；受除冰盐作用环境是指被除冰盐溶液溅射的环境以及使用除冰盐地区的洗车房、停车楼等建筑；
5. 暴露的环境是指混凝土结构表面所处的环境。

　　设计使用年限 50 年，一类环境条件下，素混凝土结构的混凝土强度等级不应低于 C15；钢筋混凝土结构的混凝土强度等级不应低于 C20；采用强度等级 400MPa 及以上的钢筋时，混凝土强度等级不宜低于 C25。二 a、二 b、三 a 和三 b 环境条件下钢筋混凝土结构的混凝土的强度等级分别不应低于 C25、C30、C35 和 C40。

　　设计使用年限 100 年，一类环境中钢筋混凝土结构的混凝土最低强度等级为 C30；二类、三类环境中的混凝土结构应采取专门的有效措施，以确保耐久性。

3.2.3　混凝土和钢筋之间的黏结

　　在钢筋混凝土结构构件中，钢筋受力后会产生与混凝土之间的相对滑动趋势，这将导致在钢筋与混凝土接触界面上产生沿钢筋纵向方向的分布应力，以阻止滑动。这种纵向分布力的集度即剪应力称为黏结应力，纵向分布力的合力称为黏结力。黏结力简称为黏结，它是钢筋和混凝土这两种材料共同工作的基础。

3.2.3.1　黏结力与黏结强度

　　钢筋和混凝土之间的黏结力主要由以下几部分组成：一是混凝土凝结时，水泥胶凝体的化学作用使钢筋和混凝土在接触面上产生的胶结力；二是混凝土凝结收缩将钢筋紧紧握裹，形成法向压力，在发生相对滑移趋势时产生的摩擦力；三是钢筋表面粗糙不平或变形钢筋表面凸起的肋与混凝土之间的机械咬合力；四是当采用锚固措施后所造成的机械锚固力。

　　锚固是通过在钢筋一定长度上黏结应力的积累，或某种构造措施，将钢筋"固定"在混凝土中，以保证钢筋和混凝土共同工作，使两种材料各自正常、充分地发挥作用。

　　黏结强度就是钢筋单位表面面积所能承担的最大纵向剪应力，可通过拔出试验测定。如图 3-13 所示为拔出试验示意图。试验时将钢筋的一端埋置在混凝土中，在伸出的一端施加拉拔力 F，将钢筋拔出。黏结应力沿钢筋长度方向呈曲线形分布，应力不容易精确计算，一般依据钢筋公称直径 d 和埋置长度 l 按式（3-5）计算平均黏结应力

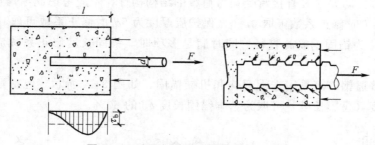

图 3-13　光圆钢筋和变形钢筋拔出试验

$$\tau = \frac{F}{\pi d l} \tag{3-5}$$

　　试验中，以钢筋拔出或混凝土劈裂作为黏结破坏的标志，此时的平均黏结应力代表钢筋与混凝土的黏结强度 τ_u。

　　由拔出试验可得到如下所述的几点结论：

　　① 最大黏结应力在离开混凝土端面某一位置出现，且随拔出力的大小而变化，黏结应力沿钢筋长度是曲线分布的。

　　② 钢筋埋入长度越长，拔出力越大；但埋入长度过长时，则其尾部的黏结应力很小，

基本上不起作用。

　　③ 黏结强度随混凝土强度等级的提高而增大。

　　④ 带肋钢筋（变形钢筋）的黏结强度高于光圆钢筋。

　　⑤ 钢筋末端做弯钩可大大提高拔出力。

3.2.3.2　保证黏结强度的措施

　　影响钢筋与混凝土之间黏结强度的因素很多，其中主要有钢筋表面形状、埋置长度、混凝土强度、浇筑位置、保护层厚度及钢筋净间距等，提高黏结力或黏结强度的措施就是从这些因素入手。工程设计和施工中有以下的一些措施可提高黏结力或黏结强度。

　　（1）足够的锚固长度　受拉钢筋必须在支座内有足够的锚固长度，以便通过该长度上黏结应力的积累，使钢筋在靠近支座处能够充分发挥作用。基本锚固长度 l_{ab} 按式（3-6）计算确定：

$$l_{ab} = \alpha \frac{f_y}{f_t} d \tag{3-6}$$

式中　f_y——普通钢筋的抗拉强度设计值；

　　　　f_t——混凝土轴心抗拉强度设计值，当混凝土的强度等级高于 C60 时，按 C60 取值；

　　　　d——锚固钢筋的直径（公称直径）；

　　　　α——钢筋的外形系数，光圆钢筋 0.16，带肋钢筋 0.14。

　　受拉钢筋的锚固长度应根据锚固条件，按式（3-7）计算，且不应小于 200mm：

$$l_a = \zeta_a l_{ab} \tag{3-7}$$

　　式中，ζ_a 为锚固长度修正系数，按下列规定采用：带肋钢筋的直径大于 25mm 时取 1.10；环氧树脂涂层带肋钢筋取 1.25；施工过程中易受扰动的钢筋取 1.10；当纵向受力钢筋的实际配筋面积大于其设计计算面积时，修正系数取设计计算面积与实际配筋面积的比值，但对有抗震设防要求及直接承受动力荷载的结构构件，不应考虑此项修正；锚固钢筋的保护层厚度为 3d 时修正系数可取 0.80，保护层厚度为 5d 时修正系数可取 0.70，中间按内插取值，此处 d 为锚固钢筋的直径。同时满足多项时，锚固长度修正系数应连乘，但不应小于 0.6。

　　纵向受拉普通钢筋可采用末端弯钩和机械锚固，如图 3-14 所示。包括弯钩或锚固端头在内的锚固长度（投影长度）可取为基本锚固长度 l_{ab} 的 60%。

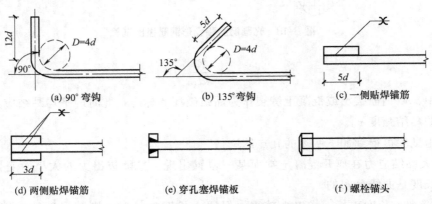

　　　(a) 90° 弯钩　　　　　　　(b) 135° 弯钩　　　　　　　(c) 一侧贴焊锚筋

　　(d) 两侧贴焊锚筋　　　　(e) 穿孔塞焊锚板　　　　(f) 螺栓锚头

图 3-14　钢筋弯钩和机械锚固的形式和技术要求

混凝土结构构件中的纵向受压钢筋，当计算中充分利用其抗压强度时，锚固长度不应小于相应受拉锚固长度的 70%。

（2）一定的搭接长度　受力钢筋绑扎搭接时，通过钢筋与混凝土之间的黏结应力来传递钢筋与钢筋之间的内力。必须有一定的搭接长度，才能保证内力的传递和钢筋强度的充分利用。

纵向受拉钢筋绑扎搭接接头的搭接长度应按规范给出的公式计算确定，且不应小于 300mm；纵向受压钢筋当采用搭接连接时，其受压搭接长度不应小于纵向受拉钢筋搭接长度的 70%，且不应小于 200mm。

轴心受拉、小偏心受拉构件的纵向受力钢筋不得采用绑扎搭接接头；其他构件中的钢筋采用绑扎搭接时，受拉钢筋直径不宜大于 25mm，受压钢筋直径不宜大于 28mm。

（3）光圆钢筋末端应做弯钩　光圆钢筋的黏结性能较差，故除轴心受压构件中的光圆钢筋及焊接钢筋网、焊接骨架中的光圆钢筋外，其余光圆钢筋的末端应做 180° 标准弯钩，弯后平直段长度不小于 3d，如图 3-15 所示。

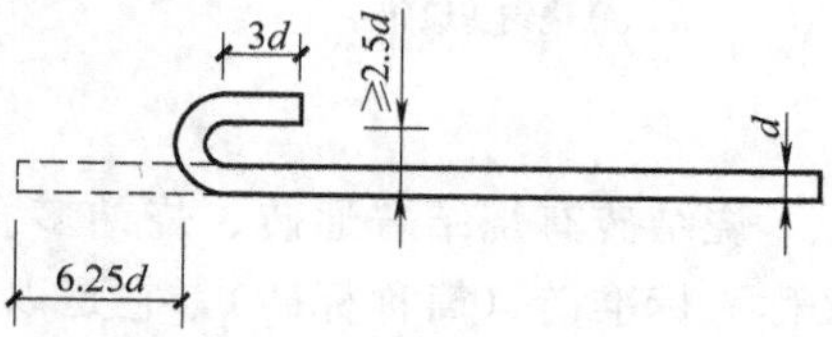

图 3-15　光圆钢筋的弯钩

（4）钢筋周围混凝土应有足够的厚度　钢筋周围的混凝土应有足够的厚度（混凝土保护层厚度和钢筋间的净距），以保证黏结力的传递；同时为了减小使用时的裂缝宽度，在钢筋截面面积不变的前提下，尽量选择直径较小的钢筋以及带肋钢筋。混凝土保护层定义为结构构件中钢筋外边缘至构件表面范围用于保护钢筋的混凝土，简称保护层。受力钢筋的保护层厚度不应小于钢筋的公称直径 d，不应小于最小厚度 c。混凝土保护层的最小厚度的取值见附表 7。

（5）配置横向钢筋　钢筋锚固区配置横向构造钢筋，可以改善钢筋与混凝土的黏结性能。当锚固钢筋的保护层厚度不大于 5d 时，锚固长度范围内应配置横向构造钢筋，其直径不应小于 d/4；对梁、柱、斜撑等构件间距不应大于 5d，对板、墙等平面构件间距不应大于 10d，且均不应大于 100mm，此处 d 为锚固钢筋的直径。

3.3　砌　　体

由各种块体通过铺设砂浆黏结而成的整体称为砌体。块体中砖、砌块、石材因其尺寸较小，不能像钢材、木材和混凝土那样单独形成构件，只有通过砂浆把它们黏结成整体成为砌体以后，才能做成各种构件，承受外力。砌体依据块体不同可分为砖砌体、砌块砌体和石砌体三类，根据是否配置钢筋又可分为无筋砌体和配筋砌体两类。砌体是一种建筑材料，广泛应用于建筑结构的承重结构和围护结构之中。

3.3.1　砌体的材料组成

块体和砂浆是组成砌体的主要材料，它们的性能好坏将直接影响到作为复合体的砌体的强度与变形。

3.3.1.1　块体的种类及强度等级

所谓块体，就是砌体所用各种砖、石、小型砌块的总称。块体用 MU 为代号，以极限

抗压强度 f_1（MPa）来确定强度等级，将块体的强度等级表示为 MU f_1。

（1）砖　砖是建筑用的人造小型块材，外形主要为直角六面体，分为烧结砖、蒸压砖和混凝土砖三类。以 10 块砖抗压强度的平均值确定砖的强度等级，根据变异系数不同，还需满足强度标准值和单块最小抗压强度值的要求，部分砖尚需满足折压比的规定。

(a) 烧结普通砖　　　　　(b) 烧结多孔砖　　　　　(c) 烧结空心砖

图 3-16　烧结砖

烧结砖有烧结普通砖、烧结多孔砖和烧结空心砖等种类，如图 3-16 所示。烧结普通砖又称为标准砖（简称标砖），它是以煤矸石、页岩、粉煤灰或黏土为主要原料，经塑压成型制坯，干燥后经焙烧而成的实心砖，如图 3-16（a）所示。普通砖国内统一的外形尺寸为 240mm×115mm×53mm。烧结多孔砖简称多孔砖，为大面有孔的直角六面体，如图 3-16（b）所示，砌筑时孔洞垂直于受压面。国家正逐渐淘汰圆孔砖，推广矩形孔（或矩形条孔）砖，其长度、宽度、高度应为 290mm、240mm、190mm、180mm、140mm、115mm、90mm，常用规格尺寸有 290mm×140mm×90mm、240mm×115mm×90mm、190mm×190mm×90mm 等。烧结空心砖就是孔洞率不小于 40%，孔的尺寸大而数量少的烧结砖，如图 3-16（c）所示，砌筑时孔洞水平，主要用于框架填充墙和自承重隔墙。

烧结普通砖和烧结多孔砖的强度等级共分为 MU30、MU25、MU20、MU15 和 MU10 五级；烧结空心砖的强度等级有 MU10、MU7.5、MU5 和 MU3.5 共四个等级。

蒸压砖应用较多的是硅酸盐砖，依主要材料不同又分为灰砂砖和粉煤灰砖，其尺寸规格与标砖相同。蒸压灰砂普通砖是以石灰等钙质材料和砂等硅质材料为主要原料，经坯料制备、压制排气成型、高压蒸汽养护而成的实心砖。蒸压粉煤灰普通砖是以石灰或水泥等钙质材料与粉煤灰等硅质材料及集料（砂等）为主要原料，掺加适量石膏，经坯料制备、压制排气成型、高压蒸汽养护而成的实心砖。

承重结构采用的蒸压灰砂普通砖、蒸压粉煤灰普通砖的强度等级有 MU25、MU20 和 MU15。

混凝土砖是以水泥为胶结材料，以砂、石等为主要集料，加水搅拌、成型、养护制成的一种实心砖或多孔的半盲孔砖。混凝土砖具有质轻、防火、隔声、保温、抗渗、抗震、耐久等特点，且无污染、节能降耗，是新型墙体材料的一个重要组成部分。混凝土普通砖的主要规格尺寸为 240mm×115mm×53mm、240mm×115mm×90mm 等；混凝土多孔砖的主要规格尺寸为 240mm×115mm×90mm、240mm×190mm×90mm、190mm×190mm×90mm 等。

混凝土普通砖、多孔砖的强度等级分四级：MU30、MU25、MU20 和 MU15。

（2）砌块　砌块是建筑用的人造块材，外形为直角六面体，主要规格的长度、宽度和高度至少一项分别大于 365mm、240mm 和 115mm，且高度不大于长度或宽度的 6 倍，长度不超过高度的 3 倍。砌块的规格目前尚不统一，通常将高度大于 115mm 而等于或小于 390mm 的砌块称为小型砌块，高度大于 390mm 且等于或小于 900mm 的砌块称为中型砌块，高度大于 900mm 的砌块称为大型砌块。

小型空心砌块通常由普通混凝土或轻集料（火山渣、浮石、陶粒、煤矸石）混凝土制成。混凝土小型空心砌块和轻集料混凝土小型空心砌块的常用规格尺寸如图 3-17 所示，空心率为 25%～50%。工程上将混凝土小型空心砌块和轻集料混凝土小型空心砌块简称混凝土砌块或砌块。

以 5 个砌块试样毛截面抗压强度的平均值和单个块体抗压强度的最小值来确定砌块的强度等级。承重结构用砌块的强度等级共分五级：MU20、MU15、MU10、MU7.5 和 MU5；自承重墙使用的轻集料混凝土砌块的强度等级分为 MU10、MU7.5、MU5 和 MU3.5 共四级。

（3）石材　砌体结构中，常用的天然石材为无明显风化的花岗岩、砂岩和石灰岩等。石材的抗压强度高，耐久性好，多用于房屋基础、勒脚部位。在有开采加工能力的地区，也可用于房屋的墙体，但石材传热性较高，用于采暖房屋的墙壁时，厚度需要很大，经济性较差。石材也可用来修筑水坝、拱桥和挡土墙等结构。

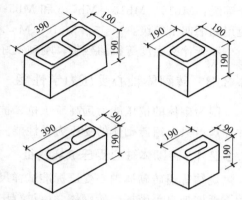

图 3-17　混凝土小型空心砌块的规格尺寸

按加工后的外形规则程度，将石材分为料石和毛石两种。料石为形状比较规则的六面体，按加工的平整程度又细分为细料石、粗料石和毛料石三类；而毛石未经加工，形状不规则，中部厚度 200mm 及以上。

石材尺寸千变万化，规定以 70mm×70mm×70mm 的立方体试块测定抗压强度，并用三个试块抗压强度的平均值来确定其强度等级。石材的强度共分为七个等级：MU100、MU80、MU60、MU50、MU40、MU30 和 MU20。

3.3.1.2　砂浆的种类及强度等级

砂浆是由胶凝材料（水泥、石灰）、细集料（砂）、掺加料（可以是矿物掺合料、石灰膏、电石膏的一种或多种）和水等为主要原材料进行拌和，硬化后具有强度的工程材料。砂浆的作用是将块体连成整体而形成砌体，并铺平块体表面使应力分布趋于均匀；砂浆填满块体之间的缝隙，可减少砌体的透气性，提高砌体的保温、抗冻性能。

（1）砂浆的种类　砂浆按成分组成，通常分为水泥砂浆、混合砂浆和专用砂浆。

水泥砂浆是由水泥、砂和水为主要原材料，也可根据需要加入矿物掺合料等配制而成的砂浆。水泥砂浆强度高、耐久性好，但流动性、保水性均稍差，一般用于房屋防潮层以下的砌体或对强度有较高要求的砌体。

混合砂浆是以水泥、砂和水为主要原材料，并加入石灰膏、电石膏，也可根据需要加入矿物掺合料等配制而成的砂浆。混合砂浆（水泥石灰砂浆）具有一定的强度和耐久性，且流动性、保水性均较好，易于砌筑，是一般墙体中常用的砂浆。

专用砂浆是由水泥、砂、水以及根据需要掺入的掺合料和外加剂等组分，按一定比例，采用机械拌合制成的砂浆。专门用于砌筑混凝土砌块的砌筑砂浆，称为砌块专用砂浆；专门用于砌筑蒸压灰砂砖砌体或蒸压粉煤灰砖砌体，且砌体抗剪强度不应低于烧结普通砖砌体取值的砂浆，称为蒸压砖专用砂浆。

（2）砂浆的强度等级　将砂浆做成 70.7mm×70.7mm×70.7mm 的立方体试块，标准养护 28 天 ［温度（20±2）℃，相对湿度＞90％］。用养护好的砂浆试块进行抗压强度试验，由三个试块测试值确定砂浆立方抗压强度平均值 f_2（精确至 0.1MPa）。

普通砌筑砂浆的强度等级符号为 M，用 Mf_2 表示砂浆的强度等级，共分为 M15、M10、M7.5、M5 和 M2.5 五级；砌块专用砂浆的强度等级符号为 Mb，规范推荐使用的有以下四个等级：Mb15、Mb10、Mb7.5 和 Mb5；蒸压砖专用砂浆的强度等级符号为 Ms，规范推荐使用如下四个等级：Ms15、Ms10、Ms7.5 和 Ms5。

不管什么强度等级的砂浆，刚砌筑好尚未硬化时，可按砂浆强度为零考虑。

3.3.2　砖砌体轴心受压力学性能

因为砌体的抗压能力远高于抗拉、抗弯和抗剪能力，所以砌体在工程上主要用作受压构件。这里只介绍砖砌体的受压力学性能。

3.3.2.1　砖砌体轴心受压破坏特征

烧结普通砖砌体轴心受压标准试样尺寸为 240mm×370mm×720mm，轴心压力从零开始逐渐增加直至破坏。砖砌体受压过程中，共经历三个阶段，如图 3-18 所示。

① 第 I 阶段，弹性和弹塑性阶段。从开始加载到个别砖出现微细裂缝为止，砌体的横向变形较小，压应力引起的变形主要是弹性变形，塑性变形较小。第一批裂缝出现时的荷载大约为破坏荷载的 0.5～0.7 倍。若不继续增加荷载，微细裂缝不会继续扩展或增加。

② 第 II 阶段，裂缝扩展阶段。随着荷载的增加，微细裂缝逐渐发展，当荷载继续增加达到破坏荷载的 0.8～0.9 倍时，个别砖竖向裂缝不断扩展，并上下贯通若干皮砖，在砌体内逐渐连接成几段连续的裂缝。此时裂缝处于不稳定扩展阶段，即使荷载不再增加，裂缝也会继续发展。

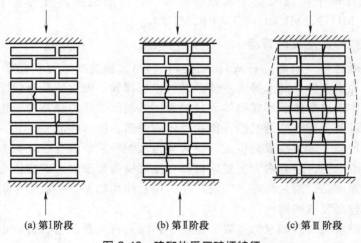

(a) 第 I 阶段　　　　(b) 第 II 阶段　　　　(c) 第 III 阶段

图 3-18　砖砌体受压破坏特征

③ 第 III 阶段，破坏阶段。当试验荷载进一步增加时，裂缝便迅速开展，其中几条主要竖向裂缝将把砌体分割成若干截面尺寸为半砖左右的小柱体，整个砌体明显向外鼓出。最后

某些小柱体失稳或压碎，砖砌体宣告破坏。

3.3.2.2　单块砖在砌体内的受力特点

砖砌体轴心受压时，单块砖并不是简单受压，而是处于复合受力状态，理论分析十分复杂。可以从如下三个方面来说明砖的受力状态。

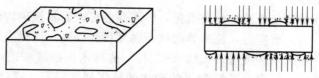

图 3-19　砌体内砖的受力示意图

① 由于砂浆层的非均匀性和砖表面并不平整，使得砖与砂浆之间并非全面接触，而是支承在凹凸不平的砂浆层上，竖向压应力分布不均匀，所以在轴心受压砌体中砖处于复杂受力状态，即受压的同时，还受弯曲和剪切作用，如图 3-19 所示。因为砖的抗弯、抗剪强度远低于抗压强度，所以在砌体中常常由于单块砖承受不了弯曲拉应力和剪应力而出现第一批裂缝。

② 砂浆和砖泊松比的比值为 1.5～5，说明砂浆的横向变形大于砖的横向变形。由于黏结力的存在，砂浆和砖的横向变形不能各自独立进行，而要受到对方的制约。砖阻止砂浆横向变形，使砂浆横向受到压力作用，反之轴心受压砌体中砖横向受到砂浆的作用而受拉。砂浆处于各向受压状态，抗压强度有所增加。用强度等级低的砂浆砌筑的砌体，其抗压强度可以高于砂浆强度。

③ 竖向灰缝内砂浆不能填实，在该截面内截面有效面积有所减小，同时砂浆和砖的黏结力也不可能完全保证。因此，在竖向灰缝截面上的砖内产生横向拉应力和剪应力的应力集中，引起砌体强度的降低。

鉴于上述受力特征，轴心受压砌体中的砖处于局部受压、受弯、受剪、横向受拉的复杂应力状态。由于砖的抗弯、抗拉强度很低，故砖砌体受压后砖块将出现因拉应力而产生的横向裂缝。这种裂缝随着荷载的增加而上下贯通，直至将整个砌体分割成若干半砖小柱，侧向鼓出，破坏了砌体的整体工作。砌体以失稳形式发生破坏，仅局部截面上的砖被压坏，就整个截面来说，砖的抗压能力并没有被充分利用，这也就是为什么砌体的抗压强度远小于块体抗压强度的原因。

3.3.2.3　影响砌体抗压强度的因素

大量的砌体轴心受压试验分析表明，影响砌体抗压强度的主要因素有块材的强度等级和尺寸、砂浆的强度等级和性能、砌筑质量等方面。

（1）块材的强度等级和尺寸　块材的强度等级越高，其抗折强度越大，在砌体中越不容易开裂，因而可在很大程度上提高砌体的抗压强度。试验表明，当块材的强度等级提高一倍时，砌体的抗压强度能提高 50% 左右。

块材的截面高度（厚度）增加，其截面的抗弯、抗拉和抗剪能力均不同程度地增强。砌体受压时，处于复合受力状态的块材的抗裂能力提高，从而提高砌体的抗压强度。但块材的厚度（特别是砖的厚度）不能增加太多，以免给砌筑施工带来不便。

（2）砂浆的强度等级和性能　砂浆的强度等级越高，受压后的横向变形越小，减少了砂浆与块材之间横向变形的差异，使块材承受的横向水平拉应力减小，改善了砌体的受力状态，可在一定程度上提高砌体的抗压强度。试验表明，砂浆的强度等级提高一倍，砌体的抗压强度可提高 20% 左右，但水泥用量需要增加大约 50%。砂浆强度等级对砌体抗压强度的影响比块材强度等级对砌体抗压强度的影响小，当砂浆强度等级较低时，提高砂浆强度等级，砌体的抗压强度增长较快；而当砂浆强度等级较高时，若再提高砂浆强度等级，则砌体的抗压强度增长将减缓。

流动性和保水性是衡量砂浆性能的指标，砂浆性能好，容易铺砌均匀、密实，可降低砌体内块体的弯曲正应力、剪应力，使砌体的抗压强度得到提高。试验表明，纯水泥砂浆的流动性和保水性较差，当采用强度等级较低（＜M5）的纯水泥砂浆砌筑时，砌体的抗压强度比采用相同强度等级的水泥混合砂浆砌筑的砌体的抗压强度降低 15% 左右。所以，施工中不应采用强度等级低于 M5 的水泥砂浆替代同强度等级的水泥混合砂浆，如需替代，应将水泥砂浆提高一个强度等级。然而，砂浆的流动性也不宜过大，因为流动性太大，受压后横向变形增加，会降低砌体的抗压强度。

（3）砌筑质量　砂浆的饱满程度对砌体抗压强度影响较大。砂浆铺砌饱满、均匀，可改善块体在砌体中的受力性能，使其较均匀地受压，从而提高砌体的抗压强度。砂浆层厚度对砌体抗压强度有影响，砂浆层过薄过厚都不利。因为砂浆层过薄，不易铺砌均匀；砂浆层过厚，则横向变形增大。因此，水平灰缝的厚度应控制在 8～12mm 范围内。砖的含水率也会影响砌体的抗压强度。砖的含水率过低，就会过多地吸收砂浆的水分，降低砂浆的保水性，影响砌体的抗压强度；砖的含水率过高，将影响砖与砂浆的黏结力。

砌体施工质量控制等级分为 A、B、C 三个等级。A 级质量最好，B 级质量次之，C 级质量再次之。若以 B 级质量等级砌体的抗压强度为 1，则 A 级质量等级砌体的抗压强度＞1，C 级质量等级砌体的抗压强度＜1。规范以系数来调整不同质量等级砌体承载能力的差异。

3.3.2.4　砖砌体受压时的应力-应变关系

砌体压缩变形由块体变形、砂浆变形及砂浆和块体间的空隙压密变形三部分构成，其中块体变形所占份额较小。当压应力较小时，砌体的应力-应变关系近似为直线，可以认为发生的变形是弹性变形；但当压应力增大时，砌体表现出弹塑性性质，应力-应变为曲线关系，如图 3-20 所示。

根据试验资料，砖砌体受压的 σ-ε 曲线可用如下函数表述

$$\varepsilon = -\frac{1}{460\sqrt{f_m}}\ln\left(1-\frac{\sigma}{f_m}\right) \tag{3-8}$$

取 $\sigma = 0.9f_m$ 所对应的应变为砌体的极限应变 ε_u：

$$\varepsilon_u = 0.005f_m^{-0.5} \tag{3-9}$$

砖砌体抗压强度平均值 f_m 按式（3-10）计算：

$$f_m = 0.78\sqrt{f_1}(1+0.07f_2)k_2 \tag{3-10}$$

式中　f_1——块体抗压强度平均值，MPa，即块体强度等级 MU 后面的数值；

　　　f_2——砂浆抗压强度平均值，MPa，即砂浆强度等级 M（或 Mb、Ms）后面的数值；

　　　k_2——砂浆强度的影响系数，一般情况下取 $k_2 = 1.0$，当砂浆强度为零时取 $k_2 = 0.6$。

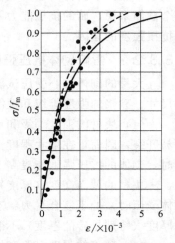

图 3-20　砖砌体的应力-应变曲线

砖砌体抗压强度平均值 $\mu_f = f_m$，变异系数 $\delta_f = 0.17$，由式（2-17）得砖砌体抗压强度标准值 f_k 为

$$f_k = f_m \times (1 - 1.645 \times 0.17) = 0.720 f_m \tag{3-11}$$

3.3.3 砌体结构材料选用要求

砌体结构的工作环境类别分为 5 类（表3-5），其耐久性应根据环境类别和设计使用年限进行设计。不同环境条件下，耐久性要求不同；不同设计使用年限，耐久性要求也不相同。对于设计使用年限为 50 年的砌体结构，从耐久性的角度出发，《砌体结构设计规范》对材料提出了如下要求。

表 3-5　砌体结构的工作环境类别

环境类别	条　件
1	正常居住及办公建筑的内部干燥环境
2	潮湿的室内或室外环境，包括与无侵蚀性土和水接触的环境
3	严寒和使用化冰盐潮湿环境（室内或室外）
4	与海水直接接触的环境，或处于滨海地区的盐饱和的气体环境
5	有化学侵蚀的气体、液体或固态形式的环境，包括有侵蚀性土壤的环境

地面以下或防潮层以下的砌体，潮湿房间的墙或处于 2 类环境的砌体，所用材料的最低强度等级应符合表 3-6 的规定。

表 3-6　地面以下或防潮层以下的砌体、潮湿房间的墙所用材料的最低强度等级

潮湿程度	烧结普通砖	混凝土普通砖、蒸压普通砖	混凝土砌块	石　材	水泥砂浆
稍湿的	MU15	MU20	MU7.5	MU30	M5
很潮湿的	MU20	MU20	MU10	MU30	M7.5
含水饱和的	MU20	MU25	MU15	MU40	M10

注：1. 在冻胀地区，地面以下或防潮层以下的砌体，不宜采用多孔砖，如采用时，其孔洞应用不低于 M10 的水泥砂浆预先灌实。当采用混凝土空心砌块时，其孔洞应采用强度等级不低于 Cb20 的混凝土预先灌实。

2. 对安全等级为一级或设计使用年限大于 50 年的房屋，表中材料强度等级应至少提高一级。

处于环境类别 3～5，有侵蚀性介质的砌体材料应符合下列规定：

① 不应采用蒸压灰砂普通砖、蒸压粉煤灰普通砖；

② 应采用实心砖（烧结砖、混凝土砖），砖的强度等级不应低于 MU20，水泥砂浆的强度等级不应低于 M10；

③ 混凝土砌块的强度等级不应低于 MU15，灌孔混凝土的强度等级不应低于 Cb30，砂浆的强度等级不应低于 Mb10；

④ 应根据环境条件对砌体材料的抗冻指标和耐酸、碱性能提出要求，或符合有关规范的规定。

:::::::: 练习题 ::::::::

3-1　试绘出有明显屈服的钢材拉伸时的应力-应变曲线，说明各阶段的特点，指出比例极限、屈服点和抗拉强度的含义。

3-2　说明钢材冲击韧性的定义、工程意义。

3-3　钢材质量等级分 A、B、C、D、E 级的依据是什么？

3-4 为什么说冷弯性能是衡量钢材力学性能的一项综合指标？

3-5 用于钢结构构件的常用国产钢材有哪几种，牌号如何？

3-6 我国混凝土结构中使用的普通热轧钢筋的强度分哪几个等级，分别用什么符号表示？细晶粒热轧钢筋的强度分哪几个等级，分别用什么符号表示？

3-7 混凝土立方体抗压强度能不能代表实际构件中混凝土的强度？

3-8 混凝土压应力等于 f_c 时的应变 ε_0 和极限压应变 ε_{cu} 有什么区别？它们各在什么受力情况下考虑，其应变值大致为多少？

3-9 混凝土的收缩和徐变有什么不同？是由什么原因引起的？变形特点是什么？

3-10 砂浆在砌体中起什么作用？

3-11 影响砖砌体抗压强度的主要因素有哪些？

3-12 安全等级为一级的砌体房屋，在潮湿程度为稍湿的环境下，防潮层以下的砖墙如何选择烧结普通砖和水泥砂浆的强度等级？

3-13 由 Q235 钢制作的标准试件，在拉伸试验中应力由零增加到比例极限，弹性模量很大，变形很小，则此阶段为（　　　）。

A. 弹性阶段　　　　B. 弹塑性阶段　　　　C. 塑性阶段　　　　D. 强化阶段

3-14 建筑结构上所用钢材，主要是碳素结构钢中的（　　　）和低合金高强度结构钢。

A. 高碳钢　　　　B. 低碳钢　　　　C. 硅锰结构钢　　　　D. 沸腾钢

3-15 对于无明显流幅的钢材，其条件屈服强度取值的依据是（　　　）。

A. 0.9 倍极限强度　　　　　　　　B. 0.2 倍极限强度

C. 抗拉强度　　　　　　　　　　　D. 残余应变为 0.2% 时的应力

3-16 工字钢 I32 中，数字 32 表示（　　　）。

A. 工字钢截面高度为 32cm　　　　B. 工字钢截面宽度为 32cm

C. 工字钢截面高度为 32mm　　　　D. 工字钢截面宽度为 32mm

3-17 混凝土立方抗压强度标准值是由混凝土立方体试块测得的具有一定保证率的统计值，该保证率为（　　　）。

A. 99%　　　　B. 97%　　　　C. 95%　　　　D. 90%

3-18 钢筋混凝土构件的混凝土强度等级不应低于（　　　）。

A. C20　　　　B. C15　　　　C. C25　　　　D. C30

3-19 钢筋表面涂上环氧树脂，可提高抗锈蚀的能力，从而提高钢筋混凝土结构的耐久性能。对于环氧树脂涂层的带肋钢筋，其锚固长度修正系数应取下列何项？（　　　）

A. 1.10　　　　B. 1.25　　　　C. 1.30　　　　D. 1.40

3-20 烧结普通砖的强度等级是以砖的（　　　）作为划分依据的。

A. 抗拉强度　　　　B. 抗弯强度　　　　C. 抗折强度　　　　D. 抗压强度

3-21 确定砂浆强度等级的立方体标准试块的边长尺寸是（　　　）。

A. 50mm　　　　B. 70.7mm　　　　C. 100mm　　　　D. 150mm

第二篇　钢筋混凝土结构

现代混凝土结构的辉煌成就

　　1824 年英国石匠约瑟夫·阿普斯丁发明波特兰水泥以后，由水泥为主制成的人工石材便广泛用于建造房屋。钢筋混凝土和预应力混凝土的先后出现，创造出了一种全新的建筑结构形式，受到人们的偏爱。与砖石结构、木结构相比，混凝土结构确实是一种新结构，其应用历史仅一百多年。最近五十年中，混凝土结构在材料、结构应用、施工工艺、计算理论等诸多方面都获得了迅速发展，目前已成为应用最广泛的一种结构形式。

　　左图所示为位于朝鲜平壤的柳京饭店，地上 101 层、地下 4 层，钢筋混凝土剪力墙结构，呈金字塔型，总高度 320m，该楼 1987 年开工，5 年后主体完工，为当时世界上最高的钢筋混凝土建筑，但直到 2015 年才全部建成；右图所示为位于美国芝加哥的川普国际酒店大厦（Trump International Hotel Tower），地上 92 层，总高 423m，钢筋混凝土框架-核心筒结构，2009 年建成，是目前世界上最高的钢筋混凝土建筑。

第4章　钢筋混凝土受弯构件

【内容提要】

本章主要内容包括钢筋混凝土受弯构件的一般构造要求，受弯构件正截面受力特点，矩形截面、T形截面正截面受弯承载力计算，斜截面受力特点及受剪承载力计算，钢筋混凝土受弯构件裂缝宽度验算和挠度验算。

【基本要求】

通过本章的学习，要求了解受弯构件的截面尺寸模数、配筋构造，熟悉正截面和斜截面的破坏模式，掌握承载力计算公式及适用条件，熟练掌握矩形截面和T形截面受弯构件配筋计算及承载力验算的方法，掌握钢筋混凝土受弯构件裂缝宽度和挠度计算方法。

4.1　钢筋混凝土受弯构件的一般构造要求

受弯构件是指截面上有弯矩 M 和剪力 V 共同作用，而轴力可忽略不计的构件。钢筋混凝土梁和板是建筑工程中典型的受弯构件，而且应用最为广泛。梁和板的区别在于梁的截面高度一般大于其宽度，而板的截面高度则远小于其宽度。建筑结构中现浇梁、板中钢筋的放置关系如图 4-1 所示。

图 4-1　现浇梁板钢筋放置关系

4.1.1　截面形式和几何尺寸

梁、板的截面形式和尺寸必须满足承载力、刚度和裂缝控制要求，同时还应满足模数级差，以利施工时模板定型化。

4.1.1.1　梁的截面形式和几何尺寸

现浇钢筋混凝土梁的常见截面形式有矩形、T形和I形，预制板搁置于预制T形梁上再浇筑部分混凝土可形成叠合梁，如图 4-2 所示。若将T形梁的翼缘部分去掉一半，则形成所谓的倒L形。现浇楼盖梁一般采用矩形截面、T形截面，边梁可按倒L形考虑。

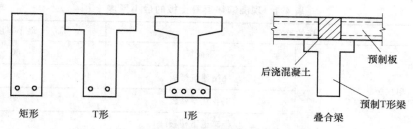

矩形　　　　　T形　　　　　I形　　　　　　　　叠合梁

图 4-2　梁的常见截面形式

梁的截面高度 h 通常由刚度条件控制，可根据计算跨度 l_0 按经验估算确定。例如，对于独立梁或整体肋形梁的主梁，可按如下方法估算梁高：简支梁 $h=(1/12\sim1/8)l_0$，连续梁 $h=(1/14\sim1/8)l_0$，悬臂梁 $h=l_0/6$。

当 $h\leqslant800mm$ 时，取 50mm 的倍数；当 $h>800mm$ 时，取 100mm 的倍数。实际采用值有 $h=250mm$、300mm、350mm、$\cdots$、750mm、800mm、900mm、1000mm 等。

梁的截面宽度（或腹板宽、肋宽）b，对矩形截面 $b=h/3.5\sim h/2.5$，对 T 形截面 $b=h/4\sim h/2.5$。当 $b<250mm$ 时，可取 100mm、120mm、150mm、180mm、190mm、200mm 和 240mm；当 $b\geqslant250mm$ 时，取 50mm 的倍数。

4.1.1.2　板的截面形式和几何尺寸

现浇钢筋混凝土楼面板或屋面板的截面形式一般为矩形截面，也可设置纸管或塑料管形成空心截面；预制板的截面形式有空心板（多孔板）、槽形板和双 T 形板等，如图4-3所示。

(a) 空心板　　　　　　　　　(b) 槽形板　　　　　　　　　(c) 双T形板

图 4-3　预制板的截面形式

根据板的传力形式可将其分为单向板、双向板、悬臂板三种。单向板和悬臂板都是单向传力，类似于梁，因此也称梁式板；双向板两个方向受力。两对边支承的板按照单向板计算，四边支承的板应按下列规定来计算：当长边与短边之比不大于 2 时，应按双向板计算；当长边与短边之比不小于 3 时，应按照沿短边方向受力的单向板计算；当长边与短边之比大于 2 且小于 3 时，宜按双向板计算。

现浇板的宽度一般较大，设计时可取单位宽度（$b=1m=1000mm$）进行计算。现浇钢筋混凝土板的厚度可根据跨度估算，取 10mm 的倍数，且不应小于表 4-1 规定的最小值。

4.1.2　板的配筋构造要求

单向板沿受力方向配置受力钢筋，垂直于受力方向配置分布钢筋；双向板因为沿两个方向受力，所以两个方向都应配置受力钢筋。

表 4-1 现浇钢筋混凝土板的最小厚度   单位：mm

板的类别		最小厚度
单向板	屋面板	60
	民用建筑楼板	60
	工业建筑楼板	70
	行车道下楼板	80
双向板		80
密肋楼盖	面板	50
	肋高	250
悬臂板（根部）	悬臂长度不大于 500	60
	悬臂长度 1200	100
无梁楼板		150
现浇空心楼盖		200

4.1.2.1 板的受力钢筋

　　板内受力钢筋的作用是承受弯矩产生的拉应力，其用量由计算来确定。受力钢筋的常用直径为 6mm、8mm、10mm、12mm。为便于施工，选用的直径种类越少越好，同一块板中钢筋直径相差不应大于 6mm，以免受力不均匀产生裂缝；为了防止施工时钢筋被踩下，现浇板的板面钢筋直径不宜小于 8mm。

　　浇注混凝土板时，为保证其密实性，板内钢筋间距不宜过密，为了保证板内钢筋能正常分担内力，其间距也不宜过稀。当板厚 $h \leqslant 150$mm 时，钢筋间距不宜大于 200mm；当 $h >$ 150mm 时，钢筋间距不宜大于 $1.5h$，且不宜大于 250mm。板的受力钢筋间距通常不宜小于 70mm。

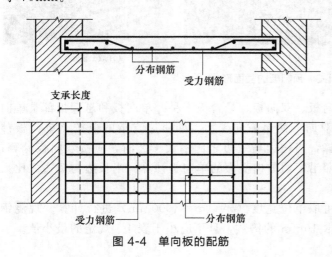

图 4-4 单向板的配筋

　　双向板短跨方向的受力钢筋布置在板的外侧，长跨方向的受力钢筋布置在板的内侧；单向板的受力钢筋布置在板的外侧，分布钢筋布置在板的内侧。

4.1.2.2 单向板的分布钢筋

　　当按单向板设计时，除沿受力方向布置受力钢筋外，还应在受力钢筋的内侧布置与其垂直的分布筋，如图 4-4 所示。分布筋与受力钢筋绑扎或焊接在一起，形成钢筋骨架。分布钢筋的作用：一是固定受力钢筋的位置，形成钢筋网；二是将板上荷载有效地传递到受力钢筋上去；三是防止温度或混凝土收缩等造成沿跨度方向的裂缝。

　　单位宽度上的分布钢筋截面面积不宜小于单位宽度上的受力钢筋截面面积的 15%，且配筋率不宜小于 0.15%；分布钢筋直径不宜小于 6mm，常用直径 6mm 和 8mm，间距不宜大于 250mm；当集中荷载较大时，分布钢筋的配筋面积尚应增加，且间距不宜大于 200mm。

4.1.3 梁的配筋构造要求

为保证安全性，梁按承载力条件需要受力钢筋和构造钢筋；为保证耐久性和黏结强度，外侧钢筋的位置应保证一定的混凝土厚度，即满足保护层的要求；同时，为保证黏结强度和混凝土的施工质量，相邻纵向钢筋之间应有足够的净间距。

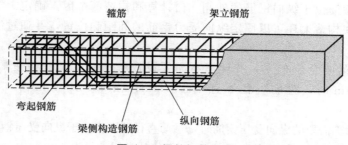

图 4-5 梁的钢筋骨架

4.1.3.1 梁的配筋

梁中应当配置纵向受力钢筋、架立钢筋和箍筋，根据需要可配置弯起钢筋，当截面较高时还应配置纵向构造钢筋（梁侧构造钢筋、腰筋）。梁的钢筋骨架如图 4-5 所示。

（1）纵向受力钢筋 梁的纵向受力钢筋应按计算确定。配置在受拉区的纵向受力钢筋主要用来承受弯矩在梁内产生的拉力，配置在受压区的纵向受力钢筋则是用来补充混凝土受压能力的不足。仅在受拉区配置纵向受力钢筋而在受压区配置架立钢筋的梁，称为单筋梁；同时在受拉区和受压配置受力钢筋的梁，称为双筋梁。

纵向受力钢筋的直径应当适中，直径太粗的钢筋与混凝土的黏结力会变差，容易使构件产生裂缝；受力钢筋直径过细则使钢筋根数增加，在截面内不好布置，有时也会降低构件的受弯承载力。因此梁纵向受拉（或受压）钢筋至少 2 根，最好 3～4 根，一层布置；如根数较多，一层放不下时可布置两层，避免出现 3 层。梁纵向受力钢筋布置如图 4-6 所示。

梁中纵向受力筋的常用直径（公称直径）$d=12\sim25$mm。当梁的截面高度 $h<300$mm 时，纵向受力筋的直径 $d\geqslant8$mm；当 $h\geqslant300$mm 时，纵向受力筋的直径 $d\geqslant10$mm。如果采用不同直径的钢筋，其直径相差不要超过 6mm，避免受力不均匀。

图 4-6 梁纵向受力钢筋布置

（2）架立钢筋　单筋梁需要按构造要求设置架立钢筋。架立钢筋设置在受压区外缘两侧，并平行于纵向受力钢筋。一般情况下，架立筋只有两根且直径较细，设计时只考虑混凝土受压，不考虑架立筋承担的压应力。

架立钢筋的作用：一是固定箍筋位置以形成梁的钢筋骨架；二是承受因温度变化和混凝土收缩而产生的拉应力，防止发生裂缝。对于受压区也配置纵向受压钢筋的梁（双筋梁），则受压区外缘两侧的受力钢筋可兼作架立钢筋。

构造设置架立钢筋的直径 d 与梁的跨度 l 有关：当 $l<4m$ 时，$d \geqslant 8mm$；当 $l=4 \sim 6m$ 时，$d \geqslant 10mm$；当 $l>6m$ 时，$d \geqslant 12mm$。

（3）箍筋　箍筋位于纵向钢筋的外侧，由计算和构造两个因素确定。箍筋的主要作用是承受梁的剪力，在构造上还可以固定纵向受力钢筋的间距和位置，并通过绑扎或焊接形成钢筋骨架。

箍筋一般沿梁的全长布置。按计算不需要设置箍筋时，则按构造配置箍筋。当梁截面高度 $h \leqslant 800mm$ 时，箍筋直径不宜小于 6mm；当 $h>800mm$ 时，箍筋直径不宜小于 8mm。

当梁中配有计算需要的纵向受压钢筋时，箍筋直径还不应小于纵向受压钢筋最大直径的 1/4。为了便于加工，箍筋直径一般不宜大于 12mm。箍筋的常用直径为 6mm、8mm、10mm。

箍筋有开口和闭口之分，也有单肢、双肢和多肢之别，如图 4-7 所示。箍筋的肢数与梁的宽度和梁的纵筋根数有关。当宽度 $b>400mm$ 且一排内纵向受压钢筋多于 3 根或梁宽度 $b \leqslant 400mm$ 但一层内纵向受压钢筋多于 4 根时，应设置复合箍，如图 4-7（c）所示。

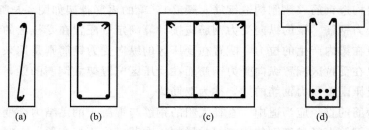

(a)　　　　(b)　　　　(c)　　　　(d)

图 4-7　箍筋的形式和肢数

箍筋端部应采用 135°弯钩，弯钩端头直段长度不小于 50mm，且不小于 $5d$。箍筋间距应符合规范的规定。当梁中配有计算需要的纵向受压钢筋时，箍筋的间距不应大于 $15d$（d 为纵向受压钢筋的最小直径），同时不应大于 400mm；当一层内的纵向受压钢筋多于 5 根且直径大于 18mm 时，箍筋间距不应大于 $10d$。

（4）弯起钢筋（计算确定）　当混凝土和箍筋不足以抵抗剪力时，可按计算配置弯起钢筋。将中间部位的纵向受力钢筋在梁支座附近向上弯起形成弯起钢筋，最外边的两根纵向钢筋（角部钢筋）不能弯起，如图 4-5 所示。

弯起钢筋在跨中是纵向受力钢筋的一部分，可承受弯曲拉应力，在靠近支座的弯起段则用来承受剪力，可作为受剪钢筋的一部分，弯起后的水平段则承担支座负弯矩产生的拉应力。弯起钢筋对梁而言，并不是必须要配置的。

弯起钢筋的弯起角一般为 45°，当梁高 $h>800mm$ 时可采用 60°。

（5）纵向构造钢筋　当梁的腹板高度 $h_w \geqslant 450mm$ 时，需在梁高的两个侧面沿高度配置纵向构造钢筋（腰筋），如图 4-8 所示。截面的腹板高度 h_w 取值为：对矩形截面，取有效高

度 h_0；对 T 形截面，取有效高度减去翼缘高度；对 I 形截面，取腹板净高。

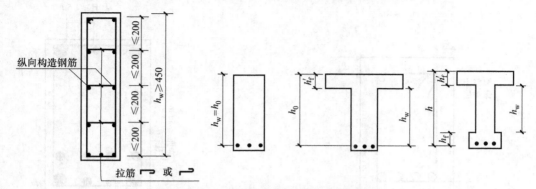

图 4-8　梁的纵向构造钢筋与腹板高度

纵向构造钢筋或腰筋的作用是，当梁的截面高度较大时，可以防止梁的侧面产生垂直于梁轴线的温度裂缝、收缩裂缝，同时也可增强钢筋骨架的刚度，增强梁的抗扭作用。

纵向构造钢筋是在梁两侧沿梁高度方向不超过 200mm 的距离内设置，且每侧纵向构造钢筋的截面面积不小于 $0.1\% bh_w$。同一高度两侧的腰筋用拉筋予以固定，拉筋直径与箍筋直径相同，间距是箍筋间距的 2 倍。

4.1.3.2　混凝土保护层厚度

混凝土保护层厚度指箍筋外缘到混凝土表面的距离，用 c_c 来表示，如图 4-9 所示。保护层的作用：一是保护钢筋不致锈蚀，保证结构的耐久性；二是保证钢筋与混凝土间的黏结；三是在火灾等情况下，避免钢筋过早软化。

纵向受力钢筋的混凝土保护层厚度不应小于钢筋的公称直径，并不应小于规范规定的最小厚度 c（附表 7），即 $c_c \geq d$、$c_c \geq c$。

一类环境下，C30 及以上的混凝土保护层最小厚度：板 15mm；梁、柱 20mm；C20、C25 混凝土的混凝土保护层最小厚度应再加 5mm。

如果梁、柱、墙中纵向受力钢筋的保护层厚度大于 50mm 时，宜在保护层内配置钢筋网片，网片钢筋的保护层厚度不应小于 25mm。

4.1.3.3　纵向钢筋净间距

为了保证混凝土的浇筑质量，增强钢筋与混凝土之间的黏结力，梁的纵向受力钢筋必须有足够的净间距 s_n（钢筋外径之间的距离），如图 4-10 所示。梁下部钢筋水平向净距不应小于 25mm，同时不小于最粗的纵向钢筋公称直径 d。如果下部钢筋多层布置，则上下层钢筋必须对齐，不能错开，且上下层钢筋的竖向净距仍要满足上述要求。对于梁上部钢筋，其水平向净间距不应小于 30mm 和 $1.5d$。

4.1.4　截面的有效高度

纵向受拉钢筋合力中心到混凝土受压区边缘的距离，称为截面的有效高度，用 h_0 表示，如图 4-11 所示。钢筋受力均匀，极限状态下应力都能达到 f_y，所以合力中心就是钢筋截面形心。设钢筋截面形心到混凝土受拉区边缘的距离为 a_s，则有

$$h_0 = h - a_s \tag{4-1}$$

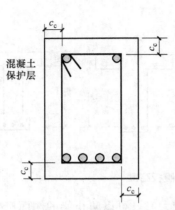

图 4-9　混凝土保护层厚度

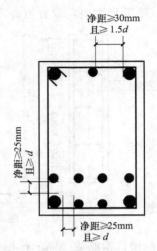

图 4-10　梁纵向钢筋净间距

纵向钢筋合力作用点位置 a_s 与混凝土保护层厚度 c_c、箍筋的外径 d_{e1} 以及纵向钢筋的外径 d_e 等有关。

由几何关系可知，直径相同的单层钢筋 $a_s = c_c + d_{e1} + d_e/2$；若两层钢筋根数、直径相同，则有 $a_s = c_c + d_{e1} + d_e + s_n/2$；多层钢筋直径、根数不相同时，需要按数学方法或材料力学方法计算形心位置。但是，在配筋计算时钢筋直径和根数都不知道，所以只能近似估算 a_s：假定取纵向受拉钢筋的外径 $d_e \approx 20\text{mm}$，箍筋的外径 $d_{e1} \approx 10\text{mm}$，则对于一类环境下的梁，混凝土强度等级 $\leqslant$ C25 时，单层钢筋 $a_s = 25 + 10 + 20/2 = 45\text{mm}$，双层钢筋 $a_s = 25 + 10 + 20 + 25/2 \approx 70\text{mm}$；混凝土强度等级 $\geqslant$ C30 时，单层钢筋可取 $a_s = 40\text{mm}$，双层钢筋可取 $a_s = 65\text{mm}$。

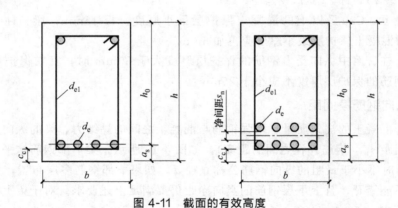

图 4-11　截面的有效高度

因为板不配置箍筋，所以 $a_s = c_c + d_e/2$，设 $d_e = 10\text{mm}$，则有 $a_s = c_c + 5\text{mm}$。对于一类环境下的单向板和双向板沿短跨方向，当混凝土强度等级 $\leqslant$ C25 时，可取 $a_s = 25\text{mm}$；混凝土强度等级 $\geqslant$ C30 时，可取 $a_s = 20\text{mm}$；双向板沿长跨方向，a_s 取值应在短跨方向取值的基础上加上短跨钢筋的外径。

二 a 类环境下梁、板的 a_s 取值，可在一类环境下取值的基础上加 5mm。

若已知纵筋和箍筋的直径，则可直接按 a_s 的定义确定其取值，而不必再用估算值。

4.2　钢筋混凝土受弯构件正截面受力特点

钢筋混凝土受弯构件在弯矩 M 作用下，横截面将产生正应力，一侧为拉应力，另一侧为压应力。当拉应力超过混凝土的抗拉能力时，构件沿横截面开裂，该横截面称为正截面。这里介绍试验得到的正截面受力特点，以及极限状态下承载力计算的简化方法。

4.2.1　适筋梁纯弯曲试验

如图 4-12 所示为钢筋混凝土矩形截面适筋梁的荷载试验简图：两端为支座，中间部位作用两个集中力 F，集中力施加于距离支座 $l_0/3$ 处。不计梁的自重，则在梁的中间段只有弯矩而无剪力，是纯弯曲变形。在梁纯弯曲段的下侧受拉区配置受力钢筋，上部受压区不配架立筋，形成图示单筋矩形截面。

在梁的两个侧面沿高度方向粘贴应变片，测量正应变沿梁高变化的规律；在受力钢筋表面粘贴应变片，测量钢筋的拉应变；梁跨中放置位移计或千分表，测定梁的挠度，支座处安放位移计测定支座沉陷值。

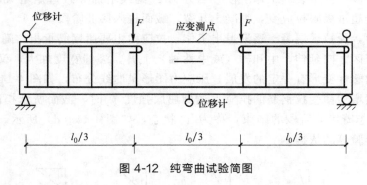

图 4-12　纯弯曲试验简图

4.2.1.1　荷载位移曲线

试验时分级加载 F，弯矩 $M = Fl_0/3$，测定出相应的挠度 v。以 v 为横坐标，M 为纵坐标，由试验测定数据画出的弯矩-挠度曲线如图 4-13 所示。

从图 4-13 可知：弯矩 M 较小时，梁尚未出现裂缝，挠度与弯矩近似直线变化。梁弯矩增大到开裂弯矩 M_{cr} 时，混凝土处于将裂未裂的临界状态。OC 段称为第 I 阶段，它是从加载到混凝土开裂前的整个工作阶段。

当 M 超过开裂弯矩后，随着新裂缝不断出现，刚度下降，曲线发生转折，挠度增长较快，钢筋拉应力不断增大直到屈服。受拉钢筋屈服时的弯矩为屈服弯矩 M_y，曲

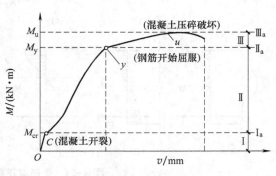

图 4-13　弯矩-挠度曲线

线的 Cy 段为带裂缝工作阶段，称为第 II 阶段。它是从混凝土开裂到受拉钢筋屈服的带裂缝

工作阶段。

当 M 超过屈服弯矩 M_y 后，裂缝急剧增大，进入第Ⅲ阶段。第Ⅲ阶段是从受拉钢筋屈服到截面破坏的阶段，此阶段钢筋应变随之加大，但应力能维持屈服强度，变化较小。达到最大弯矩 M_u 时，混凝土压碎，梁破坏。

4.2.1.2　适筋梁正截面工作的三个阶段

在图 4-13 的 M-v 曲线上有两个明显的转折点，它们把梁的变形和受力分为三个阶段。与此同时，混凝土梁正截面（即横截面）的工作也经历三个阶段，如图 4-14 所示。

（1）第Ⅰ阶段——弹塑性工作阶段　当弯矩较小时，梁基本上处于弹性工作状态，混凝土的应变和应力分布符合材料力学规律，即沿截面高度呈直线规律变化，如图 4-14（a）所示，混凝土受拉区未出现裂缝。

荷载逐渐增加后，受拉区混凝土塑性变形发展，拉应力图形呈曲线分布，此时处于弹塑性工作状态。当荷载增加到使受拉区混凝土边缘纤维拉应变达到混凝土的极限拉应变时，混凝土将开裂，拉应力达到混凝土的抗拉强度。这种将裂未裂的状态标志着第Ⅰ阶段的结束，称为 I_a 状态，如图 4-14（b）所示，此时截面所能承担的弯矩称为开裂弯矩 M_{cr}。I_a 状态是构件抗裂验算的依据。

（2）第Ⅱ阶段——带裂缝工作阶段　当外力 F 继续增加导致弯矩增大时，受拉区混凝土边缘纤维应变超过极限拉应变，混凝土开裂，截面进入第Ⅱ阶段。

在开裂截面，受拉区混凝土逐渐退出工作，拉应力主要由钢筋承担；随着荷载的不断增大，裂缝向受压区方向延伸，中和轴（或中性轴）上升，裂缝宽度加大，又出现新的裂缝；混凝土受压区的塑性变形有一定的发展，压应力图形呈曲线分布，如图 4-14（c）所示。

当荷载继续增加使受拉钢筋的拉应力达到屈服强度 f_y 时，截面所承担的弯矩称为屈服弯矩 M_y，这标志着第Ⅱ阶段的结束，称为 II_a 状态，如图 4-14（d）所示。II_a 状态是裂缝宽度验算和变形验算的依据。

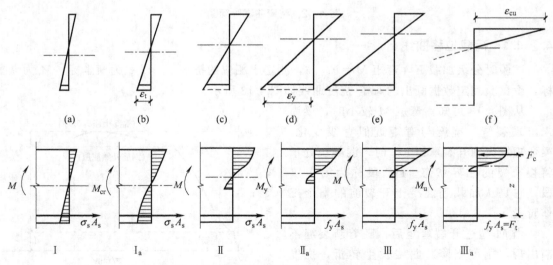

图 4-14　适筋梁正截面工作的三个阶段

（3）第Ⅲ阶段——破坏阶段　随着受拉钢筋的屈服，裂缝急剧开展，宽度变大，构件挠度快速增加，形成破坏的前兆。因为中和轴高度上升，所以混凝土受压区高度不断缩小，如

图 4-14（e）所示。当受压区边缘混凝土压应变达到极限压应变 ε_{cu} 时，混凝土压碎，梁完全破坏，如图 4-14（f）所示。混凝土压碎作为第Ⅲ阶段结束的标志，称为Ⅲ$_a$ 状态。Ⅲ$_a$ 状态是构件承载力计算的依据。

4.2.2　梁的正截面破坏特征

在工程实践中，同样截面尺寸、跨度和同样材料强度的梁，当其配筋率不同时，会有不同的破坏形式。受弯构件一侧受拉钢筋的配筋率按全截面面积扣除受压翼缘面积后的截面面积计算。设纵向受拉钢筋的截面面积为 A_s，则配筋率 ρ 定义为：

$$\rho = \begin{cases} \dfrac{A_s}{bh}, & \text{矩形、T 形截面} \\[2mm] \dfrac{A_s}{bh + (b_f - b)h_f}, & \text{倒 T 形、I 形截面} \end{cases} \tag{4-2}$$

式中　b——矩形截面宽，T 形、倒 T 形、I 形截面腹板宽（肋宽）；

　　　h——梁或板截面高；

　　　b_f——倒 T 形、I 形截面受拉翼缘宽度；

　　　h_f——倒 T 形、I 形截面受拉翼缘高度。

根据纵向受力钢筋配筋率的不同，钢筋混凝土受弯构件存在适筋破坏、超筋破坏和少筋破坏三种形式。

4.2.2.1　适筋梁的破坏特征

配筋适中（$\rho_{min} \leqslant \rho \leqslant \rho_{max}$）的梁称为适筋梁，其破坏特征是受拉钢筋先屈服，受压区混凝土后压碎。这种梁要经历一个较长的破坏过程，裂缝较宽、挠度较大，有明显预兆，是"塑性破坏"或"延性破坏"，破坏前可吸收较大的应变能，也称为适筋破坏。

适筋梁的材料强度能得到充分发挥，而且安全经济，是正截面承载力计算的依据。

4.2.2.2　超筋梁的破坏特征

配筋率过大（$\rho > \rho_{max}$）的梁，称为超筋梁。因受压区混凝土被压碎而破坏，此时钢筋拉应力小于屈服强度。梁破坏时钢筋受力处于弹性阶段，裂缝宽度小，挠度也较小，无明显先兆，属于"脆性破坏"。

超筋梁的极限承载力 M_u 主要取决于混凝土的抗压强度，与钢筋强度无关，而且钢筋受拉强度也未得到充分发挥而不经济，破坏又没有明显的预兆，因此，在工程中不应采用。

超筋破坏与适筋破坏的分界称为界限破坏，其特征是受拉钢筋屈服的同时混凝土压碎，此时的配筋率为两种破坏的界限配筋率 ρ_{max}。

4.2.2.3　少筋梁的破坏特征

当配筋率小于一定值时，钢筋就会在梁开裂瞬间达到屈服强度，无第Ⅱ阶段受力过程，Ⅰ$_a$ 状态与Ⅱ$_a$ 状态重合，此时的配筋率称为最小配筋率 ρ_{min}（适筋梁的最小配筋率），这种破坏主要取决于混凝土的抗拉强度，混凝土的抗压强度未得到充分发挥，极限弯矩 M_u 很小。

配筋率过小（$\rho < \rho_{min}$）的梁，称为少筋梁。少筋梁的破坏特征是，梁一旦开裂，受拉钢筋立即达到屈服强度，随即进入强化阶段，可因钢筋被拉断而破坏，也可由于裂缝开展过大（宽度大于 1.5mm）而被认为"破坏"。少筋梁的这种受拉脆性破坏比超筋梁受压脆性破

坏更为突然，极不安全，因此在建筑结构中严格禁止采用。

构造要求的最小配筋率 $\rho_{\min}$ 的取值规定，详见附表 8。只要满足 $\rho \geqslant \rho_{\min}$ 的要求，就能保证梁不会发生少筋破坏。

4.2.3 正截面承载力简化计算方法

适筋受弯构件正截面工作的 Ⅲ$_a$ 状态是其承载力计算的依据，应变、应力分布如图 4-14（f）所示。混凝土压应力、拉应力也是曲线分布，计算合力和合力作用点的位置比较复杂，需要进行简化以方便工程应用。

4.2.3.1 基本假定

钢筋混凝土受弯构件正截面承载能力计算时，采用下列基本假定。

（1）截面应变保持平面 截面应变保持平面的假定又称为平截面假定。试验表明，在受压区，混凝土的压应变基本符合平截面假定，压应变直线分布。在受拉区，裂缝所在截面钢筋和混凝土之间发生了相对位移，开裂前原为同一个截面，开裂后部分混凝土受拉截面已劈裂为二，这种现象不符合平截面假定。然而，就跨过几条裂缝的平均拉应变而言，基本符合平截面假定。

（2）不考虑混凝土的抗拉强度 进入破坏阶段后，由于裂缝的发展，开裂截面中和轴以下的受拉混凝土所承担的拉应力很小，忽略其作用偏于安全。

（3）已知混凝土受压的应力-应变关系 混凝土受压采用理想的应力-应变关系即本构关系，如图 4-15 所示。曲线上升段为幂函数，下降段为水平线。当混凝土强度等级在 C50 及以下时，公式中的 $n=2$，峰值应变 $\varepsilon_0=0.002$，极限压应变 $\varepsilon_{cu}=0.0033$。

（4）已知钢筋受拉的应力-应变关系 钢筋拉应力和拉应变的关系，由斜直线和水平直线两段组成，如图 4-16 所示。当钢筋屈服之前，胡克定律成立，此时 $\sigma_s=E_s\varepsilon_s$；钢筋屈服后应力保持为常数，$\sigma_s=f_y$。钢筋的极限拉应变取为 $\varepsilon_{su}=0.01$。

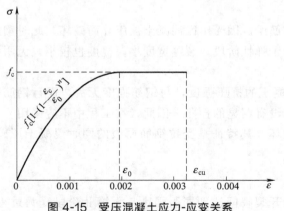

图 4-15 受压混凝土应力-应变关系

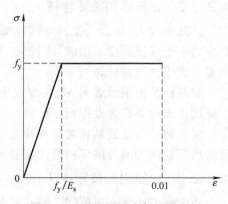

图 4-16 受拉钢筋应力-应变关系

4.2.3.2 等效矩形应力图

钢筋混凝土适筋梁在外荷载产生的正弯矩作用下，下侧受拉，上侧受压，而且最后破坏形态是受拉区钢筋先屈服达到 f_y，然后受压区混凝土边缘压应变达到极限应变 ε_{cu}，混凝土被压碎。正截面上的应变线性分布，如图 4-17（a）所示。忽略混凝土的抗拉强度后，受拉区钢筋拉应力为 f_y，拉力的合力 $F_t=f_yA_s$。混凝土受压高度 x_c，压应力按曲线形式分布，如图 4-17（b）所示。受压区混凝土压力的合力用 F_c 表示，此图形比较复杂不便于应用，因此利用静力等效方法，将曲线图形用矩形图形来等效，即等效矩形应力图，如图 4-17（c）所示。

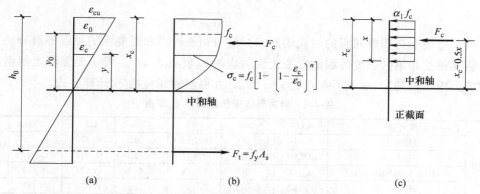

图 4-17　极限状态下梁正截面应变和应力分布

静力等效条件是，受压区混凝土的合力大小、方向、作用点位置均不变。等效后矩形图的受压区高度 x 称为计算受压区高度，简称为受压区高度，且有 $x = \beta_1 x_c$；均匀分布的压应力为 $\alpha_1 f_c$。等效矩形受压区的面积为 bx，混凝土受到的压应力的合力 F_c 等于应力与受力面积的乘积：

$$F_c = \alpha_1 f_c bx \tag{4-3}$$

合力作用点距受压区边缘 $0.5x$，到中和轴的距离为 $x_c - 0.5x$，到钢筋拉力作用点的距离则为 $h_0 - 0.5x$。

上述简化中引入的两个参数 α_1 和 β_1 称为等效矩形应力图系数，按表 4-2 取值。

表 4-2　混凝土受压区等效矩形应力图系数

混凝土强度等级	≤C50	C55	C60	C65	C70	C75	C80
α_1	1.0	0.99	0.98	0.97	0.96	0.95	0.94
β_1	0.8	0.79	0.78	0.77	0.76	0.75	0.74

4.2.3.3　相对界限受压区高度

钢筋混凝土受弯构件发生界限破坏时，受拉钢筋屈服和受压区边缘混凝土达到极限压应变而破坏同时发生。而适筋梁破坏时钢筋先屈服，混凝土后压碎，两者并不是同时发生，超筋破坏则是混凝土压碎时钢筋不屈服。

设界限破坏时混凝土受压区计算高度用 x_b 表示，且有 $x_b = \beta_1 x_{cb}$，它与截面有效高度 h_0 之比称为相对界限受压区高度，用 ξ_b 表示：

$$\xi_b = \frac{x_b}{h_0} = \frac{\beta_1 x_{cb}}{h_0} \tag{4-4}$$

构件破坏时受拉钢筋达到屈服应变，受压区边缘混凝土达到极限压应变，截面上应变分布如图 4-18 所示。由相似三角形的比例关系得

$$\frac{x_{cb}}{h_0 - x_{cb}} = \frac{\varepsilon_{cu}}{\varepsilon_y} \tag{4-5}$$

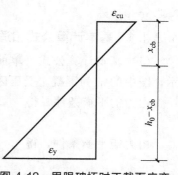

图 4-18　界限破坏时正截面应变

考虑到 $\varepsilon_y = f_y / E_s$，由式（4-5）解出 x_{cb}/h_0，再代入式（4-4），得到相对界限受压区高度 ξ_b 的计算公式：

$$\xi_b = \frac{\beta_1}{1 + \dfrac{f_y}{E_s \varepsilon_{cu}}} \tag{4-6}$$

上式只适用于有明显屈服的热轧钢筋。ξ_b 仅与钢筋种类和混凝土的强度等级有关，不同级别的热轧钢筋和不同强度等级的混凝土所对应的 ξ_b 值见表 4-3。对于无屈服点的钢筋（如冷轧钢筋、冷拉钢筋），取 $\varepsilon_y = 0.002 + f_y / E_s$，亦可得到相应的 ξ_b 计算公式。

表 4-3　相对界限受压取高度 ξ_b 取值

	混凝土强度等级	≤C50	C55	C60	C65	C70	C75	C80
钢筋级别	HPB 300	0.576	0.566	0.556	0.547	0.537	0.528	0.518
	HRB 335	0.550	0.541	0.531	0.522	0.512	0.503	0.493
	HRB 400、RRB 400	0.518	0.508	0.499	0.490	0.481	0.472	0.463
	HRB 500	0.482	0.473	0.464	0.456	0.447	0.438	0.429

同理，梁受弯破坏时，计算受压区高度 x 与截面有效高度 h_0 之比定义为计算相对受压区高度，简称相对受压区高度，用 ξ 表示：

$$\xi = x/h_0 \tag{4-7}$$

根据梁正截面破坏时应变分布规律可知：当 $x_c < x_{cb}$ 时为适筋梁，当 $x_c = x_{cb}$ 时为界限破坏，当 $x_c > x_{cb}$ 时为超筋梁。受弯构件不出现超筋的条件是 $x_c \leqslant x_{cb}$，或 $x \leqslant x_b = \xi_b h_0$，或 $\xi \leqslant \xi_b$。

4.3　钢筋混凝土受弯构件正截面承载力

钢筋混凝土受弯构件正截面承载力要求弯矩设计值 M 不超过极限弯矩 M_u，实际计算主要包括配筋计算（也称为截面设计）和承载力复核两种情形。

4.3.1　单筋矩形截面

单筋矩形截面指仅在梁的受拉区配置受力钢筋，受压区按构造要求配置架立筋。架立筋不参与受力，受压区只考虑混凝土受到的压应力。

根据工程经验，单筋矩形截面梁的经济配筋率为 $0.6\% \sim 1.5\%$，板的经济配筋率为 $0.4\% \sim 0.8\%$。

4.3.1.1　基本计算公式和适用条件

（1）基本计算公式　单筋矩形截面受弯构件的正截面受弯承载力计算简图如图 4-19 所示，图中的 x 为混凝土受压区高度（计算高度），$h_0 - 0.5x$ 为内力臂。

由力的平衡条件，得

$$\alpha_1 f_c bx = f_y A_s \tag{4-8}$$

由力矩平衡条件，得

$$M_u = \alpha_1 f_c bx(h_0 - 0.5x) \tag{4-9}$$

或

$$M_u = f_y A_s (h_0 - 0.5x) \qquad (4\text{-}10)$$

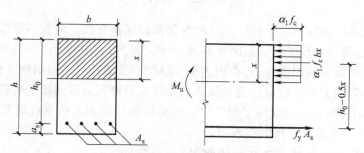

图 4-19　单筋矩形截面承载力计算简图

（2）适用条件　基本计算公式仅对适筋梁有效，故不应超筋，也不应少筋。

适用条件一（不超筋）：

$$\xi \leqslant \xi_b，或 \ x \leqslant \xi_b h_0，或 \ \rho \leqslant \rho_{max} \qquad (4\text{-}11)$$

适用条件二（不少筋）：

$$\rho \geqslant \rho_{min}，或 \ A_s \geqslant A_{s,min} = \rho_{min} b h \qquad (4\text{-}12)$$

纵向受力钢筋的最小配筋率 ρ_{min} 的取值见附表 8，对于受弯构件应有

$$\rho_{min} = \max(0.45 f_t / f_y, 0.20\%) \qquad (4\text{-}13)$$

板类受弯构件（不包括悬臂板）的受拉钢筋，当采用强度等级 400MPa、500MPa 的钢筋时，式（4-13）中的 0.20% 可改为 0.15%。

当弯矩设计值 M 确定以后，就可以设计出不同截面尺寸的梁。当配筋率 ρ 取得小些，梁截面就要大些；ρ 取得大些，梁截面就可小些。为了保证总造价低廉，必须根据钢材、水泥、砂石等材料价格及施工费用（包括模板费用）确定出不同 ρ 值时的造价，从中可以得出一个理论上最经济的配筋率。

受弯构件正截面受弯承载力计算包括截面设计、截面复核两类问题

4.3.1.2　截面设计（配筋计算）

已知弯矩设计值 M、混凝土强度等级和钢筋种类、构件截面尺寸 b 及 h 等，要求确定所需的受拉钢筋截面面积 A_s。主要计算步骤如下。

（1）确定基本数据　根据已知条件查表得出 α_1、ξ_b、f_t、f_c、f_y，确定混凝土的保护层厚度，假定 a_s；计算截面有效高度 $h_0 = h - a_s$。通常假定布置一层钢筋计算 h_0，如果 M 较大，而截面宽度 b 较窄时，可假定钢筋布置为两层。

（2）计算受压区高度 x　取 $M = M_u$，由式（4-9）解得：

$$x = h_0 - \sqrt{h_0^2 - \frac{2M}{\alpha_1 f_c b}} \qquad (4\text{-}14)$$

（3）验算适用条件一　若 $x \leqslant \xi_b h_0$，则说明计算的 x 满足适用条件一的要求（不会超筋），可继续第（4）步计算；若 $x > \xi_b h_0$，则说明计算的 x 不满足适用条件一的要求，这时，可采取加大截面尺寸或提高混凝土的强度等级的方法使其满足适用条件一，也可采用双筋截面进行截面设计。

（4）计算所需的钢筋截面面积 A_s 并选配钢筋直径及根数　已知受压区高度 x 后，可直接由式（4-8）解得受拉钢筋截面面积

$$A_s = \frac{\alpha_1 f_c b x}{f_y} \geqslant \rho_{\min} bh \qquad (4\text{-}15)$$

若不等式成立，说明不会少筋，计算的钢筋截面面积有效；但若不等式不成立（不满足适用条件二），说明会出现少筋，这时应取 $A_s = A_{s,\min} = \rho_{\min} bh$。

根据确定的钢筋截面面积 A_s，查附表 11 或附表 12 选配合适的钢筋直径和根数。

（5）根据实际选配钢筋根数、直径及截面宽度 b 验算钢筋净间距是否符合要求，并计算实际的 a_s。若实际的 a_s 小于或等于假设值，则截面设计结束；否则，需要验算截面承载力或需重新假定 a_s，并重新计算钢筋面积。

4.3.1.3 截面复核（正截面承载力验算）

已知材料强度等级、构件截面尺寸、纵向受拉钢筋直径（公称直径）和根数，求该截面所能承担的极限弯矩 M_u，承载力条件为 $M \leqslant M_u$。主要计算步骤如下。

（1）确定基本数据　根据已知条件查表得出 α_1、ξ_b、f_t、f_c、f_y 和 A_s，确定混凝土的保护层厚度，计算 a_s；计算截面有效高度 $h_0 = h - a_s$。

（2）验算配筋率

$$\rho = \frac{A_s}{bh} \geqslant \rho_{\min}, \text{ 或 } A_s \geqslant \rho_{\min} bh$$

若满足最小配筋要求，可继续第（3）步；否则说明截面少筋，截面需要进行加固处理。

（3）计算受压区高度 x　由式（4-8）求解受压区高度 x，若 $x \leqslant \xi_b h_0$，说明截面没有超筋，可继续第（4）步；若 $x > \xi_b h_0$，说明截面超筋，要限制使用，可取 $x = \xi_b h_0$ 计算截面所能承受的极限弯矩。

（4）计算截面所能承担的极限弯矩 M_u　对于适筋梁，可由式（4-9）或式（4-10）计算极限弯矩 M_u；而对于超筋梁，则只能由式（4-9）计算极限弯矩 M_u，进而复核不等式 $M \leqslant M_u$。

【例 4-1】某钢筋混凝土矩形截面梁，一类环境，弯矩设计值 $M = 80\text{kN} \cdot \text{m}$，梁的截面尺寸 $b \times h = 200\text{mm} \times 450\text{mm}$，采用 C30 混凝土，HRB400 级钢筋。试选配纵向受力钢筋。

【解】

查表得 $f_c = 14.3\text{N/mm}^2$，$f_t = 1.43\text{N/mm}^2$，$f_y = 360\text{N/mm}^2$，$\alpha_1 = 1.0$，$\xi_b = 0.518$。

（1）确定截面有效高度 h_0　假设纵向受力钢筋为单层，取 $a_s = 40\text{mm}$，则 $h_0 = h - a_s = 450 - 40 = 410\text{mm}$

（2）计算 x，并判断是否为超筋梁

$$x = h_0 - \sqrt{h_0^2 - \frac{2M}{\alpha_1 f_c b}} = 410 - \sqrt{410^2 - \frac{2 \times 80 \times 10^6}{1.0 \times 14.3 \times 200}}$$

$$= 75.1\text{mm} < \xi_b h_0 = 0.518 \times 410 = 212.4\text{mm}，\text{不属超筋梁}。$$

（3）计算 A_s，并判断是否为少筋梁

$$A_s = \frac{\alpha_1 f_c b x}{f_y} = \frac{1.0 \times 14.3 \times 200 \times 75.1}{360} = 597\text{mm}^2$$

$$0.45 f_t / f_y = 0.45 \times 1.43 / 360 = 0.18\% < 0.20\%$$

取 $\rho_{\min} = 0.20\%$

$$A_{s,\min} = 0.2\% \times 200 \times 450 = 180\text{mm}^2 < A_s = 597\text{mm}^2，\text{不属少}$$

筋梁。

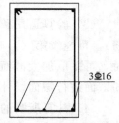

图 4-20　例 4-1 配筋图

（4）选配钢筋

实配 3 ϕ 16（外径 18.4mm，$A_s=603\text{mm}^2$），如图 4-20 所示（未标注箍筋和架立筋）。

（5）验算钢筋间距

$3\times18.4+2\times25+10+10+20+20=165.2\text{mm}<200\text{mm}$，满足要求。

【例 4-2】 某教学楼钢筋混凝土矩形截面简支梁，一类环境，安全等级为二级，设计使用年限 50 年，截面尺寸 $b\times h=250\text{mm}\times550\text{mm}$，承受恒载标准值 10kN/m（不含梁自重），活荷载标准值 17kN/m，计算跨度 $l_0=6$m，采用 C30 混凝土，HRB400 级钢筋。试配置纵向受力钢筋。

【解】

查表得 $f_c=14.3\text{N/mm}^2$，$f_t=1.43\text{N/mm}^2$，$f_y=360\text{N/mm}^2$，$\xi_b=0.518$，$\alpha_1=1.0$，结构重要性系数 $\gamma_0=1.0$，可变荷载组合值系数 $\psi_c=0.7$，考虑结构使用年限的调整系数 $\gamma_L=1.0$。

（1）计算弯矩设计值 M 钢筋混凝土自重（重力密度）为 25.0kN/m³，作用在梁上的恒荷载标准值为

$$g_k=10+25.0\times0.25\times0.55=13.438\text{kN/m}$$

简支梁在恒荷载标准值、活荷载标准值作用下的跨中弯矩分别为：

$$M_{gk}=g_k l_0^2/8=13.438\times6^2/8=60.471\text{kN}\cdot\text{m}$$
$$M_{qk}=q_k l_0^2/8=17\times6^2/8=76.5\text{kN}\cdot\text{m}$$

由恒载控制的跨中弯矩为

$$M=\gamma_0(\gamma_G M_{gk}+\gamma_Q\gamma_L\psi_c M_{qk})=1.0\times(1.35\times60.471+$$
$$1.4\times1.0\times0.7\times76.5)=156.6\text{kN}\cdot\text{m}$$

由活荷载控制的跨中弯矩为

$$M=\gamma_0(\gamma_G M_{gk}+\gamma_Q\gamma_L M_{qk})=1.0\times(1.2\times60.471+1.4\times1.0\times76.5)=179.67\text{kN}\cdot\text{m}$$

取较大值为跨中弯矩设计值 $M=179.67\text{kN}\cdot\text{m}$。

（2）计算 h_0 假定受力钢筋排一层，取 $a_s=40\text{mm}$，则 $h_0=h-a_s=550-40=510\text{mm}$

（3）计算 x，并判断是否属超筋梁

$$x=h_0-\sqrt{h_0^2-\frac{2M}{\alpha_1 f_c b}}=510-\sqrt{510^2-\frac{2\times179.67\times10^6}{1.0\times14.3\times250}}$$
$$=110.5\text{mm}<\xi_b h_0=0.518\times510=264.2\text{mm}，不属于超筋梁。$$

（4）计算 A_s，并判断是否少筋

$$A_s=\alpha_1 f_c bx/f_y=1.0\times14.3\times250\times110.5/360=1097\text{mm}^2$$
$$0.45f_t/f_y=0.45\times1.43/360=0.18\%<0.20\%，取\ \rho_{min}=0.20\%$$

$\rho_{min}bh=0.20\%\times250\times550=275\text{mm}^2<A_s=1097\text{mm}^2$，不属于少筋梁。

（5）选配钢筋 选配 3 ϕ 22（外径 25.1mm，$A_s=1140\text{mm}^2$）。

（6）验算钢筋间距 $25.1\times3+2\times25+2\times10+2\times20=185.3\text{mm}<250\text{mm}$，满足要求。

【例 4-3】 如图 4-21 所示，某教学楼现浇钢筋混凝土走廊板厚 $h=80\text{mm}$，板面做 20mm 水泥砂浆面层，计算跨度 $l_0=2$m，采用 C30 混凝土，HPB300 级钢筋。一类环境，安全等级为二级，结构设计使用年限为 50 年，试确定纵向受力钢筋的数量。

【解】

查《建筑结构荷载规范》得教学楼走廊的均布活荷载为 3.5kN/m²。查附表得 $f_c=$

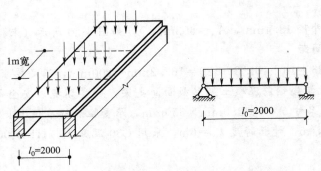

图 4-21 例 4-3 图

14.3N/mm^2，$f_t = 1.43 \text{N/mm}^2$，$f_y = 270 \text{N/mm}^2$，$\xi_b = 0.576$，$\alpha_1 = 1.0$。结构重要性系数 $\gamma_0 = 1.0$，可变荷载组合值系数 $\psi_c = 0.7$，考虑结构使用年限的调整系数 $\gamma_L = 1.0$。

（1）计算跨中弯矩设计值 M　钢筋混凝土和水泥砂浆自重（重力密度）分别为 25.0kN/m^3 和 20.0kN/m^3，故作用在板上的恒荷载标准值为：

80mm 厚钢筋混凝土板 $\qquad\qquad\qquad 25.0 \times 0.08 = 2.0 \text{kN/m}^2$

20mm 水泥砂浆面层 $\qquad\qquad\qquad\qquad \dfrac{+20.0 \times 0.02 = 0.4 \text{kN/m}^2}{2.4 \text{kN/m}^2}$

取 1m 板宽作为计算单元，即 $b = 1000 \text{mm}$，则 $g_k = 2.4 \text{kN/m}$，$q_k = 3.5 \text{kN/m}$。荷载组合：

$$\gamma_0(g+q) = \gamma_0(1.2 g_k + 1.4 \gamma_L q_k) = 1.0 \times (1.2 \times 2.4 + 1.4 \times 1.0 \times 3.5) = 7.78 \text{kN/m}$$

$$\gamma_0(g+q) = \gamma_0(1.35 g_k + 1.4 \psi_c \gamma_L q_k) = 1.0 \times (1.35 \times 2.4 + 1.4 \times 0.7 \times 1.0 \times 3.5) = 6.67 \text{kN/m}$$

取较大值作为板上荷载设计值：$\gamma_0(g+q) = 7.78 \text{kN/m}$

板跨中弯矩设计值：$M = \gamma_0(g+q) l_0^2 / 8 = 7.78 \times 2^2 / 8 = 3.89 \text{kN} \cdot \text{m}$

（2）确定纵向受力钢筋　一类环境，板取 $a_s = 20 \text{mm}$，则 $h_0 = h - a_s = 80 - 20 = 60 \text{mm}$

$$x = h_0 - \sqrt{h_0^2 - \frac{2M}{\alpha_1 f_c b}} = 60 - \sqrt{60^2 - \frac{2 \times 3.89 \times 10^6}{1.0 \times 14.3 \times 1000}}$$

$$= 4.72 \text{mm} < \xi_b h_0 = 0.576 \times 60 = 34.56 \text{mm}，不超筋。$$

$$A_s = \alpha_1 f_c b x / f_y = 1.0 \times 14.3 \times 1000 \times 4.72 / 270 = 250 \text{mm}^2$$

$0.45 f_t / f_y = 0.45 \times 1.43 / 270 = 0.24\% > 0.20\%$，取 $\rho_{min} = 0.24\%$

$\rho_{min} bh = 0.24\% \times 1000 \times 80 = 192 \text{mm}^2 < A_s = 250 \text{mm}^2$，不少筋。

实配受力钢筋 $\phi 8@200$（$A_s = 251 \text{mm}^2$）；分布钢筋按构造要求配置 $\phi 6@200$，每米板宽截面面积 $141 \text{mm}^2 > 15\% \times 251 = 37.7 \text{mm}^2$，且 $> 0.15\% bh = 0.15\% \times 1000 \times 80 = 120 \text{mm}^2$。

4.3.2　单筋 T 形截面

在单筋矩形梁正截面受弯承载力计算中，不考虑受拉区混凝土的作用，如果将受拉区两侧混凝土挖掉一部分，形成 T 形截面，如图 4-22 所示。将受拉钢筋放在肋部，不仅对受弯承载力没有影响，而且还可

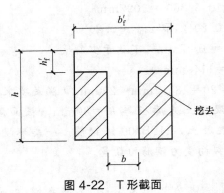

图 4-22　T 形截面

以节约材料，减轻自重。T 形梁的截面由梁肋或腹板 $b \times h$ 及挑出翼缘 $(b_f' - b) \times h_f'$ 两部分组成。

　　T 形截面受弯构件在工程实际中应用较广，实际截面形式如图 4-23 所示。除图 4-23（a）所示的独立 T 形梁以外，还有图 4-23（b）所示的槽形板、图 4-23（c）所示空心板和工字形梁；如图 4-23（d）所示现浇肋形楼盖中的主梁和次梁的跨中截面 I—I 也按 T 形梁计算，而对于靠近支座的部位属于翼缘位于受拉区的 T 形截面梁，受拉区开裂后翼缘就不起作用，因此图中 II—II 截面应按 $b \times h$ 的矩形截面计算。

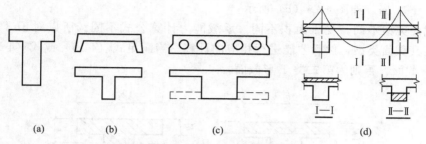

(a)　　　　　(b)　　　　　(c)　　　　　(d)

图 4-23　T 形梁的工程应用示例

4.3.2.1　翼缘计算宽度

　　试验表明：T 形梁破坏时，其翼缘上混凝土压应力沿宽度方向的分布并不均匀，越接近肋部应力越大，超过一定距离压应力几乎为零。计算上为简化，假定只在翼缘一定宽度范围内受有压应力，且均匀分布，该范围以外的部分不起作用，这个宽度称为翼缘计算宽度 b_f'，即在 b_f' 范围内压应力为均匀分布，b_f' 范围以外部分的翼缘则不考虑，如图 4-24 所示。

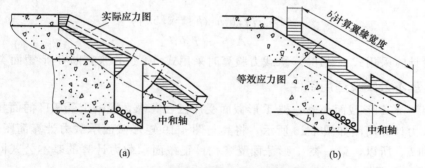

(a)　　　　　　　　　　　　　(b)

图 4-24　T 形梁受压翼缘计算宽度示意图

表 4-4　T 形、I 形及倒 L 形截面受弯构件翼缘计算宽度 b_f'

情况			T 形、I 形 截 面		倒 L 形截面
			肋形梁（板）	独立梁	肋形梁（板）
1	按计算跨度 l_0 考虑		$l_0/3$	$l_0/3$	$l_0/6$
2	按梁（肋）净距 s_n 考虑		$b+s_n$	—	$b+s_n/2$
3	按翼缘高度 h_f' 考虑	$h_f'/h_0 \geqslant 0.1$	—	$b+12h_f'$	—
		$0.1 > h_f'/h_0 \geqslant 0.05$	$b+12h_f'$	$b+6h_f'$	$b+5h_f'$
		$h_f'/h_0 < 0.05$	$b+12h_f'$	b	$b+5h_f'$

注：1. 表中 b 为梁的腹板宽度。

2. 肋形梁在梁跨内设有间距小于纵肋间距的横肋时，可不考虑表中情况 3 的规定。

3. 加腋的 T 形、I 形和倒 L 形截面，当受压区加腋的高度 $h_h \geqslant h_f'$ 且加腋的长度 $b_h \leqslant 3h_h$ 时，其翼缘计算宽度可按表中情况 3 的规定分别增加 $2b_h$（T 形、I 形截面）和 b_h（倒 L 形截面）。

4. 独立梁受压区的翼缘板在荷载作用下经验算沿纵肋方向可能产生裂缝时，其计算宽度应取腹板宽度 b。

　　T 形、I 形及倒 L 形截面受弯构件位于受压区的翼缘计算宽度 b_f'，与梁的计算跨度 l_0、

腹板宽度 b、翼缘高度 h'_f 以及受力情况（独立梁、整浇肋形楼盖梁）等因素有关。现行规范规定应按表 4-4 所列各项中的较小值取用。独立梁的翼缘宽度不超过表中较小值时，取实际宽度作为翼缘计算宽度。

4.3.2.2 T 形截面分类

根据混凝土受压区高度 x 的不同，将 T 形截面分成两类：受压区在翼缘内者为第一类 T 形截面，即 $x \leq h'_f$，如图 4-25（a）所示；受压区已由翼缘板深入到腹板者为第二类 T 形截面，此时 $x > h'_f$，如图 4-25（b）所示。

T 形截面类型不同，受压面积不同，承载能力计算公式不同。所以对于 T 形截面梁，首先要判定其截面类型，然后才能进行相应的计算。当满足式（4-16）或式（4-17）时，为第一类 T 形截面，否则为第二类 T 形截面。

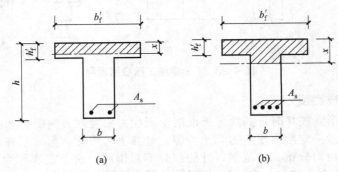

图 4-25　T 形截面类型

$$M \leq \alpha_1 f_c b'_f h'_f (h_0 - 0.5 h'_f) \tag{4-16}$$

$$f_y A_s \leq \alpha_1 f_c b'_f h'_f \tag{4-17}$$

截面设计时采用式（4-16）、承载力验算时采用式（4-17）来判断 T 形截面类型。

4.3.2.3　基本公式及适用条件

（1）第一类 T 形截面　第一类 T 形截面受压区在翼缘，混凝土受压区的面积为 $b'_f x$ 的矩形，承载力计算简图如图 4-26 所示，将其与图 4-19 矩形截面承载力计算简图相比，差别仅在于 b'_f 和 b。所以，第一类 T 形截面受弯构件正截面承载力计算的基本公式同矩形截面，只需用 b'_f 替代 b 即可。

基本公式的适用条件仍然是适筋梁，第一类 T 形截面不会出现超筋，但应防止少筋。需要验算条件：$\rho \geq \rho_{\min}$ 或 $A_s \geq \rho_{\min} bh$；对 I 形和倒 T 形截面，$A_s \geq \rho_{\min} [bh + (b_f - b) h_f]$。

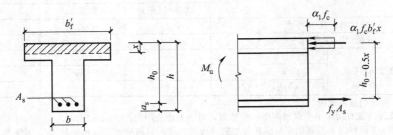

图 4-26　第一类 T 形截面承载力计算简图

（2）第二类 T 形截面　对于第二类 T 形截面，受压区已进入腹板，计算简图如图 4-27

所示。承载能力极限状态下混凝土压应力的合力可以分解为两部分：第一部分为翼缘悬挑部分承担的压力，合力为 $\alpha_1 f_c (b_f' - b) h_f'$，作用点距钢筋合力中心 $(h_0 - 0.5h_f')$；第二部分为梁肋（腹板）部分承担的压力，合力为 $\alpha_1 f_c bx$，作用点距钢筋合力中心 $(h_0 - 0.5x)$。平衡条件为：

$$\alpha_1 f_c (b_f' - b) h_f' + \alpha_1 f_c bx = f_y A_s \tag{4-18}$$

$$M_u = \alpha_1 f_c (b_f' - b) h_f' (h_0 - 0.5h_f') + \alpha_1 f_c bx (h_0 - 0.5x) \tag{4-19}$$

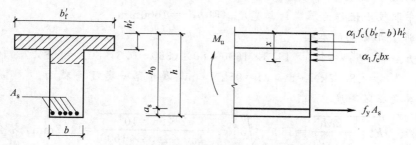

图 4-27　第二类 T 形截面承载力计算简图

适用条件仍然为 $x \leqslant \xi_b h_0$ 和 $\rho \geqslant \rho_{\min}$。因为第二类 T 形截面梁配筋率一般较高，能满足最小配筋率的要求，所以不必单独验算配筋率。

4.3.2.4　截面设计方法

截面设计即配筋计算。已知材料的强度等级、截面尺寸及弯矩设计值 M，求所需的受拉钢筋截面面积 A_s，可按下述步骤进行：

① 确定翼缘计算宽度 b_f'。

② 对于第一类 T 形截面。弯矩设计值 M 满足式（4-16）的截面为第一类 T 形截面，其计算方法与 $b_f' \times h$ 的单筋矩形梁完全相同。

③ 对于第二类 T 形截面。弯矩设计值 M 不满足式（4-16）的截面为第二类 T 形截面，取 $M = M_u$，由式（4-19）解得受压区高度 x：

$$x = h_0 - \sqrt{h_0^2 - \frac{2[M - \alpha_1 f_c (b_f' - b) h_f' (h_0 - 0.5h_f')]}{\alpha_1 f_c b}} \tag{4-20}$$

若 $x \leqslant \xi_b h_0$，则由式（4-18）可解得所需受拉钢筋截面面积：

$$A_s = \frac{\alpha_1 f_c bx + \alpha_1 f_c (b_f' - b) h_f'}{f_y} \tag{4-21}$$

限制条件 $x \leqslant \xi_b h_0$ 若不满足，则需加大截面尺寸，或提高混凝土强度等级，或改成双筋截面。

【例 4-4】　某现浇肋形楼盖次梁，截面尺寸如图 4-28 所示，梁的计算跨度 4.8m，跨中弯矩设计值为 95kN·m，采用 C30 混凝土和 HRB400 级钢筋。取 $a_s = 40$mm，试配置纵向钢筋。

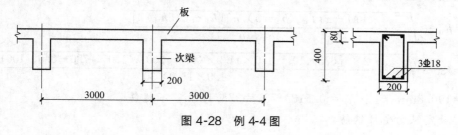

图 4-28　例 4-4 图

【解】 查表得 $f_c=14.3\text{N/mm}^2$，$f_t=1.43\text{N/mm}^2$，$f_y=360\text{N/mm}^2$，$\alpha_1=1.0$，$\xi_b=0.518$。

截面有效高度 $h_0=h-a_s=400-40=360\text{mm}$

（1）确定翼缘计算宽度

根据表 4-4 可知，按梁的计算跨度考虑：$b_f'=l_0/3=4800/3=1600\text{mm}$

按梁净距 s_n 考虑：$b_f'=b+s_n=200+2800=3000\text{mm}$

按翼缘高度 h_f' 考虑：$h_f'/h_0=80/360=0.22>0.1$，不考虑该项

取三项中取较小值作为翼缘计算宽度，即 $b_f'=1600\text{mm}$。

（2）判别 T 形截面的类型

$$\alpha_1 f_c b_f' h_f'(h_0-0.5h_f')=1.0\times14.3\times1600\times80\times(360-0.5\times80)=585.7\times10^6\text{ N}\cdot\text{mm}$$
$$=585.7\text{kN}\cdot\text{m}>M=95\text{kN}\cdot\text{m}，属于第一类 T 形截面。$$

（3）计算受压区高度 x

$$x=h_0-\sqrt{h_0^2-\frac{2M}{\alpha_1 f_c b_f'}}=360-\sqrt{360^2-\frac{2\times95\times10^6}{1.0\times14.3\times1600}}=11.7\text{mm}，不会超筋$$

（4）确定受力钢筋

$$A_s=\frac{\alpha_1 f_c b_f' x}{f_y}=1.0\times14.3\times1600\times11.7/360=744\text{mm}^2$$

$0.45f_t/f_y=0.45\times1.43/360=0.18\%<0.20\%$，取 $\rho_{min}=0.20\%$

$\rho_{min}bh=0.20\%\times200\times400=160\text{mm}^2<A_s=744\text{mm}^2$，不属少筋梁。

实配 3 Φ 18（$A_s=763\text{mm}^2$），钢筋间距满足要求。

【例 4-5】 某结构中独立 T 形梁，截面尺寸如图 4-29 所示，计算跨度 7.0m，承受弯矩设计值 675kN·m，采用 C25 混凝土和 HRB400 级钢筋，试确定纵向受力钢筋。

【解】

已知条件：$f_c=11.9\text{N/mm}^2$，$f_t=1.27\text{N/mm}^2$，$f_y=360\text{N/mm}^2$，$\alpha_1=1.0$，$\xi_b=0.518$。本题目可假设纵向钢筋排两层，取 $a_s=70\text{mm}$，截面有效高度 $h_0=h-a_s=800-70=730\text{mm}$。

（1）确定翼缘计算宽度

按计算跨度 l_0 考虑：$b_f'=l_0/3=7000/3=2333.3\text{mm}$

按翼缘高度 h_f' 考虑：$b_f'=b+12h_f'=300+12\times100=1500\text{mm}$

上述两项均大于实际翼缘宽度 600mm，故取 $b_f'=600\text{mm}$。

（2）判别 T 形截面的类型

$$\alpha_1 f_c b_f' h_f'(h_0-0.5h_f')=1.0\times11.9\times600\times100\times(730-0.5\times100)=485.5\times10^6\text{N}\cdot\text{mm}$$
$$=485.5\text{kN}\cdot\text{m}<M=675\text{kN}\cdot\text{m}，该梁为第二类 T 形截面。$$

（3）计算受压区高度 x

$$x=h_0-\sqrt{h_0^2-\frac{2\left[M-\alpha_1 f_c\left(b_f'-b\right)h_f'(h_0-0.5h_f')\right]}{\alpha_1 f_c b}}$$

$$=730-\sqrt{730^2-\frac{2\times\left[675\times10^6-1.0\times11.9\times(600-300)\times100\times(730-0.5\times100)\right]}{1.0\times11.9\times300}}$$

$$=190.8\text{mm}\leqslant\xi_b h_0=0.518\times730=378.1\text{mm}，不超筋$$

（4）确定纵向受拉钢筋

$$A_s = \frac{\alpha_1 f_c bx + \alpha_1 f_c (b'_f - b) h'_f}{f_y}$$

$$= \frac{1.0 \times 11.9 \times 300 \times 190.8 + 1.0 \times 11.9 \times (600 - 300) \times 100}{360}$$

$$= 2884 \text{mm}^2$$

第二类 T 形截面不会少筋。实配钢筋 6 ⌀ 25 (A_s = 2945mm²)，双层布置，上层 2 根、下层 4 根，如图 4-29 所示。经验算，钢筋间距满足要求。

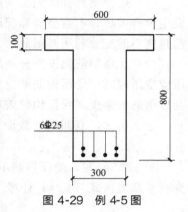

图 4-29　例 4-5 图

4.3.3　双筋矩形截面

同时配置有按计算需要的纵向受拉钢筋 A_s 和受压钢筋 A'_s 的梁，称为双筋截面梁。双筋梁可以提高承载能力，提高截面延性，减小构件变形，有利于抗震耗能。但是从受力的角度讲，用一部分钢筋去承担压应力的做法并不经济。因此，仅在以下情况下才设计成双筋梁。

当截面尺寸和材料强度受建筑使用和施工条件（或整个工程）限制而不能增加，而计算又不满足适筋截面条件时，可采用双筋截面，即在受压区配置钢筋以补充混凝土受压能力的不足。另一方面，由于荷载有多种组合情况，在某一组合情况下截面承受正弯矩，另一种组合情况下承受负弯矩，这时也出现双筋截面。此外，由于受压钢筋可以提高截面的延性，因此，在抗震结构中要求框架梁中必须配置一定比例的受压钢筋。

4.3.3.1　基本计算公式

双筋截面在满足构造要求的条件下，截面达到 M_u 的标志仍然是受压边缘混凝土达到 ε_{cu}，其破坏形态与适筋梁类似，具有较大的延性。受压区混凝土的应力仍可按等效矩形应力图方法考虑，拉筋和压筋均屈服，承载力计算简图如图 4-30 所示，其中 a'_s 为受压钢筋合力点（截面形心）到混凝土受压区边缘的距离。

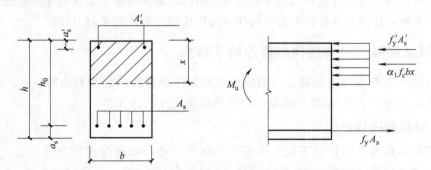

图 4-30　双筋矩形截面受弯构件正截面受弯承载力计算简图

由力的平衡条件，可得

$$\alpha_1 f_c bx + f'_y A'_s = f_y A_s \tag{4-22}$$

由对受拉钢筋合力点取矩的力矩平衡条件，可得

$$M_u = \alpha_1 f_c bx (h_0 - 0.5x) + f'_y A'_s (h_0 - a'_s) \tag{4-23}$$

4.3.3.2 适用条件

在基本计算公式（4-22）、公式（4-23）中，受拉钢筋和受压钢筋的应力分别采用的是抗拉强度设计值 f_y 和抗压强度设计值 f'_y，因此，公式的适用条件就是纵向受力钢筋能屈服。

（1）受拉钢筋强度充分利用的条件　双筋矩形截面梁也应设计成适筋梁。双筋截面不会发生少筋破坏，不需要验算配筋率，但可能发生超筋破坏。超筋破坏时受拉钢筋不屈服，钢筋强度不能充分利用。因此，公式的适用条件之一就是不能超筋：$x \leqslant \xi_b h_0$ 或 $\xi \leqslant \xi_b$。

（2）受压钢筋强度充分利用的条件　如果受压区高度过小，受压区边缘混凝土达到极限压应变压碎时，受压钢筋的应变小于屈服应变，受压钢筋强度未能充分利用。为了充分利用受压钢筋的强度，保证构件破坏时受压钢筋能够屈服，因此要求：$x \geqslant 2a'_s$。

综上所述，双筋矩形截面受弯构件正截面承载力计算公式的适用条件是：$2a'_s \leqslant x \leqslant \xi_b h_0$。

当 $x < 2a'_s$ 时，受压钢筋不屈服，可近似取 $x = 2a'_s$，并对受压钢筋合力点取矩，正截面受弯承载力按式（4-24）计算：

$$M_u = f_y A_s (h_0 - a'_s) \tag{4-24}$$

利用上述基本公式仍然可以进行截面设计和承载力复核（验算），计算方法和步骤请读者自己归纳（当拉筋和压筋面积均不知时，可取 $x = \xi_b h_0$，可使总用钢量接近最少）。

4.4　钢筋混凝土受弯构件斜截面承载力

一般而言，在荷载作用下，受弯构件不仅在各个截面上引起弯矩 M，同时还产生剪力 V。在弯曲正应力和剪应力共同作用下，受弯构件将产生与轴线斜交的主拉应力和主压应力。混凝土抗压强度较高，受弯构件一般不会因主压应力而引起破坏。但当主拉应力超过混凝土的抗拉强度时，混凝土便沿垂直于主拉应力方向出现斜裂缝，进而可能发生斜截面破坏。斜截面破坏通常较为突然，具有脆性性质，其危险性更大。所以，钢筋混凝土受弯构件除应进行正截面受弯承载力计算外，还须对弯矩和剪力共同作用的区段进行斜截面承载力计算。

4.4.1　钢筋混凝土受弯构件斜截面破坏特点

钢筋混凝土受弯构件的斜截面受剪破坏主要取决于箍筋的数量和剪跨比 λ。剪跨比定义为 $\lambda = a/h_0$，其中 a 称为剪跨，即集中力作用点离支座的距离。

4.4.1.1　斜截面破坏形态

随着箍筋数量与剪跨比的不同，受弯构件存在三种斜截面受剪破坏的形态：斜拉破坏、剪压破坏和斜压破坏，如图 4-31 所示。

（1）斜拉破坏　产生条件：箍筋配置过少，且剪跨比较大（$\lambda > 3$）。

破坏特征：一旦出现斜裂缝，与斜裂缝相交的箍筋应力立即达到屈服强度，箍筋对斜裂缝发展的约束作用消失，随后斜裂缝迅速延伸到梁的受压区边缘，构件裂为两部分而破坏。

（2）剪压破坏　产生条件：箍筋适量，且剪跨比适中（$\lambda = 1 \sim 3$）。

破坏特征：与临界斜裂缝相交的箍筋应力达到屈服强度，最后剪压区混凝土在正应力和剪应力共同作用下达到极限状态而压碎。

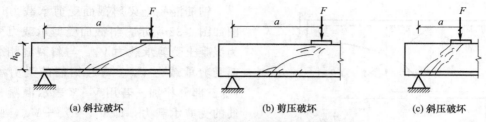

图 4-31　受弯构件斜截面破坏的三种形态

（3）斜压破坏　产生条件：箍筋配置过多过密，或梁的剪跨比较小（$\lambda < 1$）。

破坏特征：剪弯段腹部混凝土被压碎，箍筋应力尚未达到屈服强度。

剪压破坏通过计算避免，斜压破坏和斜拉破坏分别通过采用截面限制条件与按构造要求配置箍筋来防止。剪压破坏形态是建立斜截面受剪承载力计算公式的依据。

4.4.1.2　影响斜截面受剪承载力的主要因素

影响钢筋混凝土受弯构件斜截面受剪承载力的因素众多，其中的主要因素有以下几项。

（1）混凝土强度等级　混凝土的强度等级越高，抗拉强度就越高，所能承担的主拉应力值就大，所以斜截面的抗剪承载能力越强。

（2）剪跨比　集中荷载作用下的独立梁，当剪跨比 $\lambda \leqslant 3$ 时，斜截面受剪承载力随 λ 的增大而降低；但当 $\lambda > 3$ 时，其影响已不明显。

（3）配箍率和箍筋强度　同一截面与剪力方向一致的箍筋称为肢，箍筋肢数有单肢、双肢和多肢之分，如图 4-7 所示。设箍筋肢数为 n，每一肢箍筋的截面面积为 A_{sv1}，则同一截面箍筋各肢的全部截面面积 $A_{sv} = nA_{sv1}$。箍筋配筋率，又称为配箍率，用 ρ_{sv} 表示，按下式定义：

$$\rho_{sv} = \frac{A_{sv}}{bs} = \frac{nA_{sv1}}{bs} \tag{4-25}$$

式中　s——沿构件长度方向的箍筋间距；

b——梁截面宽度，T 形、I 形截面取腹板宽度。

斜裂缝出现前，箍筋应力很小。斜裂缝出现以后，混凝土不再承受主拉应力，与斜裂缝相交的箍筋承担混凝土退出的这部分拉力。试验表明，箍筋配筋率对梁抗剪承载能力影响明显，两者成线性关系。箍筋强度 f_{yv} 提高，也能提高受弯梁的抗剪承载能力。

（4）纵向钢筋配筋率　钢筋混凝土结构的纵向钢筋受剪会产生销栓力，可以限制斜裂缝的开展，间接提高梁的受剪承载力。试验得知，只有梁的纵筋配筋率大于 1.5% 时纵筋对梁受剪承载力才有明显影响，因此梁的斜截面受剪承载力随纵向钢筋配筋率增大而提高。

除上述因素外，截面形状、荷载种类和作用方式等对梁的斜截面受剪承载力都有影响。

4.4.2　钢筋混凝土受弯构件斜截面受剪承载力

钢筋混凝土梁的斜截面承载能力包括梁的斜截面受剪承载力和斜截面受弯承载力两个方面。在实际工程设计中，钢筋混凝土梁的斜截面受剪承载力通过计算配置腹筋（箍筋、弯起钢筋）来保证，而梁的斜截面受弯承载力则通过构造措施来保证。钢筋混凝土楼面板和屋面板不便于设置箍筋，但其跨高比较大，混凝土足以承受外荷载产生的剪力，一般不做计算。

4.4.2.1 梁斜截面受剪承载力基本公式

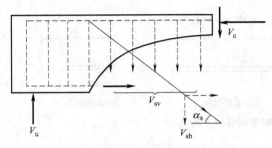

图 4-32 斜截面受剪承载力计算简图

钢筋混凝土梁斜截面受剪承载力计算简图如图 4-32 所示。斜截面受剪承载力可理解为混凝土受剪承载力 V_c、与斜裂缝相交的箍筋受剪承载力 V_{sv}、弯起钢筋的受剪承载力 V_{sb} 三部分相加。若用 V_{cs} 来表示混凝土和箍筋的受剪承载力，即 $V_{cs}=V_c+V_{sv}$，则混凝土、腹箍总的受剪承载力为 $V_u=V_{cs}+V_{sb}$。

矩形、T 形和 I 形截面梁斜截面受剪承载力是以剪压破坏形态作为计算模型，以大量试验数据为依据，经过分析得到的经验公式，目的是防止剪压破坏。

（1）仅配箍筋时的受剪承载力

$$V \leqslant V_{cs} = \alpha_{cv} f_t b h_0 + f_{yv} \frac{A_{sv}}{s} h_0 \tag{4-26}$$

式中　α_{cv}——斜截面混凝土受剪承载力系数，对于一般受弯构件取 $\alpha_{cv}=0.7$；对集中荷载作用下（包括作用有多种荷载，其中集中荷载对支座截面或节点边缘所产生的剪力值占总剪力值的 75% 以上的情况）的独立梁，取 $\alpha_{cv}=1.75/(\lambda+1)$，$\lambda$ 为计算截面的剪跨比，当 $\lambda<1.5$ 时，取 $\lambda=1.5$；当 $\lambda>3$ 时，取 $\lambda=3$；

f_t——混凝土抗拉强度设计值；

f_{yv}——箍筋的抗拉强度设计值，按附表 5 中的 f_y 值采用，超过 360N/mm^2 时取 360N/mm^2。

（2）同时配箍筋和弯起钢筋时的受剪承载力

$$V \leqslant V_u = V_{cs} + 0.8 f_y A_{sb} \sin\alpha_s \tag{4-27}$$

式中　f_y——弯起钢筋的抗拉强度设计值；

A_{sb}——同一弯起平面内弯起钢筋的截面面积；

α_s——一般情况取 45°，梁的高度大于 800mm 时取 60°。

需要注意的是，式（4-27）中的系数 0.8，是考虑弯起钢筋与临界斜裂缝的交点有可能过分靠近混凝土剪压区时，弯起钢筋达不到屈服强度而采用的强度降低系数。

4.4.2.2 基本公式适用条件

基本公式的适用条件就是剪压破坏形态，不适用于斜压破坏和斜拉破坏。

（1）防止出现斜压破坏的条件——最小截面尺寸的限制

当 $h_w/b \leqslant 4$ 时

$$V \leqslant 0.25\beta_c f_c b h_0 \tag{4-28}$$

当 $h_w/b \geqslant 6$ 时

$$V \leqslant 0.2\beta_c f_c b h_0 \tag{4-29}$$

当 $4<h_w/b<6$ 时，按线性内插法确定。

式中　V——构件截面上的最大剪力设计值；

β_c——混凝土强度影响系数：当混凝土强度等级不超过 C50 时，取 $\beta_c=1.0$；当混凝土强度等级为 C80 时，取 $\beta_c=0.8$；其间按线性内插法确定；

f_c——混凝土轴心抗压强度设计值；

b——矩形截面的宽度，T 形或 I 形截面的腹板宽度；

h_0——截面的有效高度；

h_w——截面的腹板高度，矩形截面，取有效高度；T 形截面，取有效高度减去翼缘高度；I 形截面，取腹板净高。

（2）防止出现斜拉破坏的条件——最小配箍率的限制　当配箍率过小时，会发生斜拉破坏。为避免这种破坏的发生，现行规范规定：当 $V > 0.7f_t bh_0$ 时，箍筋的最小配筋率为

$$\rho_{sv,min} = 0.24f_t / f_{yv} \tag{4-30}$$

要求 $\rho_{sv} \geqslant \rho_{sv,min}$。同时，还规定了箍筋的最大间距 s_{max}（表 4-5）。如果箍筋间距过大，破坏时斜裂缝无箍筋相交，虽然满足了最小配筋率的要求，但箍筋起不到抗剪作用，避免不了斜拉破坏的发生，所以还要求 $s \leqslant s_{max}$。

表 4-5　梁中箍筋的最大间距 s_{max}　　　　　　　　　　　　单位：mm

梁高 h	$V > 0.7f_t bh_0$	$V \leqslant 0.7f_t bh_0$
$150 < h \leqslant 300$	150	200
$300 < h \leqslant 500$	200	300
$500 < h \leqslant 800$	250	350
$h > 800$	300	400

4.4.2.3　剪力设计值的计算截面位置

在进行正截面承载能力计算时，其计算位置是弯矩最大的截面，而在计算斜截面受剪承载能力时，其剪力设计值的计算截面可能是剪力最大的截面，也可能不是剪力最大的截面，应按下列规定采用（图 4-33）：

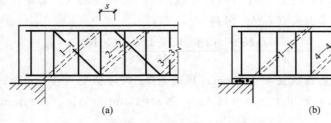

(a)　　　　　　　　　　　　　　　　(b)

图 4-33　剪力设计值计算截面

① 支座边缘截面 1—1，剪力最大。

② 受拉区弯起钢筋弯起点处的截面 2—2、3—3。

弯起钢筋前一排（对支座而言）的弯起点至后一排的弯终点之间的距离 s，应不大于 $V > 0.7f_t bh_0$ 时箍筋的最大间距，即 $s \leqslant s_{max}$。

③ 箍筋间距或截面面积改变处的截面 4—4。

④ 截面尺寸改变处的截面。

4.4.2.4　斜截面受剪承载力计算步骤

已知剪力设计值 V、截面尺寸、混凝土强度等级、箍筋级别、纵向受力钢筋的级别和数量，求箍筋数量，计算步骤如下。

（1）复核截面尺寸　梁的截面尺寸应满足适用条件的要求，即代入式（4-28）或式（4-29）验算不等式。如果不满足则应加大截面尺寸或提高混凝土强度等级，使截面尺寸首先符合要求。

（2）确定是否需按计算配置箍筋　当满足条件 $V \leqslant \alpha_{cv} f_t b h_0$ 时，可按构造要求（最大间距、最小直径）来配置箍筋，否则，需按计算配置箍筋。

（3）计算箍筋　如果 $V > \alpha_{cv} f_t b h_0$，则应由式（4-26）来确定箍筋数量 A_{sv}/s，从而定出其直径和间距，同时还要满足箍筋间距不超过最大间距和箍筋配筋率不小于最小配箍率的要求。

通常求出 A_{sv}/s 的值后，即可根据构造要求选定箍筋肢数 n 和直径 d，然后求出间距 s，或者根据构造要求选定 n、s，然后求出 d。

同时配置箍筋和弯起钢筋时，其计算较复杂，并且抗震结构中不采用弯起钢筋来抗剪，故本书不作介绍。

【例 4-6】　某办公楼矩形截面简支梁，截面尺寸 $250mm \times 500mm$，$h_0 = 460mm$，承受均布荷载作用，已求得支座边缘剪力设计值为 185.85kN，混凝土为 C30，箍筋采用 HPB300 级钢筋，试确定箍筋数量。

【解】

查表得 $f_c = 14.3N/mm^2$，$f_t = 1.43N/mm^2$，$f_{yv} = 270N/mm^2$，且 $\beta_c = 1.0$。

（1）复核截面尺寸

$h_w/b = h_0/b = 460/250 = 1.84 < 4.0$

$0.25\beta_c f_c b h_0 = 0.25 \times 1.0 \times 14.3 \times 250 \times 460N = 411.1kN > V = 185.85kN$，截面尺寸满足要求。

（2）确定是否需按计算配置箍筋

$\alpha_{cv} f_t b h_0 = 0.7 \times 1.43 \times 250 \times 460N = 115.1kN < V = 185.85kN$，需按计算配置箍筋。

（3）确定箍筋数量　由式（4-26）解得

$$\frac{A_{sv}}{s} \geqslant \frac{V - \alpha_{cv} f_t b h_0}{f_{yv} h_0} = \frac{(185.85 - 115.1) \times 10^3}{270 \times 460} = 0.57$$

按构造要求，箍筋直径不宜小于 6mm，现选用 Φ8 双肢箍筋（$A_{sv1} = 50.3mm^2$），则箍筋间距 $s \leqslant A_{sv}/0.57 = 2 \times 50.3/0.57 = 176mm$，取 $s = 170mm < s_{max} = 200mm$。

（4）验算配箍率

$$\rho_{sv,min} = 0.24 f_t/f_{yv} \times 100\% = 0.24 \times 1.43/270 \times 100\% = 0.13\%$$

$$\rho_{sv} = \frac{A_{sv}}{bs} = \frac{nA_{sv1}}{bs} = \frac{2 \times 50.3}{250 \times 170} = 0.24\% > \rho_{sv,min} = 0.13\%，满足要求$$

所配箍筋为 Φ8@170（2），沿梁全长均匀布置。

【例 4-7】　如图 4-34 所示的矩形截面简支梁，截面尺寸 $b \times h = 200mm \times 600mm$，$h_0 = 535mm$，采用 C30 混凝土，箍筋采用 HPB300 级钢筋，试配置箍筋。

【解】

查表得 $f_c = 14.3N/mm^2$，$f_t = 1.43N/mm^2$，$f_{yv} = 270N/mm^2$，且 $\beta_c = 1.0$。

支座剪力设计值：$V = 85 + 13.5 = 98.5kN$

（1）复核截面尺寸

$$h_w/b = h_0/b = 535/200 = 2.68 < 4.0$$

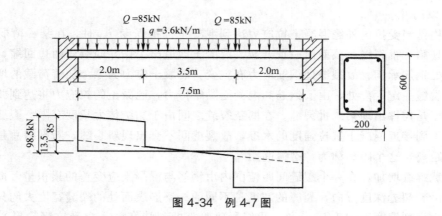

图 4-34 例 4-7 图

$0.25\beta_c f_c b h_0 = 0.25 \times 1.0 \times 14.3 \times 200 \times 535 \text{N} = 382.5 \text{kN} > V = 98.5 \text{kN}$，截面尺寸满足要求。

（2）确定是否需按计算配置箍筋 集中荷载在支座边缘截面产生的剪力为 85kN，占支座边缘截面总剪力 98.5kN 的 86.3%，大于 75%，应按集中荷载作用下的独立梁计算。

$$\lambda = \frac{a}{h_0} = \frac{2000}{535} = 3.74 > 3 \text{，取 } \lambda = 3 \text{；} \alpha_{cv} = \frac{1.75}{\lambda+1} = \frac{1.75}{3+1} = 0.4375$$

$\alpha_{cv} f_t b h_0 = 0.4375 \times 1.43 \times 200 \times 535 \text{N} = 66.9 \text{kN} < V = 98.5 \text{kN}$，需按计算配置箍筋。

（3）确定箍筋数量

$$\frac{A_{sv}}{s} \geqslant \frac{V - \alpha_{cv} f_t b h_0}{f_{yv} h_0} = \frac{(98.5 - 66.9) \times 10^3}{270 \times 535} = 0.22$$

对于高度不大于 800mm 的梁，箍筋直径不宜小于 6mm。本题目剪力较小，可选 Φ6 双肢箍 $A_{sv} = 2 \times 28.3 = 56.6 \text{mm}^2$，则箍筋间距 $s \leqslant A_{sv}/0.22 = 56.6/0.22 = 257 \text{mm}$。取 $s = 200 \text{mm} < s_{max} = 250 \text{mm}$。

（4）验算配箍率

$$\rho_{sv,min} = 0.24 f_t / f_{yv} = 0.24 \times 1.43/270 \times 100\% = 0.13\%$$

$$\rho_{sv} = \frac{A_{sv}}{bs} = \frac{56.6}{200 \times 200} \times 100\% = 0.14\% > \rho_{sv,min} = 0.13\% \text{，满足要求}$$

所配箍筋为 Φ6@200（2），沿梁全长均匀布置。

4.5 钢筋混凝土受弯构件裂缝宽度验算

结构或构件的设计要满足两种极限状态要求，承载力极限状态和正常使用极限状态。过大的裂缝不仅会影响观感，而且会使钢筋锈蚀，影响结构耐久性；裂缝出现和开展还会降低结构刚度，使变形增大，影响正常使用。因此需要对受弯构件的裂缝宽度进行验算，以满足适用性和耐久性的功能要求。

4.5.1 裂缝的出现和开展

钢筋混凝土受弯构件的裂缝产生有两种：一种是荷载引起的裂缝，另一种是非荷载引起的裂缝。荷载引起的裂缝，需要计算并控制其最大宽度；材料收缩、温度变化、地基不均匀沉降等非荷载原因引起的裂缝，不需要进行裂缝宽度验算，而是采取相应措施来加以防止。

受弯构件当受拉区外缘混凝土拉应力达到混凝土抗拉强度 f_{tk} 时，在某一薄弱截面首先开裂，出现第一批裂缝。该截面一旦开裂，混凝土即退出工作并向裂缝两边回缩，拉应力由裂缝截面处钢筋承担，故裂缝处钢筋应力有突变，混凝土应力为零。随着荷载的增大，在距离第一批裂缝一定距离处，由于钢筋和混凝土黏结传力，混凝土的拉应力将达到并超过其抗拉强度，于是构件出现第二批裂缝。在两条裂缝之间由于黏结传力长度有限，裂缝间混凝土拉应力达不到接近混凝土抗拉强度的水准，故裂缝间不会出现新裂缝，新裂缝总是与旧裂缝相距一定距离，这个距离称为"裂缝间距"。

当荷载继续增加，在一个裂缝间距范围内由钢筋与混凝土应变差的累积量，即形成了裂缝宽度。沿着裂缝深度方向，裂缝的宽度是不同的。钢筋表面处的裂缝宽度大约只有构件混凝土最外表面裂缝宽度的 $1/5 \sim 1/3$。我们所要验算的裂缝宽度是指受拉钢筋形心水平处构件侧表面上混凝土的裂缝宽度。

4.5.2　最大裂缝宽度验算

影响钢筋混凝土构件裂缝宽度的主要因素有：纵向钢筋的拉应力、纵筋的直径、纵筋表面形状、纵筋配筋率，以及混凝土保护层厚度等。

4.5.2.1　裂缝宽度验算公式

钢筋混凝土结构的裂缝控制等级为三级，按荷载准永久组合并考虑长期作用影响的效应计算的最大裂缝宽度 w_{max} 不应超过其限值，即：

$$w_{max} \leqslant w_{lim} \tag{4-31}$$

式中　w_{lim}——最大裂缝宽度限值，按附表 10 采用。

最大裂缝宽度应按下列公式计算：

$$w_{max} = 1.9\psi \frac{\sigma_{sq}}{E_s}\left(1.9c_s + 0.08\frac{d_{eq}}{\rho_{te}}\right) \tag{4-32}$$

$$\psi = 1.1 - 0.65\frac{f_{tk}}{\rho_{te}\sigma_{sq}} \tag{4-33}$$

$$\sigma_{sq} = \frac{M_q}{0.87h_0 A_s} \tag{4-34}$$

$$d_{eq} = \frac{\sum n_i d_i^2}{\sum n_i v_i d_i} \tag{4-35}$$

$$\rho_{te} = \frac{A_s}{A_{te}} \tag{4-36}$$

式中　ψ——裂缝间纵向受拉钢筋应变不均匀系数：当 $\psi < 0.2$ 时，取 $\psi = 0.2$；当 $\psi > 1.0$ 时，取 $\psi = 1.0$；对直接承受重复荷载的构件，取 $\psi = 1.0$；

σ_{sq}——按荷载准永久组合计算的钢筋混凝土构件纵向受拉钢筋应力；

f_{tk}——混凝土抗拉强度标准值，按附表 1 取值；

E_s——钢筋的弹性模量，按附表 6 取值；

c_s——最外层受拉纵向钢筋外边缘至受拉区底边的距离，mm，$c_s = c_c + d_{el}$；当 $c_s < 20$ 时，取 $c_s = 20$；当 $c_s > 65$ 时，取 $c_s = 65$；

d_{eq}——受拉区纵向钢筋的等效直径，mm；

d_i——受拉区第 i 种纵向钢筋的公称直径，mm；

n_i——受拉区第 i 种纵向钢筋的根数；

v_i——受拉区第 i 种纵向钢筋的相对黏结特性系数，光圆钢筋取 0.7、带肋钢筋取 1.0，对于环氧树脂涂层钢筋，需再乘以 0.8；

ρ_{te}——按有效受拉混凝土截面面积计算的纵向受拉钢筋配筋率；在最大裂缝宽度计算中，当 $\rho_{te}<0.01$ 时，取 $\rho_{te}=0.01$；

A_{te}——有效受拉混凝土截面面积，对受弯构件 $A_{te}=0.5bh+(b_f-b)h_f$，此处，b_f、h_f 为受拉翼缘的宽度、高度。矩形截面、T 形截面 $A_{te}=0.5bh$；

A_s——受拉区纵向钢筋截面面积。

4.5.2.2 减小裂缝宽度的措施

当计算裂缝宽度超过裂缝宽度的限值时，应采取措施减小最大裂缝宽度。从式 (4-32) 可知，减小裂缝宽度的措施有以下几种：①增大钢筋截面面积（即增加钢筋量，增加配筋率）；②在钢筋截面面积不变的情况下，采用较小直径的钢筋；③采用变形钢筋；④提高混凝土强度等级；⑤增大构件截面尺寸；⑥减小混凝土保护层厚度。

在上述众多措施中，采用较小直径的变形钢筋是减小裂缝宽度最有效的措施。需要注意的是，混凝土保护层厚度应同时考虑耐久性和减小裂缝宽度的要求。不能为了满足裂缝控制要求而减小混凝土保护层厚度（规范规定了最小保护层厚度）。

【例 4-8】 某钢筋混凝土简支梁计算跨度为 5.6m，截面尺寸 250mm×500mm，承受恒载标准值 6kN/m，活载标准值 15kN/m，活载准永久系数为 0.5，C25 混凝土，纵筋为 4 Φ20，箍筋为 Φ6@250 (2)，二 a 类环境，试验算裂缝宽度。

【解】

基本数据：由附表 1 得 $f_{tk}=1.78\text{N/mm}^2$，由附表 6 得 $E_s=2.00\times10^5\text{N/mm}^2$；二 a 类环境，混凝土最小保护层厚度 $c=30$mm，本题目可取混凝土保护层厚度 $c_c=30$mm；查附表 10 得裂缝宽度限值为 $w_{lim}=0.20$mm；查附表 12 得纵向钢筋截面面积 $A_s=1256\text{mm}^2$。$c_s=c_c+d_{e1}=30\text{mm}+6\text{mm}=36\text{mm}$，$a_s=c_s+d_e/2=36\text{mm}+22.7\text{mm}/2=47.4\text{mm}$，截面有效高度 $h_0=h-a_s=500\text{mm}-47.4\text{mm}=452.6\text{mm}$。

(1) 计算荷载效应 M_q

$$M_{gk}=6\times5.6^2/8=23.5\text{kN}\cdot\text{m}, M_{qk}=15\times5.6^2/8=58.8\text{kN}\cdot\text{m}$$

$$M_q=M_{gk}+\psi_q M_{qk}=23.5+0.5\times58.8=52.9\text{kN}\cdot\text{m}$$

(2) 钢筋等效直径 纵向受拉钢筋仅一种直径，$d_{eq}=d=20$mm。

(3) 计算参数 ρ_{te}、σ_{sq}、ψ

$$\rho_{te}=\frac{A_s}{A_{te}}=1256/(0.5\times250\times500)=0.02>0.01$$

$$\sigma_{sq}=\frac{M_q}{0.87h_0A_s}=52.9\times10^6/(0.87\times452.6\times1256)=107.0\text{MPa}$$

$$\psi=1.1-0.65\frac{f_{tk}}{\rho_{te}\sigma_{sq}}=1.1-0.65\times1.78/(0.02\times107.0)=0.56>0.2，且<1.0$$

(4) 验算裂缝宽度

$$w_{max}=1.9\psi\frac{\sigma_{sq}}{E_s}\left(1.9c_s+0.08\frac{d_{eq}}{\rho_{te}}\right)$$

$$=1.9\times0.56\times\frac{107.0}{2.00\times10^5}\times\left(1.9\times36+0.08\times\frac{20}{0.02}\right)$$

$$=0.08\text{mm}<w_{\text{lim}}=0.20\text{mm},裂缝宽度满足要求。$$

4.6 钢筋混凝土受弯构件挠度验算

受弯构件因挠度过大产生的影响在工程结构中经常遇到。比如楼盖构件挠度过大会造成楼地面不平整，屋面构件挠度过大会阻碍屋面排水，吊车梁挠度过大会影响其运行等。挠度的大小除取决于荷载和跨度以外，还取决于构件的截面刚度，因此挠度验算又称为刚度条件。混凝土受弯构件挠度验算属于正常使用极限状态，最大挠度的限值 v_{lim} 见附表9。

4.6.1 钢筋混凝土受弯构件截面抗弯刚度

在材料力学中给出了计算匀质弹性材料梁变形的具体方法。比如，在均布荷载作用下简支梁跨中挠度：

$$v=\frac{5ql^4}{384EI}=\frac{5}{48}\times\frac{1}{8}ql^2\times\frac{l^2}{EI}=\frac{5}{48}\frac{Ml^2}{EI}$$

由上式可知梁跨中最大挠度与梁的截面刚度有很大关系。但材料力学是在均质弹性体的基础上计算的，而钢筋混凝土非均质，又非弹性（仅在受力特别小，混凝土开裂前呈弹性），同时由于钢筋混凝土受弯构件在使用阶段已开裂，这些裂缝使构件受拉区混凝土沿着梁纵轴线分成许多段，使受拉区混凝土成为非连续体。可见钢筋混凝土受弯构件不符合材料力学的假定，挠度计算公式中截面刚度 EI 不能直接应用。

4.6.1.1 钢筋混凝土受弯构件截面抗弯刚度的特点

经试验研究表明：钢筋混凝土受弯构件的截面刚度不是常量而是变量，其特点如下：

① 随弯矩增大而减小。当梁上的荷载变化而导致弯矩不同时，其弯曲刚度也会随之变化。即使同一荷载作用的等截面梁中，各个截面弯矩不同，其弯曲刚度也会变化。

② 随纵向受拉钢筋配筋率的减小而减小。

③ 沿构件跨度，截面抗弯刚度是变化的。因截面不同则弯矩不同，故抗弯刚度不同。

④ 随加载时间的增长而减小。因为在荷载长期作用下，由于混凝土徐变的影响，荷载不变时，挠度也会随时间而增加，使抗弯刚度减小。对于一般尺寸的构件，三年后变形才趋于稳定。

因此变形计算时，除了考虑荷载的短期效应组合外，还要考虑长期效应的影响。

4.6.1.2 钢筋混凝土受弯构件短期刚度 B_s

钢筋混凝土受弯构件出现裂缝后，由荷载效应的准永久组合计算的截面刚度称为短期刚度，用 B_s 表示。对矩形、T形、倒T形、I形截面钢筋混凝土受弯构件，短期刚度的半理论半经验计算公式如下：

$$B_s=\frac{E_sA_sh_0^2}{1.15\psi+0.2+\dfrac{6\alpha_E\rho}{1+3.5\gamma_f'}}\tag{4-37}$$

式中 α_E——钢筋弹性模量与混凝土弹性模量的比值，$\alpha_E=E_s/E_c$；

ρ——纵向受拉钢筋配筋率（刚度计算配筋率），$\rho=A_s/(bh_0)$；

ψ——裂缝间纵向受拉钢筋应变不均匀系数，按式（4-33）计算；

γ'_f——受压翼缘截面面积与腹板有效面积的比值：

$$\gamma'_f=\frac{(b'_f-b)h'_f}{bh_0} \tag{4-38}$$

当 $h'_f>0.2h_0$ 时，取 $h'_f=0.2h_0$；对矩形截面 $\gamma'_f=0$。

4.6.1.3 钢筋混凝土受弯构件刚度 B（也称长期刚度）

考虑荷载长期作用影响，《混凝土结构设计规范》采用挠度增大系数 θ 来计算受弯构件的挠度。受弯构件长期刚度 B 等于短期刚度与挠度增大系数 θ 的比值，即

$$B=B_s/\theta \tag{4-39}$$

考虑荷载长期作用对挠度增大的影响系数，对于双筋梁 $\theta=2.0-0.4\rho'/\rho$，对于单筋梁 $\theta=2.0$。此处，$\rho'=A'_s/(bh_0)$，$\rho=A_s/(bh_0)$。

对于翼缘位于受拉区的倒 T 形梁，由于在荷载短期效应组合作用下受拉混凝土参加工作较多，而在荷载长期效应组合作用下退出工作的影响较大，从而使挠度增大较多，因此 θ 值应增加 20%。

4.6.2 钢筋混凝土受弯构件挠度验算

钢筋混凝土受弯构件开裂后，其截面刚度是随弯矩增大而降低的，因此较准确的计算是将构件按弯曲刚度的大小分段计算挠度，但这样会十分繁琐。实际计算中应用了最小刚度原则，使计算公式简化。

4.6.2.1 最小刚度原则

挠度计算时采用最小刚度原则：假定在同号弯矩区段内的刚度相等，并取该区段内最大弯矩处所对应的刚度；对于允许有裂缝的构件，它就是该区段内的最小刚度。

① 在简支梁中取最大正弯矩截面的刚度为全梁的抗弯刚度。

② 在外伸梁、连续梁或框架梁中分别取最大正弯矩截面和最大负弯矩截面的刚度作为相应区段的弯曲刚度。

最小刚度原则是偏于安全的。当支座截面刚度和跨中截面刚度之比不大于 2 或不小于 1/2 时，采用等刚度计算构件挠度，其误差不致超过 5%。

4.6.2.2 挠度验算方法

梁的弯曲刚度确定后，可根据材料力学或结构力学的公式来计算挠度，但公式中 EI 必须用长期刚度 B 来代替。在荷载准永久组合作用下，按最小刚度原则，采用长期刚度 B 计算的构件挠度为

$$v=a\frac{M_q l_0^2}{B} \tag{4-40}$$

式中 a——与荷载形式和支承条件有关的系数，可以由图形相乘法予以确定。

挠度计算值 v 应不超过挠度限值 v_{lim}，即：

$$v\leqslant v_{lim} \tag{4-41}$$

4.6.2.3 提高受弯构件刚度的措施

理论上讲提高混凝土强度等级、增加纵向钢筋的数量、选用合理的截面形状（如 T 形、

I形等）都能提高梁的抗弯刚度，但研究证明其效果并不显著，只有增加梁的截面高度才是最有效的措施。

【例4-9】 某简支楼面梁，已知计算跨度 $l_0=6.0$m，截面尺寸 $b \times h=200$mm$\times$450mm，取 $h_0=405$mm，承受恒载标准值 $g_k=16.4$kN/m（含自重），活荷载标准值 $q_k=6.0$kN/m、准永久值系数 $\psi_q=0.5$，已配受拉钢筋 3⚏25，C25 混凝土，挠度限值为 $l_0/200$，试验算其挠度。

【解】

查附表得：$A_s=1473$mm^2，$f_{tk}=1.78$N/mm^2，$E_c=2.80\times10^4$N/mm^2，$E_s=2.00\times10^5$N/mm^2。

（1）计算荷载准永久组合效应

$$M_{gk}=g_k l_0^2/8=16.4\times6.0^2/8=73.8 \text{kN} \cdot \text{m}$$

$$M_{qk}=q_k l_0^2/8=6.0\times6.0^2/8=27.0 \text{kN} \cdot \text{m}$$

$$M_q=M_{gk}+\psi_q M_{qk}=73.8+0.5\times27.0=87.3 \text{kN} \cdot \text{m}$$

（2）计算短期刚度 B_s　矩形截面 $\gamma_f'=0$，$A_{te}=0.5bh=0.5\times200\times450=45000$mm^2

$$\rho_{te}=\frac{A_s}{A_{te}}=\frac{1473}{45000}=0.0327>0.01$$

$$\sigma_{sq}=\frac{M_q}{0.87h_0 A_s}=\frac{87.3\times10^6}{0.87\times405\times1473}=168.2\text{MPa}$$

$$\psi=1.1-0.65\frac{f_{tk}}{\rho_{te}\sigma_{sq}}=1.1-0.65\times\frac{1.78}{0.0327\times168.2}=0.89>0.2，且<1.0$$

$$\alpha_E=\frac{E_s}{E_c}=\frac{2.00\times10^5}{2.80\times10^4}=7.14，\quad \rho=\frac{A_s}{bh_0}=\frac{1473}{200\times405}\times100\%=1.82\%$$

短期刚度为

$$B_s=\frac{E_s A_s h_0^2}{1.15\psi+0.2+\frac{6\alpha_E\rho}{1+3.5\gamma_f'}}=\frac{2.00\times10^5\times1473\times405^2}{1.15\times0.89+0.2+\frac{6\times7.14\times1.82\%}{1+3.5\times0}}$$

$$=2.412\times10^{13}\text{N}\cdot\text{mm}^2$$

（3）计算长期刚度 B

单筋梁 $\theta=2.0$，故 $B=B_s/\theta=2.412\times10^{13}/2.0=1.206\times10^{13}N\cdot$mm^2

（4）验算挠度

$$v=\frac{5}{48}\frac{M_q l_0^2}{B}=\frac{5}{48}\times\frac{87.3\times10^6\times6000^2}{1.206\times10^{13}}=27.1\text{mm}$$

$$<v_{lim}=l_0/200=6000/200=30\text{mm}，故该梁满足刚度要求。$$

――――――――――――――――――――― 练习题 ―――――――――――――――――――――

（说明：练习题中计算题的环境类别为一类、安全等级为二级、设计使用年限为50年）

4-1　钢筋混凝土梁和板中通常配置哪几种钢筋？ 各起何作用？

4-2　试说明单向板中受力钢筋和分布钢筋的相对位置。

4-3　混凝土保护层的作用是什么？ 一类环境中梁、板的保护层厚度一般取为多少？

4-4　适筋、超筋、少筋梁的破坏特征有哪些？

4-5　如何对 T 形截面梁进行分类？

4-6　为何要确定 T 形截面翼缘的计算宽度？

4-7　钢筋混凝土梁斜截面受剪有哪几种破坏形态？ 以哪种形态为计算依据？

4-8　如何防止斜拉和斜压破坏？

4-9　影响斜截面受剪承载力的主要因素有哪些？

4-10　为什么要对受弯构件进行变形和裂缝宽度验算？

4-11　减小裂缝宽度的措施有哪些？

4-12　提高梁截面抗弯刚度的最有效措施是什么？

4-13　梁截面设计时，截面有效高度只能估计取值。 一类环境下，用 C30 混凝土，布置一层钢筋时，$h_0 = h -$ ＿＿＿＿＿＿＿＿＿；布置两层钢筋时，$h_0 = h -$ ＿＿＿＿＿＿＿＿＿。

4-14　梁下部钢筋的最小净距为＿＿＿＿＿＿＿＿＿mm 且 ≥d，上部钢筋的最小净距为＿＿＿＿＿＿mm 且 ≥1.5d。

4-15　受弯构件 $\rho \geq \rho_{min}$ 是为了＿＿＿＿＿＿＿＿＿；$\rho \leq \rho_{max}$ 是为了＿＿＿＿＿＿＿＿＿。

4-16　连续次梁，跨中按＿＿＿＿＿＿＿＿＿截面计算，而支座边按＿＿＿＿＿＿＿＿＿截面计算。

4-17　界限相对受压区高度 ξ_b 与＿＿＿＿＿＿＿＿＿和＿＿＿＿＿＿＿＿＿有关。

4-18　单筋矩形截面梁所能承受的最大弯矩的计算公式为＿＿＿＿＿＿＿＿＿。

4-19　受弯构件正截面破坏形态有＿＿＿＿＿＿＿＿＿、＿＿＿＿＿＿＿＿＿、＿＿＿＿＿＿＿＿＿3 种。

4-20　板内分布筋的作用是：(1)＿＿＿＿＿＿＿＿＿；(2)＿＿＿＿＿＿＿＿＿；(3)＿＿＿＿＿＿＿＿＿。

4-21　受弯构件的最小配筋率是＿＿＿＿＿＿＿＿＿构件与＿＿＿＿＿＿＿＿＿构件的界限配筋率。

4-22　双筋矩形截面梁正截面承载力计算公式的适用条件是：(1)＿＿＿＿＿＿＿＿＿保证＿＿＿＿＿＿＿＿＿；(2)＿＿＿＿＿＿＿＿＿保证＿＿＿＿＿＿＿＿＿。 当 $x < 2a'_s$ 时，求 A_s 的公式为＿＿＿＿＿＿＿＿＿。

4-23　混凝土构件裂缝开展宽度及变形验算属于＿＿＿＿＿＿＿＿＿极限状态的设计要求，验算时材料强度采用＿＿＿＿＿＿＿＿＿。

4-24　在最大裂缝宽度计算公式中，应力 σ_{sq} 是指＿＿＿＿＿＿＿＿＿，其值是按荷载效应的＿＿＿＿＿＿＿＿＿组合计算的。

4-25　钢筋混凝土受弯构件挠度计算中采用的最小刚度原则是指在＿＿＿＿＿＿＿＿＿弯矩范围内，假定其刚度为常数，并按＿＿＿＿＿＿＿＿＿截面处的刚度进行计算。

4-26　梁内钢筋的混凝土保护层厚度是指（　　　）。

A. 纵向受力钢筋的形心到构件外表面的最小距离

B. 箍筋的外表面到构件外表面的最小距离

C. 纵向受力钢筋的外表面到构件外表面的最小距离

D. 纵向受力钢筋的合力作用点到构件外表面的最小距离

4-27　板内分布钢筋面积要求不应小于该方向板截面面积的 0.15%，且不应小于受力钢筋面积的（　　　）。

A. 8%　　　　　　　　　B. 10%　　　　　　　　　C. 15%　　　　　　　　　D. 20%

4-28　界限相对受压区高度，当采用 ≤C50 混凝土时，（　　　）。

A. 混凝土强度等级越高，ξ_b 越大　　　　B. 混凝土强度等级越高，ξ_b 越小

C. 钢筋等级越高，ξ_b 越大　　　　　　　D. 钢筋等级越低，ξ_b 越大

4-29　少筋梁破坏时其极限承载力取决于（　　　）。

A. 混凝土抗压强度　　　　　　　　　　B. 混凝土抗拉强度

C. 钢筋的抗拉强度　　　　　　　　　　D. 钢筋的抗压强度

4-30　超配筋受弯构件的破坏特征为：（　　　）。

A. 受拉钢筋先屈服

B. 受压区混凝土先压碎

C. 受拉钢筋屈服与受压区混凝土压碎同时发生

D. 受拉钢筋先屈服，受压区混凝土后压碎

4-31 按第一类 T 形截面梁设计时，判别式为（　　）。

A. $M > \alpha_1 f_c b'_f h'_f (h_0 - 0.5h'_f)$　　　　　B. $M \leq \alpha_1 f_c b'_f h'_f (h_0 - 0.5h'_f)$

C. $f_y A_s > \alpha_1 f_c bx$　　　　　D. $f_y A_s < \alpha_1 f_c bx$

4-32 某现浇楼盖的连续次梁，计算跨度 $l_0 = 5.7m$，截面宽度 $b = 200mm$，高度 $h = 450mm$，任意两根次梁之间净距 $s_n = 1600mm$，楼板厚度 80mm，则跨中按照（　　）截面来计算，其翼缘计算宽度为（　　）mm。

A. 矩形，200　　　　B. T 形，180　　　　C. 矩形，1160　　　　D. T 形，1800

4-33 验算第一类 T 形截面梁的配筋率 $\rho \geq \rho_{min}$ 时，ρ 的计算公式应为（　　）。

A. $A_s/(bh_0)$　　　　B. $A_s/(b'_f h_0)$　　　　C. $A_s/(bh)$　　　　D. $A_s/(b'_f h)$

4-34 对于工字型截面受弯构件，其纵向受拉钢筋的最小配筋率验算中，混凝土截面面积取为（　　）。

A. $bh + (b'_f - b)h'_f + (b_f - b)h_f$　　　　B. $bh_0 + (b'_f - b)h'_f + (b_f - b)h_f$

C. $bh + (b_f - b)h_f$　　　　D. $bh_0 + (b_f - b)h_f$

4-35 矩形双筋截面梁，当 $x < 2a'_s$ 时，在极限弯矩 M_u 作用下纵向受力钢筋（　　）。

A. A_s、A'_s 分别达到 f_y 和 f'_y　　　　B. A_s、A'_s 均不屈服

C. A_s 屈服，A'_s 不屈服　　　　D. A_s 不屈服，A'_s 屈服

4-36 受弯构件斜截面破坏形态中，就抗剪承载力而言（　　）。

A. 斜拉破坏 > 剪压破坏 > 斜压破坏　　　　B. 剪压破坏 > 斜拉破坏 > 斜压破坏

C. 斜压破坏 > 剪压破坏 > 斜拉破坏　　　　D. 剪压破坏 > 斜压破坏 > 斜拉破坏

4-37 梁的斜截面承载力计算中，对于 $h_w/b < 4$ 的梁，当 $V > 0.25\beta_c f_c bh_0$ 时，可能发生斜压破坏，此时应采取（　　）方法解决。

A. 加密箍筋　　　　B. 加粗箍筋　　　　C. 设置弯起钢筋　　　　D. 增大构件截面尺寸

4-38 工程中提高受弯构件抗弯刚度最为有效的措施是（　　）。

A. 选择工字形截面形状　　　　B. 增大钢筋的截面面积

C. 提高混凝土强度等级　　　　D. 提高构件截面的有效高度

4-39 计算受弯构件的挠度时，同号弯矩区段内刚度为（　　）。

A. 平均刚度　　　　B. 最大刚度

C. 弯矩最大截面对应刚度　　　　D. 弯矩最小截面对应刚度

4-40 钢筋混凝土受弯构件中，最大裂缝宽度与挠度计算采用荷载（　　）。

A. 基本组合　　　　B. 标准组合　　　　C. 准永久组合　　　　D. 频遇组合

4-41 钢筋混凝土矩形梁的某截面承受弯矩设计值 $M = 115kN \cdot m$，$b \times h = 200mm \times 500mm$，采用 C30 混凝土，HRB400 级钢筋。试求该截面所需纵向受力钢筋的数量。

4-42 已知一钢筋混凝土简支梁，截面尺寸 $b \times h = 250mm \times 450mm$，计算跨度 $l_0 = 5.4m$，承受均布活荷载标准值 12kN/m、组合值系数 0.7，永久荷载标准值 9.5kN/m，采用 C30 混凝土，HRB400 级钢筋，试确定梁的纵向受力钢筋。

4-43 已知某楼面单向板厚 100mm，混凝土强度等级 C25，HPB300 级钢筋，每米板宽跨中截面弯矩设计值为 5.28kN·m/m，试配受力钢筋。

4-44 一矩形梁 $b \times h = 250mm \times 500mm$，C30 混凝土，受拉区配有 4Φ20 的纵向受力钢筋，箍筋Φ8@250，外荷载作用下的弯矩设计值 $M = 145kN \cdot m$，试验算该梁是否安全。

4-45 某钢筋混凝土矩形截面简支梁，$b \times h = 250 \times 500mm$，计算跨度 6m，采用 C30 混凝土，配置纵向受拉钢筋 4Φ20、箍筋Φ8@200。求该梁能承担的均布荷载设计值（$g + q$）。

4-46 T 形截面梁，$b = 300mm$，$b_f' = 600mm$，$h = 700mm$，$h_f' = 120mm$，C30 混凝土，HRB400 级钢筋，已知弯矩设计值 $M = 520kN \cdot m$，取 $a_s = 65mm$，试求受拉钢筋 A_s。

4-47 T 形截面梁，$b = 300mm$，$b_f' = 600mm$，$h = 800mm$，$h_f' = 100mm$，C30 混凝土，HRB500 级钢筋，弯矩设计值 $M = 691kN \cdot m$，取 $a_s = 65mm$，试求受拉钢筋 A_s。

4-48 某矩形截面梁，$b \times h = 200mm \times 450mm$，均布荷载作用下的弯矩设计值 $M = 140kN \cdot m$、剪力设计值为 $V = 110kN$，所配纵向受力钢筋为 3Φ20，Φ8 双肢箍筋，C30 混凝土。试求：①复核梁的正截面承载力；②确定箍筋间距。

4-49 均布荷载作用的矩形截面简支梁，已知 $b \times h = 250mm \times 500mm$，支座截面剪力设计值 $V = 92kN$，混凝土强度等级为 C30。根据梁正截面受弯承载力计算，已配置 4Φ18 的受拉纵筋，箍筋拟采用 HPB300 钢筋，试配置箍筋。

4-50 某楼盖的矩形截面简支梁，$b = 300mm$，$h = 600mm$，C35 混凝土，配置 4Φ20 纵向受力钢筋，箍筋Φ6@250，计算跨度 $l_0 = 5700mm$。承受均布荷载，其中永久荷载（包括自重）标准值 $g_k = 15kN/m$，楼面活荷载标准值 $q_k = 18kN/m$，楼面活荷载准永久值系数 $\Psi_q = 0.5$。试验算梁的裂缝宽度和挠度。

第 5 章　钢筋混凝土受压构件

【内容提要】

本章主要内容包括钢筋混凝土受压构件分类及其构造，轴心受压构件承载力计算，矩形截面偏心受压构件正截面承载力计算、斜截面承载力计算和大偏心受压构件裂缝宽度验算。

【基本要求】

通过本章的学习，要求了解钢筋混凝土受压构件的分类、变形及破坏特征，熟悉受压构件截面形式和配筋构造，掌握正截面、斜截面配筋计算，能对已有受力构件进行截面的复核、裂缝宽度验算。

5.1　钢筋混凝土受压构件及其构造要求

以承受轴向压力为主的构件称为受压构件。钢筋混凝土受压构件在建筑结构中应用广泛，例如，多层和高层建筑中的框架柱、剪力墙、核心筒体墙，单层厂房柱、拱、屋架上弦杆，地下结构中的桩等均属于受压构件。

5.1.1　钢筋混凝土受压构件分类

根据轴向压力 N 作用位置不同（图 5-1），钢筋混凝土受压构件分为轴心受压构件和偏心受压构件两类。

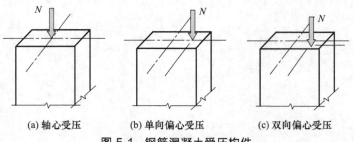

(a) 轴心受压　　　　(b) 单向偏心受压　　　　(c) 双向偏心受压

图 5-1　钢筋混凝土受压构件

轴心受压构件的压力 N 作用于截面形心 [图 5-1 (a)]，仅引起压缩变形，受力较均匀，材料利用充分。在实际工程中，由于混凝土自身不均匀性及制作和安装误差等，理想的轴心受压构件是不存在的，但为计算方便，可近似简化为轴心受压构件来计算。

偏心受压构件的压力 N 的作用点偏离截面形心，不仅引起压缩变形，而且会引起弯曲变形，受力不均匀。根据轴向压力的偏心方向不同，可将偏心受压构件分为单向偏心受压构件 [图 5-1 (b)] 和双向偏心受压构件 [图 5-1 (c)]。单层厂房柱、框架结构柱（图 5-2）在竖向荷载和水平荷载作用下，其内力通常有轴力 N、弯矩 M 和剪力 V，都是偏心受压柱。

图 5-2　建筑结构中的偏心受压柱

5.1.2　钢筋混凝土受压构件的截面形式和尺寸

轴心受压构件多采用正方形截面、圆形截面，偏心受压构件主要采用矩形截面（设计成沿长边方向偏心），预制受压构件也可采用 I 形截面。T 形、L 形、十字形等异形截面有工程应用案例，但因受力复杂、施工不便且无抗震方面的经验，一般不提倡采用。

设构件的计算长度为 l_0，矩形截面长边尺寸为 h、短边尺寸为 b，通常要求 $l_0/h \leqslant 25$，$l_0/b \leqslant 30$，且最小边长不小于 300mm。柱截面的长边与短边的边长比不宜大于 3。有抗震设防要求时，柱截面面积由轴压比控制，即 $N/(f_c A) \leqslant$ 轴压比限值。截面尺寸在 800mm 以内时取 50mm 的倍数，800mm 以上时取 100mm 的倍数。

对于圆形截面，直径不宜小于 350mm；对于 I 形截面，其翼缘厚度不应小于 120mm，腹板厚度不宜小于 100mm。

5.1.3　钢筋混凝土受压构件的配筋构造要求

钢筋混凝土受压构件中通常配置纵向钢筋（受力钢筋、构造钢筋）和水平向箍筋，它们应满足相应的构造要求。

5.1.3.1　纵向钢筋构造要求

轴心受压构件中纵向受力钢筋的作用，一是协助混凝土承受压力，减小截面尺寸；二是承受可能的弯矩，以及混凝土收缩和温度变化引起的拉应力；三是防止构件发生突然的脆性破坏。偏心受压构件中纵向受力钢筋的作用是承担偏心弯矩在受拉侧引起的拉应力，在受压侧协助混凝土受压。

（1）纵筋布置方式　轴心受压柱的纵向受力钢筋应沿截面四周均匀对称布置，偏心受压柱的纵向受力钢筋放置在弯矩作用方向的两对边，圆柱中的纵向受力钢筋适宜沿周边均匀布置。

（2）纵筋构造要求

① 纵向受力钢筋直径 d 不宜小于 12mm，通常采用 12～32mm。一般宜采用根数较少、直径较粗的钢筋，以保证骨架的刚度。

② 正方形和矩形截面柱中纵向受力钢筋不应少于 4 根，圆柱中不宜少于 8 根且不应少于 6 根。

③ 纵向受力钢筋的净间距不应小于 50mm，且不宜大于 300mm（图 5-3）。各边钢筋的中距也不宜大于 300mm。对水平浇筑的预制柱，其纵向钢筋的最小净距可按照梁的有关规定采用。

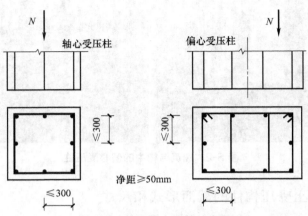

图 5-3　柱子纵向钢筋的布置

④ 偏心受压柱截面高度＞600mm 时，柱的侧面应设置直径不小于 10mm 的纵向构造筋，并设置复合箍筋或拉筋。设置构造钢筋的目的，是满足钢筋中距≤300mm 的要求。

⑤ 受压构件纵向钢筋的最小配筋率应符合规范规定。全部纵向钢筋的配筋率不宜大于 5%，且不应小于最小配筋率 $\rho_{\min}$（见附表 8，其取值范围为 0.50%～0.70%）；一侧纵向钢筋的配筋率不应小于 0.20%。受压构件配筋率由相应纵筋面积除以构件全截面面积计算。

（3）配筋方式　偏心受压构件纵向受力钢筋的配置有对称配筋和非对称配筋两种方式。

① 对称配筋：在柱的弯矩作用方向的两对边对称布置相同的纵向受力钢筋。

② 非对称配筋：在柱的弯矩作用方向的两对边布置不同的纵向受力钢筋。

对称配筋方式的特点是构造简单、施工方便、不易出错，但用钢量较大；非对称配筋方式的特点与对称配筋方式的特点相反。实际工程中，在风荷载和水平地震作用下，柱子可能承受变号弯矩作用，为了设计、施工的便利，通常采用对称配筋。

5.1.3.2　箍筋构造要求

箍筋除承担可能的剪力外，还能与纵筋形成骨架；防止纵筋受力后外凸（压屈或受压屈曲）；当采用密排箍筋时还能约束核心区内混凝土，提高其抗压强度和极限压应变。受压构件应采用封闭式箍筋（末端 135°弯钩，弯钩末端平直段长度不应小于 5 倍箍筋直径），以保证钢筋骨架的整体刚度，保证构件在破坏阶段时箍筋对纵向钢筋和混凝土的侧向约束作用。实际工程中混凝土柱的纵筋和箍筋如图 5-4 所示。

图 5-4　实际工程中混凝土柱的纵筋和箍筋

（1）箍筋的直径和间距　箍筋直径不应小于 $d/4$，且不应小于 $6mm$，d 为纵向钢筋的最大直径；箍筋的间距不应大于 $400mm$ 及构件截面的短边尺寸，且不应大于 $15d$，d 为纵向受力钢筋的最小直径。

当柱中全部纵向受力钢筋的配筋率大于 3% 时，箍筋直径不应小于 $8mm$，间距不应大于纵向受力钢筋最小直径的 10 倍，且不应大于 $200mm$。

（2）设置复合箍筋　当柱截面短边尺寸大于 $400mm$ 且各边纵向钢筋多于 3 根时，或当柱截面短边尺寸不大于 $400mm$ 但各边纵向钢筋多于 4 根时，应设置复合箍筋。

矩形和圆形截面受压构件采用的箍筋形式如图 5-5 所示。

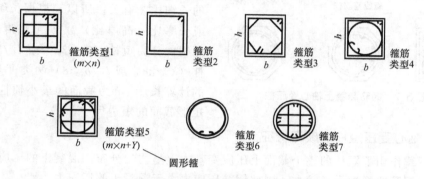

图 5-5　矩形和圆形截面受压构件箍筋形式

（3）复杂截面箍筋　对于截面形状复杂的构件，不可采用具有内折角的箍筋，因为内折角处受拉箍筋的合力向外，可能使该处混凝土保护层崩裂。应采用分离式箍筋，如图 5-6 所示。

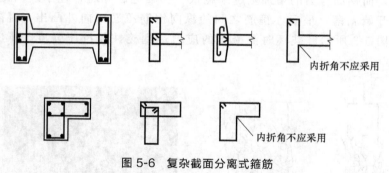

图 5-6　复杂截面分离式箍筋

5.2　钢筋混凝土轴心受压构件正截面承载力计算

在实际工程结构中，真正的轴心受压构件几乎不存在。但是，对于以承受恒载为主的多层房屋的内柱及桁架的受压腹杆、上弦杆等构件，可近似地按轴心受压构件计算。钢筋混凝土轴心受压构件按箍筋配置方法分为普通箍筋柱、螺旋箍筋柱和焊接环筋柱三种形式，如图 5-7 所示。配有纵向钢筋和普通箍筋的柱，简称为普通箍筋柱；配有纵向钢筋和螺旋式箍筋的柱，简称为螺旋箍筋柱；配有纵向钢筋和焊接环式箍筋的柱，简称为焊接环筋柱。

所谓普通箍筋，就是按构造要求配置的箍筋。螺旋式箍筋和焊接环式箍筋，又称为间接

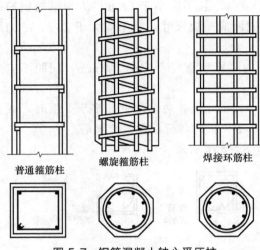

| 普通箍筋柱 | 螺旋箍筋柱 | 焊接环筋柱 |

图 5-7 钢筋混凝土轴心受压柱

钢筋，按计算和专门的构造要求配置，能约束其内混凝土的侧向变形，使混凝土三向受压，从而提高混凝土的抗压强度。

5.2.1 钢筋混凝土轴心受压构件的破坏特征

从材料力学可知，轴心受压构件可能发生强度破坏，也可能发生失稳破坏，与构件的长细比 λ 有关。所以，根据长细比 $\lambda = l_0/i$ 或长厚比（高厚比）l_0/b 可将混凝土轴心受压构件分为短柱（$\lambda \leqslant 28$，或 $l_0/b \leqslant 8$）和长柱（$\lambda > 28$，或 $l_0/b > 8$）两类，其中 l_0 为柱的计算长度，i 为截面的最小惯性半径，b 为矩形截面的短边尺寸。

5.2.1.1 轴心受压短柱的破坏特征

轴心荷载作用下短柱的整个截面上压应变基本上呈均匀分布，混凝土的压应力分布也均匀，但由于钢筋的弹性模量较大，因此钢筋压应力大于混凝土的压应力。

① 当轴心压力较小时，构件的压缩变形主要为弹性变形，轴心压力在截面内产生的压应力由混凝土和钢筋共同承担。

② 随着荷载的增大，构件变形迅速增大，此时混凝土塑性变形增加，弹性模量降低，应力增加缓慢，而钢筋应力的增加则越来越快。在临近破坏时，柱子表面出现纵向裂缝，混凝土保护层开始剥落，最后，箍筋之间的纵向钢筋压屈而向外凸出，混凝土被压碎崩裂而破坏，如图 5-8 所示。破坏时混凝土的应力达到棱柱体抗压强度，压应变达到峰值应变。

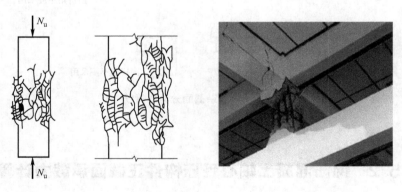

图 5-8 短柱破坏

短柱破坏时混凝土达到极限压应变（均匀受压时以峰值应变作为其限值）0.002，相应的纵向钢筋应力值为 $\sigma_s = E_s \varepsilon = 2.00 \times 10^5 \times 0.002 = 400 \text{N/mm}^2$。因此，当纵筋为高强度钢筋时，构件破坏时纵筋可能达不到屈服强度。显然，在受压构件内配置高强度的钢筋不能充分发挥其作用，因而不经济。对于钢筋混凝土短柱，无论受压钢筋是否屈服，最终承载力都以混凝土压碎作为控制条件。

5.2.1.2　轴心受压长柱的破坏特征

对于长柱，由各种偶然因素造成的初始偏心距的影响不能忽略。轴心压力作用下，初始偏心距会产生附加弯矩，而这个附加弯矩产生的水平挠度又加大了原来的初始偏心距。构件在轴心压力和弯矩共同作用下更容易破坏，导致承载能力降低。

长柱破坏时首先在凹边出现纵向裂缝，接着混凝土被压碎，纵向钢筋被压弯向外凸出，侧向挠度急速发展，最终柱子失去平衡并将凸边混凝土拉裂而破坏，如图 5-9 所示。如果是长细比很大的长柱，还有可能发生"失稳破坏"。

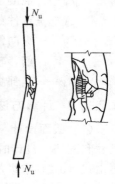

图 5-9　长柱破坏

在同等条件下，即截面相同、配筋相同、材料相同的条件下，长柱的受压承载力低于短柱的受压承载力。在确定轴心受压构件的承载力计算公式时，用构件的稳定系数 φ 来表示长柱的承载力降低程度，当 $l_0/b \leqslant 8$ 时取 $\varphi = 1$，当 $l_0/b > 8$ 时可按式（5-1）计算取值：

$$\varphi = \frac{1}{1 + 0.002(l_0/b - 8)^2} \tag{5-1}$$

式中　l_0——柱的计算长度；

　　　b——矩形截面短边尺寸，圆形截面取 $b = \sqrt{3}\,d/2$（d 为圆截面直径），对于任意截面取 $b = \sqrt{12}\,i$（i 为截面的最小惯性半径）。

构件的计算长度 l_0 与构件两端支承情况有关。对于一般多层房屋中梁柱刚接的框架结构，各层柱的计算长度 l_0 按下列规定确定：现浇楼盖底层柱 $l_0 = 1.0H$，其余各层柱 $l_0 = 1.25H$；装配式楼盖底层柱 $l_0 = 1.25H$，其余各层柱 $l_0 = 1.5H$。H 为底层柱从基础顶面到一层楼盖顶面的高度，对其余各层柱为上下两层楼盖顶面之间的高度。

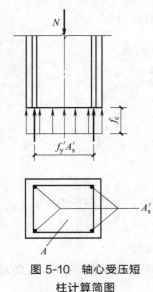

图 5-10　轴心受压短柱计算简图

5.2.2　普通箍筋柱正截面承载力计算

对于钢筋混凝土轴心受压构件，正截面承载力 N_u 由两部分组成：混凝土承受的压力和钢筋承受的压力。为保证与偏心受压构件承载力计算具有相近的可靠度，需乘以 0.9 的调整系数，考虑长柱的水平挠曲影响，还应乘以稳定系数 φ。

5.2.2.1　基本公式

配置普通箍筋的轴心受压短柱破坏时混凝土达到抗压强度、纵筋屈服，计算简图如图 5-10 所示。在考虑长柱承载力的降低和可靠度的调整因素后，轴心受压构件承载力计算公式如下：

$$N \leqslant N_u = 0.9\varphi(f_c A + f_y' A_s') \tag{5-2}$$

式中　N_u——轴向压力承载力设计值；

0.9——可靠度调整系数；

φ——钢筋混凝土轴心受压构件的稳定系数；

f_c——混凝土的轴心抗压强度设计值；

A——构件截面面积，当纵向钢筋配筋率 $\rho > 3.0\%$ 时，式中 A 改用 $(A-A'_s)$；

f'_y——纵向钢筋的抗压强度设计值，按附表 5 取值，但对于 HRB500、HRBF500 钢筋，轴心受压时取 $f'_y = 400 N/mm^2$；

A'_s——全部纵向钢筋的截面面积。

5.2.2.2 计算方法

（1）截面设计 已知轴心压力设计值 N，并选定材料的强度等级，要求设计柱的截面尺寸和配筋。设计时可根据要求初步选择柱子的截面尺寸和形状，由 l_0/b 比确定稳定系数，再由式（5-2）求纵筋截面面积，并验算配筋率是否满足规范要求，最后选配合适的钢筋。

（2）承载力复核 已知截面尺寸 $b \times h$、计算长度 l_0，钢筋的级别与截面面积，混凝土强度等级，轴心压力设计值 N，要求复核承载力。首先应确定各参数，然后验算不等式（5-2）是否成立？

【例 5-1】 已知某结构柱按轴心受压构件计算，安全等级为二级，按可变荷载控制的组合得到轴心压力设计值（不含柱自重）$N = 2100 kN$，柱的实际长度 $l = 4m$、计算长度 $l_0 = 5m$，纵向钢筋采用 HRB400 级，混凝土强度等级为 C30。试设计该柱的截面尺寸并配置钢筋。

【解】

已知材料强度设计值：$f_c = 14.3 N/mm^2$，$f'_y = 360 N/mm^2$

（1）截面尺寸 在规范允许范围内按经济配筋率假设 $\rho' = A'_s/A = 1\%$，并取稳定系数 $\varphi = 1$，代入式（5-2）取等号反算出柱的截面面积 A：

$$N = N_u = 0.9\varphi(f_c A + f'_y A'_s) = 0.9\varphi A(f_c + f'_y \rho')$$

$$A = \frac{N}{0.9\varphi(f_c + f'_y \rho')} = \frac{2100 \times 10^3}{0.9 \times 1 \times (14.3 + 360 \times 1\%)} = 130354 mm^2$$

选用正方形截面，则 $b = h = \sqrt{130354} = 361 mm$，取 $b = h = 350 mm$。

（2）按实际尺寸计算 考虑自重后的内力设计值：$N = 2100 + 1.0 \times 1.2 \times (25.0 \times 0.35 \times 0.35 \times 4) = 2114.7 kN$

由式（5-1）重新确定稳定系数：

$$\varphi = \frac{1}{1 + 0.002(l_0/b - 8)^2} = \frac{1}{1 + 0.002 \times (5000/350 - 8)^2} = 0.927$$

（3）配置钢筋 由式（5-2）取等号解得

$$A'_s = \frac{N/(0.9\varphi) - f_c A}{f'_y} = \frac{2114.7 \times 10^3/(0.9 \times 0.927) - 14.3 \times 350^2}{360} = 2175 mm^2$$

重新验算配筋率

$$\rho' = A'_s/A \times 100\% = 2175/350^2 \times 100\% = 1.78\%$$

全部纵筋配筋率 $> 0.55\%$ 且 $< 5\%$，一侧配筋率 $> 0.20\%$，满足最小配筋率和最大配筋率的要求。而且全部纵筋配筋率 $< 3\%$，不需再重算。

实配纵筋 4Φ20 + 4Φ18（$A'_s = 1256 + 1017 = 2273 mm^2$）。

箍筋按构造要求来配置。直径不小于 6mm 且不小于 $d/4 = 20/4 = 5mm$，确定箍筋直径为 6mm；其间距不应大于 400mm，不应大于 $b = 350mm$，且不应大于 $15d = 15 \times 18 =$

270mm，因此箍筋间距选 250mm，实配箍筋Φ6@250。

【例 5-2】　某现浇底层钢筋混凝土轴心受压柱，截面尺寸 $b \times h = 300mm \times 300mm$，纵筋配置 4Φ20，C30 混凝土，$l_0 = 4.5m$，承受轴心压力设计值 1350kN，试校核此柱是否安全。

【解】

已知参数：$f_c = 14.3N/mm^2$，$f'_y = 360N/mm^2$，$A'_s = 1256mm^2$。

（1）确定稳定系数

$$\varphi = \frac{1}{1 + 0.002(l_0/b - 8)^2} = \frac{1}{1 + 0.002 \times (4500/300 - 8)^2} = 0.91$$

（2）验算配筋率

全部纵筋配筋率：$\rho' = A'_s/A = 1256/300^2 = 1.40\% > 0.55\%$，且 $< 3\%$

一侧纵筋配筋率：一侧两根钢筋 $\rho'_{一侧} = 628/300^2 = 0.70\% > 0.20\%$，满足要求

（3）验算柱截面承载力

$$N_u = 0.9\varphi(f_c A + f'_y A'_s) = 0.9 \times 0.91 \times (14.3 \times 300^2 + 360 \times 1256)$$
$$= 1424.4 \times 10^3 N = 1424.4kN > N = 1350kN，此柱截面安全。$$

5.3　钢筋混凝土偏心受压构件正截面承载力计算

根据偏心距和纵向受力钢筋数量的不同，偏心受压构件的破坏可分为受拉破坏和受压破坏两种形式，破坏形式不同，其正截面承载力计算公式不同。配筋方式有对称配筋和非对称配筋，这里只讲述对称配筋的截面设计和承载力复核。

5.3.1　钢筋混凝土偏心受压构件的破坏特征

偏心受压构件在承受轴心压力 N 和弯矩 M 的共同作用时，等效于承受一个偏心距为 $e_0 = M/N$ 的偏心压力 N 作用。而且弯矩 M 较小时，e_0 就较小，构件接近于轴心受压，反之当 N 较小时，e_0 就很大，构件接近于受弯，因此随着偏心距的变化，偏心受压构件的受力性能与破坏形态将介于轴心受压与受弯之间。

工程实际存在着荷载作用位置的不定性、混凝土质量的不均匀性和施工偏差等诸多因素，都可能产生附加偏心距 e_a。参照已有经验，规范规定了附加偏心距的绝对值为 20mm、相对值为 $h/30$，并取较大值用于计算：

$$e_a = \max(20, h/30) \tag{5-3}$$

构件的初始偏心距 e_i 为荷载偏心距与附加偏心距之和：

$$e_i = e_0 + e_a \tag{5-4}$$

偏心受压构件的最终破坏是由于受压区边缘混凝土压碎所造成的，但引起构件受压破坏的原因有所不同，破坏形态分为大偏心受压破坏和小偏心受压破坏两类，如图 5-11 所示。

5.3.1.1　大偏心受压破坏特点

（1）产生原因　偏心距较大，且受拉侧纵向钢筋配筋率合适（不超筋）。

（2）受力破坏情况　偏心距较大，在偏心荷载作用下，弯矩起到主导作用，远离轴力一侧（远侧）受拉，靠近轴力一侧（近侧）受压，如图 5-11（a）所示。当轴力达到一定量值

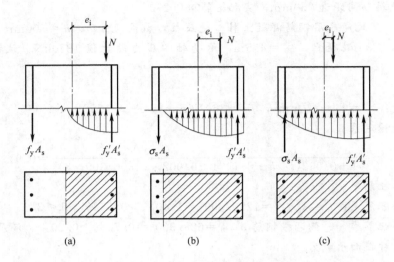

图 5-11 偏心受压构件的破坏形态

时，就会在受拉区先出现裂缝，并且随着荷载增加，裂缝不断加宽，裂缝截面处的拉力由钢筋来承担。荷载继续增大时，远侧受拉钢筋首先会达到屈服，并形成一条明显的主裂缝，随后主裂缝明显加宽并向受压侧延伸，使受压区高度变小，近侧受压钢筋屈服，混凝土被压碎，构件破坏。

（3）破坏特征　受拉钢筋首先达到屈服强度，最后受压区混凝土达到极限压应变而被压碎，构件破坏。同时，受压区钢筋也达到屈服强度。

（4）破坏性质　大偏心受压发生破坏时具有明显预兆，变形能力较大，破坏特征与配有受压钢筋的适筋梁相似，属于延性破坏。因破坏始于受拉钢筋屈服，故称为受拉破坏。

5.3.1.2　小偏心受压破坏特点

（1）产生原因　偏心距较小；或者偏心距虽然较大，但受拉侧纵向钢筋配置较多。

（2）受力破坏情况　偏心距较小时，在偏心荷载作用下，弯矩不起到主导作用，受力后整个截面全部受压或大部分受压，而且靠近轴力的一侧压应力最高，远离轴力的一侧压应力较小或小部分受拉。因此荷载增加时，离轴向力近的一侧边缘混凝土先压碎，近侧受压钢筋屈服；远离轴向力的一侧可能受压也可能受拉，截面上混凝土的应力较小，该侧的钢筋应力达不到屈服，如图 5-11（b）、（c）所示。

即使偏心距较大，但如果受拉侧纵筋配置过多时，远侧受拉钢筋也不会屈服，最后仍然是受压区混凝土压碎、受压钢筋屈服而导致构件破坏。

（3）破坏特征　靠近轴向力一侧混凝土压碎、受压区钢筋屈服而达到破坏；而另一侧混凝土及纵向钢筋可能受拉，也可能受压，但应力较小，钢筋应力未达到屈服强度。

（4）破坏性质　破坏时受压区高度较大，受拉侧钢筋未达到受拉屈服，破坏具有脆性。因破坏始于近侧边缘混凝土压碎，故称为受压破坏。

5.3.1.3　界限受压破坏和大小偏心受压的判别

远侧受拉钢筋应力达到受拉屈服强度的同时，近侧受压区边缘混凝土也达到极限压应变而被压碎，这就是大小偏心受压破坏的界限。界限破坏时，计算受压区高度 $x=\xi_b h_0$ 或相对受压区高度 $\xi=x/h_0=\xi_b$。

大、小偏心受压的定量判别条件如下：

① 当 $x \leqslant \xi_b h_0$（或 $\xi \leqslant \xi_b$），属于大偏心受压；

② 当 $x > \xi_b h_0$（或 $\xi > \xi_b$），属于小偏心受压。

5.3.2　偏心受压构件的挠曲二阶效应

在偏心压力作用下，钢筋混凝土受压构件将产生纵向弯曲变形，即会产生侧向挠度 y，从而导致截面的初始偏心距增大。如图 5-12 所示，1/2 柱高处的挠度为 δ，初始偏心距将由原来的 e_i 增大为 $e_i + \delta$，截面最大弯矩也将由 Ne_i 增大为 $N(e_i + \delta)$，使柱的承载力降低。这种偏心受压构件内力受侧向挠度变化影响的现象称为挠曲"二阶效应"，也称为"压弯效应"。在文献中，因为竖向压力用 P 表示，所以又称为 $P - \delta$ 效应。

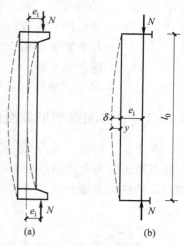

图 5-12　挠曲二阶效应示意图

截面弯矩中的 Ne_i 称为一阶弯矩，而将 $N\delta$ 称为二阶弯矩或附加弯矩。

5.3.2.1　偏心受压柱按压弯效应分类

偏心受压构件中，依据是否考虑压弯效应可将柱分为长柱和短柱。需要考虑压弯效应的偏心受压构件称为长柱，不考虑压弯效应的偏心受压构件称为短柱。同时满足下列三条者为短柱，否则为长柱：

$$M_1/M_2 \leqslant 0.9 \tag{5-5}$$

$$N/(f_c A) \leqslant 0.9 \tag{5-6}$$

$$l_c/i \leqslant 34 - 12(M_1/M_2) \tag{5-7}$$

式中　M_1、M_2——已考虑侧移影响的偏心受压构件两端截面按结构弹性分析确定的同一主轴的组合弯矩设计值，绝对值较大端为 M_2，绝对值较小端为 M_1，构件按单曲率弯曲时，M_1/M_2 取正值，否则取负值；

l_c——构件计算长度，可近似取偏心受压构件相应主轴方向上下支撑点之间的距离；

i——偏心方向的截面惯性半径，对于矩形截面，$i = 0.289h$；

A——偏心受压构件的截面面积。

5.3.2.2　挠曲二阶效应考虑方法

采用增大柱端弯矩设计值的方法来考虑挠曲二阶效应的影响。除排架结构柱外，其他偏心受压构件考虑轴向压力在挠曲杆件中产生的二阶效应后控制截面的弯矩设计值，应按下列公式计算：

$$M = C_m \eta_{ns} M_2 \tag{5-8}$$

$$C_m = 0.7 + 0.3 \frac{M_1}{M_2} \tag{5-9}$$

$$\eta_{ns} = 1 + \frac{1}{1300(M_2/N + e_a)/h_0} \left(\frac{l_c}{h}\right)^2 \zeta_c \tag{5-10}$$

当 $C_m \eta_{ns}$ 小于 1.0 时取 1.0；对剪力墙及核心筒墙，可取 $C_m \eta_{ns}$ 等于 1.0。

式中　C_m——构件端截面偏心距调节系数，当小于 0.7 时取 0.7；

　　　η_{ns}——弯矩增大系数；

　　　N——与弯矩设计值 M_2 相应的轴向压力设计值；

　　　e_a——附加偏心距；

　　　ζ_c——截面曲率修正系数，$\zeta_c=0.5f_cA/N$，当计算值大于 1.0 时取 1.0。

5.3.3　对称配筋矩形截面偏心受压构件正截面承载力

在建筑工程中，偏心受压构件截面上有时会承受变号弯矩作用，如柱在风荷作用下，截面的弯矩正负号会随荷载的方向变化而变化，截面受拉侧和受压侧也会变化，为了适应这种情况，构件截面设计往往采用对称配筋，即截面两侧配置规格相同、根数一样的钢筋。有时为了构造简单，施工方便，也采用对称配筋的方式。因此，对称配筋在工程中应用很广。

5.3.3.1　基本假定

钢筋混凝土偏心受压构件正截面承载力计算时采用以下基本假定：

① 截面应变保持为平面（平截面假定）；

② 不考虑混凝土的受拉作用；

③ 受压区混凝土采用等效矩形应力图；

④ 应考虑附加偏心距 e_a 的影响，e_a 应取 20mm 和偏心方向截面尺寸 h 的 1/30 中的较大值，即 $e_a=\max(h/30,20\text{mm})$；

⑤ 大偏心受压时受拉钢筋和受压钢筋都会屈服，小偏心受压时只有近侧钢筋屈服，而远侧钢筋不屈服。

5.3.3.2　大偏心受压构件

根据上述基本假定，画出矩形截面大偏心受压构件正截面承载力计算简图，如图 5-13 所示。

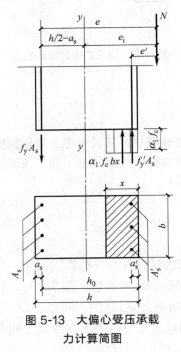

图 5-13　大偏心受压承载力计算简图

（1）基本公式及适用条件　由平衡条件可得如下基本公式：

$$N\le\alpha_1 f_cbx+f'_yA'_s-f_yA_s \tag{5-11}$$
$$Ne\le\alpha_1 f_cbx(h_0-0.5x)+f'_yA'_s(h_0-a'_s) \tag{5-12}$$

式中　e——轴向压力作用点至纵向受拉钢筋合力点的距离，由图 5-13 中的几何关系应有：

$$e=e_i+h/2-a_s \tag{5-13}$$

上述公式的适用条件首先应该满足大偏心受压，即受压区高度 $x\le\xi_bh_0$，这也是保证构件破坏时，受拉钢筋应力能达到抗拉屈服强度设计值的条件；其次还应保证构件破坏时，受压钢筋应力达到抗压强度设计值，要求 $x\ge 2a'_s$。

若 $x<2a'_s$，说明受压钢筋不屈服，可近似地取 $x=2a'_s$，此时混凝土合力点与受压钢筋合力点重合，对该点取矩得：

$$Ne'\le f_yA_s(h_0-a'_s) \tag{5-14}$$

式中　e'——轴向压力作用点至受压钢筋合力点的距离，由图 5-13 中的几何关系应有：

$$e' = e_i - h/2 + a'_s \tag{5-15}$$

（2）截面设计（配筋计算）　对于热轧钢筋 HPB300、HRB335、HRB400、HRB500 和余热处理带肋钢筋 RRB400，因为 $f_y = f'_y$，对称配筋时 $A_s = A'_s$，所以 $f'_y A'_s - f_y A_s = 0$。由式（5-11）取等号直接解出受压区高度 x：

$$x = \frac{N}{\alpha_1 f_c b} \tag{5-16}$$

若 $2a'_s \leqslant x \leqslant \xi_b h_0$，则由式（5-12）取等号解得所需钢筋截面面积为：

$$A_s = A'_s = \frac{Ne - \alpha_1 f_c bx(h_0 - 0.5x)}{f'_y(h_0 - a'_s)} \tag{5-17}$$

若 $x < 2a'_s$，则由式（5-14）取等号得到钢筋截面面积

$$A_s = A'_s = \frac{Ne'}{f_y(h_0 - a'_s)} \tag{5-18}$$

若 $x > \xi_b h_0$，应按小偏心受压进行截面设计。

根据计算所需钢筋截面面积验算配筋率，在确保不少筋后，选配钢筋。

（3）承载力复核　由式（5-11）取等号解出受压区高度 x，再验算不等式（5-12）或式（5-14）。若不等式成立，则承载力满足，否则承载力不足。

5.3.3.3　小偏心受压构件

矩形截面小偏心受压构件正截面承载力计算简图如图 5-14 所示，但应注意，此时远侧纵向钢筋未达到屈服，其应力用 σ_s 来表示。

（1）基本公式及适用条件　由平衡条件可得基本公式，由变形关系补充远侧钢筋的拉应力计算公式。

$$N \leqslant \alpha_1 f_c bx + f'_y A'_s - \sigma_s A_s \tag{5-19}$$

$$Ne \leqslant \alpha_1 f_c bx(h_0 - 0.5x) + f'_y A'_s(h_0 - a'_s) \tag{5-20}$$

$$\sigma_s = \frac{f_y}{\xi_b - \beta_1}(\xi - \beta_1) = \frac{f_y}{\xi_b - \beta_1}\left(\frac{x}{h_0} - \beta_1\right) \tag{5-21}$$

基本公式（5-19）～式（5-21）的适用条件有两条：$x > \xi_b h_0$，$-f'_y \leqslant \sigma_s \leqslant f_y$。

（2）截面设计　小偏心受压对称配筋时应解算联立方程（5-19）、方程（5-20）和方程（5-21），牵涉到求解一元三次方程，很麻烦。为了便于计算，规范给出了相对受压区高度的如下简化计算公式：

$$\xi = \frac{N - \xi_b \alpha_1 f_c b h_0}{\dfrac{Ne - 0.43\alpha_1 f_c b h_0^2}{(\beta_1 - \xi_b)(h_0 - a'_s)} + \alpha_1 f_c b h_0} + \xi_b \tag{5-22}$$

受压区高度 $x = \xi h_0$，钢筋截面面积的计算公式同式（5-17）。

（3）承载力复核　式（5-19）取等号，并联立式（5-21）求解 x 和 σ_s，若满足适用条件，则验算不等式（5-20）是否成立？

【例 5-3】　某偏心受压柱，截面尺寸 $b \times h = 300\text{mm} \times 400\text{mm}$，采用 C30 混凝土，HRB400 级钢筋，承受弯矩设计值 $M = 150\text{kN} \cdot \text{m}$，轴心压力设计值 $N = 260\text{kN}$，取 $a_s =$

$a_s'=40mm$。采用对称配筋 $A_s=A_s'$，试选配纵向钢筋。

【解】 $f_c=14.3N/mm^2$，$f_y=f_y'=360N/mm^2$

$\xi_b=0.518$，$\alpha_1=1.0$。

(1) 求初始偏心距 e_i

$$e_0=M/N=150\times10^6/(260\times10^3)=577mm$$

$$e_a=\max(20,h/30)=\max(20,400/30)=20mm$$

$$e_i=e_0+e_a=577+20=597mm$$

(2) 计算受压区高度并判断大小偏心受压

$$h_0=h-a_s=400-40=360mm$$

$$x=\frac{N}{\alpha_1 f_c b}=\frac{260\times10^3}{1.0\times14.3\times300}=60.6mm<\xi_b h_0$$

$$=0.518\times360=186.5mm$$

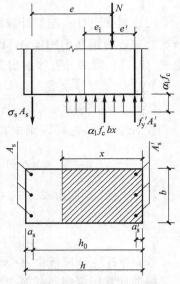

图 5-14 小偏心受压承载力
计算简图

且受压区高度 $x=60.6mm<2a_s'=2\times40=80mm$，大偏心受压，压筋不屈服。

(3) 配筋计算 应按式（5-18）计算纵向受力钢筋面积

$$e'=e_i-h/2+a_s'=597-400/2+40=437mm$$

$$A_s=A_s'=\frac{Ne'}{f_y(h_0-a_s')}=\frac{260\times10^3\times437}{360\times(360-40)}=986mm^2$$

(4) 验算配筋率

一侧纵筋 $A_s=A_s'=986mm^2>0.20\%bh=0.20\%\times300\times400=240mm^2$，满足

全部配筋 $A_s+A_s'=2\times986mm^2=1972mm^2>0.55\%bh=0.55\%\times300\times400=660mm^2$，满足要求。每侧纵筋选配 4⚎18 （$A_s=A_s'=1017mm^2$），箍筋选用Φ8@250；在垂直弯矩作用平面内，两边各配置 1⚎12 构造钢筋，并用拉筋相连，使纵向钢筋的中距不大于 300mm。

【例5-4】 某矩形截面偏心受压柱，截面尺寸 $b\times h=300mm\times500mm$，混凝土强度等级为 C30，纵向钢筋采用 HRB400 级，取 $a_s=a_s'=40mm$，承受轴心压力设计值 $N=1600kN$，弯矩设计值 $M=180kN\cdot m$。采用对称配筋 $A_s=A_s'$，试选配纵向钢筋。

【解】 $f_c=14.3N/mm^2$，$\alpha_1=1.0$，$f_y=f_y'=360N/mm^2$，$\xi_b=0.518$

(1) 求初始偏心距 e_i

$$e_0=M/N=180\times10^6/(1600\times10^3)=112.5mm$$

$$e_a=\max(20,h/30)=\max(20,500/30)=20mm$$

$$e_i=e_0+e_a=112.5+20=132.5mm$$

(2) 计算受压区高度并判断大小偏心受压

$$h_0=h-a_s=500-40=460mm$$

$$x=\frac{N}{\alpha_1 f_c b}=\frac{1600\times10^3}{1.0\times14.3\times300}=373mm>\xi_b h_0=0.518\times460=238mm$$，属于小偏心受压构件。

(3) 重新计算受压区高度 x

$$e=e_i+h/2-a_s=132.5+500/2-40=342.5mm$$

$$\xi = \frac{N - \xi_b \alpha_1 f_c b h_0}{\dfrac{Ne - 0.43\alpha_1 f_c b h_0^2}{(\beta_1 - \xi_b)(h_0 - a_s')} + \alpha_1 f_c b h_0} + \xi_b$$

$$= \frac{1600 \times 10^3 - 0.518 \times 1.0 \times 14.3 \times 300 \times 460}{\dfrac{1600 \times 10^3 \times 342.5 - 0.43 \times 1.0 \times 14.3 \times 300 \times 460^2}{(0.8 - 0.518) \times (460 - 40)} + 1.0 \times 14.3 \times 300 \times 460} + 0.518$$

$$= 0.693$$

$x = \xi h_0 = 0.693 \times 460 = 318.8 \text{mm}$

（4）求纵筋截面面积 A_s、A_s'

$$A_s = A_s' = \frac{Ne - \alpha_1 f_c b x (h_0 - 0.5x)}{f_y'(h_0 - a_s')}$$

$$= \frac{1600 \times 10^3 \times 342.5 - 1.0 \times 14.3 \times 300 \times 318.8 \times (460 - 0.5 \times 318.8)}{360 \times (460 - 40)} = 905 \text{mm}^2$$

（5）验算配筋率

一侧纵筋 $A_s = A_s' = 905 \text{mm}^2 > 0.20\% bh = 0.20\% \times 300 \times 500 = 300 \text{mm}^2$，满足

全部配筋 $A_s + A_s' = 2 \times 905 \text{mm}^2 = 1810 \text{mm}^2 > 0.55\% bh = 0.55\% \times 300 \times 500 = 825 \text{mm}^2$，满足

每侧纵筋选配 3Φ20（$A_s = A_s' = 942 \text{mm}^2$），箍筋选用Φ6@250；在垂直弯矩作用平面内，两边各配置1Φ12构造钢筋，并用拉筋相连，使纵向钢筋的中距不大于300mm。

【例5-5】 矩形截面柱，截面尺寸 $b \times h = 300 \text{mm} \times 400 \text{mm}$，C30 混凝土，对称配筋，每侧实配3Φ18。轴心压力设计值 $N = 400 \text{kN}$，弯矩设计值 $M = 130 \text{kN} \cdot \text{m}$。取 $a_s = a_s' = 40 \text{mm}$，试问该柱的承载力是否满足要求？

【解】

（1）基本数据

$e_0 = M/N = 130 \times 10^3 / 400 = 325 \text{mm}$

$e_a = \max(20, h/30) = \max(20, 400/30) = 20 \text{mm}$

$e_i = e_0 + e_a = 325 + 20 = 345 \text{mm}$

$e = e_i + h/2 - a_s = 345 + 400/2 - 40 = 505 \text{mm}$

$h_0 = h - a_s = 400 - 40 = 360 \text{mm}$

（2）配筋率验算

一侧纵筋 $A_s = A_s' = 763 \text{mm}^2 > 0.20\% bh = 0.20\% \times 300 \times 400 = 240 \text{mm}^2$，满足

全部配筋 $A_s + A_s' = 2 \times 763 \text{mm}^2 = 1526 \text{mm}^2 > 0.55\% bh = 0.55\% \times 300 \times 400 = 660 \text{mm}^2$，满足

（3）受压区高度

$$x = \frac{N + f_y A_s - f_y' A_s'}{\alpha_1 f_c b} = \frac{N}{\alpha_1 f_c b} = \frac{400 \times 10^3}{1.0 \times 14.3 \times 300} = 93.2 \text{mm}$$

$< \xi_b h_0 = 0.550 \times 360 = 198 \text{mm}$，大偏心受压

且 $x = 93.2 \text{mm} > 2a_s' = 2 \times 40 = 80 \text{mm}$，受压钢筋能屈服

（4）承载力验算

$\alpha_1 f_c b x (h_0 - 0.5x) + f_y' A_s'(h_0 - a_s') = 1.0 \times 14.3 \times 300 \times 93.2 \times (360 - 0.5 \times 93.2)$

$\qquad + 360 \times 763 \times (360 - 40)$

$$=213.2 \times 10^6 \, \text{N} \cdot \text{mm}$$

$> Ne = 400 \times 10^3 \times 505 = 202 \times 10^6 \, \text{N} \cdot \text{mm}$，*承载力满足要求。*

5.4　钢筋混凝土偏心受压构件斜截面承载力计算

偏心受压构件一般情况下承受的剪力相对较小，可不进行斜截面承载力计算，但对于有较大水平力作用的框架柱，剪力影响则相对较大，必须考虑其斜截面受剪承载力。

5.4.1　轴向压力对斜截面受剪承载力的影响

① 试验表明：轴向压力对斜截面的抗剪承载力起有利作用。

② 原因分析：轴向压力的存在将抑制斜裂缝的开展，从而提高抗剪承载力，但是这种作用是有限的。随着轴压比的增大斜截面的抗剪承载力将增大，当轴压比 $N/(f_c A) = 0.3 \sim 0.5$ 时，斜截面承载力达到最大，若继续增大轴压比，受剪承载力反而降低。

③ 取值规定：轴向力对斜截面受剪承载力的贡献取为 $V_N = 0.07N$，且规范明确说明，当轴向力 $N > 0.3 f_c A$ 时，只能取 $N = 0.3 f_c A$，以此来限制轴向压力对受剪承载力提高的界限。

5.4.2　偏心受压构件斜截面受剪承载力计算

对矩形、T形、I形截面钢筋混凝土偏心受压构件的斜截面受剪承载力，可在集中荷载作用下的独立梁计算公式的基础上，考虑轴向压力的影响。

5.4.2.1　受剪承载力计算公式

对矩形、T形、I形截面，偏心受压构件的受剪承载力计算公式如下：

$$V \leqslant \frac{1.75}{\lambda + 1} f_t b h_0 + f_{yv} \frac{A_{sv}}{s} h_0 + 0.07N \tag{5-23}$$

式中　N——与剪力设计值 V 相应的轴向压力设计值，当 $N > 0.3 f_c A$ 时，取 $N = 0.3 f_c A$；

　　　λ——偏心受压构件计算截面的剪跨比。

计算截面的剪跨比 λ 应按下列规定取用：

① 对各类结构的框架柱，宜取 $\lambda = M/(V h_0)$；对框架结构中的框架柱，当其反弯点在层高范围内时，可取 $\lambda = H_n/(2h_0)$；当 $\lambda < 1$ 时，取 $\lambda = 1$；当 $\lambda > 3$ 时，取 $\lambda = 3$；此处，M 为计算截面上与剪力设计值相应的弯矩设计值，H_n 为柱净高。

② 对其他偏心受压构件，当承受均布荷载时，取 $\lambda = 1.5$；当承受集中荷载（或多种荷载作用，但集中荷载引起的剪力占总剪力的 75% 及其以上）时，取 $\lambda = a/h_0$，当 $\lambda < 1.5$ 时，取 $\lambda = 1.5$；当 $\lambda > 3$ 时，取 $\lambda = 3$；此处，a 为集中荷载至支座或节点边缘的距离。

如果剪力设计值符合如下条件：

$$V \leqslant \frac{1.75}{\lambda + 1} f_t b h_0 + 0.07N \tag{5-24}$$

则可不进行斜截面受剪承载力计算，而仅需按构造要求配置箍筋。

5.4.2.2　公式的适用条件

为防止偏心受压构件截面尺寸过小发生斜压破坏，偏心受压构件的截面尺寸应满足下列要求。

$$当 h_w/b \leqslant 4 时： \qquad V \leqslant 0.25\beta_c f_c b h_0 \qquad (5-25)$$

$$当 h_w/b \geqslant 6 时 \qquad V \leqslant 0.2\beta_c f_c b h_0 \qquad (5-26)$$

当 $4 < h_w/b < 6$ 时，按线性内插法确定。

式中　b——矩形截面宽度，T 形和 I 形截面的腹板宽度；

　　　h_w——截面的腹板高度，矩形截面取有效高度 h_0；

　　　β_c——混凝土强度影响系数，当混凝土强度等级 $\leqslant$ C50 时，$\beta_c = 1.0$；当混凝土强度等级为 C80 时，$\beta_c = 0.8$；其间按直线内插法取用。

5.5　钢筋混凝土偏心受压构件裂缝宽度验算

受压构件除进行承载力极限状态设计外，还应进行正常使用极限状态验算。混凝土构件是带裂缝工作的，偏心受压构件应验算最大裂缝宽度，以满足耐久性的功能要求。

5.5.1　钢筋混凝土偏心受压构件的裂缝规律

大偏心受压的长柱发生弯曲时，通常先在受拉区出现水平裂缝，而小偏心受压的柱子则通常会沿构件纵向出现斜裂缝，当箍筋数量足够时，斜裂缝开展比较缓慢。

在使用阶段，对于全截面受压的小偏心受压构件，无水平裂缝；截面大部分受压、小部分受拉的小偏心受压构件，因受拉钢筋应力低于屈服极限，故裂缝宽度很小。对于大偏心受压构件，若荷载偏心距与截面有效高度之比 $e_0/h_0 \leqslant 0.55$ 时，裂缝宽度较小，能符合规范要求；当 $e_0/h_0 > 0.55$ 时，裂缝的宽度会比较大，能否满足规范要求，需要验算才能得知。

5.5.2　钢筋混凝土偏心受压构件裂缝宽度验算

钢筋混凝土偏心受压构件的最大裂缝宽度不应超过裂缝宽度限值，而最大裂缝宽度的计算公式与第 4 章受弯构件相同，即：

$$w_{max} = 1.9\psi \frac{\sigma_{sq}}{E_s}\left(1.9c_s + 0.08\frac{d_{eq}}{\rho_{te}}\right) \leqslant w_{lim}$$

$$\psi = 1.1 - 0.65\frac{f_{tk}}{\rho_{te}\sigma_{sq}} \quad (<0.2 时，取 \psi = 0.2；>1 时，取 \psi = 1)$$

$$d_{eq} = \frac{\sum n_i d_i^2}{\sum n_i \nu_i d_i}$$

$$\rho_{te} = \frac{A_s}{0.5bh + (b_f - b)h_f} \quad (<0.01 时，取 \rho_{te} = 0.01)$$

按荷载准永久组合计算的纵向受拉钢筋的应力 σ_{sq} 应按下列公式计算：

$$\sigma_{sq} = \frac{N_q(e - z)}{A_s z} \qquad (5-27)$$

$$z = \left[0.87 - 0.12(1 - \gamma'_f)\left(\frac{h_0}{e}\right)^2\right]h_0 \qquad (5-28)$$

$$e = \eta_s e_0 + h/2 - a_s \qquad (5-29)$$

$$\eta_s = 1 + \frac{1}{4000 e_0/h_0} \left(\frac{l_0}{h}\right)^2 \qquad (5\text{-}30)$$

式中　e——轴向压力作用点至纵向受拉钢筋合力点的距离；

$\quad e_0$——荷载准永久组合下的偏心距，取为 M_q/N_q；

$\quad z$——纵向受拉钢筋合力点至截面受压区合力点的距离；

$\quad A_s$——离轴向力较远一侧受拉钢筋的截面面积；

$\quad \eta_s$——使用阶段的轴向压力偏心距增大系数，当 $l_0/h \leqslant 14$ 时，取 $\eta_s = 1.0$；

$\quad \gamma'_f$——受压翼缘截面积与腹板有效截面面积的比值：$\gamma'_f = (b'_f - b)h'_f/(bh_0)$，矩形截面 $\gamma'_f = 0$。

==================== 练习题 ====================

5-1　轴心受压柱的破坏形式有材料破坏和失稳破坏两种：短柱的破坏属于_____；细长柱的破坏属于_____。

5-2　轴心受压构件的纵向弯曲系数（稳定系数）φ 随构件的长细比增大而_____。

5-3　钢筋混凝土大、小偏心受压构件的界限条件是：当受拉钢筋应力达到屈服强度的同时，受压混凝土的边缘压应变也达到其_____。

5-4　大偏心受压构件的破坏特征是_____。

5-5　对称配筋的矩形截面偏心受压柱，大小偏心是根据_____的大小不同而判别的，大偏心受压的条件应是_____。

5-6　偏心受压构件正截面承载力计算公式中的 e_i 称为_____，计算公式为_____。

5-7　矩形截面柱的尺寸为 400mm×500mm，则其附加偏心距可取_____。

5-8　偏心受压构件，当受压区高度 $x < 2a'_s$ 时，取 $x=$_____，承载力公式为_____。

5-9　框架结构中柱的净高为 4.2m，截面有效高度为 460mm，斜截面受剪承载力计算时剪跨比应取_____。

5-10　钢筋混凝土轴心受压构件在长期不变的荷载作用下，由于混凝土的徐变，其结果是构件中的（　　）。

A. 钢筋应力减小，混凝土应力增加　　　　B. 钢筋应力增加，混凝土应力减小

C. 钢筋和混凝土应力都增加　　　　　　　D. 钢筋和混凝土应力都减小

5-11　钢筋混凝土偏心受压构件，其大小偏心受压破坏的根本区别是（　　）。

A. 截面破坏时，受拉钢筋是否屈服　　　　B. 截面破坏时，受压钢筋是否屈服

C. 偏心距的大小　　　　　　　　　　　　D. 受压一侧混凝土是否达到极限压应变值

5-12　对于钢筋混凝土柱,其大偏心受压的正截面承载力计算中，要求受压区高度 $x \geqslant 2a'_s$ 是为了保证在极限状态下（　　）。

A. 受拉钢筋屈服　　　　　　　　　　　　B. 受压钢筋屈服

C. 保护层剥落　　　　　　　　　　　　　D. 箍筋受剪时不破坏

5-13　矩形截面偏心受压构件，当截面混凝土受压区高度 $x > \xi_b h_0$ 时，构件的破坏类型应是（　　）。

A. 大偏心受压破坏　　　　　　　　　　　B. 小偏心受压破坏

C. 斜压破坏　　　　　　　　　　　　　　D. 少筋破坏

5-14　螺旋箍筋柱较普通箍筋柱承载力提高的原因是（　　）。

A. 螺旋箍筋的弹簧作用　　　　　　　　　B. 螺旋箍筋使纵筋难以被屈服

C. 螺旋箍筋的存在增加了总的配筋率　　　　D. 螺旋箍筋约束了混凝土的横向变形

5-15　对称配筋小偏心受压构件在达到承载能力极限状态时，纵向钢筋的应力状态是（　　　）。

A. A_s 和 A'_s 均屈服　　　　　　　　　　B. A_s 屈服而 A'_s 不屈服

C. A'_s 屈服而 A_s 不屈服　　　　　　　　D. A'_s 屈服而 A_s 不一定屈服

5-16　偏心受压构件正截面有哪两种破坏类型？ 这两种破坏类型的判别条件是怎样的？ 承载力计算的截面应力计算图形如何？

5-17　偏心受压构件的受拉破坏（大偏心受压）和受压破坏（小偏心受压）的破坏特征有何共同点和不同点。

5-18　钢筋混凝土受压构件的纵筋有哪些构造要求？ 箍筋起什么作用？ 有何构造要求？

5-19　为什么要考虑附加偏心距 e_a？ 附加偏心距如何取值？

5-20　轴向压力对混凝土偏心受压构件的受剪承载力有何影响？

5-21　某底层轴心受压中柱，截面尺寸为 350mm×350mm，承受轴心压力设计值 1292kN。 基础顶面至一层楼盖之间的距离为 5.6m。 混凝土强度等级为 C30，钢筋为 HRB400 级钢，求需要的纵向受力钢筋的截面面积。

5-22　某矩形截面偏心受压柱，截面尺寸为 400mm×500mm。 取 $a_s = a'_s = 40mm$，承受轴心压力设计值为 $N = 400kN$、弯矩设计值为 $M = 240kN \cdot m$。 混凝土强度等级为 C30，纵向受力钢筋采用 HRB400 级，若设计成对称配筋，求所需纵向钢筋的截面面积。

5-23　已知柱截面尺寸 $b = 400mm$、$h = 600mm$，承受轴心压力设计值 $N = 2500kN$，弯矩设计值 $M = 210kN \cdot m$。 采用 C30 混凝土，HRB400 级钢筋，取 $a_s = a'_s = 40mm$，试按对称配筋方式确定纵向受力钢筋。

5-24　某矩形截面柱，截面尺寸为 $b \times h = 300mm \times 500mm$，有效截面高度 $h_0 = 460mm$。 已知轴心压力设计值 $N = 500kN$，弯矩设计值 $M = 180kN \cdot m$，混凝土强度等级为 C30，对称配筋，每侧配置 3Φ20。 试问该柱截面的承载力是否满足要求。

第6章 钢筋混凝土梁板结构

【内容提要】

本章内容为梁板结构设计，首先介绍梁板结构的组成、类型、截面尺寸和内力计算方法，然后重点讲述现浇钢筋混凝土单向板肋形楼盖和双向板肋形楼盖的设计计算、构造措施，最后介绍现浇钢筋混凝土板式楼梯、梁式楼梯的设计。

【基本要求】

通过本章的学习，要求了解梁板结构的组成和类型，理解塑性铰和塑性内力重分布的概念，掌握连续梁板内力计算方法，掌握现浇钢筋混凝土单向板、双向板肋形楼盖的设计方法，掌握板式楼梯的计算与构造。

6.1 钢筋混凝土梁板结构概述

由板和支承板的梁组成的结构，称为梁板结构。梁板结构是工业与民用建筑和构筑物中常用的结构，见之于楼盖与屋盖、楼梯、阳台、雨篷，以及筏形基础、储液池的底板和顶板、桥梁的桥面结构。钢筋混凝土屋盖、楼盖和楼梯是建筑结构的组成部分，承受恒荷载和活荷载等竖向荷载作用，应掌握其设计方法。

按照施工方法的不同，钢筋混凝土梁板结构可分为现浇（整浇）、预制（装配式）和装配整体式三类，三者的区别主要是计算简图、节点构造和应用范围不同。因为构造措施是计算假定成立、计算结果可靠的前提，所以不能只重视计算原理而忽略构造。

6.1.1 梁板结构组成和类型

钢筋混凝土梁板结构由梁和板组成，支承于柱或墙上，可以看做总结构体系中的水平分体系，其设计和施工与竖向分体系的支承结构布置有关。因此在具体设计时必须在不同程度上同时考虑水平分体系和竖向分体系的类型。这里只讨论目前工程上广泛采用的现浇整体式梁板结构，而不涉及预制梁板结构或装配式、装配整体式梁板结构。

梁板结构组成的楼盖（屋盖），常用的形式有肋形楼盖、井式楼盖和无梁楼盖。梁板结构类型的选用应顾及使用性能（使用空间、隔声防噪、防振动、防腐、装修等）、工程效果（经济性、施工条件等）和后期维护等方面的要求，力图做出最佳的总体设计。

6.1.1.1 肋形楼盖

肋形楼盖由板、次梁、主梁组成，且主梁截面高于次梁，如图6-1所示。这种楼盖的板支承于次梁，次梁支承于主梁，主梁则以柱或墙为支点。肋形楼盖是现浇楼盖中最常见的结构形式，其设计和计算原理在工程中具有普遍意义。

6.1.1.2　井式楼盖

当房屋平面形状接近正方形或柱网两个方向的尺寸接近相等时，由于建筑艺术的要求，通常将两个方向的梁做成不分主次的等高梁、相互交叉，或双向设置主梁，主梁之间再布置双向等高次梁，这种楼盖称为井式楼盖，如图 6-2 所示。井式楼盖的板和梁在两个方向的受力比较均匀，常用于公共建筑的大厅等。

图 6-1　肋形楼盖

图 6-2　井式楼盖

6.1.1.3　无梁楼盖

所谓无梁楼盖，就是没有梁，板直接支承于柱或墙上。无梁楼盖属于板柱结构体系，比肋形楼盖和井式楼盖的房间净空高、通风采光条件好。这种楼盖适用于厂房、仓库、商场等建筑。

6.1.2　单向板与双向板

现浇肋形楼盖（屋盖）中板上荷载基本上按照 45°塑性铰线传递到周边梁、墙上，如图 6-3 所示。当四边支承板的长边与短边长度之比≥3.0 时，根据板跨中变形协调原则，板上荷载主要沿短边传递，而沿长边传递的荷载效应可以忽略不计。这种主要沿单方向（短边）传递荷载、受单向弯曲的板，称为单向板。由于沿长边方向仍有一定的弯曲变形和内力（主要是变形协调和荷载就近传递原则），因此沿长边方向应按构造配筋。

当四边支承板的长边与短边长度之比≤2.0 时，在承受和传递荷载时，板在两个方向的内力和变形都不能忽略；由于板在两个方向都传递荷载，因而梁受到的是按三角形分布或梯形分布的荷载，这种沿两方向传递荷载、受双向弯曲的板，称为双向板。当板的长边和短边长度之比大于 2.0 但小于 3.0 时，宜按双向板计算，若按单向板计算，应在板底长边方向布置不少于板底短跨方向 1/3 配筋的构造钢筋；应在板顶长边方向布置不少于板顶短跨方向 1/3～2/3 配筋的构造钢筋。

6.1.3　楼盖梁板截面尺寸

现浇楼盖中，梁、板截面尺寸应满足承载力、刚度及舒适度等方面的要求，根据多年的工程经验，梁、板的截面高度通常由跨度估算，而梁的截面宽度则由高度估算。

主梁的截面高度 h 可取计算跨度 l_0 的 1/14～1/8，截面宽度 b 取高度 h 的 1/3.5～1/2.0；次梁的截面高度可取计算跨度的 1/18～1/12，截面宽度取其高度的 1/3.0～1/2.0。主梁的截面宽度不宜小于 200mm，次梁截面宽度不宜小于 150mm。梁截面尺寸≤800mm

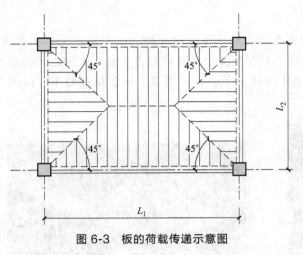

图 6-3　板的荷载传递示意图

时，以 50mm 为模数；当截面尺寸 ＞ 800mm 时，以 100mm 为模数。

现浇钢筋混凝土板的厚度 h：单向板不小于跨度的 1/30，双向板不小于跨度的 1/40；无梁支承的有柱帽板不小于跨度的 1/35，无梁支承的无柱帽板不小于跨度的 1/30。现浇板的厚度取 10mm 的倍数，因宽度比较大，故设计时可取单位宽度 1m（即 $b=1000mm$）进行计算。

从构造角度出发，板厚不宜过小。现行《混凝土结构设计规范》给出了现浇钢筋混凝土板的最小厚度，详见第 4 章表 4-1。

6.1.4　梁板结构内力分析方法

在不考虑支承变形的前提下，现浇肋形楼（屋）盖的荷载传递路线是：板→次梁→主梁→柱或墙→基础→地基。这是超静定结构，内力分析方法有弹性理论分析法、塑性内力重分布分析法、塑性极限分析法等。

6.1.4.1　弹性理论分析法

弹性理论分析法或弹性分析法假定结构材料为理想的弹性体，且应力和应变之间满足线性关系，其力学基础是结构力学和弹性力学。按照弹性理论分析梁板内力，再按承载力极限状态设计截面，两者并不协调，但偏于安全。

主梁为楼盖的主要构件，需要较大的安全储备，对挠度、裂缝控制较严格，因此其内力计算通常采用弹性分析法。双向板的跨度较大，也可采用弹性分析法计算内力和挠度。

弹性分析方法在计算结构构件的刚度时，混凝土的弹性模量按规范取值，截面惯性矩按均质混凝土全截面计算，不计钢筋的换算面积。对现浇楼盖和装配整体式楼盖由于连接整体性好，梁、板共同协调变形，宜考虑楼板作为翼缘（受压区）对梁刚度和承载力的影响。梁受压区有效翼缘计算宽度 b_f' 可按表 4-4 所列情况的最小值采用。现浇楼板对梁刚度的增大系数应根据梁有效翼缘尺寸与梁截面尺寸的相对比例确定；也可以采用近似计算方法，中梁（两侧与板相连接）增大系数取 2.0、边梁（一侧与板相连接）增大系数取 1.5。

6.1.4.2　塑性内力重分布分析法

超静定混凝土结构在出现塑性铰的情况下，会发生内力重分布，即塑性铰处极限弯矩不变，其余截面的内力会随作用的增大而增大。利用这一特点进行构件截面之间的内力调幅，以达到简化构造、节约配筋的目的。弯矩调幅法是钢筋混凝土超静定结构考虑塑性内力重分布分析法中的一种，因其计算简单，在我国广泛采用。

按塑性内力重分布分析结构内力，使内力分析与截面设计相协调，经济性较好，但一般情况下裂缝较宽、变形较大。现浇楼盖的单向板、次梁，可采用塑性内力重分布分析法计算截面内的弯矩、剪力。

6.1.4.3　塑性极限分析法

塑性极限分析法又称塑性分析方法或极限平衡法，其理论基础是塑性力学中的塑性极限平衡，工程实践经验证明，按该法进行计算和构造设计，简便易行，可保证结构的安全。

对不承受多次重复荷载作用的混凝土结构，当有足够的塑性变形能力时，可采用塑性极限分析方法进行结构的承载力计算，同时还应满足正常使用的要求。承受均布荷载作用的周边支承的双向矩形板，可采用塑性铰线法或条带法等塑性极限分析方法进行承载能力极限状态的分析与设计。

6.2　现浇钢筋混凝土单向板肋形楼盖设计

现浇钢筋混凝土单向板肋形楼盖设计的主要工作包括结构平面布置，确定梁、板尺寸，计算梁板上的荷载，依据计算简图进行内力计算，截面配筋计算和构造，绘制结构施工图。

当结构平面布置完成以后，就可以确定计算简图，进行结构构件的内力计算。单向板肋形楼盖的内力计算方法，有弹性理论计算方法和塑性内力重分布计算方法。

6.2.1　单向板肋形楼盖结构平面布置

楼盖属于水平承重结构，通常支承在柱、墙等竖向承重构件上。单向板肋形楼盖结构的平面布置就是确定主梁、次梁的布置方向和数量。次梁布置决定板的区格大小，次梁间距为板的跨度；主梁间距决定次梁的跨度，而柱或墙间距（柱网尺寸）则决定主梁的跨度。合理布置柱网和梁格对楼盖设计的适用性和经济效果具有十分重要的意义。

6.2.1.1　单向板肋形楼盖常用跨度

若柱网、梁格尺寸过大，则由于梁、板截面尺寸过大而大幅提高材料用量；但是，若柱网、梁格尺寸过小，又会由于梁、板截面尺寸和配筋等的构造要求使材料强度不能充分发挥作用，同样造成浪费，而且还会影响到使用的灵活性。因此，梁、板跨度或柱网、梁格尺寸应有一个合理的取值范围。

根据工程经验，单向板、次梁、主梁的经济跨度取值如下：单向板 1.7～2.5m，不宜超过 3.0m；次梁 3.9～6.0m；主梁 4.8～8.1m，主梁的跨度可能小于次梁跨度。在一个主梁跨度内，若布置一根次梁，则次梁传来的集中力作用于主梁跨中，这种受力方式不利，应力求避免；通常一个主梁跨度内，次梁不宜少于 2 根、间距（板的跨度）宜在 2m 左右。

6.2.1.2　单向板肋形楼盖平面布置方案

单向板肋形楼盖的平面布置应综合考虑到建筑效果、使用功能及结构原理等多方面的因素。楼盖的主梁一般应布置在结构刚度较弱的方向，这样可以提高承受水平荷载的能力。单向板肋形楼盖结构平面布置方案有如下三种：主梁沿横向布置、主梁沿纵向布置、不布置主梁。

（1）主梁沿横向布置　主梁沿横向布置时，次梁应沿纵向布置，如图 6-4 所示。这种布置方案的优点是主梁和柱可以形成横向承重框架，横向侧移刚度较大，而各榀框架由纵向的次梁连接，房屋的整体性较好。

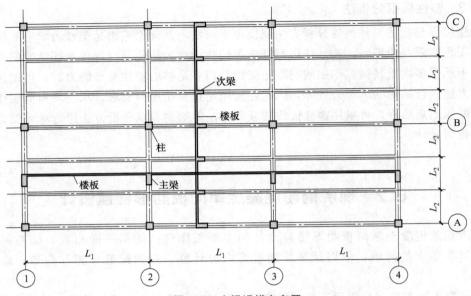

图 6-4　主梁沿横向布置

（2）主梁沿纵向布置　主梁沿纵向布置时，次梁应沿横向布置。当建筑上要求横向柱距大于纵向柱距很多时，可以采用主梁沿纵向布置的方案。这样可以减小主梁跨度，从而减小主梁的截面高度，增大室内净高。

（3）不布置主梁　对于内廊式砌体墙承重的混合结构房屋，可以不布置主梁，只布置次梁。利用纵墙承重，次梁支承于内外纵墙上。

楼盖结构平面布置时应注意：梁、板应尽可能布置成等跨，不等跨时跨度相差不宜超过10%；若楼板开有尺寸大于 800mm 的洞口时，应在洞口周边设置加劲小梁；砌筑隔墙的地方应布置梁。

6.2.2　按弹性理论计算结构内力

按弹性理论计算楼盖内力，就是将梁、板看成弹性均质材料，根据各自的计算简图和所受荷载大小，依据结构力学方法计算内力。对于等跨连续梁、板结构，可由附表 13 提供的公式和系数计算构件截面弯矩和剪力。

6.2.2.1　结构计算简图

进行内力计算之前，应首先确定结构的计算简图。现浇单向板肋形楼盖虽然是一个整体结构，但根据各构件相对刚度的大小和传力方式，可以分解为板、次梁、主梁三类构件，分别计算其内力。

（1）支座简化　板支承在梁或墙上时，其支座按不动铰支座考虑；次梁支承在主梁上，其支座按不动铰支座考虑。

当主梁支承在砖柱（墙）上时，其支座按铰支座考虑；当主梁与钢筋混凝土柱整浇时，若梁柱的线刚度比大于 5，则主梁支座可视为不动铰支座；若梁柱的线刚度比小于 1，则主梁支座可视为不动刚性支座，否则主梁应按弹性嵌固于柱上的框架梁计算。

（2）受荷范围　在进行荷载计算时，不考虑结构连续性的影响，直接按各自构件承受荷载的范围进行计算（这一原则，也适用于其他结构），如图 6-5 所示。

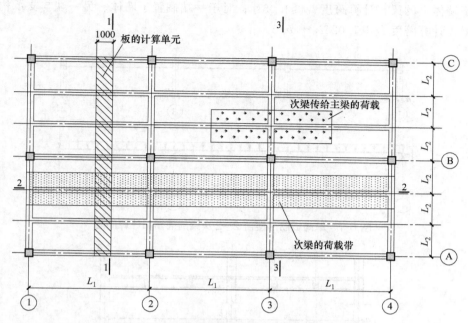

图 6-5 单向板肋形楼盖各构件受荷范围示意图

通常取 1m 宽的板带作为板的计算单元，故板的受荷宽度为 1m。次梁承受左右两边板上传来的均布荷载及次梁自重，受荷宽度为次梁间距。主梁承受次梁传来的集中荷载及主梁自重，受荷宽度为主梁间距；主梁的自重为均布荷载，但为便于计算，一般将主梁自重折算成几个集中荷载，分别加在次梁传来的集中荷载处。

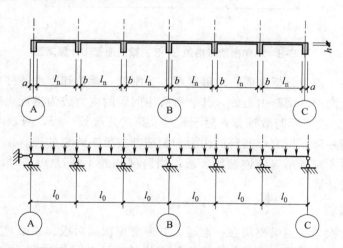

图 6-6 单向板肋形楼盖 1—1 板剖面图和计算简图

（3）计算简图 板、次梁承受均布荷载，都按连续梁计算。主梁承受集中荷载，当主梁与柱的线刚度之比大于 5 时，主梁也按连续梁计算。图 6-5 所示的单向板肋形楼盖，其板、次梁、主梁的剖面图和计算简图分别如图 6-6～图 6-8 所示。

连续梁、板的计算跨度可取支座中心线间的距离。设净跨度为 l_n、中间支座宽度为 b、端部支承长度为 a，边跨计算跨度 $l_0=l_n+a/2+b/2$，中间跨计算跨度 $l_0=l_n+b$。对于完全支承于墙体上的梁，计算跨度 $l_0 \leqslant 1.05 l_n$；对于一端搁置于墙体、另一端与支承构件整体浇筑的梁，计算跨度 $l_0 \leqslant 1.025 l_n + b/2$。

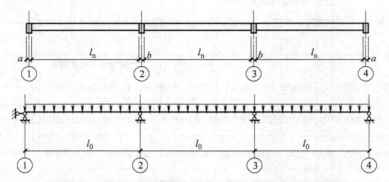

图 6-7　单向板肋形楼盖 2—2 次梁剖面图和计算简图

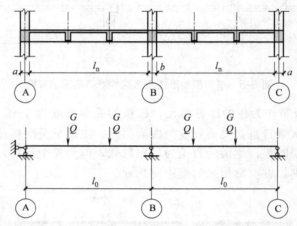

图 6-8　单向板肋形楼盖 3—3 主梁剖面图和计算简图

（4）计算跨数　内力分析表明，对等跨度、等刚度，荷载和支承条件相同的五跨以上连续梁、板来说，除两端的两跨内力外，其余所有中间跨的内力较为接近。所以，对于不超过 5 跨的连续梁、板，按实际跨数计算；对于超过 5 跨的连续梁、板，只取 5 跨计算，即左右各两个边跨和中间一跨。所有中间跨的内力和配筋都按第三跨来处理。

对于跨度超过 5 跨的不等跨连续梁、板，当跨度相差不超过 10% 时，也可按 5 跨的等跨连续梁、板进行计算。

6.2.2.2　折算荷载

当板与次梁、次梁与主梁整浇在一起时，并未考虑次梁对板、主梁对次梁转动的弹性约束作用。尤其是活荷载隔跨布置时，支座将约束构件的转动，使被支承的构件（板或次梁）的支座弯矩增加、跨中弯矩降低。为了修正这一影响，通常采用增大恒荷载、相应减小活荷载的方式处理，即采用折算荷载计算内力。设 g、q 分别为实际的恒荷载、活荷载，则对于板，折算恒荷载 $g' = g + q/2$，折算活荷载 $q' = q/2$，保持总量值不变 $g' + q' = g + q$；

对于次梁，折算恒荷载 $g' = g + q/4$，折算活荷载 $q' = 3q/4$，保持总量值不变 $g' + q' = g + q$。

主梁不采用折算荷载计算。因为当支承主梁的柱刚度较大时，应按框架计算结构内力；

当柱刚度较小时，对梁的约束作用很小，可以略去其影响，无须进行荷载修正。

6.2.2.3　内力计算方法

恒荷载作用在结构上后其布置不会发生改变，而活荷载的布置可以变化。由于活荷载的布置方式不同，会使连续结构构件同一截面产生不同的内力。为了保证结构的安全性，就需要找出产生最大内力的活荷载布置方式及相应内力，并与恒荷载内力叠加作为设计的依据，这就是荷载最不利组合（或最不利内力组合）的概念。

（1）活荷载的最不利布置　在活荷载作用下，连续梁的跨中截面和支座截面是出现最大内力的截面，称为控制截面。控制截面产生最大内力的活荷载布置原则如下。

① 使某跨跨中产生正弯矩最大值时，除应在该跨布置活荷载外，尚应向左、右两侧隔跨布置活荷载；使该跨跨中产生弯矩最小值时，其布置恰好与此相反。

② 使某支座产生负弯矩最大值或剪力最大值时，应在该支座两侧跨内同时布置活荷载，并向左、右两侧隔跨布置活荷载（边支座负弯矩为零；考虑剪力时，可视支座一侧跨长为零）。

五跨梁（板）荷载布置与各截面的最不利内力图如图 6-9 所示。其中图（a）为第一、第三、第五跨内最大正弯矩，A 支座最大剪力，F 支座最大剪力，第二、第四跨内最小弯矩；图（b）为第二、第四跨内最大正弯矩，第一、第三、第五跨内最小弯矩；图（c）为 B 支座最大负弯矩，B 支座最大剪力；图（d）为 C 支座最大负弯矩，C 支座最大剪力；图（e）为 D 支座最大负弯矩，D 支座最大剪力；图（f）为 E 支座最大负弯矩，E 支座最大剪力。

（2）内力计算　荷载布置好以后，利用附表 13 提供的内力系数计算跨内或支座截面的弯矩和剪力。分布荷载作用下的板和次梁：

$$M = k_1 g' l_0^2 + k_2 q' l_0^2 \tag{6-1}$$

$$V = k_3 g' l_0 + k_4 q' l_0 \tag{6-2}$$

集中荷载作用下的主梁

$$M = k_5 G l_0 + k_6 Q l_0 \tag{6-3}$$

$$V = k_7 G + k_8 Q \tag{6-4}$$

式中　　　g'、q'——分别为作用于板、次梁上的折算恒荷载和折算活荷载；

G、Q——分别为作用于主梁上的集中恒荷载和集中活荷载；

k_1、k_2、k_5、k_6——附表 13 中相应栏内的弯矩系数；

k_3、k_4、k_7、k_8——附表 13 中相应栏内的剪力系数。

（3）内力包络图　每一种活荷载的最不利布置都不可能脱离恒荷载而单独存在，因此每种活荷载最不利布置产生的内力均应与恒荷载的内力叠加。当在同一坐标上画出各种（恒荷载＋活荷载最不利布置）内力图后，其外包线就是内力包络图，它表示各截面可能出现的内力的上下限。

6.2.2.4　支座截面内力设计值的修正

在用弹性理论方法计算内力时，计算跨度一般都取至支座中心线。当梁与板整浇、次梁与主梁整浇以及主梁与混凝土柱整浇时，支承处的截面工作高度增加，危险截面不是支座中心处的构件截面，而是支座边缘处截面。

为了节省材料，整浇支座截面的内力设计值可按支座边缘处取用，并近似取为：

$$M = M_c - V_0 b/2 \tag{6-5}$$

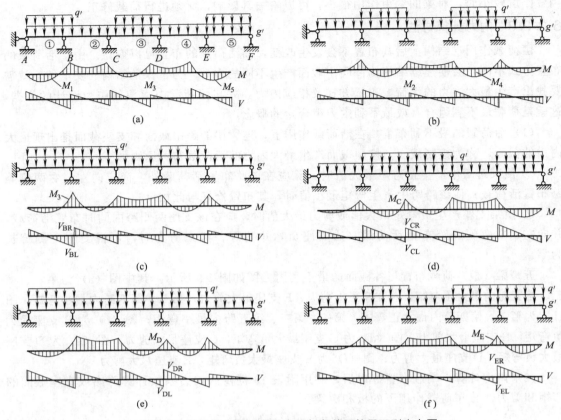

图 6-9　五跨梁（板）荷载布置与各截面的最不利内力图

$$V = V_{\mathrm{c}} - (g+q)b/2 \tag{6-6}$$

式中　M，V——支座边缘处截面的弯矩和剪力；

　　　M_{c}，V_{c}——支座中心线处截面的弯矩和剪力；

　　　　V_0——按简支梁计算的支座剪力；

　　　　b——整浇支座的宽度；

　　　g，q——作用在梁（板）上的均布恒荷载和均布活荷载。

6.2.3　按塑性内力重分布计算结构内力

　　钢筋混凝土是一种塑性材料，现浇梁、板是超静定结构，当梁或板的一个截面达到承载能力极限状态时，并不意味着整个结构的破坏。钢筋屈服后，还会产生一定的塑性变形，结构的实际承载力大于按弹性理论计算的结果。考虑结构的塑性，不仅具有一定的经济性，而且使得内力分析和截面设计能够很好地协调一致。

6.2.3.1　塑性铰和塑性内力重分布的概念

　　按弹性理论计算时，结构构件的刚度始终不变，内力与荷载成正比。而钢筋混凝土受弯构件在荷载作用下会产生裂缝，且材料也非匀质弹性材料，因而结构构件各截面的刚度相对值会发生变化。而超静定结构构件的内力是与构件刚度有关的，刚度的变化意味着截面内力分布会发生不同于弹性理论的分布，这就是塑性内力重分布的概念。

受拉钢筋的屈服使截面在承受的弯矩几乎不变的情况下发生较大的转动，构件在钢筋屈服的截面好像形成了一个铰，称为塑性铰。它与理想铰的区别是，理想铰可以自由转动但不能承受弯矩；而塑性铰只能在一个方向上做有限的转动，其转动能力与构件的配筋率密切相关，配筋率增大，塑性铰转动能力减小；由于塑性铰是在截面弯矩接近破坏弯矩时才出现，故它所能承受的弯矩就是 M_u（极限弯矩）。此外理想铰是点铰，而受拉钢筋的屈服发生在局部范围，故塑性铰是一个区域铰。出现塑性铰之前因裂缝引起刚度变化而致内力重分布，出现塑性铰之后因结构计算简图的改变发生内力重分布。

对超静定结构，当连续梁的两端支座截面形成塑性铰后，因为跨中截面承载力还有富余，因而可按简支梁继续承受新的荷载，直到跨中截面也屈服时，整个梁成为几何可变体系或"机构"后，结构才发生真正意义上的"破坏"。这种考虑个别截面屈服后的塑性而进行的内力分析计算，称为"塑性内力重分布设计"。

6.2.3.2　塑性理论的计算方法

在进行超静定结构计算时，通过弯矩调整、预先设计塑性铰出现的截面（一般是支座截面），根据调整后的弯矩进行截面配筋，可以节省钢材、方便施工，取得一定的经济效果。塑性理论计算方法采用较普遍的是弯矩调幅法，即降低和调整按弹性理论计算的某些支座截面的最大弯矩值，并同时满足静力平衡条件。

应当指出的是，按弯矩包络图配筋时，支座的最大负弯矩与跨中的最大正弯矩并不是在同一荷载作用下产生的，所以当下调支座负弯矩时，在这一组荷载作用下增大后的跨中正弯矩，实际上并不大于弯矩包络图上外包线的弯矩，因此跨中截面并不会因此而增加配筋。

（1）塑性内力重分布的基本规律　研究发现，钢筋混凝土连续梁和板塑性内力重分布的基本规律如下：

① 钢筋混凝土连续梁达到承载能力极限状态的标志，不是某一截面达到了极限弯矩，而是出现足够多的塑性铰后，整个结构变成了几何可变体系。

② 塑性铰出现以前，连续梁的弯矩服从于弹性内力分布规律；塑性铰出现以后，结构计算简图发生改变，各截面的弯矩的增长率发生变化。

③ 按塑性内力重分布法计算，内力和外力符合平衡条件，但转角相等的变形协调关系不再成立。

④ 通过控制支座截面和跨中截面的配筋比，可以人为控制连续梁中塑性铰出现的早晚和位置，即控制调幅的大小和方向。

（2）按塑性内力重分布法计算时应遵循的原则　采用塑性内力重分布法计算连续板和梁时，为了保证塑性铰在预期的部位形成，同时又要防止裂缝过宽及挠度过大影响正常使用，故要求在设计时遵守下述原则。

① 应采用塑性性能好的热轧钢筋（如 HRB400 级、HRB500 级钢筋）作为纵向受力钢筋；在弯矩降低的截面（称正调幅），计算配筋时的混凝土相对受压区高度 $0.1 \leqslant \xi \leqslant 0.35$。

② 调幅范围一般梁不超过 25%、板不超过 20%。

③ 满足静力平衡条件。任何情况下，应使调整后的每跨两端支座弯矩平均值与跨中弯矩绝对值之和不小于按简支梁计算的跨中弯矩。在均布荷载下，梁的支座弯矩和跨中弯矩均不得小于 $(g+q)l_0^2/24$。

④ 对直接承受动力荷载的结构，裂缝控制等级为一级和二级的结构，三 a、三 b 类环境下的混凝土结构，均不应采用塑性内力重分布法计算内力。

（3）关于板的推力作用　在极限状态下，板支座处因承受负弯矩而致上部开裂，跨中截面因正弯矩作用导致下部开裂，使跨中和支座间的混凝土形成拱。当板四周与梁整体连接时，板的支座不能自由移动，在周边梁的水平推力下，可减少板中各计算截面的弯矩，其中间跨跨中和中间支座的计算弯矩可减少 20%，其他截面不减少。

6.2.3.3　等跨连续梁板内力计算

按照塑性理论中的弯矩调幅法和上述一般原则，可导出等跨连续板、次梁在承受均布荷载（$g+q$）作用下的内力计算公式，设计时可直接利用。

（1）弯矩设计值　连续梁、板考虑塑性内力重分布后，控制截面的弯矩设计值按式（6-7）计算：

$$M = \alpha_M(g+q)l_0^2 \tag{6-7}$$

式中　α_M——弯矩系数，按表 6-1 采用；

　　　l_0——梁、板计算跨度。

表 6-1　连续梁和连续单向板的弯矩计算系数 α_M

支承情况		截面位置					
		端支座	边跨跨中	离端第二支座	离端第二跨中	中间支座	中间跨中
梁、板搁置在墙上		0	1/11	两跨连续：−1/10 三跨及以上连续：−1/11	1/16	−1/14	1/16
板	与梁整浇连接	−1/16	1/14				
梁		−1/24					
梁与柱整浇连接		−1/16	1/14				

注：1. 表中系数适用于荷载比 $q/g>0.3$ 的等跨连续梁和连续单向板；

　　2. 连续梁或连续单向板的各跨长度不等，但相邻两跨的长跨与短跨之比小于 1.10 时，仍可用表中弯矩系数值；

　　3. 计算支座弯矩时应取相邻两跨中的较长跨度值，计算跨中弯矩时应取本跨长度。

塑性内力重分布法计算单向板、次梁的弯矩时，其计算跨度 l_0 应由塑性铰位置确定。两端搁置时，$l_0=l_n+a$，且 $l_0 \leqslant l_n+h$（板）、$l_0 \leqslant 1.05l_n$（梁）；一端搁置、另一端与支承构件整体浇筑时，$l_0=l_n+a/2$，且 $l_0 \leqslant l_n+h/2$（板）、$l_0 \leqslant 1.025 l_n$（梁）；两端与支承构件整体浇筑时，$l_0=l_n$。

（2）剪力设计值　板内的剪力往往相对较小，混凝土自身足以抗剪，不需要进行斜截面受剪承载力计算。连续梁需要进行斜截面受剪承载力计算，其剪力设计值为：

$$V = \alpha_V(g+q)l_n \tag{6-8}$$

式中　α_V——剪力系数，按表 6-2 采用；

　　　l_n——梁的净跨度。

表 6-2　连续梁的剪力计算系数 α_V

支承情况	截面位置				
	端支座内侧	离端第二支座		中间支座	
		外侧	内侧	外侧	内侧
搁置在墙上	0.45	0.60	0.55	0.55	0.55
与梁、柱整浇连接	0.50	0.55			

6.2.4　单向板肋形楼盖配筋计算和构造要求

单向板肋形楼盖中的板、次梁和主梁内力设计值确定后，就可按第 4 章的方法进行正截面和斜截面承载力计算，配置纵向受力钢筋、构造钢筋和箍筋。

6.2.4.1　连续单向板设计

（1）配筋计算要点　连续单向板可取单位宽度（1m 板宽）为计算单元，按塑性内力重分布法计算跨中正弯矩和支座负弯矩，弯矩计算公式为式（6-7），不计算剪力。

按单筋矩形截面计算所需受力钢筋。一类环境下，混凝土强度等级≤C25 时，可取 $a_s=25mm$，即 $h_0=h-a_s=h-25$（mm）；混凝土强度等级≥C30 时，可取 $a_s=20mm$，即 $h_0=h-a_s=h-20$（mm）。因为支座截面出现塑性铰，所以受压区高度应满足条件：$0.10h_0≤x≤0.35h_0$。

（2）配筋构造措施

① 受力钢筋宜采用 HRB400 级，也可采用 HPB300 级，常用直径 6mm、8mm、10mm、12mm，并宜选用较大直径（8mm 及以上）作负弯矩钢筋。

② 板中受力钢筋的间距一般不小于 70mm，当板厚不大于 150mm 时不宜大于 200mm；当板厚大于 150mm 时不宜大于板厚的 1.5 倍，且不宜大于 250mm。

③ 受力钢筋的配筋方式宜采用分离式，如图 6-10 所示。图中的分布钢筋应沿长跨方向布置，用圆点示意是为了表明其相对位置关系，即布置在受力钢筋的内侧。采用分离式配筋的多跨板，板底钢筋宜全部伸入支座；支座负弯矩钢筋向跨内延伸的长度 a 应根据负弯矩图确定（一般情况下当 $q/g≤3$ 时可取 $a=l_0/4$；当 $q/g>3$ 时可取 $a=l_0/3$）。

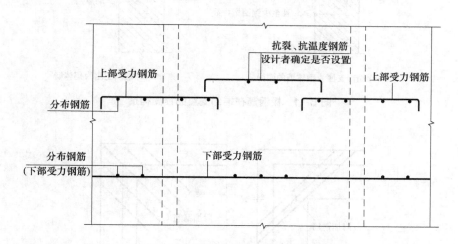

图 6-10　单向板分离式配筋示意图

④ 板在砖墙上的支承长度应满足受力钢筋在支座内的锚固要求，且一般不小于板厚 h 和 120mm。板的端部支座可能是与之整体浇筑的梁、剪力墙和砌体墙的圈梁，也可能是砌体墙，板钢筋在不同端部支座的锚固构造见图 6-11。

⑤ 分布钢筋布置于受力钢筋内侧，与受力钢筋垂直放置并互相绑扎。按单向板设计时，其单位宽度上分布钢筋的面积不少于单位宽度上受力钢筋面积的 15%，分布钢筋的最小配筋率为 0.15%；分布钢筋直径不小于 6mm，间距不宜大于 250mm；当集中荷载较大时，分布钢筋间距不宜大于 200mm。在受力钢筋的弯折处，也都应布置分布钢筋。

⑥ 按简支边或非受力边设计的现浇混凝土板，当与混凝土梁、墙整体浇筑或嵌固在砌体墙内时，应设置板面构造钢筋，并符合下列要求：钢筋直径不宜小于 8mm，间距不宜大

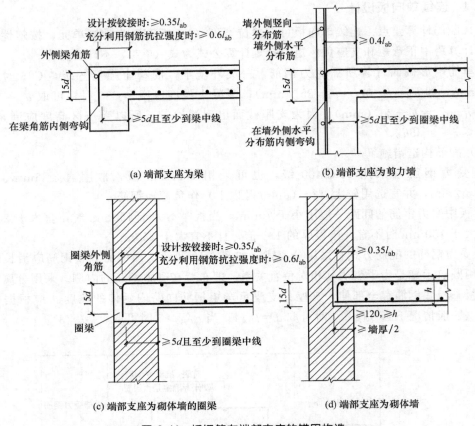

图 6-11　板钢筋在端部支座的锚固构造

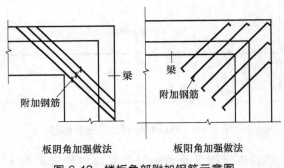

图 6-12　楼板角部附加钢筋示意图

于 200mm，且单位宽度内的配筋面积不宜小于跨中相应方向板底钢筋截面面积的 1/3，与混凝土梁、混凝土墙整体浇筑单向板的非受力方向，钢筋截面面积尚不宜小于受力方向跨中板底钢筋截面面积的 1/3；钢筋从混凝土梁边、柱边、墙边伸入板内的长度不宜小于 $l_0/4$，砌体墙支座处钢筋伸入板边的长度不宜小于 $l_0/7$；在楼板角部，宜沿两个方向正交、斜向平行或放射状布置附加钢筋（图 6-12）。

⑦ 在温度、收缩应力较大的现浇板区域，应在板的表面双向配置防裂构造钢筋。配筋率均不宜小于 0.10%，间距不宜大于 200mm。防裂构造钢筋可利用原有钢筋贯通布置，也可另行设置钢筋并与原有钢筋按受拉钢筋的要求搭接或在周边构件中锚固。

楼板平面的瓶颈部位宜适当增加板厚和配筋。沿板的洞边、凹角部位宜加配防裂构造钢筋，并采取可靠的锚固措施。楼板开洞做法示意图，如图 6-13 和图 6-14 所示。

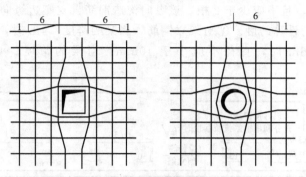

矩形洞边长和圆形洞直径不大于300时的钢筋构造
（受力钢筋绕过孔洞，不另设补强钢筋）

图 6-13　楼板开洞做法示意图之一

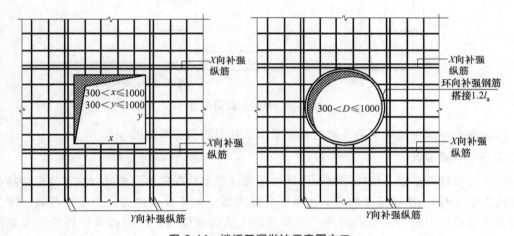

图 6-14　楼板开洞做法示意图之二

6.2.4.2　次梁设计

（1）配筋计算要点　次梁在砖墙上的支承长度不应小于 240mm，并应满足墙体局部受压承载力要求。次梁内力计算时可考虑塑性内力重分布，分别按式（6-7）和式（6-8）计算弯矩和剪力。

在现浇肋形楼盖中，梁的受压区应考虑板的作用。次梁跨内承受正弯矩，现浇板位于梁的受压区，故跨内截面按 T 形截面设计，其翼缘计算宽度 b'_f 应按表 4-4 确定；支座截面承受负弯矩，板位于受拉区不起作用，故支座截面按矩形截面设计。

一类环境下，混凝土强度等级≤C25 时，可取 $a_s = 45mm$，即 $h_0 = h - a_s = h - 45$（mm）；混凝土强度等级≥C30 时，可取 $a_s = 40mm$，即 $h_0 = h - a_s = h - 40$（mm）。因为支座截面出现塑性铰，所以受压区高度应满足条件：$0.10h_0 \leqslant x \leqslant 0.35h_0$。

（2）配筋构造措施　次梁的纵向受力钢筋应符合下列规定：伸入梁支座范围内的钢筋不应少于 2 根；梁高不小于 300mm 时，钢筋直径不应小于 10mm；梁高小于 300mm 时，钢筋直径不应小于 8mm。

次梁的上部纵向构造钢筋应符合下列要求：①当梁端按简支计算但实际受到部分约束时，应在支座区上部设置纵向构造钢筋。其截面面积不应小于梁跨中下部纵向受力钢筋计算所需截面面积的 1/4，且不应少于 2 根。该纵向构造钢筋自支座边缘向跨内伸出的长度不应小于 $l_0/5$，l_0 为梁的计算跨度。②对架立钢筋，当梁的跨度＜4m 时，直径不宜小于 8mm；当梁的跨度为 4～6m 时，直径不应小于 10mm；当梁的跨度＞6m 时，直径不宜小于 12mm。

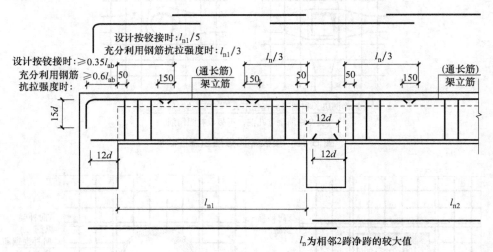

图 6-15　次梁的配筋构造

次梁纵筋净间距应满足第 4 章的相应要求，其配筋构造图如图 6-15 所示。

6.2.4.3　主梁设计

（1）配筋计算要点　可按连续梁设计的主梁（即支承在砌体上或梁与柱整浇但梁柱的线刚度比大于 5 时），次梁传来的荷载按集中荷载考虑，主梁自重也简化为集中荷载。因主梁为整个楼盖结构中受力最大的构件，需要有较大的强度储备，故应按弹性理论计算截面弯矩、剪力。支承在砌体上的主梁，其支承长度不应小于 370mm，并应进行砌体局部受压承载力验算。

因板、梁整体浇筑，故主梁跨内截面按 T 形截面设计，支座截面按矩形截面设计。一类环境下，跨中截面纵筋布置一层时，混凝土强度等级≤C25 时可取 $h_0=h-45$（mm）；混凝土强度等级≥C30 时，可取 $h_0=h-40$（mm）。

在主梁支座处，由于次梁和主梁的负弯矩钢筋彼此相交，且次梁的钢筋置于主梁的钢筋之上，因而计算主梁支座的负弯矩钢筋时，其截面有效高度按下列规定估算：当为单层钢筋时，$h_0=h-65$（mm）或 $h_0=h-70$（mm）；当为双层钢筋时，$h_0=h-90$（mm）或 $h_0=h-95$（mm）。

（2）配筋构造措施　主梁截面一般较高，当 $h_w＞450$mm 时应在梁侧配置纵向构造钢筋（腰筋）。纵向构造钢筋的配置要求详见第 4 章。

在次梁和主梁相交处，次梁的集中荷载传至主梁的腹部，有可能在主梁内引起斜裂缝。为了防止斜裂缝的发生而引起局部破坏，应在次梁支承处的主梁内设置附加横向钢筋，将上述集中荷载有效地传递到主梁的混凝土受压区。

附加横向钢筋可采用附加箍筋和吊筋，宜优先采用附加箍筋。附加横向钢筋应布置在长

度 $s=2h_1+3b$（其中 h_1 为次梁与主梁的高差，b 为次梁腹板宽度）的范围内，如图 6-16 所示。

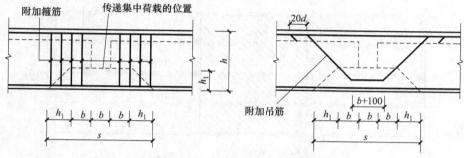

图 6-16　主梁附加横向钢筋的布置

附加横向钢筋所需总截面面积应满足条件：

$$A_{sv} \geqslant \frac{F}{f_{yv}\sin\alpha} \tag{6-9}$$

式中　A_{sv}——承受集中荷载所需的附加横向钢筋总截面面积；当采用附加吊筋时，A_{sv} 应
　　　　　　为左、右弯起段截面面积之和；

　　　　F——作用在梁的下部或梁截面高度范围内的集中荷载设计值；

　　　　α——附加横向钢筋与梁轴线间的夹角。

若采用附加箍筋，设每个箍筋的肢数为 n，单肢箍筋截面面积为 A_{sv1}，箍筋个数为 m，因为 $\alpha=90°$，所以由式（6-9）可得箍筋个数：

$$m \geqslant \frac{F}{nf_{yv}A_{sv1}} \tag{6-10}$$

若采用附加吊筋，式（6-9）中取 $f_{yv}=f_y$，$A_{sv}=2A_{sb}$，即可求出吊筋截面面积：

$$A_{sb} \geqslant \frac{F}{2f_y\sin\alpha} \tag{6-11}$$

6.2.5　单向板肋形楼盖设计典型例题

某商场二层楼面结构平面布置图如图 6-17 所示。楼面面层为水磨石，梁板底面及梁侧面均为 20mm 厚混合砂浆抹灰，板下吊顶（含设备管道）均布荷载 $0.6kN/m^2$。采用 C30 混凝土，HRB400 级钢筋。结构设计使用年限为 50 年，安全等级为二级。所处环境类别为一类，一层柱高度 5.0m，柱截面 400mm×400mm；梁、柱均居轴线中布置。试设计该楼盖。

6.2.5.1　基本设计资料

结构设计使用年限 50 年，$\gamma_L=1.0$；安全等级为二级，$\gamma_0=1.0$。因为 $\gamma_0 S_d=1.0 S_d=S_d$，所以后续弯矩、剪力的计算中就不再出现 γ_0 这一参数（结构重要性系数）。

（1）材料参数　查相关附表，C30 混凝土：$f_c=14.3N/mm^2$，$f_t=1.43N/mm^2$，$E_c=3.00\times10^4 N/mm^2$。HRB400 钢筋：$f_y=360N/mm^2$，$f_{yv}=360N/mm^2$。$\xi_b=0.518$。保护层最小厚度：板 $c=15mm$，梁 $c=20mm$。

（2）荷载取值　由《建筑结构荷载规范》（GB 50009—2012）知：商场活荷载标准值 $3.5kN/m^2$，组合值系数 $\psi_c=0.7$；水磨石地面 $0.65kN/m^2$；钢筋混凝土 $25.0kN/m^3$；混合

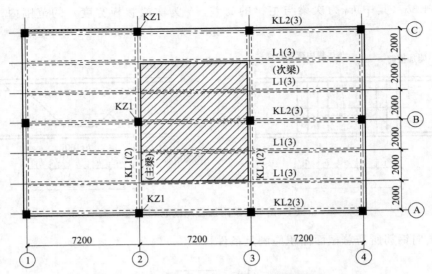

图 6-17　某商场二层楼盖结构平面布置图

砂浆 17.0kN/m³。

（3）截面尺寸选择　板长短边比值＝7.2/2.0＝3.6＞3，属于单向板。板厚 $h \geqslant l/30 = 2000/30 = 67$mm，取为 80mm。

次梁 L1（3），截面高度 $h = l/18 \sim l/12 = 7200/18 \sim 7200/12 = 400 \sim 600$mm，取 $h = 500$mm；截面宽度 $b = h/3.0 \sim h/2.0 = 500/3.0 \sim 500/2.0 = 167 \sim 250$mm，取 $b = 200$mm。

横向框架梁（主梁）KL1（2），截面高度 $h = l/14 \sim l/8 = 6000/14 \sim 6000/8 = 429 \sim 750$mm，取 $h = 650$mm；截面宽度 $b = h/3.5 \sim h/2.0 = 650/3.5 \sim 650/2.0 = 186 \sim 325$mm，取 $b = 300$mm。纵向框架梁 KL2（3）截面尺寸同主梁。

主梁线刚度 $i_b = 3.43 \times 10^{10}$ N·mm，柱线刚度 $i_c = 1.28 \times 10^{10}$ N·mm，梁柱线刚度比值（中梁刚度放大系数 2）$= 2i_b/i_c = 5.36 > 5$，梁柱节点可按铰支座考虑。

6.2.5.2　楼板设计（塑性内力重分布法计算内力）

（1）板荷载计算

楼面面层	0.65kN/m²
板自重	25.0×0.08＝2.0kN/m²
板底抹灰	17.0×0.02＝0.34kN/m²
吊顶	0.6kN/m
	3.59kN/m²

取 $b = 1$m 的板宽作为计算单元，线荷载标准值为：恒荷载 $g_k = 3.59 \times 1 = 3.59$kN/m，活荷载 $q_k = 3.5 \times 1 = 3.5$kN/m。因恒荷载和活荷载均为相同类型和作用范围的荷载，故可用荷载组合代替荷载效应组合。

按可变荷载控制的设计值：$g + q = 1.2 \times 3.59 + 1.4 \times 1.0 \times 3.5 = 9.21$kN/m

按永久荷载控制的设计值：$g + q = 1.35 \times 3.59 + 1.4 \times 1.0 \times 0.7 \times 3.5 = 8.28$kN/m

取两者的较大值，即 $g + q = 9.21$kN/m 计算内力，此时 $q/g = (1.4 \times 1.0 \times 3.5)/(1.2 \times 3.59) = 1.14 < 3$。

（2）计算简图　单向板共有 6 跨，除第 1、第 2 边跨以外，中间跨按第 3 跨考虑，计算

跨度取净跨度 $l_0=l_n$，板的布置和对应计算简图如图 6-18 所示。

板的计算跨度之比＝1800/1750＝1.03＜1.1，可按等跨连续板计算内力。

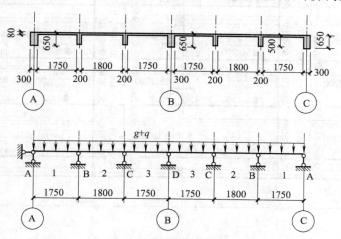

图 6-18　板的布置和计算简图

（3）弯矩及配筋计算　板的弯矩按式（6-7）计算，取 $a_s=20m$，$h_0=h-a_s=80-20=60mm$。受压区高度应满足条件：支座截面 $0.10h_0=6mm\leqslant x\leqslant 0.35h_0=21mm$，跨中截面 $x\leqslant\xi_b h_0=0.518\times 60=31mm$。最小配筋率：

$$\rho_{min}=\max(0.15,45f_t/f_y)\%=\max(0.15,45\times 1.43/360)\%=0.179\%.$$

最小配筋面积 $A_{smin}=\rho_{min}bh=0.179\%\times 1000\times 80=143mm^2$。

表 6-3　板的内力及配筋

截面位置	A	1	B	2	C	3	D
弯矩系数 α_M	−1/16	1/14	−1/11	1/16	−1/14	1/16	−1/14
计算跨度 l_0/m	1.75	1.75	1.8	1.8	1.8	1.75	1.75
弯矩 M/(kN·m)	−1.76	2.01	−2.71	1.87	−2.13	1.76	−2.01
受压区高度 x/mm	2.09	2.39	3.25	2.22	2.54	2.09	2.39
$x\leqslant 0.35h_0$ 或 $x\leqslant\xi_b h_0$	满足	满足	满足	满足	满足	满足	满足
支座 $x<0.10h_0$ 时取 $x=0.10h_0$	6	—	6	—	6	—	6
A_s/mm²	238	95	238	88	238	83	238
$A_s<A_{smin}$ 时取 $A_s=A_{smin}$	—	143	—	143	—	143	—
选配钢筋	⊈8@200	⊈6@180	⊈8@200	⊈6@180	⊈8@200	⊈6@180	⊈8@200
实配钢筋面积/mm²	251	157	251	157	251	157	251

受压区高度 x 和纵筋面积计算公式如下

$$x=h_0-\sqrt{h_0^2-\frac{2M}{\alpha_1 f_c b}}，A_s=\frac{\alpha_1 f_c bx}{f_y}$$

板的配筋计算见表 6-3。

理论上图 6-17 平面布置图中的阴影部分内的板，其跨中弯矩和支座弯矩（不含阴影边处）可乘以 0.8，但本项目楼板弯矩较小，都是按构造要求或最小配筋率配筋，因此乘以系数 0.8 毫无意义。板底分布钢筋取为 ⊈6@200，$A_s=141mm^2>0.15\%bh=0.15\%\times 1000\times 80=120mm^2$。

（4）楼板配筋图　楼板配筋如图 6-19 所示。

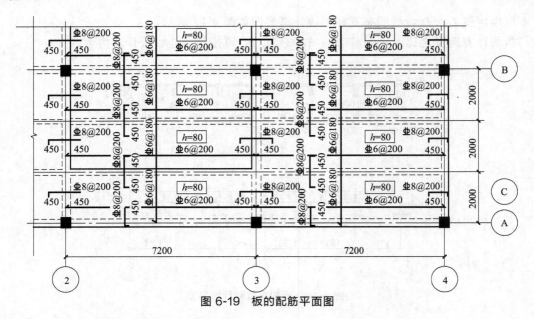

图 6-19　板的配筋平面图

6.2.5.3　次梁设计（塑性内力重分布法计算内力）

（1）次梁荷载计算

板传来的恒荷载	$3.59 \times 2 = 7.18 \text{kN/m}$
次梁自重	$25.0 \times 0.2 \times (0.5 - 0.08) = 2.10 \text{kN/m}$
次梁抹灰	$17.0 \times 0.02 \times (0.5 - 0.08) \times 2 = 0.29 \text{kN/m}$
	9.57kN/m

恒荷载标准值 $g_k = 9.57 \text{kN/m}$，板传来的活荷载标准值 $q_k = 3.5 \times 2 = 7.0 \text{kN/m}$，荷载设计值：

按可变荷载控制的设计值：$g + q = 1.2 \times 9.57 + 1.4 \times 1.0 \times 7.0 = 21.28 \text{kN/m}$

按永久荷载控制的设计值：$g + q = 1.35 \times 9.57 + 1.4 \times 1.0 \times 0.7 \times 7.0 = 19.78 \text{kN/m}$

取荷载设计值 $g + q = 21.28 \text{kN/m}$，此时 $q/g = (1.4 \times 1.0 \times 7.0)/(1.2 \times 9.57) = 0.85 < 3$。

（2）次梁内力计算　次梁的支座布置和计算简图如图 6-20 所示，次梁共 3 跨，主梁为其支承，轴线间距 7200mm，主梁截面宽 300mm，次梁净跨度 $l_n = 7200 - 300 = 6900 \text{mm}$，计算跨度 $l_0 = l_n = 6900 \text{mm}$。

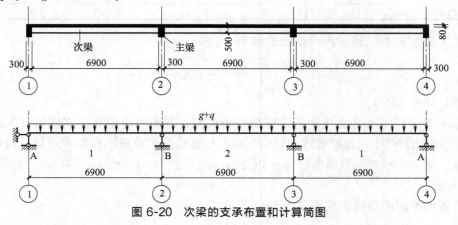

图 6-20　次梁的支承布置和计算简图

塑性内力重分布法计算次梁内力，弯矩按式（6-7）计算，计算结果见表 6-4；剪力由式（6-8）计算，计算结果见表 6-5。

表 6-4　次梁控制截面弯矩

截面位置	A	1	B	2
弯矩系数 α_M	$-1/24$	$1/14$	$-1/11$	$1/16$
计算跨度 l_0/m	6.9	6.9	6.9	6.9
弯矩 M/(kN·m)	-42.21	72.37	-92.10	63.32

表 6-5　次梁支座截面剪力

截面位置	A	B 左	B 右
剪力系数 α_V	0.5	0.55	0.55
净跨度 l_n/m	6.9	6.9	6.9
剪力 V/kN	73.42	80.76	80.76

（3）次梁正截面配筋计算　梁截面有效高度 $h_0 = h - 40 = 500 - 40 = 460\text{mm}$。次梁跨中截面按 T 形截面计算，其受压翼缘计算宽度应为下列三项中的最小值（表 4-4）：$b_f' = l_0/3 = 6900/3 = 2300\text{mm}$，$b_f' = b + s_n = 200 + 1750 = 1950\text{mm}$，$h_f'/h_0 = 80/460 = 0.17 > 0.1$，不考虑该项，所以取 $b_f' = 1950\text{mm}$。因为

$$\alpha_1 f_c b_f' h_f' (h_0 - 0.5 h_f') = 1.0 \times 14.3 \times 1950 \times 80 \times (460 - 0.5 \times 80) = 936.9 \times 10^6 \text{N·mm}$$
$$= 936.9\text{kN·m} > M = 72.37（和 63.32）\text{kN·m}$$

所以为第一类 T 型截面。第一类 T 截面可用矩形截面的公式计算，只需将 b 替换为 b_f'。

次梁支座截面按矩形截面计算，受压区高度 x 应满足条件 $0.10 h_0 \leqslant x \leqslant 0.35 h_0$，即 $46\text{mm} \leqslant x \leqslant 161\text{mm}$。最小配筋率 $\rho_{min} = \max(0.20, 45 f_t/f_y)\% = \max(0.20, 45 \times 1.43/360)\% = 0.20\%$，最小配筋面积 $A_{smin} = \rho_{min} bh = 0.20\% \times 200 \times 500 = 200\text{mm}^2$。

次梁正截面的配筋计算见表 6-6，梁顶架立钢筋选为 2 Φ 12。

表 6-6　次梁正截面配筋计算

截面位置	A	1	B	2
弯矩 M/(kN·m)	-42.21	72.37	-92.10	63.32
截面尺寸 b 或 b_f'/mm	200	1950	200	1950
计算的 x 值/mm	33.3	5.7	76.3	5.0
支座截面采用的 x 值/mm	46	—	76.3	—
钢筋截面面积 A_s/mm²	365	442	606	387
是否少筋	否	否	否	否
选用钢筋	2 Φ 16	2 Φ 16+1 Φ 12	3 Φ 16	2 Φ 16
实配钢筋截面面积/mm²	402	515	603	402

（4）次梁斜截面受剪承载力计算　剪力最大值 $V_{max} = 80.76\text{kN}$，位于中间支座处。支座处按矩形截面 200mm×500mm 计算，因为 $h_w/b = h_0/b = 460/200 = 2.3 < 4$，所以梁的截面尺寸应满足的条件是：

$$0.25 \beta_c f_c bh_0 = 0.25 \times 1.0 \times 14.3 \times 200 \times 460 = 328900\text{N} = 328.9\text{kN} > V_{max} = 80.76\text{kN}，$$

满足要求。

混凝土的受剪承载力：

$$V_c = \alpha_{cv} f_t bh_0 = 0.7 \times 1.43 \times 200 \times 460 = 92092\text{N} = 92.09\text{kN} > V_{max} = 80.76\text{kN}，不需要$$

计算配置箍筋。按构造要求配置箍筋：Φ 6@300 （2）。

（5）次梁截面配筋图　次梁各截面的配筋图如图 6-21 所示。

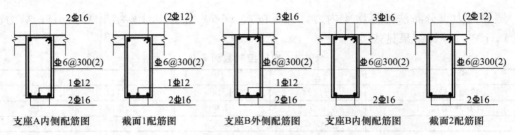

图 6-21　次梁截面配筋图

6.2.5.4　主梁设计（按弹性理论计算内力）

（1）主梁荷载计算　主梁受荷面积＝6×7.2＝43.2m^2＜50m^2，活荷载折减系数为1.0，即活荷载不折减。

次梁传来的恒荷载	9.57×7.2＝68.90kN	
主梁自重	25.0×2×0.3×(0.65−0.08)＝8.55kN	
主梁抹灰	17.0×2×0.02×(0.65−0.08)×2＝0.78kN	
	78.23kN	

主梁恒荷载和活荷载标准值分别为 G_k＝78.23kN，Q_k＝7.0×7.2＝50.4kN，荷载设计值：$G+Q$＝1.2×78.23+1.4×1.0×50.4＝164.4kN，$G+Q$＝1.35×78.23+1.4×1.0×0.7×50.4＝155.0kN，所以应取

$G+Q$＝164.4kN，此时

G＝1.2×78.23＝93.88kN，

Q＝1.4×1.0×50.4＝70.56kN。

支座 B 边缘弯矩设计值＝M_{Bmax}−$(G+Q)$×0.2＝M_{Bmax}−164.4×0.2＝M_{Bmax}−32.88kN·m。

（2）主梁内力计算　主梁的支座布置和计算简图如图 6-22 所示，两跨连续梁，计算跨度 l_0＝6.0m，按弹性方法计算内力。主梁弯矩计算见表 6-7，剪力计算见表 6-8。

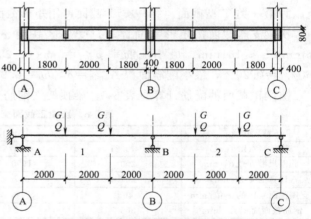

图 6-22　主梁支承布置和计算简图

表 6-7　主梁控制截面弯矩

项次	荷载图	跨内弯矩		支座弯矩
		k M_1	k M_2	k M_B
① 恒荷载		0.222	0.222	−0.333
		125.05	125.05	−187.57
② 活荷载1		0.278	−0.056	−0.167
		117.69	−23.71	−70.70
③ 活荷载2		−0.056	0.278	−0.167
		−23.71	117.69	−70.70

续表

项次	荷载图	跨内弯矩		支座弯矩
		k	k	k
		M_1	M_2	M_B
④活荷载3	$\overset{Q\downarrow}{\underset{A\ \ \ 1\ \ \ B\ \ \ 2\ \ \ C}{\downarrow\ \ \ \downarrow\ \ \ \downarrow}}$	0.222	0.222	−0.333
		93.99	93.99	−140.98
①+②组合		242.74	101.34	−258.27
①+③组合		101.34	242.74	−258.27
①+④组合		219.04	219.04	−328.55
弯矩设计值/(kN·m)		242.74	242.74	−328.55
支座弯矩调整/(kN·m)		—	—	−295.67

表6-8 主梁支座截面剪力

项次	荷载图	剪力			
		k	k	k	k
		V_A	$V_{B左}$	$V_{B右}$	V_C
① 恒荷载		0.667	−1.333	1.333	−0.667
		62.62	−125.14	125.14	−62.62
② 活荷载1		0.833	−1.167	0.167	0.167
		58.78	−82.34	11.78	11.78
③ 活荷载2		−0.167	−0.167	1.167	−0.833
		−11.78	−11.78	82.34	−58.78
④ 活荷载3		0.667	−1.333	1.333	−0.667
		47.06	−94.06	94.06	−47.06
①+②组合		121.40	−207.48	136.92	−50.84
①+③组合		50.84	−136.92	207.48	−121.40
①+④组合		109.68	−219.20	219.20	−109.68
剪力设计值/kN		121.40	−219.20	219.20	−109.68

（3）主梁正截面配筋计算　主梁支座截面 $h_0=h-65=650-65=585\text{mm}$，不超筋的条件为 $x\leqslant\xi_b h_0=0.518\times585=303\text{mm}$。

跨中截面有效高度 $h_0=h-40=650-40=610\text{mm}$，按T形截面计算。因主梁在跨内设有间距为2m的次梁作为横肋，所以其受压区有效翼缘计算宽度应为下列两项中的较小值（表4-4）：

$$b_f'=l_0/3=6000/3=2000\text{mm}，\quad b_f'=b+s_n=300+6900=7200\text{mm}$$

取 $b_f'=2000\text{mm}$。因为

$$\alpha_1 f_c b_f' h_f'(h_0-0.5h_f')=1.0\times14.3\times2000\times80\times(610-0.5\times80)=1304.2\times10^6\text{N·mm}$$
$$=1304.2\text{kN·m}>M=242.74\text{kN·m}$$

所以为第一类T形截面。第一类T形截面可用矩形截面的公式计算，只需将 b 替换为 b_f'。

最小配筋面积 $A_{s\min}=\rho_{\min}bh=0.20\%\times300\times650=390\text{mm}^2$。主梁正截面的配筋计算见表6-9。

边支座处按构造要求配置不少于梁跨中受力钢筋计算所需截面面积的 1/4，$A_s\geqslant1120/4=280\text{mm}^2$，配置 3 Φ 12（截面面积 339mm²）。梁顶架立钢筋选为 2 Φ 12。

T形截面腹板高度 $h_w = h_0 - h'_f = 610 - 80 = 530\text{mm} > 450\text{mm}$，应配置纵向构造钢筋（腰筋）。每侧纵向构造腰筋面积 $A_s \geq 0.1\% bh_w = 0.1\% \times 300 \times 530 = 159\text{mm}^2$，每侧腰筋实配 2 ⊉ 12（截面面积 226mm^2）。

表 6-9 主梁正截面配筋计算

截面位置	跨内 1	跨内 2	中间支座
弯矩 $M/(\text{kN} \cdot \text{m})$	242.74	242.74	-295.67
截面类型	第一类 T 形截面	第一类 T 形截面	矩形截面
截面宽度 b 或 b'_f/mm	2000	2000	300
截面有效高度 h_0/mm	610	610	585
受压区高度 x/mm	14.1	14.1	132.9
是否超筋	不超筋	不超筋	不超筋
钢筋截面面积 A_s/mm²	1120	1120	1584
是否少筋	否	否	否
选用钢筋	4 ⊉ 20	4 ⊉ 20	5 ⊉ 20
实配钢筋截面面积/mm²	1256	1256	1570

（4）主梁斜截面受剪承载力计算　三个支座中，以中间支座的剪力最大，其值为 $V_{max} = 219.20\text{kN}$，据此配置箍筋。支座处按矩形截面计算，$h_w/b = h_0/b = 585/300 = 1.95 < 4$，所以梁的截面尺寸应满足的条件是：

$$0.25\beta_c f_c bh_0 = 0.25 \times 1.0 \times 14.3 \times 300 \times 585 \times 10^{-3} = 627.4\text{kN} > V_{max} = 219.20\text{kN}，满$$

足要求。

混凝土的受剪承载力：

$$V_c = \alpha_{cv} f_t bh_0 = 0.7 \times 1.43 \times 300 \times 585 \times 10^{-3} = 175.68\text{kN} < V_{max} = 219.20\text{kN}，需要计$$

算配置箍筋。

箍筋最大间距 $s_{max} = 250\text{mm}$，最小配箍率 $\rho_{svmin} = 0.24 f_t/f_{yv} = 0.24 \times 1.43/360 = 0.095\%$。箍筋用量计算如下：

$$\frac{A_{sv}}{s} \geq \frac{V_{max} - V_c}{f_{yv}h_0} = \frac{(219.20 - 175.68) \times 10^3}{360 \times 585} = 0.207$$

箍筋选用⊉6，双肢，$A_{sv} = 28.3 \times 2 = 56.6\text{mm}^2$，则有

$$s \leq A_{sv}/0.207 = 56.6/0.207 = 273\text{mm} > s_{max} = 250\text{mm}$$

实际取 $s = 180\text{mm}$，配箍率 $\rho_{sv} = A_{sv}/(bs) = 56.6/(300 \times 180) \times 100\% = 0.105\% > \rho_{svmin} = 0.095\%$，满足要求。

（5）主梁附加横向钢筋　由次梁传递到主梁的集中荷载设计值为：$F = 1.2 \times 68.9 + 1.4 \times 1.0 \times 50.4 = 153.24\text{kN}$。采用附加箍筋⊉6，$A_{sv1} = 28.3\text{mm}^2$，双肢 $n = 2$，所需箍筋个数为

$$m \geq \frac{F}{nf_{yv}A_{sv1}} = \frac{153.24 \times 10^3}{2 \times 360 \times 28.3} = 7.5$$

应配置 8 个箍筋，每侧 4 个附加箍筋，即 4 ⊉ 6@100（2）。

（6）梁的配筋图　梁的平法配筋图如图 6-23 所示，图中 KL1 为框架梁，即主梁；L1 为连梁，即次梁。主梁与次梁相交处，附加箍筋每侧 4 ⊉ 6@100（2）。

【思考问题】　纵向框架梁应如何配筋？框架边梁内力计算时应考虑哪些因素？

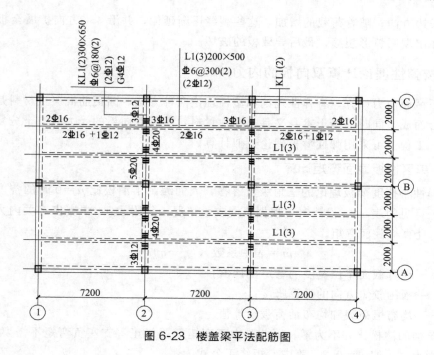

图 6-23　楼盖梁平法配筋图

6.3　现浇钢筋混凝土双向板肋形楼盖设计

当四边支承板的长向跨度与短向跨度之比 $l_2/l_1 \leqslant 2$ 时，应按双向板设计；当 $2 < l_2/l_1 < 3$ 时，宜按双向板设计。

双向板肋形楼盖的荷载沿两个方向传递，受力性能较好，可跨越较大空间，梁格布置使顶棚整齐美观，常用于民用建筑跨度较大的楼房（如商场、食堂等）以及门厅等处。当梁格尺寸及使用荷载较大时，双向板肋形楼盖的经济性好于单向板肋形楼盖，所以也常用于工业建筑楼盖中。

图 6-24　四边简支板的变形

6.3.1　双向板的受力特征

双向板的受力特征明显不同于单向板。单向板类似于梁，只在一个方向上作用有弯矩和剪力，另一个方向不传递荷载；根据弹性薄板理论，双向板在两个方向的横截面上都作用有弯矩和剪力，另外还有扭矩存在，受力相当复杂。双向板中因有扭矩的作用，使板的四角有上翘的趋势，四边简支板的变形如图 6-24 所示。这种上翘受到墙或整浇梁的约束后，使板的跨中弯矩减小，刚度增大，因此双向板的受力性能优于单向板。

试验发现：承受均布荷载作用的四边简支正方形板，随着荷载的增加，第一批裂缝首先出现在板底中央，随后沿对角线成 45° 向四角扩展；在接近破坏时，在板的顶面四角附近出现垂直于对角线方向的圆弧形裂缝，它促使板底对角线方向裂缝的进一步扩展，最终因跨中钢筋屈服导致板的破坏。对于承受均布荷载的四边简支矩形板，第一批裂缝出现在板底中央且平行于长边方向；随着荷载的增加，这些裂缝逐渐延伸，并沿 45°方向扩展至板角，然后板顶四角亦出现圆弧形裂缝，最后导致板的破坏。

6.3.2 按弹性理论计算双向板的内力

双向板截面内力计算，有弹性理论和塑性理论两种方法。因钢筋混凝土材料是由钢筋和混凝土组合而成，同时混凝土本身又是非线性材料，所以双向板的受力状态十分复杂，难以准确计算，工程上可采用弹性薄板理论近似计算。

6.3.2.1 单区格板截面弯矩计算

根据弹性小挠度薄板理论的三角级数解答，人们编制了泊松比 $\mu=0$ 时的挠度、弯矩计算系数表，详见附表 14。设计时可根据不同支承情况，从附表 14 中查出有关内力系数，按式（6-12）计算板截面弯矩。

$$m = 表中系数 \times (g+q)l^2 \tag{6-12}$$

式中 m——计算截面单位宽度的弯矩设计值；

       l——板的较短方向的计算跨度；

     g、q——均布恒荷载和均布活荷载设计值。

实际结构的泊松比并不为零，因此跨中正弯矩需要修正（支座负弯矩不需要修正）。对于钢筋混凝土，可取 $\mu=0.2$，跨中弯矩修正公式为：

$$m_x^{(\mu)} = m_x + \mu m_y = m_x + 0.2m_y \tag{6-13}$$

$$m_y^{(\mu)} = m_y + \mu m_x = m_y + 0.2m_x \tag{6-14}$$

式中 $m_x^{(\mu)}$、$m_y^{(\mu)}$——考虑泊松比后的弯矩；

     m_x、m_y——泊松比为零时的弯矩。

6.3.2.2 多区格板截面弯矩计算

多区格板的内力计算需要考虑最不利活荷载布置，精确计算过于复杂，设计中采用实用的近似计算法。通过对双向板上活荷载的最不利布置及支承情况的合理简化，将多区格连续板转化为单区格板进行计算。为达到此简化目的，假定：①支承梁的抗弯刚度很大，其垂直变形可以忽略不计；②中间支承梁的抗扭刚度很小，板可绕梁转动；③同一方向的相邻最小跨度和最大跨度之比大于 0.75。据此，梁可以视为板的不动铰支座；同一方向板的跨度可视为等跨。

（1）求区格跨中最大弯矩   求某区格跨中最大弯矩时，应将恒荷载 g 满布板面各个区格，活荷载 q 作梅花形布置。为了利用单区格板内力系数表格，将 $g+q$ 分解为对称荷载 $g' = g+q/2$ 和反对称荷载 $q' = \pm q/2$ 分别作用于相应区格。

在对称荷载 g' 作用下，所有中间支座两侧荷载相同，若忽略远跨荷载的影响，则支座的转动很小，可视为固定支座，所有中间区格板均可视为四边固定的单区格板。边支座按实际支承情况考虑，故边、角区格板，可能为四边固定，也可能三边固定、一边简支，或两边固定、两边简支。

在反对称荷载 q' 作用下，中间支座处相邻区格板的转角方向是一致的，大小基本相同，即相互没有约束影响。若忽略梁的扭转作用，则可近似地认为中间支座的弯矩为零，即将中间支座视为铰支座。因此，内区格板在 q' 作用下可利用四边简支板表格求出跨中弯矩；而外区格板的边支座按实际支承考虑，可能是四边简支，也可能是三边简支、一边固定，或两边简支、两边固定。

最后叠加 $g'=g+q/2$ 和 $q'=q/2$ 作用下的同一区格跨中弯矩，即得出相应跨中最大弯矩。

（2）求区格支座的最大负弯矩　求区格支座最大负弯矩时，应将各区格满布活荷载 q，即所有区格荷载均为 $g+q$。内部支承简化为固定支座，内区格板按四边固定板计算，求在 $g+q$ 作用下的支座弯矩即为支座最大负弯矩；边支座按实际情况考虑，故边、角区格板可能为四边固定，也可能为三边固定、一边简支，或两边固定、两边简支，在 $g+q$ 作用下的支座弯矩亦为该支座最大负弯矩。同一内支座按相邻区格求出的负弯矩有差别，可取其平均值或较大值进行配筋设计。

6.3.2.3　双向板支承梁的内力计算

双向板的荷载传递如图 6-3 所示，短跨支承梁上的荷载三角形分布，长跨梁上的荷载为梯形分布。可以利用荷载效应相等（固端弯矩等效）的原则将梁上荷载换算为均布线荷载，按连续梁或框架梁计算支承梁控制截面的弯矩和剪力。

6.3.3　双向板的配筋计算与构造要求

双向板的厚度 $h \geqslant$ 短向跨度 $/40$，而且 $h \geqslant 80mm$，因双向受力，故应双向配筋。截面设计包括配筋计算和构造要求两个方面。

6.3.3.1　配筋计算

（1）弯矩折减　对于周边与梁整体连接的双向板，由于板的内拱作用，弯矩设计值在下述情况下可减少。

① 中间区格的跨中截面和中间支座可减少 20%。

② 边区格的跨中截面及从楼板边缘算起的第二支座：当 $l_b/l < 1.5$ 时减少 20%；当 $l_b/l = 1.5 \sim 2.0$ 时减少 10%；当 $l_b/l > 2$ 时不折减。其中 l 为垂直于楼板边缘方向的计算跨度，l_b 为沿楼板边缘方向计算跨度。

③ 角区格不折减。

当然，这种弯矩设计值并不是一定要折减。实际工程中可以减少，也可以不减少。

（2）截面有效高度　双向板的短跨方向受力较大，其跨中受力钢筋应置于板的外侧；而长跨方向的受力钢筋应与短跨方向的受力钢筋垂直，置于内侧。一类环境下，短跨方向取 $h_0 = h - 20$（mm）；长跨方向取 $h_0 = h - 30$（mm）。当为正方形时，外侧钢筋 $h_0 = h - 20$（mm），内侧钢筋 $h_0 = h - 30$（mm）。

（3）配筋计算公式　双向板截面配筋计算时，可采用近似方法。近似取受压区高度 $x = 0.2h_0$，承载力极限状态下力矩平衡条件为：

$$M = f_y A_s (h_0 - 0.5x) = f_y A_s (h_0 - 0.5 \times 0.2 h_0) = 0.9 f_y A_s h_0$$

所以得到受力钢筋截面面积的计算公式

$$A_s = \frac{M}{0.9 f_y h_0} \tag{6-15}$$

式（6-15）除用于双向板楼板的配筋计算外，在《建筑地基基础设计规范》中还用于对扩展基础（如钢筋混凝土条形基础、柱下独立基础）底板配筋。

6.3.3.2　构造要求

双向板宜采用 HPB300、HRB400 级钢筋，配筋方式有弯起式和分离式两种。分离式配筋施工方便，是建筑工程中楼面板（屋面板）的主流配筋方式。

双向板构造要求同单向板。

6.3.4 双向板楼盖设计典型例题

双向板楼盖设计包括板和梁的设计。支承梁若按连续梁设计，则计算同单向板楼盖的次梁、主梁；支承梁若按框架梁设计，计算方法见第 7 章。这里给出板的设计案例。

6.3.4.1 设计条件

某商场二层楼面结构平面布置如图 6-25 所示。楼面为水磨石面层，梁底、梁侧和板底面为 20mm 厚混合砂浆抹灰，板下吊顶（含设备管道）均布荷载 0.60kN/m²。楼面活荷载标准值 3.5kN/m²，组合值系数 $\psi_c = 0.7$。梁、板混凝土强度等级均为 C30，钢筋均为 HRB400。结构设计使用年限为 50 年，安全等级为二级，所处环境类别为一类。一层柱计算高度 5.0m，柱截面 400mm×400mm；梁、柱均居轴线中布置。试设计该楼盖（不考虑地震作用，不考虑填充墙、楼梯）中的楼板。

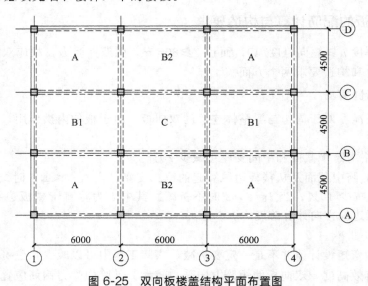

图 6-25 双向板楼盖结构平面布置图

6.3.4.2 设计过程

因为结构安全等级为二级，重要性系数 $\gamma_0 = 1.0$，$\gamma_0 S_d = 1.0 S_d = S_d$，所以计算过程中不再出现该系数；设计使用年限 50 年，可变荷载考虑设计使用年限的调整系数 $\gamma_L = 1.0$。

（1）确定板厚和荷载设计值　板的计算跨度取为支座中心线，长短边比值＝6000/4500＝1.33＜2，应按双向板计算。板厚 $h \geq l/40 = 4500/40 = 112.5\text{mm} > 80\text{mm}$，取 $h = 120\text{mm}$。

板上荷载计算如下：

水磨石面层		0.65kN/m²
板自重	25.0×0.12＝	3.00kN/m²
板底抹灰	17.0×0.02＝	0.34kN/m²
吊顶		0.60kN/m²
		4.59kN/m²

恒荷载标准值 $g_k = 4.59\text{kN/m}^2$，活荷载标准值 $q_k = 3.5\text{kN/m}^2$。荷载设计值：

$$g+q=1.2\times4.59+1.4\times1.0\times3.5=10.41\text{kN/m}^2$$

$$g+q=1.35\times4.59+1.4\times1.0\times0.7\times3.5=9.63\text{kN/m}^2$$

应取上述两种情况的较大值作为设计值,即 $g+q=10.41\text{kN/m}^2$。此时 $g=1.2\times4.59=5.51\text{kN/m}^2$,$q=1.4\times1.0\times3.5=4.9\text{kN/m}^2$。对称荷载 $g'=g+q/2=7.96\text{kN/m}^2$,反对称荷载 $q'=q/2=2.45\text{kN/m}^2$。

(2)板的区格划分和内力计算 按板的支承情况,可划分为三种区格:中间区格 C、边区格 B、角区格 A。各区格以支承梁为界,计算跨度 $l=l_y=4500\text{mm}$。计算跨中最大弯矩时,对称荷载作用下,所有区格均为四边固定板;反对称荷载下,区格 C 四边简支,边区格 B 三边简支、一边固定,角区格 A 两边简支、两边固定。计算支座负弯矩时,荷载 $g+q$ 均匀分布,所有区格四边固定。

各区格边长相同,$l_y/l_x=4500/6000=0.75$,由附表 14 查得的各向区格弯矩系数列于表 6-10。各区格跨中最大正弯矩计算过程见表 6-11。

表 6-10 双向板区格弯矩系数表

区格名称	支承条件	m_x	m_y	m'_x	m'_y	$m_x^{(\mu)}$	$m_y^{(\mu)}$
所有区格	四边固定	0.0130	0.0296	-0.0565	-0.0701	0.01892	0.0322
区格 C	四边简支	0.0317	0.0620			0.0441	0.06834
区格 B1	三简支、一固定	0.0335	0.0494	-0.1056		0.04338	0.0561
区格 B2	三简支、一固定	0.0174	0.0496		-0.1048	0.02732	0.05308
区格 A	两简支、两固定	0.0206	0.0369	-0.0760	-0.0938	0.02798	0.04102

表 6-11 双向板各区格跨中弯矩计算表

区格名称	跨中弯矩 $M_x/(\text{kN}\cdot\text{m})$	跨中弯矩 $M_y/(\text{kN}\cdot\text{m})$
区格 C	$(0.01892\times7.96+0.0441\times2.45)\times4.5^2=5.24$	$(0.0322\times7.96+0.06834\times2.45)\times4.5^2=8.58$
区格 B1	$(0.01892\times7.96+0.04338\times2.45)\times4.5^2=5.20$	$(0.0322\times7.96+0.0561\times2.45)\times4.5^2=7.97$
区格 B2	$(0.01892\times7.96+0.02732\times2.45)\times4.5^2=4.41$	$(0.0322\times7.96+0.05308\times2.45)\times4.5^2=7.82$
区格 A	$(0.01892\times7.96+0.02798\times2.45)\times4.5^2=4.43$	$(0.0322\times7.96+0.04102\times2.45)\times4.5^2=7.23$

各区格负弯矩计算简图相同,即四边固定,所以负弯矩也相同:

$$M'_x=-0.0565\times10.41\times4.5^2=-11.91\text{kN}\cdot\text{m}$$

$$M'_y=-0.0701\times10.41\times4.5^2=-14.78\text{kN}\cdot\text{m}$$

(3)配筋计算 支座截面和跨中截面 y 方向的截面有效高度取 $h_0=h-20=120-20=100\text{mm}$,跨中截面 x 方向的截面有效高度取 $h_0=h-30=120-30=90\text{mm}$。因为 $45f_t/f_y=45\times1.43/360=0.18>0.15$,所以最小配筋率 $\rho_{min}=0.18\%$,每米板宽最小配筋面积应为 $A_{smin}=\rho_{min}bh=0.18\%\times1000\times120=216\text{mm}^2$。

双向板的配筋计算见表 6-12,请读者画出配筋平面图。

表 6-12 双向板配筋表

截　面			$M/(\text{kN}\cdot\text{m})$	h_0/mm	A_s/mm^2	实配钢筋	实配面积/mm^2
跨中	C	x 方向	5.24	90	180	Φ 6@120	236
		y 方向	8.58	100	265	Φ 6@100	283
	B1	x 方向	5.20	90	178	Φ 6@120	236
		y 方向	7.97	100	246	Φ 6@110	257
	B2	x 方向	4.41	90	151	Φ 6@120	236
		y 方向	7.82	100	241	Φ 6@110	257
	A	x 方向	4.43	90	152	Φ 6@120	236
		y 方向	7.23	100	223	Φ 6@120	236

续表

截 面		$M/(\text{kN}\cdot\text{m})$	h_0/mm	A_s/mm^2	实配钢筋	实配面积/mm²
支座	x 方向	-11.91	100	368	$\Phi 8@130$	387
	y 方向	-14.78	100	456	$\Phi 8@110$	457

6.4 现浇钢筋混凝土楼梯设计

楼梯是建筑物的垂直交通工具，作为人们上下楼层的竖向通道，具有疏散功能，也是紧急情况（火灾、地震）时的逃生通道。所以，楼梯应具有足够的通行能力，并应保证其安全性、适用性和耐久性。现浇钢筋混凝土楼梯属于梁板结构的范畴，这里介绍楼梯的结构形式、计算方法与构造要求。

6.4.1 楼梯的结构形式

楼梯一般由梯段、平台和栏杆扶手三部分组成，其中梯段和平台是承受竖向荷载的结构部分。梯段又称梯跑，是联系两个不同标高平台的倾斜构件；平台根据所处位置和标高不同，有中间平台（休息平台）和楼层平台之分。

根据梯段的组成和受力不同，现浇钢筋混凝土楼梯可分为板式楼梯、梁式楼梯和特殊楼梯（悬挑式楼梯、螺旋式楼梯）等。

6.4.1.1 板式楼梯

板式楼梯由梯段板、平台板、平台梁和梯柱等组成。梯段板是一块带有踏步的斜板，如图 6-26 所示。梯段板两端支承在上、下平台梁上，底层的第一梯段可支承在地垄墙上或地梁上，按单向板设计。

图 6-26 板式楼梯

平台梁是梯段板的支承构件，对于砖混结构房屋的楼梯，平台梁支承于承重墙；对于框架结构房屋的楼梯，楼层平台梁支承于框架柱或框架梁，休息平台梁则支承于梯柱（梯柱的下端与框架梁相连）。

板式楼梯的优点是梯段底面平整，外形简洁，施工时支模方便；缺点是梯段跨度较大时，梯段板较厚、材料用量较多，经济性差。因此，当活荷载较小、梯段跨度不大于 3m 时，宜采用板式楼梯；当梯段跨度不大于 4.2m 时，可采用板式楼梯。

6.4.1.2 梁式楼梯

梁式楼梯的梯段由踏步板和支承踏步板的斜梁组成，如图 6-27 所示。斜梁两端支承于平台梁和楼层梁，斜梁可位于踏步板下面或上面，也可以用现浇栏杆板兼做斜梁。

图 6-27 梁式楼梯

与板式楼梯相比，梁式楼梯的材料用量少、自重轻，但由于底面不平，施工时支模比较复杂，外观也显得不够轻巧。实际工程中，当梯段跨度大于 3m 时，采用梁式楼梯较经济；特别是当梯段跨度大于 4.2m 时，采用梁式楼梯更经济。

6.4.1.3 特殊楼梯

特殊楼梯是指明显具有空间受力特点、需要特殊构造的楼梯，如悬挑式楼梯、螺旋式楼梯（图 6-28）等，在诸如宾馆、商场等公共建筑和复式住宅中有应用。

悬挑式楼梯不设休息平台梁和梯柱，支座直接设置在上下楼层处；而螺旋式楼梯则通常不设置休息平台，造型优美，但受力复杂。

图 6-28 螺旋式楼梯

6.4.2 现浇板式楼梯的计算与构造要求

因为板式楼梯的构造简单、外形美观，施工方便，所以一般民用建筑的梯段跨度不大，通常采用板式楼梯。

6.4.2.1 荷载传递途径和梯段板形式

板式楼梯的荷载由踏步传至梯段斜板，再由梯段板传至平台梁和楼层梁。平台梁上的荷载传至承重墙或经梯柱到楼层梁，最后传到柱、墙，再到基础。

板式楼梯中梯段板的常用形式如图 6-29 所示，其中（e）、（f）低端为滑动支座，用于框架结构房屋的楼梯。现浇楼梯对相连框架柱的影响很大，造成内力值增幅大，呈强剪型受力；楼梯自身的影响程度也很大，参与整体工作后梯板和梯梁（平台梁）内力增幅大，结构的屈服机制不能满足抗震要求，不满足作为逃生通道的安全要求。因此，将楼梯和主体分离才能消除地震对楼梯及框架柱的不利影响，这时须采用滑动支座形式的楼梯。

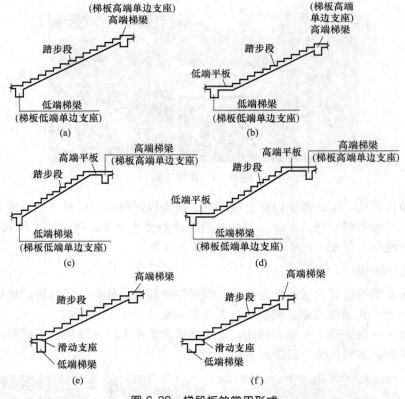

图 6-29　梯段板的常用形式

6.4.2.2　板式楼梯计算

板式楼梯需要计算梯段板、平台梁（梯梁）、平台板、梯柱的内力和配筋，这里介绍内力计算方法，配筋计算参照第 4 章、第 5 章。

（1）梯段板计算　楼梯的踏步尺寸由建筑设计完成。踏步的宽度以 300mm 左右为宜，不应窄于 260mm；踏步的高度以 150mm 左右较适宜，不应高于 175mm。梯段板的厚度一般取 $(1/30\sim1/25)l_0$，常用厚度为 $100\sim160$mm。

可取 1m 宽的板带或整个梯段板为计算单元，沿斜板水平投影方向上作用有竖向均布荷载，包括踏步板自重、栏杆自重和活荷载，其设计值为 $g+q$。内力计算时，梯段板可以简化为简支斜板，计算简图如图 6-30（b）所示。简支斜板还可进一步简化为简支水平板，如图 6-30（c）所示，计算跨度按斜板的水平投影长度取值，荷载亦按水平方向均匀分布。

由材料力学可知，水平简支板跨中弯矩最大，其值为 $(g+q)l_0^2/8$。但是，梯段板与平台梁整体连接，并非理想的铰支，板端存在一定的负弯矩，可使跨中正弯矩减小，取值为：

$$M=\gamma_0 S_d=\gamma_0 \alpha_M (g+q)l_0^2 \tag{6-16}$$

两端整体连接时，弯矩系数 $\alpha_M=0.10$；一端或两端搁置时，弯矩系数 $\alpha_M=0.125$。

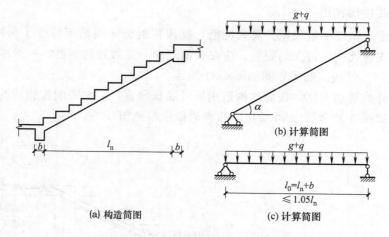

(a) 构造简图　　(b) 计算简图　　(c) 计算简图

图 6-30　板式楼梯内力计算简图

（2）平台板计算　平台板承受均匀分布的恒荷载（自重）和活荷载作用，按弹性理论计算内力。如果是对边支承，或两边与梁整体连接，或一端与梁整体连接而另一边支承在墙上时，均可按式（6-16）计算弯矩；如果是四边支承，则应根据长短跨的跨度比，按单向板或双向板计算内力。

（3）平台梁计算　平台梁或梯梁一般支承在楼梯间承重墙上或是梯柱上，承受梯段板、平台板传来的均布荷载和自重，可按简支梁计算弯矩和剪力，按倒 L 形截面进行承载力计算。平台梁的截面高度，一般可取 $h \geqslant l_0/12$（l_0 为平台梁的计算跨度）。

梯板采用滑动支座时，梯板对平台梁（梯梁）可能有扭矩作用；未采用滑动支座时，考虑到平台梁两侧的荷载不同，也会使平台梁受扭，故平台梁宜适当增加纵筋和箍筋用量。

（4）梯柱计算　梯梁（平台梁）和梯柱实际是框架结构，对于未采用滑动支座的楼梯，还应参与结构的整体受力分析，计算复杂。实际设计时可采用简化方法计算：梯柱按照下端简支、上端刚接的偏心受压构件计算，柱端弯矩可取为梯梁跨中简支弯矩的一半。

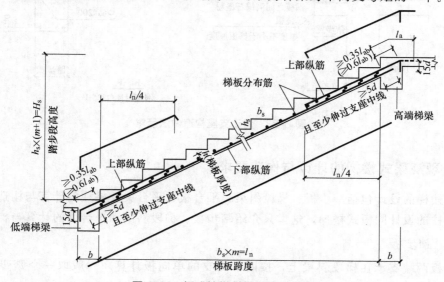

图 6-31　板式楼梯斜板配筋示意图

6.4.2.3 板式楼梯构造

梯段板的受力钢筋一般采用分离式配筋，梯段板的分布钢筋不应少于每踏步 1Φ8。为了避免斜板在支座处产生过大的裂缝，应在板面配置一定数量的钢筋，一般取Φ8@200，水平投影长度 $l_n/4$。斜板配筋示意图如图 6-31 所示。

若斜板设计为滑动支座，板面的构造钢筋可通长设置，同时要配置相应的分布钢筋，斜板配筋示意图如图 6-32 所示。滑动支座的构造做法参见图 6-33。

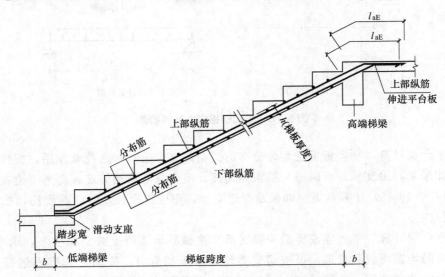

图 6-32　板式楼梯斜板（滑动支座）配筋示意图

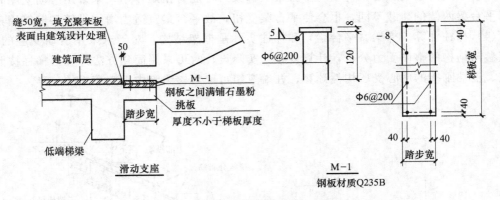

图 6-33　滑动支座构造做法示意

6.4.3　现浇梁式楼梯的计算与构造要求

梁式楼梯的设计包括踏步板、梯段斜梁、平台板、平台梁及梯柱的计算与构造，其中平台板、梯柱的设计同板式楼梯，这里只介绍踏步板、梯段斜梁和平台梁的计算与构造。

6.4.3.1　踏步板

踏步板两端支承在梯段斜梁上，按两端简支的单向板计算，一般取一个踏步为计算单元，承受自重和活荷载作用，计算简图如图 6-34 所示。

踏步板为梯形截面，通常要求板厚 $t \geq 30 \sim 40\text{mm}$。因为踏步板是在垂直于斜梁方向受弯，其实际截面为五边形，混凝土其受压区为三角形，如图 6-35 所示。为计算简便，通常取斜边宽度 b_1、高度 $h_0 = h_1/2$ 的矩形截面进行设计，这是偏于安全的。设 t 为踏步板伸入斜梁的底板厚度，α 为梯段与水平面的夹角，则有 $b_1 = b/\cos\alpha$，$h_1 = h\cos\alpha + t$。

踏步板的配筋应保证每踏步至少有 $2\phi6$ 的受力钢筋，沿梯段斜向布置的分布钢筋至少应为 $\phi6@250$。

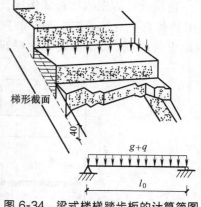

图 6-34　梁式楼梯踏步板的计算简图

6.4.3.2　梯段斜梁

梯段斜梁承受踏步板传来的均布荷载和自身重力，按简支梁计算。无论直线形斜梁还是折线形斜梁，都可以简化为水平简支梁，计算跨中弯矩和支座剪力。

梯段斜梁不做刚度验算时，截面高度通常取为 $h = l_0/14 \sim l_0/10$，l_0 为梯段斜梁水平方向的计算跨度。若踏步板与斜梁整体浇筑，可按倒 L 形截面进行正截面承载力计算。

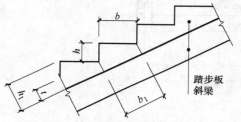

图 6-35　梁式楼梯踏步板的截面设计

6.4.3.3　平台梁

梁式楼梯的平台梁主要承担上、下梯跑斜梁传来的集中荷载和平台板传来的均布荷载，其次承担自身重力。平台梁按简支梁计算跨中弯矩和支座剪力，并按倒 L 形截面进行截面设计。

6.4.4　楼梯设计典型例题

某框架结构标准层楼梯的平面布置如图 6-36 所示，1—1 剖面图如图 6-37 所示。已知层高 3.6m，每踏步宽×高 $=300\text{mm} \times 150\text{mm}$，采用水磨石面层（自重标准值 0.65kN/m^2），板底混合砂浆抹面 20mm，活荷载标准值 3.5kN/m^2，环境类别为一类，板保护层厚度 15mm，梁保护层厚度 20mm。结构安全等级为二级，设计使用年限 50 年，试设计该楼梯。

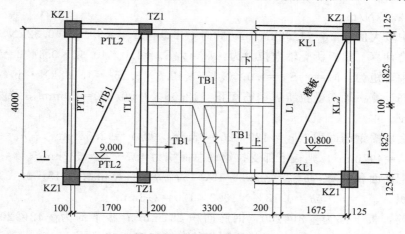

图 6-36　楼梯平面布置图

建筑设计方案采用板式楼梯。梯板下部采用挑板滑动支座，楼梯间结构构件为：踏步板 TB1，休息平台板 PTB1，梯梁 TL1、L1，休息平台梁 PTL1、PTL2，梯柱 TZ1。采用 C30 混凝土，HRB400 级热轧带肋钢筋。

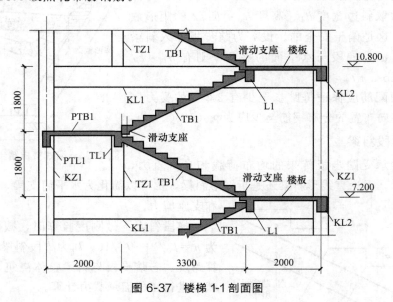

图 6-37 楼梯 1-1 剖面图

6.4.4.1 梯段板计算

（1）基本参数 挑板滑动支座长度取为 300mm，高度取为 120mm。梯板在上、下梯梁间净宽 $l_n=3300mm$，计算跨度 $l_0=3300-300/2=3150mm$。梯板厚度 $h=(1/30\sim1/25)l_0=105\sim126mm$，取 $h=120mm$。设斜板与水平方向的夹角为 α，则 $\cos\alpha=300/(300^2+150^2)^{1/2}=0.8944$，$\sin\alpha=0.4472$。梯段板一端搁置，$\alpha_M=0.125$。

（2）荷载计算 取 1m 宽板带为计算单元。水平投影长度上的恒荷载：

$g_k=(0.15/2+0.12/0.8944)\times25.0+(0.02/0.8944)\times17.0+(0.3+0.15)/0.3\times0.65=6.58kN/m$

水平投影长度上的活荷载：$q_k=3.5kN/m$。荷载设计值：

$g+q=1.2\times6.58+1.4\times1.0\times3.5=12.8kN/m$，$g+q=1.35\times6.58+1.4\times1.0\times0.7\times3.5=12.3kN/m$

取两者中较大值 $g+q=12.8kN/m$，此时 $G+Q=12.8\times3.15=40.32kN$。

（3）内力计算 梯板所受轴向拉力为：$N=\gamma_0S_d=1.0\times40.32\times0.4472=18.03kN$

梯板跨中弯矩为：$M=\gamma_0S_d=1.0\times0.125\times12.8\times3.15^2=15.88kN\cdot m$

（4）配筋计算 轴向受拉所需钢筋面积：$18.03\times1000/360=50mm^2$，梯板上下各配置 $50/2=25mm^2$。

受弯板底所需钢筋面积：$h_0=120-25=95mm$，则 $x=12.51mm<\xi_b h_0=0.518\times95=49.2mm$，$A_s=497mm^2$，则板下部受拉钢筋总面积为 $497+25=522mm^2$。

板最小配筋面积计算：$\rho_{min}=\max(0.15,\ 45f_t/f_y)\%=\max(0.15,\ 0.18)\%=0.18\%$，最小配筋面积 $A_{smin}=\rho_{min}bh=0.18\%\times1000\times120=216mm^2$。

实配钢筋：板上部为 $\Phi8@200$，钢筋面积 $251mm^2$；板下部为 $\Phi12@200$，钢筋面积 $565mm^2$；分布钢筋配置 $\Phi6@200$。梯段斜板的配筋如图 6-38 所示。

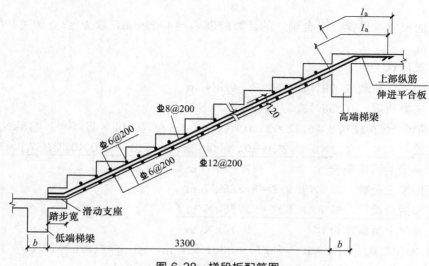

图 6-38 梯段板配筋图

6.4.4.2 平台板计算

平台板按弹性方法计算。休息平台板净跨 $l_n=1700\mathrm{mm}$，可按构造取板厚 $h=80\mathrm{mm}$。

（1）荷载计算

水磨石面层 $0.65\mathrm{kN/m^2}$

板自重 $25.0\times0.08=2.0\mathrm{kN/m^2}$

板底抹灰 $17.0\times0.02=0.34\mathrm{kN/m^2}$

                                $2.99\mathrm{kN/m^2}$

恒荷载标准值 $g_k=2.99\mathrm{kN/m^2}$，活荷载标准值 $q_k=3.5\mathrm{kN/m^2}$。荷载设计值：

$g+q=1.2\times2.99+1.4\times1.0\times3.5=8.49\mathrm{kN/m^2}$，$g+q=1.35\times2.99+1.4\times1.0\times$ $0.7\times3.5=7.47\mathrm{kN/m^2}$，

取 $g+q=8.49\mathrm{kN/m^2}$。

（2）内力计算   板的计算跨度 $l_{0x}=1900\mathrm{mm}$，$l_{0y}=4000\mathrm{mm}$。$l_{0y}/l_{0x}=4000/1900=$ 2.11＞2，可按短跨方向的单向板计算，两端整体浇筑。板的跨中弯矩设计值：

$$M=\gamma_0 S_d=1.0\times0.10\times8.49\times1.9^2=3.06\mathrm{kN\cdot m}$$

（3）配筋计算   取 $h_0=80-20=60\mathrm{mm}$，则计算得到受压区高度 $x=3.68\mathrm{mm}<\xi_b h_0=31.1\mathrm{mm}$，所需受拉钢筋截面面积 $A_s=146\mathrm{mm^2}$，板最小配筋面积：

$$A_{smin}=\rho_{min}bh=0.18\%\times1000\times80=144\mathrm{mm^2}。$$

实配受力钢筋 $\Phi 8@200$，钢筋面积 $251\mathrm{mm^2}$；分布钢筋和上部面筋亦配置 $\Phi 8@200$。平台板配筋如图 6-39 所示。

6.4.4.3 梯梁（TL1）计算

梯梁按弹性方法计算内力，截面设计取矩形截面

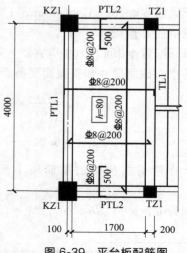

图 6-39 平台板配筋图

（偏于安全）。

（1）截面尺寸　梯梁（平台梁）的计算跨度 $l_0 = 4000\text{mm}$，取 $h = l_0/10 = 400\text{mm}$，$b = h/2 = 200\text{mm}$。

（2）荷载计算

平台板传来恒荷载　$2.99 \times 1.9/2 = 2.841\text{kN/m}$

梯板传来恒荷载　　$6.58 \times 3.3/2 = 10.857\text{kN/m}$

滑动支座传来恒荷载 $0.3 \times 0.12 \times 25.0 + (0.3+0.12) \times 0.02 \times 17.0 = 1.043\text{kN/m}$

梯梁自重　　　　　$0.2 \times 0.4 \times 25.0 + (0.2+0.4+0.4-0.12-0.08) \times 0.02 \times 17.0 = 2.272\text{kN/m}$

梯梁上恒荷载合计　　　　 17.01kN/m

平台板传来活荷载　$3.5 \times 1.9/2 = 3.325\text{kN/m}$

梯板传来活荷载　　$3.5 \times 3.3/2 = 5.775\text{kN/m}$

梯梁上活荷载合计　　　　 9.10kN/m

因 $g+q = 1.2 \times 17.01 + 1.4 \times 1.0 \times 9.10 = 33.15\text{kN/m}$，$g+q = 1.35 \times 17.01 + 1.4 \times 1.0 \times 0.7 \times 9.10 = 31.88\text{kN/m}$，故应取 $g+q = 33.15\text{kN/m}$ 进行设计。

（3）内力计算

梁跨中弯矩 $M = \gamma_0 S_d = 1.0 \times 0.125 \times 33.15 \times 4^2 = 65.3\text{kN} \cdot \text{m}$

梁端剪力 $V = \gamma_0 S_d = 1.0 \times 0.5 \times 33.15 \times 4 = 66.3\text{kN}$

滑动支座处挑板根部弯矩（1m 宽范围）：

$M = \gamma_0 S_d = 1.0 \times \{12.80 \times 1 \times 3.3 \times 0.5 \times 0.15 + 1.2 \times [0.3 \times 0.12 \times 25.0 + (0.3+0.12) \times 0.02 \times 17.0] \times 0.15\}$
$\quad = 3.36\text{kN} \cdot \text{m}$

（4）配筋计算　取 $a_s = a'_s = 40\text{mm}$，$h_0 = h - a_s = 400 - 40 = 360\text{mm}$，分别配置纵筋和箍筋。

由 $M = 66.3\text{kN} \cdot \text{m}$ 解得 $x = 71.5\text{mm} < \xi_b h_0 = 186.5\text{mm}$，所需受拉钢筋截面面积 $A_s = 568\text{mm}^2$。梁最小配筋率 $\rho_{min} = 0.20\%$，最小配筋面积 $A_{smin} = \rho_{min} bh = 0.20\% \times 200 \times 400 = 160\text{mm}^2$。

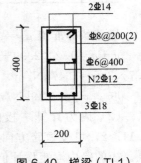

图 6-40　梯梁（TL1）配筋图

考虑到梯梁受到扭矩的作用，应配置沿截面周边均匀分布的纵筋和箍筋，这里增加纵向钢筋和箍筋的配筋量来抵抗扭矩[1]。底部实配纵筋 3⌀18，$A_s = 763\text{mm}^2$；顶部架立钢筋配置 2⌀14，中部受扭钢筋 2⌀12。

箍筋配置⌀8@200(2)，$A_{sv} = 50.3 \times 2 = 100.6\text{mm}^2$，验算箍筋配筋率、截面尺寸和斜截面受剪承载力。

$$\rho_{sv} = \frac{A_{sv}}{bs} \times 100\% = \frac{100.6}{200 \times 200} \times 100\% = 0.25\%$$

$$> \rho_{svmin} = 0.24 \frac{f_t}{f_{yv}} \times 100\% = 0.24 \times \frac{1.43}{360} \times 100\% = 0.095\%$$

而且大于弯剪扭构件的箍筋最小配筋率 $\rho_{svmin} = 0.28 f_t/f_{yv} = 0.11\%$，箍筋配筋率满足要求。

因为 $h_w/b = h_0/b = 360/200 = 1.8 < 4$，所以

---

[1]　关于混凝土受扭构件截面承载力的计算可参阅《混凝土结构设计规范》（GB 50010—2010）或相应教材。

$0.25\beta_c f_c bh_0 = 0.25 \times 1.0 \times 14.3 \times 200 \times 360 \times 10^{-3} = 257.4\text{kN} > V = 66.3\text{kN}$，截面尺寸满足要求。

受剪承载力验算：

$$V_{cs} = 0.7f_t bh_0 + f_{yv}\frac{A_{sv}}{s}h_0 = 0.7 \times 1.43 \times 200 \times 360 + 360 \times \frac{100.6}{200} \times 360$$

$$= 137.3 \times 10^3\text{N} = 137.3\text{kN} > V = 66.3\text{kN}，满足要求。$$

梯梁（TL1）的配筋如图 6-40 所示。

滑动支座处挑板根部弯矩（1m 宽范围）$M = 3.36\text{kN·m}$，计算得 $A_s = 95\text{mm}^2$，实配钢筋为 $\Phi 8@200$，截面面积 251mm^2，此时 $\rho = 0.21\%$，配筋率满足要求。配筋如图 6-41 所示。

注：其余平台梁同理可算，此处不再赘述。

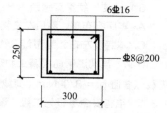

图 6-41 梯梁（TL1）
支座挑板配筋图

6.4.4.4 梯柱（TZ1）计算

（1）截面尺寸选择 选矩形截面柱 $b \times h = 250\text{mm} \times 300\text{mm}$，$A = 75000\text{mm}^2$，按下端铰接、上端刚接考虑，柱计算长度 $l_0 = 1.5 \times 1.8 = 2.7\text{m}$。

（2）荷载传递

梯梁传下的恒荷载标准值 $17.01 \times 2 = 34.02\text{kN}$

梯柱自重 $25.0 \times 0.25 \times 0.3 \times 1.8 = 3.38\text{kN}$

梯柱底截面恒荷载标准值： $N_{gk} = 37.4\text{kN}$

梯柱的活荷载标准值： $N_{qk} = 9.10 \times 2 = 18.2\text{kN}$

所以梯柱底截面轴心受压，轴力设计值为

$N = 1.0 \times \max(1.2 \times 37.4 + 1.4 \times 1.0 \times 18.2, 1.35 \times 37.4 + 1.4 \times 0.7 \times 1.0 \times 18.2) = 70.36\text{kN}$

梯柱顶截面偏心受压：

$N = 1.0 \times \max(1.2 \times 34.02 + 1.4 \times 1.0 \times 18.2, 1.35 \times 34.02 + 1.4 \times 0.7 \times 1.0 \times 18.2) = 66.3\text{kN}$

弯矩取为梯梁跨中弯矩的一半，即 $M = 66.3 \times 0.5 = 33.15\text{kN·m}$。

柱的剪力 $V = M/H = 33.15/1.8 = 18.42\text{kN}$。

（3）配筋计算 柱底轴心受压 $N = 70.36\text{kN}$，$l_0/b = 2.7/0.25 = 13.5$，$\varphi = 0.928$。由轴心受压构件承载力公式 $N \leqslant 0.9\varphi(f_c A + f_y' A_s')$，解得 $A_s' < 0$，可按构造配筋。

柱顶按偏心受压构件验算：荷载沿短边方向偏心，此时应取 $b = 300\text{mm}$、$h = 250\text{mm}$。

图 6-42 梯柱（TZ1）
配筋图

$e_0 = M/N = 33.15 \times 10^3/66.3 = 500\text{mm}$，$e_a = 20\text{mm}$，$e_i = e_0 + e_a = 500 + 20 = 520\text{mm}$ 取 $a_s = a_s' = 40\text{mm}$，$h_0 = h - a_s = 250 - 40 = 210\text{mm}$。对称配筋，受压区高度

$$x = \frac{N}{\alpha_1 f_c b} = \frac{66.3 \times 10^3}{1.0 \times 14.3 \times 300} = 15.5\text{mm} < 2a_s' = 2 \times 40 = 80\text{mm}$$

大偏心受压，且压筋不屈服。$e' = e_i - h/2 + a_s' = 520 - 250/2 + 40 = 435\text{mm}$

$$A_s' = A_s = \frac{Ne'}{f_y(h_0 - a_s')} = \frac{66.3 \times 10^3 \times 435}{360 \times (210 - 40)} = 471\text{mm}^2 > 0.20\%bh = 150\text{mm}^2$$

每侧实配 3Φ16，截面面积 603mm^2。

受剪验算：$\lambda = M/(Vh_0) = 8.57 > 3$，取 $\lambda = 3$，因 $1.75f_t bh_0/(\lambda+1) = 39.4\text{kN} > V = 18.42\text{kN}$，所以柱箍筋可按构造配置 $\Phi 8@200$。梯柱配筋如图 6-42 所示，全部纵筋配筋率 $\rho = 1.61\%$，满足要求。

∷∷∷∷ 练习题 ∷∷∷∷

6-1 现浇钢筋混凝土楼盖有哪几种类型？

6-2 现浇梁板结构中，如何划分单向板和双向板？

6-3 按弹性理论计算现浇单向板肋形楼盖的板和次梁内力时，为何要使用折算荷载？

6-4 什么叫"塑性铰"？ 钢筋混凝土结构中的塑性铰与力学中的理想铰有何异同？

6-5 静定结构中是否存在塑性内力重分布？

6-6 分布钢筋和防裂构造钢筋的作用是否相同？ 如何布置？

6-7 试述板式和梁式楼梯各自的优缺点、计算简图与传力路线？

6-8 钢筋混凝土楼盖中的主梁是主要承重构件，其内力计算方法是（ ）。

A. 塑性内力重分布方法　　　　　　　B. 弹性理论方法

C. 混凝土按弹性，钢筋按塑性　　　　D. 混凝土按塑性，钢筋按弹性

6-9 钢筋混凝土楼盖梁如出现裂缝，是（ ）。

A. 不允许的　　　　　　　　　　　　B. 允许的，但应满足构件变形要求

C. 允许的，但应满足裂缝宽度的要求　　D. 允许的，但应满足裂缝深度的要求

6-10 按照弹性理论，四边支承板应按双向板设计的条件是（ ）。

A. 长短跨计算长度之比大于 2　　　　B. 长短跨计算长度之比不大于 2

C. 长短跨计算长度之比大于 3　　　　D. 长短跨计算长度之比不大于 3

6-11 钢筋混凝土单向板中，分布钢筋的截面面积不应小于受力钢筋面积的（ ）。

A. 10%　　　　B. 15%　　　　C. 20%　　　　D. 25%

6-12 主次梁相交处，为传递次梁荷载，可在相交处的主梁内设置附加（ ）。

A. 吊筋或箍筋　　B. 纵筋　　C. 鸭筋　　D. 浮筋

6-13 使连续梁某跨跨中产生最大正弯矩的活荷载布置方式（ ）。

A. 本跨不布置，然后左右隔跨布置　　　B. 本跨布置，然后左右隔跨布置

C. 本跨及左右邻跨布置，然后左右隔跨布置　D. 各跨均布

6-14 某现浇钢筋混凝土肋形楼盖次梁（图 6-43），截面尺寸 $b \times h = 200\text{mm} \times 400\text{mm}$。承受均布恒荷载标准值 $g_k = 8.0\text{kN/m}$（荷载分项系数 $\gamma_G = 1.2$）、活荷载标准值 $q_k = 12.0\text{kN/m}$（荷载分项系数 $\gamma_Q = 1.3$）。结构安全等级为二级，设计使用年限为 50 年。采用 C30 混凝土，HRB400 级钢筋。试按塑性内力重分布法计算该梁的内力，并进行截面配筋计算。

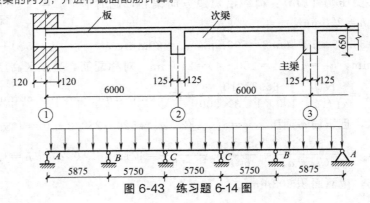

图 6-43 练习题 6-14 图

6-15 某两跨连续梁，如图 6-44 所示。已知截面尺寸 $b \times h$ = 300mm × 600mm，永久荷载设计值 G = 30kN，可变荷载设计值 Q = 65kN。采用 C30 混凝土，HRB400 级钢筋。结构安全等级为二级，一类环境。试按弹性理论计算内力，并对其进行截面配筋计算。

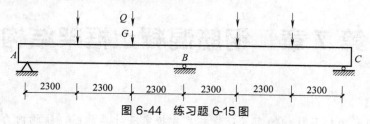

图 6-44 练习题 6-15 图

第 7 章　钢筋混凝土框架结构

【内容提要】

本章主要内容为框架结构的布置，梁柱尺寸拟定及计算简图，结构内力和侧移计算，梁柱截面设计，柱下独立基础设计，最后介绍框架结构的抗震构造措施。

【基本要求】

通过对本章的学习，要求了解框架结构的分类、适用高度、结构布置方案，掌握内力计算方法，熟悉内力组合和构件截面设计、柱下独立基础设计，熟悉框架结构抗震构造措施。

7.1　钢筋混凝土框架结构的适用范围和结构布置

框架结构是指由梁、柱刚性连接成承重体系的建筑结构，作为建筑的竖向承重体系，并同时抵抗水平风荷载、地震作用，又称为框架结构体系。

7.1.1　框架结构组成与分类

结构平面的长边方向称为纵向，短边方向称为横向。框架由梁、柱和基础这三种基本构件组成，同一轴线上的梁与柱之间、柱与基础之间，通常刚性连接，形成一榀横向框架或纵向框架。相邻框架之间由连梁和楼板连接成整体，所以框架结构是空间结构。

按施工方法不同，钢筋混凝土框架可分为现浇式、装配式和装配整体式三类。

（1）现浇式框架　现浇式框架的基础、柱、梁和楼板全部现场浇筑，其整体性好、抗震性能好，故钢筋混凝土框架结构大多采用现浇式。现浇式框架的缺点在于现场施工的工作量大，工期长，并需要大量的模板。现浇钢筋混凝土框架结构，广泛应用于多层工业与民用建筑。

（2）装配式框架　装配式框架的梁、柱、楼板等均为预制构件，吊装就位后通过焊接拼装连接成整体结构。由于除基础以外的构件均为预制，故可实现标准化、工厂化、机械化。装配式框架现场施工速度快，但需要大量的运输和吊装工作，且整体性较差，抗震能力弱，不宜用于抗震设防区。

（3）装配整体式框架　装配整体式框架的梁、柱、楼板均为预制构件，在吊装就位后，焊接或绑扎节点区钢筋，通过浇捣混凝土形成框架节点，并使各构件连接成整体。装配整体式框架具有良好的整体性和抗震能力，兼具现浇式框架和装配式框架的优点，缺点是现场浇筑混凝土的施工较为复杂。

7.1.2　框架结构设计规定和适用高度

框架结构的建筑平面布置灵活，可以形成较大的空间，加设隔墙也容易形成小房间，广泛用于化工、仪表、轻工等多层工业厂房和商店、旅馆、办公楼、教学楼、住宅等多层民用建筑。采用空心砖等轻质隔墙和外墙，可减轻建筑物重量，减小地震作用，降低基础造价。

7.1.2.1　框架结构设计规定

框架结构由水平作用（荷载）引起的侧移较大，而水平地震作用、风荷载的方向可能沿横向，也可能沿纵向，因此框架结构应设计成双向抗侧力体系。

单跨框架结构指的是整栋建筑全部或绝大部分采用单跨框架的结构，不包括仅局部为单跨框架的框架结构。震害调查表明，单跨框架结构因超静定次数低，一旦柱端出现塑性铰，易发生连续倒塌，震害比较严重。因此，抗震设计时甲、乙类建筑及高度大于 24m 的丙类建筑，不应采用单跨框架结构；高度不大于 24m 的丙类建筑不宜采用单跨框架结构。

不与框架柱相连的次梁，不参与抗震，可按非抗震要求进行设计。

7.1.2.2　框架结构适用高度

框架结构是多层建筑的常用结构体系，其最大适用高度见表 7-1。高层建筑中很少采用纯框架结构，多采用框架结构和抗侧力能力较强的结构体系组合，形成双重抗侧力体系，如框架-剪力墙（框架-抗震墙）结构体系。

表 7-1　框架结构的最大适用高度　　　　　　　　　　　　　　单位：m

设计条件	非抗震设计	抗震设防烈度				
		6	7	8（0.20g）	8（0.30g）	9
最大适用高度	70	60	50	40	35	24

通过合理设计，框架结构可以做成延性框架。延性框架的抗震性能好，可以承受较大的侧向变形。但因侧向变形较大时，易引起非结构构件如填充墙、门窗、装修等出现裂缝或破坏，所以抗震设计的框架结构，应加强框架梁、柱和非结构构件之间的连接。

7.1.3　框架结构柱网布置

所谓柱网，就是柱的纵、横排列方式，它必须满足建筑平面设计及使用要求，同时也要使结构受力合理，施工方便。柱网布置就是确定柱网形式、柱网尺寸，层高依据使用要求由建筑设计确定。钢筋混凝土框架结构的部分柱网布置方案如图 7-1 所示，分矩形平面和非矩形平面，图 7-1（a）～（c）所示为矩形平面，图 7-1（d）～（f）所示为非矩形平面；有等跨布

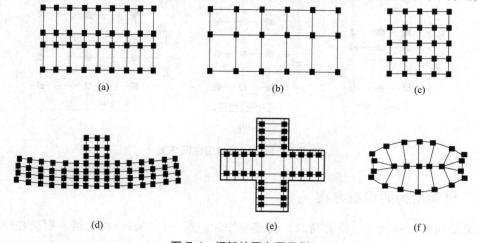

图 7-1　框架柱网布置示例

置和不等跨布置，其中不等跨布置有三跨内廊式 [图 7-1 (a)]、两跨不等跨布置 [图 7-1 (b)] 和多跨不等跨布置（对称布置或非对称布置）。

7.1.3.1　工业建筑柱网布置

工业建筑柱网尺寸和层高根据生产工艺要求确定，尺寸模数为 300mm。常用布置形式有内廊式布置 [图 7-1 (a)] 和多跨等跨布置 [图 7-1 (c)] 两种。内廊式柱网的边跨跨度一般为 6～9m，中间跨跨度为 2.1～4.2m，柱距 6m；等跨式柱网的跨度一般为 6～12m，柱距 6m。

工业建筑层高的确定，涉及生产工艺、生产设备、管道布置及空中传送方式和设备等，还与车间采光等因素有关。底层一般有较大尺寸的产品和起重设备，故底层层高大于楼层层高。常用底层层高为 4.2～8.4m，常用楼层层高为 3.9～7.2m。

7.1.3.2　民用建筑柱网布置

民用建筑柱网尺寸和层高根据建筑使用功能确定，有小柱网和大柱网两类。小柱网指一个开间为一个柱距 [图 7-2 (a)、(b)]，柱距一般为 3.0m、3.3m、3.6m、3.9m 等。当开间较小，层数又少时，柱截面设计时常按构造配筋，材料强度不能充分利用，此时可采用大柱距。大柱距则指两个开间为一个柱距 [图 7-2 (c)]，柱距通常为 6.0m、6.6m、7.2m、7.8m 等。民用建筑框架结构常用的跨度（房屋进深）有 4.8m、5.1m、5.4m、5.7m、6.0m、6.6m、7.2m、7.5m 等，层高常采用 3.0m、3.6m、3.9m、4.2m 等。

宾馆建筑多采用三跨框架。有两种跨度布置方式：一种是边跨大、中跨小，可客房卧室和卫生间一并设在边跨，中间跨仅作走廊用，如图 7-2 (a) 所示；另一种则是边跨小、中跨大，将两边客房的卫生间与走廊合并设于中跨内，边跨仅作卧室，如图 7-2 (b)、(c) 所示，此时应在大跨内布置两道纵向次梁，以砌筑卫生间与走廊之间的隔墙。

教学楼通常采用三跨内廊式框架或两跨不等跨框架；办公楼可采用三跨内廊式框架、两跨不等跨框架或多跨等跨框架。采用两跨不等跨框架时，大跨内应布置一道纵梁，以承托走廊自承重纵墙。

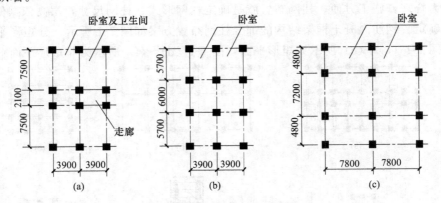

图 7-2　民用建筑常见柱网布置

7.1.4　框架结构的承重方案

框架结构的竖向荷载（重力荷载）传递顺序为：板→（次梁）→框架梁→框架柱→柱下基础，楼盖布置方式不同，楼面上的竖向荷载将按不同的方式传递，可能主要传至横向框架或纵向框架，也可能同时传至纵、横向框架，据此框架结构分为横向框架承重、纵向框架承重和纵横向框架承重三种承重方案。

7.1.4.1　横向框架承重方案

竖向荷载主要由横向框架承受的布置方案，称为横向框架承重方案，如图 7-3（a）所示。板或次梁支承在横向框架梁上，横向框架成为主要承重框架，纵向框架为非主要承重框架。横向框架跨数较少，竖向荷载主要由横向框架承受，使得横向框架梁的截面高度较大，可提高房屋的横向侧移刚度；而纵向框架的跨数往往较多，侧移刚度较大，可减小纵向框架梁的截面高度，也有利于房间的采光和通风。

因横向框架承重方案的侧移刚度较大，抗震性能较好，故办公楼、旅馆、教学楼、多层工业房屋等钢筋混凝土框架结构房屋，一般都采用横向框架承重方案。

7.1.4.2　纵向框架承重方案

竖向荷载主要由纵向框架承受的布置方案，称为纵向框架承重方案，如图 7-3（b）所示。板或次梁支承在纵向框架梁上，纵向框架成为主要承重框架，横向框架为非主要承重框架。由于楼面荷载主要由纵梁传递至框架柱，所以横梁截面高度较小，有利于设备管道穿行；而且当在房屋开间方向需要较大空间时，可获得较高的室内净空。另外，当地基土的物理力学性质在房屋纵向有明显差异时，可利用纵向框架的刚度来调整房屋的不均匀沉降。

纵向框架承重方案的横向侧移刚度较小，抗风、抗震能力较弱，不宜在抗震设防区采用这种结构承重方案，在非抗震设计时层数不多的建筑中有应用。

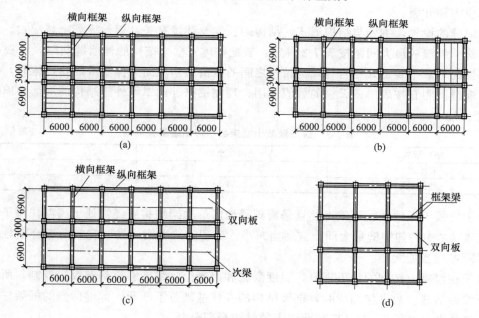

图 7-3　框架结构承重方案

7.1.4.3　纵横向框架承重方案

竖向荷载由纵向框架和横向框架共同承受的布置方案，称为纵横向框架承重方案，如图 7-3（c）、（d）所示。预制板在相邻柱距和跨度内沿纵向和横向交错布置，现浇楼盖采用双向板，楼面荷载沿两个方向传递到纵向框架梁和横向框架梁上，纵向框架和横向框架都是承重框架。当楼面作用有较大的荷载、跨度和柱距都较大时，或柱网布置为正方形、接近正方形时，通常采用双向板楼盖，即纵横向框架承重的方案。

纵横向框架承重方案的整体工作性能好，抗震性能较好，是民用建筑中现浇楼盖框架结构通常采用的结构承重方案。

需要强调是，框架结构既是竖向承重结构，又是（水平）抗侧力结构，不仅承受竖向荷载，而且承受纵、横方向的水平风荷载和水平地震作用。所以，纵、横两个方向的框架均应具有一定的侧移刚度和水平承载能力，即框架结构应设计成双向抗侧力体系。

7.1.5 框架结构变形缝设置

结构变形缝有伸缩缝、沉降缝和防震缝三种，将结构分成独立的单元，各自独立变形，减小由于温度变化、地基不均匀沉降、地震作用等因素对结构的不利影响。框架结构设缝后，会给建筑设计、结构设计和施工带来一定的困难，基础防水也不容易处理。因此，设计时应尽量满足不设缝的条件，避免设缝；当不得不设缝时，应做到一缝多能，减少设缝数量。

7.1.5.1 伸缩缝

混凝土结构的伸（膨胀）缝、缩（收缩）缝合称伸缩缝。伸缩缝是结构缝的一种，目的是为了减小由于温差（早期水化热或使用期间季节温差）和体积变化（施工期或使用早期的混凝土收缩）等间接作用效应积累的影响，将混凝土结构分割为较小的单元，避免引起较大的约束应力和开裂。

伸缩缝的设置，主要与结构形式、结构的长度及环境有关。钢筋混凝土装配式、现浇式框架结构伸缩缝的最大间距按表 7-2 确定；装配整体式框架结构的伸缩缝间距，可根据结构的具体情况取表中装配式结构与现浇结构之间的数值。当屋面无保温或隔热措施时，框架结构的伸缩缝间距宜按表中露天栏的数值取用；现浇挑檐、雨罩等外露结构的局部伸缩缝间距不宜大于 12m。

表 7-2　钢筋混凝土框架结构伸缩缝最大间距　　　　　　　　　　　　　　单位：m

结构形式	室内或土中	露天
装配式	75	50
现浇式	55	35

位于气候干燥地区、夏季炎热且暴雨频繁地区的框架结构或经常处于高温作用下的框架结构，表 7-2 中的伸缩缝最大间距宜适当减小。工程实践表明，采取有效的综合措施，伸缩缝的间距可适当加大。

由于在混凝土结构的地下部分，温度变化和混凝土收缩能够得到有效的控制，所以基础可以不设伸缩缝。当设伸缩缝时，框架结构的双柱基础可不断开，即缝两侧的框架柱可共用基础（二柱联合基础），在基础顶面以上的结构全部分开。

非抗震设计时，伸缩缝的宽度一般为 20～30mm；抗震设计时，伸缩缝的宽度应符合防震缝宽度的要求，最小缝宽 100mm。

7.1.5.2 沉降缝

为了避免地基不均匀沉降在房屋构件中产生裂缝，应在适当部位设置沉降缝，将结构划分为若干刚度较好的单元，使各部分自由沉降。建筑物下列部位宜设置沉降缝：①建筑平面的转折部位；②高度差异或荷载差异处；③长高比过大的钢筋混凝土框架结构的适当部位；④地基土的压缩性有显著差异处；⑤建筑结构或基础类型不同处；⑥分期建造房屋的交界处。

沉降缝应将建筑物从顶部到基础底面完全分开。沉降缝应有足够的宽度，防止因基础倾斜而致顶部相碰的可能性。非抗震设计时，根据房屋的层数，沉降缝的宽度按表 7-3 选用；抗震设计时，沉降缝的宽度还应符合防震缝宽度的要求。

表 7-3　房屋沉降缝的宽度

房屋层数	沉降缝宽度/mm
二～三	50～80
三～五	80～120
五层以上	不小于 120

7.1.5.3　防震缝

钢筋混凝土框架结构采用规则的建筑结构方案，不设防震缝；若采用不规则的建筑结构，应根据不规则的程度、地基基础条件和技术经济等因素的比较分析，确定是否设置防震缝。体型复杂的建筑并不一概提倡设置防震缝，可设缝、可不设缝时，通常不设缝。

当在框架结构的适当部位设置防震缝时，宜形成多个较规则的抗侧力结构单元，以减少地震作用，特别是减小扭转效应。防震缝两侧的上部结构应完全分开，基础不必分开，若防震缝与沉降缝合并设置，则基础应分开。

防震缝的宽度，应使防震缝两侧结构在预期地震（如中震）下不发生碰撞或减轻碰撞引起的局部损坏。框架结构房屋防震缝的宽度，当高度不超过 15m 时不应小于 100mm；高度超过 15m 时，6 度、7 度、8 度和 9 度分别每增加 5m、4m、3m 和 2m，宽度加宽 20mm。框架结构两侧房屋高度不同时，应按较低房屋高度确定缝宽。

7.2　框架结构内力和侧移计算

框架结构内力和侧移计算是结构设计的重要环节，首先应该确定梁、柱截面尺寸和结构计算简图，然后选择适当的方法对结构内力和侧移进行分析。框架结构是高次超静定结构，很难得到解析计算公式，手工计算采用近似方法，电脑计算采用矩阵位移法或有限元法。

7.2.1　框架梁柱截面尺寸拟定

框架梁、柱截面尺寸，应由构件的承载力、刚度及延性等要求确定。设计时通常先根据经验拟定截面尺寸，然后计算相应的内力、变形，最后对承载力、变形等进行验算。如不能满足要求，则需调整尺寸，重新计算，直到满足要求为止。

7.2.1.1　框架梁截面尺寸

（1）梁截面尺寸估算　现浇框架梁以矩形截面为主，截面高度由计算跨度 l_0 估算，可取 $h=(1/18\sim1/10)l_0$，且净跨与截面高度的比值不宜小于 4。截面宽度由高度估算，一般取 $b=(1/3\sim1/2)h$，截面宽度不宜小于 200mm。

截面高度和宽度不超过 800mm 时以 50mm 为模数，超过 800mm 时以 100mm 为模数。

为了满足降低层高或便于管道铺设等其他要求，可将框架梁设计成宽度较大的扁梁。扁梁的截面高度可取计算跨度的 1/18～1/15，且应满足梁的刚度要求。

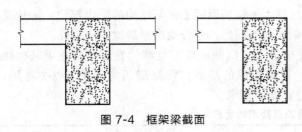

图 7-4　框架梁截面

（2）梁的线刚度　实际框架结构中，现浇楼板相当于梁的翼缘。在框架梁两端节点附近，梁承受负弯矩，顶部的楼板受拉，对梁截面弯曲刚度影响较小；而在框架梁的跨中部位，梁承受正弯矩，楼板处于受压区形成 T 形截面，板对梁截面弯曲刚度的影响较大。结构计算时，一般仍假定梁的惯性矩沿梁长不变。装配整体式楼盖中，预制板上现浇刚性面层，对梁的弯曲刚度也有一定影响。

梁截面惯性矩应按 T 形截面或倒 L 形截面计算，其中翼缘计算宽度由表 4-4 确定，但计算较麻烦。实际计算中，通常采用简化方法计算梁的截面惯性矩。首先计算如图 7-4 所示梁阴影部分矩形截面的惯性矩 $I_0 = bh^3/12$，然后以 I_0 为基础计算惯性矩 I。对现浇式楼板的中框架梁 $I = 2I_0$，边框架梁 $I = 1.5I_0$；对装配整体式楼板的中框架梁 $I = 1.5I_0$，边框架梁 $I = 1.2I_0$。

由混凝土的强度等级查附表 3 可得弹性模量 E_c，梁的线刚度 i_b 按式（7-1）计算：

$$i_b = E_c I / l_0 \tag{7-1}$$

7.2.1.2　框架柱截面尺寸

（1）柱截面尺寸估算　确定柱截面尺寸时，框架柱的轴力 N 一般根据柱的负荷面积计算：

$$N = (1.1 \sim 1.2) \times 负荷面积 \times 单位面积楼面上的竖向荷载$$

单位面积楼面上的竖向荷载可由板自重、梁自重、填充墙自重及楼面活荷载计算，也可近似取 $12 \sim 14 \text{kN/m}^2$。

柱截面尺寸可根据框架柱的轴力 N 进行估算。非抗震设计时，柱截面面积 $A \geqslant N/f_c$；抗震设计时，框架柱的截面尺寸应满足轴压比的要求

$$\mu_c = \frac{N}{f_c A} \leqslant [\mu_c] \tag{7-2}$$

或

$$A \geqslant \frac{N}{[\mu_c] f_c} \tag{7-3}$$

柱的轴压比限值 $[\mu_c]$ 与框架的抗震等级有关。抗震等级为一级时 $[\mu_c] = 0.65$，二级时 $[\mu_c] = 0.75$，三级时 $[\mu_c] = 0.85$，四级时 $[\mu_c] = 0.90$。混凝土强度等级为 C65、C70 时，轴压比宜减小 0.05；混凝土强度等级为 C75、C80 时，轴压比宜减小 0.10。剪跨比 $\lambda \leqslant 2$ 的柱，轴压比限值应降低 0.05；剪跨比 $\lambda < 1.5$ 的柱，轴压比限值应专门研究，并采取特殊构造措施。

框架的抗震等级，应根据抗震设防类别、烈度和房屋高度确定。丙类建筑框架的抗震等级按表 7-4 确定。

框架柱截面一般做成矩形、方形、圆形，长边与主要承重框架方向一致。非抗震设计时，截面边长不宜小于 250mm。抗震设计的矩形截面柱，抗震等级为四级或层数不超过 2 层时，其最小截面尺寸不宜小于 300mm，一级、二级、三级抗震等级且层数超过 2 层时不宜小于 400mm；圆柱的直径，抗震等级为四级或层数不超过 2 层时不宜小于 350mm，一级、二级、三级抗震等级且层数超过 2 层时不宜小于 450mm。柱截面长边与短边的边长比不宜大于 3。为

避免柱产生剪切破坏，柱的剪跨比宜大于 2，或柱净高与截面长边之比宜大于 4。

表 7-4　框架结构的抗震等级

烈度	6		7		8		9
高度/m	≤24	>24	≤24	>24	≤24	>24	≤24
普通框架	四	三	三	二	二	一	一
大跨度框架	三		二		一		一

　　注：1. 建筑场地为Ⅰ类时，除 6 度设防烈度外应允许按表内降低一度所对应的抗震等级采取抗震构造措施，但相应的计算要求不应降低。

　　2. 接近或等于高度分界时，应允许结合房屋不规则程度及场地、地基条件确定抗震等级。

　　3. 大跨度框架指跨度不小于 18m 的框架。

　　（2）柱的线刚度　　当截面为矩形、方形时，截面惯性矩为 $I = bh^3/12$。设第 i 层柱的高度为 H_i，则柱的线刚度为

$$i_c = E_c I / H_i \qquad\qquad (7\text{-}4)$$

7.2.2　框架结构的计算简图

　　计算简图是根据传力途径对实际结构的简化（包括杆件简化、支座和节点简化、作用或荷载简化）形成的力学计算模型或受力分析图。计算简图宜根据结构的实际形状、构件的受力和变形状况、构件间的连接和支承条件以及各种构造措施等，做出合理的简化后确定。

7.2.2.1　平面框架的计算单元

　　框架结构是由纵、横向框架组成的空间结构，处于空间受力状态。理论上应取整体结构为计算单元，按空间力系进行分析，但计算工作量很大。实际框架结构的布置和受力，可简化为平面结构进行分析，且具有足够的计算精度。

　　一般情况下，横向框架和纵向框架都是均匀布置的，各自的跨度基本相等，荷载分布基本均匀，所以，空间框架结构可以沿横向或纵向划分为若干榀平面框架，以每榀平面框架作为一个计算单元，如图 7-5 所示。计算单元承受荷载的宽度（受荷宽度）B 取相邻跨中线之间的距离，如图 7-5 （a）阴影线所示。

　　一榀平面框架承担受荷宽度范围内的所有竖向荷载（恒荷载、活荷载和雪荷载），并抵抗自身平面内的水平风荷载和相应的水平地震作用。

　　竖向荷载作用下，横向框架承重方案，取一榀横向框架作为计算单元；纵向框架承重方案，取一榀纵向框架为计算单元；对于纵横框架承重方案，应分别取纵向框架和横向框架为计算单元，竖向荷载按实际支承情况进行分配传递。

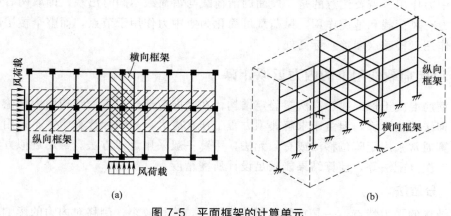

（a）　　　　　　　　　　　　　　　　（b）

图 7-5　平面框架的计算单元

水平风荷载作用下，每榀框架所承担的风力为计算单元范围内的风荷载值。在水平地震作用下，整个框架体系可视为若干平面框架，共同抵抗与平面框架平行的地震作用，与该方向正交的框架不参与受力。假定楼盖在水平面为刚性，则层间侧移相等，每榀平面框架所抵抗的水平地震作用，按侧移刚度的比例进行分配。

7.2.2.2 框架结构的计算简图

框架结构的梁、柱杆件，用轴线来表示。梁、柱节点刚接，柱脚固结于基础顶面，形成的平面刚架，就是框架结构的计算简图。如图 7-6 所示为某三跨六层框架结构的计算简图，其中图（a）承受竖向荷载、图（b）承受水平力，根据该图就可进行结构内力和位移分析。

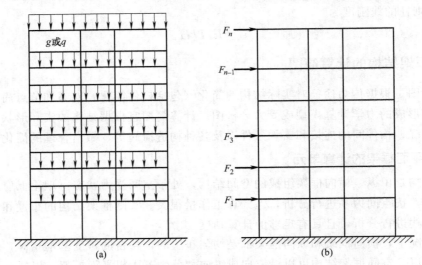

图 7-6　框架结构计算简图示例

相邻柱轴线之间的距离，就是梁的计算跨度。框架柱的计算高度应为上、下层梁轴线间的距离，对楼层柱即为层高；对底层柱，预制楼板取基础顶面至二层楼板底面之间的高度，现浇楼板则取基础顶面至二层楼板顶面之间的高度。在基础设计之前，并不知道基础的埋置深度，也就不知道基础顶面的位置，此时基础顶面可近似取为室外地面下 500mm。

作用于框架结构上的外力按方向分有竖向荷载和水平力两种。竖向荷载包括恒荷载、活荷载和雪荷载等，可简化为作用于框架梁上的分布荷载，如果通过次梁传力，则框架梁上承受竖向集中力作用。需要注意的是，屋面的活荷载与雪荷载不同时出现，即取两者中的较大值。水平力有风荷载和地震作用，风荷载可简化为集中力作用于节点，而整个楼层的水平地震作用则作用于楼盖（屋盖）标高处。

7.2.3　竖向荷载作用下的内力近似计算

多层钢筋混凝土框架属于高次超静定结构，在竖向荷载作用下，结构内力理论上可采用力法、位移法精确计算，但由于求解典型方程工作量庞大，故实际计算中并不采用。结构设计中，电算通常采用矩阵位移法或有限元法，手算一般采用近似方法。常用近似方法有分层法、弯矩二次分配法等，计算结果能满足设计所需精度。

7.2.3.1 分层法

框架结构的受力特点，一是在竖向荷载作用下，侧移较小，侧移对内力的影响较小，可忽略侧移按无侧移框架简化计算；二是当整个框架仅在某一层横梁上受有竖向荷载时，将使直接受荷载作用的梁和与之相连的上、下层框架柱端弯矩较大，而其他各层梁、柱的弯矩均很小，且距离直接受荷梁越远，梁、柱的弯矩越小。

为了简化计算，减少计算工作量，根据框架结构的上述受力特点，提出如下两点基本假设：①框架侧移忽略不计；②每层梁上的竖向荷载对其他层梁内力的影响忽略不计。根据这两点假定，多层框架结构在竖向荷载作用下可采用分层法计算。取每层梁及其上、下柱作为独立的计算单元，上、下柱远端固定，形成若干单层敞口无侧移刚架。如图 7-7 所示为某两跨四层框架结构，可分成四个单层刚架，由弯矩分配法分别计算。

分层法计算所得梁端弯矩即为最后弯矩，柱端弯矩为上、下两层计算弯矩之和。分层法计算所得框架节点处的弯矩之和常常不等于零，这是由于柱端弯矩传递所引起的。对节点不平衡弯矩可再做一次分配，不向远端传递。

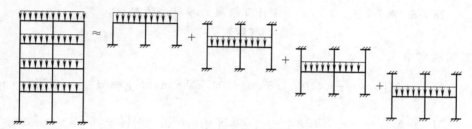

图 7-7　分层法计算简图

分层计算时，因为假定上、下柱的远端为固定端与实际不符，实际上是弹性嵌固，有一定的转动能力，所以计算结果会有一定误差。为了减小该项计算误差，除底层柱（简化为固定端与实际相符）以外，其他各层柱的线刚度乘以系数 0.9，且其传递系数由 1/2 改为 1/3。

求得杆端弯矩以后，根据杆段平衡条件计算梁端剪力、梁跨中弯矩和柱端剪力；由逐层叠加柱上的竖向荷载（节点集中力、柱自重）和与之相连的梁端剪力，即得柱的轴力。

7.2.3.2　弯矩二次分配法

分层法需要计算顶层、底层和中间层（荷载相同时标准层，荷载不相同时每个中间层），若干个单层刚架的计算结果还需叠加，最后节点再平衡，工作量比较大。竖向荷载作用下，可采用整体框架为计算简图，将弯矩分配法的循环次数简化为弯矩的二次分配和其间的一次传递，这样的方法称为弯矩二次分配法。

作为近似计算方法，弯矩二次分配法的假定和分层法相同，但计算更加简便。弯矩二次分配法的计算步骤如下。

① 依据梁、柱的实际线刚度（或相对线刚度）计算框架各节点杆端的弯矩分配系数。

② 计算框架梁在竖向荷载作用下的固端弯矩。

③ 弯矩第一次分配：依次对每个节点计算不平衡弯矩，不平衡弯矩反号分配到相交于节点的各杆件近端，使得每个节点弯矩都平衡，分配过程中不进行弯矩传递。

④ 弯矩传递：将所有各杆件的第一次分配弯矩向其远端传递，传递系数为 1/2。

⑤ 弯矩第二次分配：各节点因弯矩传递导致新的不平衡，将该不平衡弯矩反号后进行分配，使各节点重新处于平衡状态。

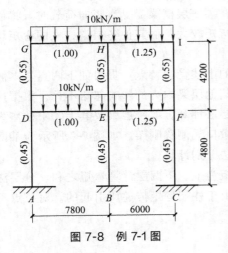

图 7-8　例 7-1 图

⑥ 将各杆端的固端弯矩、分配弯矩和传递弯矩叠加，即得到梁端、柱端的最终弯矩。

⑦ 由静力平衡条件计算梁跨中弯矩，梁、柱的剪力及柱的轴力。

弯矩二次分配法和传统弯矩分配法的不同点在于三个统一，不平衡弯矩第一次统一分配，近端分配弯矩统一传递，新的不平衡弯矩第二次统一分配。注意：弯矩第二次分配后，近端弯矩不需要向远端传递。

【例 7-1】　某两层两跨框架，如图 7-8 所示，括号内的数字为梁、柱的相对线刚度，试用弯矩二次分配法计算框架的各杆件的弯矩。

【解】

(1) 固端弯矩

$$M_{GH}^{F}=M_{DE}^{F}=-\frac{1}{12}\times10\times7.8^{2}=-50.7\text{kN}\cdot\text{m},M_{HG}^{F}=M_{ED}^{F}=50.7\text{kN}\cdot\text{m}$$

$$M_{HI}^{F}=M_{EF}^{F}=-\frac{1}{12}\times10\times6^{2}=-30\text{kN}\cdot\text{m},M_{IH}^{F}=M_{FE}^{F}=30\text{kN}\cdot\text{m}$$

(2) 节点分配系数

弯矩二次分配法计算框架时，梁、柱的线刚度或相对线刚度取实际值。

G 节点：$\mu_{GH}=\dfrac{4\times1.00}{4\times1.00+4\times0.55}=0.645$，$\mu_{GD}=1-0.645=0.355$

H 节点：$\mu_{HG}=\dfrac{4\times1.00}{4\times1.00+4\times1.25+4\times0.55}=0.357$

$\mu_{HI}=\dfrac{4\times1.25}{4\times1.00+4\times1.25+4\times0.55}=0.446$

$\mu_{HE}=1-0.357-0.446=0.197$

I 节点：$\mu_{IF}=\dfrac{4\times1.25}{4\times1.25+4\times0.55}=0.694$，$\mu_{IH}=1-0.694=0.306$

D 节点：$\mu_{DE}=\dfrac{4\times1.00}{4\times1.00+4\times0.55+4\times0.45}=0.500$

$\mu_{DG}=\dfrac{4\times0.55}{4\times1.00+4\times0.55+4\times0.45}=0.275$

$\mu_{DA}=1-0.500-0.275=0.225$

E 节点：$\mu_{ED}=\dfrac{4\times1.00}{4\times1.00+4\times1.25+4\times0.55+4\times0.45}=0.308$

$\mu_{EF}=\dfrac{4\times1.25}{4\times1.00+4\times1.25+4\times0.55+4\times0.45}=0.385$

$\mu_{EH}=\dfrac{4\times0.55}{4\times1.00+4\times1.25+4\times0.55+4\times0.45}=0.169$

$\mu_{EB}=1-0.308-0.385-0.169=0.138$

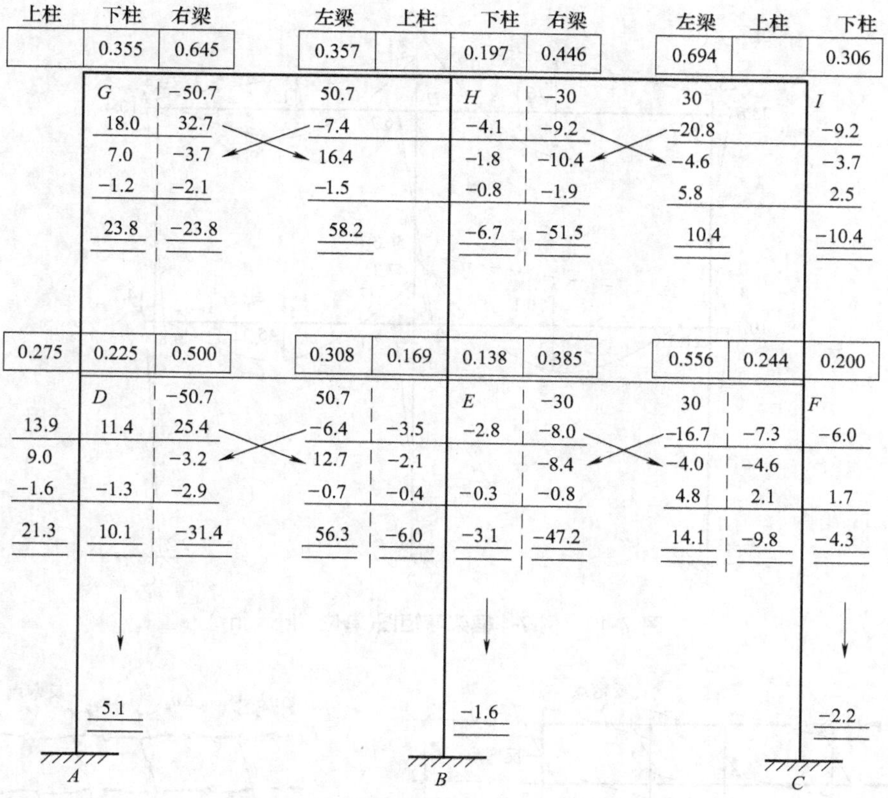

上柱	下柱	右梁		左梁	上柱	下柱	右梁		左梁	上柱	下柱
	0.355	0.645		0.357		0.197	0.446		0.694		0.306
G		−50.7	50.7		*H*		−30	30			*I*
18.0	32.7		−7.4		−4.1	−9.2		−20.8			−9.2
7.0	−3.7		16.4		−1.8	−10.4		−4.6			−3.7
−1.2	−2.1		−1.5		−0.8	−1.9		5.8			2.5
23.8	−23.8		58.2		−6.7	−51.5		10.4			−10.4

上柱	下柱	右梁		左梁	上柱	下柱	右梁		左梁	上柱	下柱
0.275	0.225	0.500		0.308	0.169	0.138	0.385		0.556	0.244	0.200
D		−50.7	50.7		*E*		−30	30			*F*
13.9	11.4	25.4	−6.4	−3.5	−2.8	−8.0	−16.7	−7.3			−6.0
9.0	−3.2		12.7	−2.1		−8.4	−4.0	−4.6			
−1.6	−1.3	−2.9	−0.7	−0.4	−0.3	−0.8	4.8	2.1			1.7
21.3	10.1	−31.4	56.3	−6.0	−3.1	−47.2	14.1	−9.8			−4.3

下层柱底：*A* 5.1　　　*B* −1.6　　　*C* −2.2

图 7-9　弯矩二次分配法计算过程

$$F \text{ 节点：} \mu_{FE} = \frac{4 \times 1.25}{4 \times 1.25 + 4 \times 0.55 + 4 \times 0.45} = 0.556$$

$$\mu_{FI} = \frac{4 \times 0.55}{4 \times 1.25 + 4 \times 0.55 + 4 \times 0.45} = 0.244$$

$$\mu_{FC} = 1 - 0.556 - 0.244 = 0.200$$

（3）弯矩二次分配法计算弯矩　弯矩二次分配法的计算过程如图 7-9 所示，第一次分配完成后，再统一将杆件近端弯矩向远端传递，其中梁端弯矩的传递用带箭头的斜线示意。

框架结构的弯矩图如图 7-10 所示。

7.2.4　水平力作用下的内力近似计算

由结构力学可知，水平力作用于刚架上，不仅引起节点转动，而且会引起侧移。有侧移刚架的内力计算十分复杂。根据结构受力和变形特点，水平力作用下框架的内力可采用简化方法计算，其中最常用的方法是 *D* 值法。

7.2.4.1　框架在水平力作用下的变形特点

框架结构所承受的水平力主要是风荷载和水平地震作用，它们都可以简化为作用于框架梁柱节点上的水平集中力，如图 7-11 所示。根据结构力学的精确分析，水平集中力作用下框架梁、柱的弯矩图均由斜直线构成，如图 7-11（a）所示；框架有侧移，梁柱节点有转角，变形如图 7-11（b）所示。内力和变形具有如下特点：

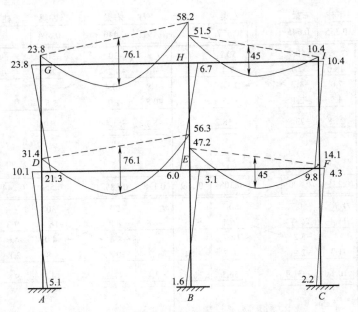

图 7-10　例 7-1 框架弯矩图(单位：kN·m)

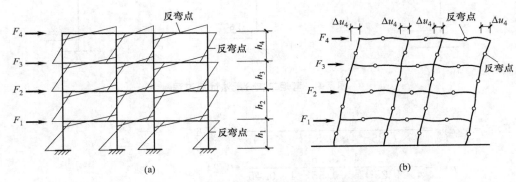

图 7-11　水平力作用下框架的弯矩和变形

（1）内力特点　框架梁、柱的弯矩均为线性分布，且每一跨梁及每层的每一根柱均有一零弯矩点。因零弯矩点的一侧为正弯矩，另一侧为负弯矩，弯矩反号，故零弯矩点称为反弯点。反弯点的弯矩为零，但剪力不为零。

框架每一层柱的总剪力，称为层间剪力或楼层剪力。层间剪力及单根柱所分担的剪力均为常数。框架一侧柱受拉，另一侧柱受压，共同抵抗水平外力形成的倾覆力矩。

（2）变形特点　若不考虑梁、柱的轴向变形对框架侧移的影响，则同层各框架节点的（水平）侧移相等。除底层柱脚为固定端外，其余杆端（或节点）既有侧移变形，又有转角变形，且节点转角随梁柱线刚度比的增大而减小。

利用每层柱均存在反弯点的特点，可形成结构内力近似计算的思路：从反弯点处截开结构，取上半部分为脱离体，水平方向平衡即可求得层间剪力（该层以上水平外力之和）；将层间剪力分配到每一根框架柱，柱剪力乘以反弯点到柱端的距离即为柱端弯矩；根据节点平衡，计算梁端弯矩；由梁段平衡计算梁的剪力；最后由柱的竖向平衡，计算柱的轴力。要完成这一计算，必须解决两个关键问题：①层间剪力分配方法；②确定柱反弯点的位置。

7.2.4.2 框架柱的剪力

（1）层间剪力 如图 7-12（a）所示的框架结构，为了求第 i 层的层间剪力（总剪力），可从第 i 层的反弯点处截取脱离体，如图 7-12（b）所示。因反弯点处的弯矩为零，故柱截面上内力有剪力和轴力。总剪力 V_i 为第 i 层各柱剪力之和：

$$V_i = V_{i1} + V_{i2} + V_{i3} + V_{i4} \tag{7-5}$$

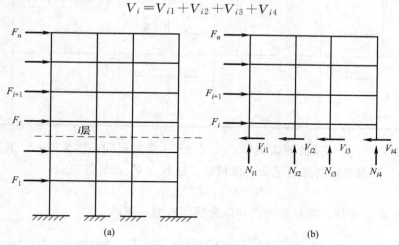

图 7-12 层间剪力计算简图

再由脱离体水平方向平衡，得

$$V_i = F_i + F_{i+1} + \cdots + F_n = \sum_{s=i}^{n} F_s \tag{7-6}$$

即第 i 层的总剪力（层间剪力）等于该层以上水平外力之和。

（2）柱的侧移刚度 层间剪力如何分配给各根框架柱，需要知道剪力和侧移的关系。对于刚性梁而言，每根框架柱的上下端转角为零，只发生水平侧移。当柱上下端产生单位相对侧移时，需要在柱顶施加的水平力（也即柱中产生的剪力）D_0，称为柱的理论侧移刚度。确定两端固定柱侧移刚度的计算简图如图 7-13 所示，由此可得

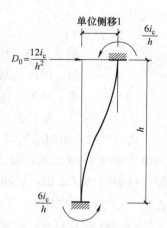

$$D_0 = \frac{12i_c}{h^2} \tag{7-7}$$

式中 i_c——柱的线刚度；

h——柱高（层高）。

图 7-13 两端固定柱的侧移刚度

考虑到柱上、下端节点转动的影响，需对侧移刚度修正。修正后的侧移刚度用 D 表示：

$$D = \alpha D_0 = \alpha \frac{12i_c}{h^2} \tag{7-8}$$

式中 α——节点转动影响系数，计算公式见表 7-5，其中 $\overline{K}$ 为节点处框架梁、柱的平均线刚度比。

表 7-5 节点转动系数 α

楼层	边柱		中柱		α
	简图	$\overline{K}$	简图	$\overline{K}$	
一般层		$\overline{K}=\dfrac{i_2+i_4}{2i_c}$		$\overline{K}=\dfrac{i_1+i_2+i_3+i_4}{2i_c}$	$\alpha=\dfrac{\overline{K}}{2+\overline{K}}$
底层		$\overline{K}=\dfrac{i_2}{i_c}$		$\overline{K}=\dfrac{i_1+i_2}{i_c}$	$\alpha=\dfrac{0.5+\overline{K}}{2+\overline{K}}$

（3）各柱剪力 因柱顶的侧移相等，所以设第 i 层的层间侧移为 Δu_i，该层第 j 柱的侧移刚度为 D_{ij}，根据侧移刚度的定义，得到第 j 柱剪力 V_{ij} 的计算公式：

$$V_{ij}=D_{ij}\Delta u_i \tag{7-9}$$

设共有 m 根框架柱，各柱剪力之和应为层间剪力，所以

$$V_i=V_{i1}+V_{i2}+\cdots+V_{im}=D_{i1}\Delta u_i+D_{i2}\Delta u_i+\cdots+D_{im}\Delta u_i=\sum_{k=1}^{m}D_{ik}\Delta u_i=D_i\Delta u_i$$

所以

$$\Delta u_i=V_i/D_i \tag{7-10}$$

$$D_i=\sum_{k=1}^{m}D_{ik} \tag{7-11}$$

将式（7-10）代入式（7-9），得

$$V_{ij}=\frac{D_{ij}}{D_i}V_i \tag{7-12}$$

式中 V_{ij}——第 i 层第 j 柱的剪力；

V_i——第 i 层柱的总剪力，由式（7-6）计算；

D_{ij}——第 i 层第 j 柱的侧移刚度，依据线刚度和层高按式（7-8）计算；

D_i——第 i 层柱的层间侧移刚度，由式（7-11）确定。

式（7-12）说明层间剪力按柱侧移刚度 D 的大小进行分配，每根柱分配到的剪力值与其侧移刚度 D 成比例，故这种方法称为 D 值法。对于同一楼层，层高相同，侧移刚度之比等于柱的线刚度之比，层间剪力按各柱的线刚度占线刚度总和的比值分配给每一根柱。

7.2.4.3 杆端弯矩

（1）反弯点高度 反弯点至柱下端的距离称为反弯点高度。各层柱反弯点的位置与该柱上、下端转角的大小有关。影响柱两端转角的主要因素有：该柱所在楼层位置，梁、柱的线刚度比；上、下层梁的相对线刚度比；上、下层层高的变化等。框架柱的反弯点位置靠近转角较大的一端，或向刚度较小的一端移动。反弯点高度 yh 按下式计算：

$$yh=(y_0+y_1+y_2+y_3)h \tag{7-13}$$

式中 y——反弯点高度比；

h——柱高或层高；

y_0——标准反弯点高度比，按附表 15.1 或附表 15.2 取值；

y_1——上、下层梁相对线刚度变化时的修正值，按附表 15.3 取值；

y_2、y_3——上、下层层高不同的修正值，按附表 15.4 取值。

（2）柱端弯矩　已知层间剪力和反弯点高度以后，即可求得框架第 i 层第 j 柱上、下端的弯矩分别为：

$$M_{ij}^{t}=V_{ij}(1-y)h_i \tag{7-14}$$

$$M_{ij}^{b}=V_{ij}yh_i \tag{7-15}$$

（3）梁端弯矩　梁端弯矩由框架节点弯矩平衡条件求出，计算简图如图 7-14 所示。对于边节点 ［图 7-14（a）］，顶层：$M_b=M_c$；一般层：$M_b=M_{c1}+M_{c2}$。

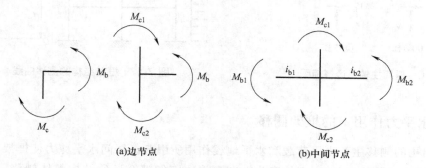

（a）边节点　　　　　　　　（b）中间节点

图 7-14　框架节点弯矩平衡

对于中间节点 ［图 7-14（b）］，由框架节点弯矩平衡条件得到梁端弯矩之和 $M_{b1}+M_{b2}=M_{c1}+M_{c2}$。节点左、右梁端弯矩的大小按其线刚度的比例进行分配，即：

$$M_{b1}=\frac{i_{b1}}{i_{b1}+i_{b2}}(M_{c1}+M_{c2}) \tag{7-16}$$

$$M_{b2}=\frac{i_{b2}}{i_{b1}+i_{b2}}(M_{c1}+M_{c2}) \tag{7-17}$$

7.2.4.4　梁的剪力和柱的轴力

（1）梁的剪力　取一跨梁为脱离体，如图 7-15 所示。梁上无外荷载作用，仅两端有弯矩和剪力，且剪力为常数。由梁段平衡，得梁的剪力

$$V_b=\frac{M_b^l+M_b^r}{l} \tag{7-18}$$

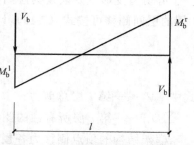

图 7-15　框架梁剪力计算简图

（2）柱的轴力　在节点水平荷载作用下，某层框架柱的轴力由其上各层框架梁的剪力累加而得，如图 7-16 所示。如图 7-16（a）所示为框架第 i 层边柱从其反弯点处截开的脱离体图，由竖直方向的力平衡条件，可得第 i 层边柱的轴力为该层以上右侧梁端剪力之和的负值（轴力以压为正）；如图 7-16（b）所示为框架第 i 层中柱从其反弯点处截开的脱离体图，由竖直方向的力平衡条件，可得第 i 层中柱的轴力为该层以上左侧梁端剪力之和减去右侧梁端剪力之和。

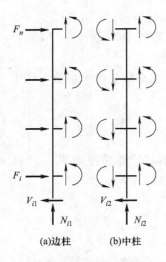

(a)边柱   (b)中柱

图 7-16　框架柱轴力计算简图

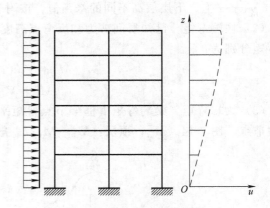

图 7-17　框架结构的侧移曲线

7.2.5　水平力作用下的框架侧移

框架结构的侧移主要由风荷载和水平地震作用所引起。层间水平剪力使框架梁、柱杆件产生弯曲变形，倾覆力矩使框架柱产生轴向变形，它们都会导致结构整体侧移。分析发现，一般框架结构中柱轴向变形引起的侧移很小，可以忽略不计，只考虑杆件弯曲变形引起的侧移，其精度可满足设计要求。

框架结构的侧移曲线如图 7-17 所示。曲线凹向结构的竖向轴，层间侧移（相对水平位移）下大上小，属于剪切型变形。

框架的侧移反映其刚度的大小，无论框架是抗震设计，还是非抗震设计，都要进行侧移计算。因为侧移计算是正常使用极限状态的要求，所以作用采用标准组合。

7.2.5.1　框架侧移计算

剪切型变形主要表现为层间构件的错动，楼盖（屋盖）仅产生平移，而不发生转动。第 i 层的层间侧移可按式（7-19）计算：

$$\Delta u_i = \frac{V_i}{\sum D_{ij}} \tag{7-19}$$

式中　V_i——第 i 层总剪力；

$\sum D_{ij}$——第 i 层所有柱的侧移刚度之和。

框架结构的顶点侧移为各楼层的层间侧移之和：

$$u = \sum_{i=1}^{n} \Delta u_i \tag{7-20}$$

7.2.5.2　变形参数及限值

框架结构限制侧移的目的，一是保证结构基本处于弹性受力状态，避免框架柱出现裂缝，同时将框架梁的裂缝数量、宽度和高度限制在允许范围内；二是保证填充墙、隔墙和幕墙等非结构构件的完好，避免产生明显损伤。抗震设计时，是实现小震不坏的手段。

层间侧移与层高的比值定义为层间位移角，现行规范以层间位移角作为变形验算的控制指标。框架结构试验表明，对于开裂层间位移角，不开洞填充框架为 1/2500，开洞填充框架为 1/926；有限元分析结果表明，不带填充墙时为 1/800，不开洞填充墙时为 1/2000。《建筑抗震设计规范》（GB 50011—2010）和《高层建筑混凝土结构技术规程》（JGJ 3—2010）均不区分有填充墙和无填充墙，取 1/550 作为框架结构层间位移角限值。

7.2.5.3　框架结构变形验算

框架结构在正常使用条件下的变形验算，要求按弹性计算的层间位移角最大值（层间侧移与层高之比的最大值）不超过其限值，即

$$\Delta u / h \leqslant 1/550 \qquad (7-21)$$

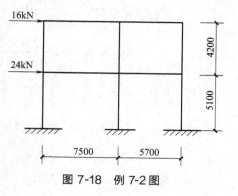

图 7-18　例 7-2 图

【例 7-2】　试用 D 值法计算如图 7-18 所示两层两跨框架结构的内力，并验算变形。梁柱混凝土强度等级为 C30，已知弹性模量 $E_c = 3.00 \times 10^4 \, N/mm^2$；梁截面尺寸 250mm×600mm，柱截面尺寸 400mm×400mm。

【解】

为方便解算，对三根柱进行编号：左柱为 1，中柱为 2，右柱为 3。

（1）杆件线刚度

二层柱：　$i_c = \dfrac{3.00 \times 10^4 \times 400^4}{12 \times 4200} = 1.524 \times 10^{10} \, N \cdot mm$

一层柱：　$i_c = \dfrac{3.00 \times 10^4 \times 400^4}{12 \times 5100} = 1.255 \times 10^{10} \, N \cdot mm$

左跨梁：　$i_b = \dfrac{3.00 \times 10^4 \times 250 \times 600^3}{12 \times 7500} = 1.800 \times 10^{10} \, N \cdot mm$

右跨梁：　$i_b = \dfrac{3.00 \times 10^4 \times 250 \times 600^3}{12 \times 5700} = 2.368 \times 10^{10} \, N \cdot mm$

（2）各层 D 值

第二层

1 柱：$\overline{K} = \dfrac{1.800 + 1.800}{2 \times 1.524} = 1.181$，$\alpha = \dfrac{1.181}{2 + 1.181} = 0.371$

$D_{21} = 0.371 \times \dfrac{12 \times 1.524 \times 10^{10}}{4200^2} = 3.846 \times 10^3 \, N/mm$

2 柱：$\overline{K} = \dfrac{2 \times (1.800 + 2.368)}{2 \times 1.524} = 2.735$，$\alpha = \dfrac{2.375}{2 + 2.735} = 0.578$

$D_{22} = 0.578 \times \dfrac{12 \times 1.524 \times 10^{10}}{4200^2} = 5.992 \times 10^3 \, N/mm$

3 柱：$\overline{K} = \dfrac{2.368 + 2.368}{2 \times 1.524} = 1.554$，$\alpha = \dfrac{1.554}{2 + 1.554} = 0.437$

$D_{23} = 0.437 \times \dfrac{12 \times 1.524 \times 10^{10}}{4200^2} = 4.531 \times 10^3 \, N/mm$

$\sum D_{2j} = (3.846 + 5.992 + 4.531) \times 10^3 = 14.369 \times 10^3 \, N/mm$

第一层

1 柱：$\overline{K}=\dfrac{1.800}{1.255}=1.434$，$\alpha=\dfrac{0.5+1.434}{2+1.434}=0.563$

$$D_{11}=0.563\times\dfrac{12\times1.255\times10^{10}}{5100^2}=3.260\times10^3\text{N/mm}$$

2 柱：$\overline{K}=\dfrac{1.800+2.368}{1.255}=3.321$，$\alpha=\dfrac{0.5+3.321}{2+3.321}=0.718$

$$D_{12}=0.718\times\dfrac{12\times1.255\times10^{10}}{5100^2}=4.157\times10^3\text{N/mm}$$

3 柱：$\overline{K}=\dfrac{2.368}{1.255}=1.887$，$\alpha=\dfrac{0.5+1.887}{2+1.887}=0.614$

$$D_{13}=0.614\times\dfrac{12\times1.255\times10^{10}}{5100^2}=3.555\times10^3\text{N/mm}$$

$$\sum D_{1j}=(3.260+4.157+3.555)\times10^3=10.972\times10^3\text{N/mm}$$

（3）变形验算　楼层总剪力

$$V_2=16\text{kN}, \quad V_1=16+24=40\text{kN}$$

层间位移角底层最大

$$\Delta u=\Delta u_1=\dfrac{V_1}{\sum D_{1j}}=\dfrac{40\times10^3}{10.972\times10^3}=3.65\text{mm}$$

$$\dfrac{\Delta u}{h}=\dfrac{3.65}{5100}=\dfrac{1}{1397}<\dfrac{1}{550}，满足要求。$$

（4）柱的反弯点位置　框架柱反弯点高度 yh 由式（7-13）确定，各计算参数和计算结果见表 7-6。

表 7-6　例 7-2 框架柱反弯点高度

层号	柱号	h/m	y_0	y_1	y_2	y_3	y	yh/m
	1	4.2	0.41	0	0	0	0.41	1.72
2	2	4.2	0.45	0	0	0	0.45	1.89
	3	4.2	0.43	0	0	0	0.43	1.81
	1	5.1	0.58	0	0	0	0.58	2.96
1	2	5.1	0.55	0	0	0	0.55	2.81
	3	5.1	0.56	0	0	0	0.56	2.86

（5）各层柱剪力分配

第二层：

$$V_{21}=\dfrac{3.846}{14.369}\times16=4.28\text{kN}, \quad V_{22}=\dfrac{5.992}{14.369}\times16=6.67\text{kN}$$

$$V_{23}=\dfrac{4.531}{14.369}\times16=5.05\text{kN}$$

第一层：

$$V_{11}=\dfrac{3.260}{10.972}\times40=11.88\text{kN}, \quad V_{12}=\dfrac{4.157}{10.972}\times40=15.16\text{kN}$$

$$V_{11}=\dfrac{3.555}{10.972}\times40=12.96\text{kN}$$

（6）柱端弯矩　柱端弯矩依据剪力和反弯点高度，由式（7-14）和式（7-15）计算，计算结果见表 7-7。

表 7-7　例 7-2 框架柱上、下端弯矩

层号	柱号	V_{ij}/kN	yh/m	上端弯矩/(kN·m)	下端弯矩/(kN·m)
2	1	4.28	1.72	10.61	7.36
	2	6.67	1.89	15.41	12.61
	3	5.05	1.81	12.07	9.14
1	1	11.88	2.96	25.42	35.16
	2	15.16	2.81	34.72	42.60
	3	12.96	2.86	29.03	37.07

（7）梁端弯矩和剪力　梁端弯矩由节点平衡条件确定，并由式（7-16）和式（7-17）计算，结果见表 7-8；梁的剪力依据梁端弯矩和跨度按式（7-18）计算，结果亦见表 7-8。

表 7-8　例 7-2 框架梁内力

层号	第一跨			第二跨		
	左端弯矩/(kN·m)	右端弯矩/(kN·m)	剪力/kN	左端弯矩/(kN·m)	右端弯矩/(kN·m)	剪力/kN
2	10.61	6.66	2.30	8.75	12.07	3.65
1	32.78	24.44	7.63	26.89	38.17	11.41

（8）框架柱的轴力（压为正，拉为负）

第二层

$$N_{21}=-2.30\text{kN}, N_{22}=2.30-3.65=-1.35\text{kN}, N_{23}=3.65\text{kN}$$

第一层

$$N_{11}=-2.30-7.63=-9.93\text{kN}$$

$$N_{12}=(2.30+7.63)-(3.65+10.90)=-5.13\text{kN}$$

$$N_{13}=3.65+11.41=15.06\text{kN}$$

【根据以上数据可以很容易地画出结构的弯矩图、剪力图和轴力图，这一工作建议由读者去完成。】

7.3　钢筋混凝土框架梁柱截面设计

钢筋混凝土框架梁柱截面设计的主要工作是荷载效应（内力）组合，构件正截面、斜截面承载力计算，挠度和裂缝宽度验算，并采取必要的构造措施，这里仅择要介绍。

7.3.1　框架结构内力组合

框架结构同时承受多种外力作用，设计时必须考虑各种外力可能同时作用的最不利情况，求出控制截面的最不利内力（最大内力），这一过程称为内力组合。

7.3.1.1　楼面活荷载的不利布置

楼面活荷载是可变荷载，作用位置可以任意变化，为获得构件截面的最不利内力，应考虑活荷载的不利布置。

（1）逐层逐跨布置法　将活荷载逐层逐跨单独作用在框架梁上，即每次只在一根梁上布

置活荷载,分别计算出整个结构的内力。然后根据不同的构件、不同的截面和不同的内力种类,按照不利与可能的原则进行挑选与叠加,就可以得到最不利内力。

逐层逐跨布置法内力计算的次数与框架梁的数目相同,计算工作量很大,但过程简单、有章可循,适合于电脑计算。

(2) 最不利荷载位置法 对结构某一构件之某个内力,如果知道其影响线,则可以方便地确定产生内力最大值的荷载位置。只要能作出影响线的大致形状,就可按影响线布置活荷载,以此计算结构内力,理论上十分完美。比如,对于规则、对称的无侧移框架,求某跨梁跨中最大正弯矩,应该在该跨布置活荷载,然后沿横向隔跨、竖向隔层的各跨布置活荷载,即采用隔层隔跨的活荷载布置方式。

但是,对于各跨各层梁柱线刚度均不一致的多层多跨框架结构,要准确地作出影响线是十分困难的,因此该法的应用受到限制。

(3) 满布荷载法 当活荷载产生的内力远小于恒荷载和水平风荷载、水平地震作用产生的内力时,可不考虑活荷载的最不利布置,而将活荷载同时满布在框架梁上 [图 7-6 (a)],计算相应内力。满布活荷载求得的梁支座截面内力与按考虑不利荷载位置时所得内力极为相近,可直接用于内力组合;但满布活荷载求得的梁跨中截面弯矩偏小,一般应乘以 1.1~1.3 的系数予以增大,活荷载较大时选用较大的系数值。

混凝土框架结构楼面恒荷载和活荷载之和为 $12\sim14kN/m^2$,其中活荷载部分为 $2\sim3kN/m^2$,只占全部荷载的 15%~20%,活荷载的不利分布影响较小,因而可将活荷载一次满布于框架梁。这种满布荷载法,只需计算一次,计算量小,适合于手工计算。

7.3.1.2 梁柱的控制截面

每一根杆件都有许多截面,对配筋起控制作用的截面称为控制截面。内力沿杆件长度是变化的,内力组合只针对控制截面,而不涉及其他截面,这样可以减少计算工作量,提高设计效率。

框架梁一般有三个控制截面:左端支座截面、跨中截面和右端支座截面。在竖向荷载作用下,梁支座截面是最大负弯矩和最大剪力作用的截面;而在水平力作用下,一端支座截面正弯矩最大,另一端支座截面负弯矩最大。竖向荷载作用下,梁跨中截面正弯矩最大,对于内廊式结构,走廊跨的梁可能完全是负弯矩;水平荷载作用下,梁跨中截面可能是正弯矩,也可能是负弯矩,其值都不大。

框架柱一般有两个控制截面:柱的上端截面(顶截面)和柱的下端截面(底截面)。不管是顶截面还是底截面,都存在轴力、弯矩和剪力。

7.3.1.3 最不利内力组合

框架梁控制截面的最不利内力组合有以下几种。

① 支座截面:$-M_{max}$、$+M_{max}$ 和 V_{max}。

② 跨中截面:$-M_{max}$、$+M_{max}$。

利用支座截面的负弯矩或正弯矩配置上部纵筋和下部纵筋,利用最大剪力配置梁的腹筋(通常是箍筋),以保证支座截面具有足够的承载能力。利用跨中截面的弯矩进行正截面设计,确定梁的下部纵筋和上部通长钢筋。

框架柱的弯矩、剪力最大值产生在柱的上端截面和下端截面,最大轴力出现在柱的下端截面。由于柱为偏心受压构件,随着弯矩 M 和轴力 N 的比值变化,可能发生大偏心受压破坏，也可能发生小偏心受压破坏。不同的破坏形态，M、N 的相关性不同，因此在进行配筋计算之前，无法判断哪一组内力为最不利内力。框架柱通常采用对称配筋，控制截面最不利内力组合有以下几种：

① $|M|_{max}$ 及相应的 N 和 V；

② N_{max} 及相应的 M 和 V；

③ N_{min} 及相应的 M 和 V；

④ $|V|_{max}$ 及相应的 N。

以上四组内力组合的前三组内力用来计算柱正截面受压承载力，以确定纵向受力钢筋数量；第四组内力用来计算斜截面受剪承载力，以确定箍筋数量。

7.3.1.4　梁端内力调整

（1）梁端控制截面内力　框架结构的计算简图是以杆件轴线为代表，没有考虑截面尺寸，计算得到的杆端内力是杆件轴线截面的内力，而梁端控制截面在柱边缘。控制截面的弯矩小于轴线截面弯矩，控制截面的剪力小于或等于轴线截面的剪力。在内力组合前，应先求出控制截面的内力。

竖向荷载作用下，梁端控制截面剪力 V' 和弯矩 M' 可由下式确定：

$$\left.\begin{array}{l} V' = V - (g+q)b/2 \\ M' = M - Vb/2 \end{array}\right\} \tag{7-22}$$

式中　V，M——内力计算得到的梁端支座截面（柱轴线截面）的剪力和弯矩；

g，q——作用在梁上的竖向分布恒荷载和活荷载；

b——柱宽。

水平力作用下，梁端控制截面剪力 V' 和弯矩 M' 应按下式计算：

$$\left.\begin{array}{l} V' = V \\ M' = M - Vb/2 \end{array}\right\} \tag{7-23}$$

（2）梁端弯矩调幅　钢筋混凝土结构中局部出现裂缝或塑性铰，会导致塑性内力重分布。通常情况下，重分布使得出现塑性铰的截面弯矩小于弹性计算值，而没有出铰的截面弯矩大于弹性计算值。

在竖向荷载作用下，梁端截面往往负弯矩较大，造成纵向钢筋配置过于拥挤，影响施工。工程上有降低梁端弯矩的需求，一方面，框架抗震设计时，希望梁端出现塑性铰，实现强柱弱梁；另一方面，为了便于浇捣混凝土，也希望梁端处负弯矩钢筋放得少一些。因此，在进行框架结构设计时，通常对梁端弯矩进行调幅（折减），即人为地减小梁端负弯矩，以减少节点附近梁顶面的钢筋用量。

对于现浇框架，支座负弯矩调幅系数采用 $0.7 \sim 0.8$。梁端负弯矩减小后，跨中正弯矩应按平衡条件相应增大。为了保证框架梁跨中截面底部钢筋不致过少，调幅后的跨中弯矩不应小于竖向荷载作用下按简支梁计算的跨中弯矩的 50%。

需要注意的是，弯矩调幅只对竖向荷载作用下的弯矩进行，水平风荷载、水平地震作用产生的梁端弯矩不予调幅。因此，弯矩调幅应在内力组合之前进行！

内力组合按第 2 章方法进行，非抗震设计采用基本组合，抗震设计采用地震组合。

7.3.2　框架梁柱截面承载力计算

框架梁属于受弯构件，由内力组合可得到控制截面的最不利弯矩 M 和最不利剪力 V。

截面设计时，按受弯构件正截面受弯承载力条件计算所需纵向受力钢筋，按受弯构件斜截面受剪承载力条件计算所需箍筋数量，并应满足相应构造要求，详见第 4 章。

框架柱控制截面通常存在轴力、弯矩和剪力，一般为偏心受压，偶尔为轴心受压。框架柱控制截面内力组合有若干组，正截面承载力计算时，由于轴力 N 和弯矩 M 相互影响，因而很难找出内力组合中的哪一组内力为最不利内力。人工计算时，先根据偏心受压类型的判别条件，将其分为大偏心受压组和小偏心受压组，然后分别判断最不利内力。对于大偏心受压组，按照"弯矩相差不多时，轴力越小越不利；轴力相差不多时，弯矩越大越不利"的原则进行比较，选出最不利内力。对于小偏心受压组，按照"弯矩相差不多时，轴力越大越不利；轴力相差不多时，弯矩越大越不利"的原则进行比较，选出最不利内力。

选出截面的最不利内力 N 和 M 后，采用对称配筋方式，按偏心受压构件正截面承载力公式计算柱的纵向受力钢筋；由 V 和 N 按偏心受压构件斜截面承载力条件计算箍筋数量，并满足相应构造要求，详见第 5 章。

对于轴心受压柱，正截面承载力计算时需要确定稳定系数，而稳定系数与构件的计算长度 l_0 和截面惯性半径 i 的比值有关。对于现浇框架结构，底层柱 $l_0=1.0H$，其余各层柱 $l_0=1.25H$，其中 H 为柱的高度。

7.3.3 框架梁柱节点构造

框架梁柱节点设计应保证框架结构的整体可靠，经济合理且便于施工，是框架结构设计中极为重要的一个环节。非抗震设计时，框架节点的承载力通过采取适当的构造措施来保证。梁柱节点处于剪压复合受力状态，应配置足够数量的水平箍筋，以防止产生剪切破坏。节点水平箍筋配置应符合柱的箍筋要求，但间距不宜大于 250mm；对四边有梁与之相连的节点，可仅沿节点周边设置矩形箍筋。

7.3.3.1 钢筋的锚固与搭接长度

梁柱的连接构造是框架结构设计的一个重要内容。只有确保构件连接质量，才能保证梁柱作为一个整体共同工作。现浇框架结构的梁柱节点都应做成刚性节点，这对钢筋锚固、搭接提出了较高要求。

(1) 钢筋的锚固长度 受拉钢筋的基本锚固长度 l_{ab} 由式 (3-6) 计算。受拉钢筋的锚固长度应根据锚固条件，按式 (3-7) 计算，且不应小于 200mm。

受压钢筋的锚固长度不应小于相应受拉钢筋锚固长度的 70%。

(2) 钢筋的搭接长度 纵向受拉钢筋绑扎搭接接头的搭接长度 l_1 按式 (7-24) 计算，且不应小于 300mm：

$$l_1=\zeta_1 l_a \tag{7-24}$$

式中，ζ_1 为纵向受拉钢筋搭接长度修正系数，按表 7-9 取值。当纵向搭接钢筋接头面积百分率为表的中间值时，修正系数可按内插取值。

表 7-9 纵向受拉钢筋搭接长度修正系数

纵向搭接钢筋接头面积百分率/%	≤25	50	100
ζ_1	1.2	1.4	1.6

构件中纵向受压钢筋当采用搭接连接时，其受压搭接长度不应小于纵向受拉钢筋搭接长度的 70%，且不应小于 200mm。

7.3.3.2 梁柱节点钢筋锚固基本要求

《混凝土结构设计规范（2015 年版）》（GB 50010—2010）对一般框架结构梁柱节点钢筋锚固、节点附近钢筋搭接等构造提出了具体规定。

（1）中间层端节点　框架梁上部纵向钢筋伸入节点的锚固，当采用直线形式时，锚固长度不应小于 l_a，且应伸过柱中心线，伸过的长度不宜小于 $5d$，d 为梁上部纵向钢筋的直径。当柱截面尺寸不满足直线锚固要求时，梁上部纵向钢筋可采用端部加机械锚头的锚固方式，此时梁上部纵向钢筋宜伸至柱外侧纵向钢筋内边，包括机械锚头在内的水平投影锚固长度不应小于 $0.4l_{ab}$，如图 7-19（a）所示；梁上部纵向钢筋也可采用 90°弯折锚固的方式，此时梁上部纵向钢筋应伸至柱外侧纵向钢筋内边并向节点内弯折，其中包含弯弧在内的水平投影长度不应小于 $0.4l_{ab}$，弯折钢筋在弯折平面内包含弯弧段的投影长度不应小于 $15d$，如图 7-19（b）所示。

框架梁下部纵向钢筋在中间层端节点锚固要求，与中间节点相同。

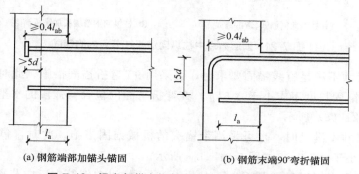

(a) 钢筋端部加锚头锚固　　　　　　(b) 钢筋末端90°弯折锚固

图 7-19　梁上部纵向钢筋在中间层端节点内的锚固

（2）中间层中间节点　框架中间层中间节点，梁的上部纵向钢筋应贯穿节点，下纵向钢筋宜贯穿节点。当下部纵向钢筋必须锚固时，应符合下列锚固要求。

① 当计算中不利用该钢筋的强度时，其伸入节点的锚固长度对带肋钢筋不小于 $12d$，对光圆钢筋不小于 $15d$，d 为钢筋的最大直径。

② 当计算中充分利用该钢筋的抗压强度时，钢筋应按受压钢筋锚固在中间节点内，其直线锚固长度不应小于 $0.7l_a$。

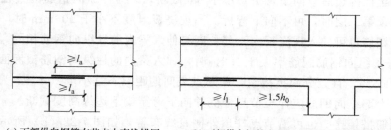

(a) 下部纵向钢筋在节点中直线锚固　　　(b) 下部纵向钢筋在节点或支座范围外的搭接

图 7-20　梁下纵向钢筋在中间节点范围的锚固与搭接

③ 当计算中充分利用该钢筋的抗拉强度时，钢筋可采用直线方式锚固在节点内，锚固长度不应小于钢筋的受拉锚固长度 l_a，如图 7-20（a）所示。

④ 当柱的截面尺寸不足时，可采用钢筋端部加锚头的机械锚固措施，也可采用 90°弯折锚固的方式。

⑤ 钢筋可在节点外梁跨中弯矩较小处设置搭接接头，搭接长度的起始点至节点边缘的距离不应小于 $1.5h_0$，如图 7-20（b）所示。

（3）顶层中间节点　柱纵向钢筋应贯穿中间层的中间节点或端节点，接头应设在节点区以外。柱纵向钢筋在顶层中间节点的锚固应符合下列要求：

① 柱纵向钢筋应伸至柱顶，且自梁底算起的锚固长度不应小于 l_a。

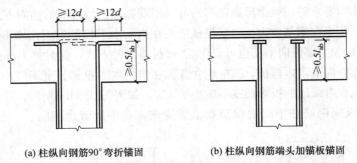

(a) 柱纵向钢筋90°弯折锚固　　　(b) 柱纵向钢筋端头加锚板锚固

图 7-21　顶层节点中柱纵向钢筋在节点内的锚固

② 当截面尺寸不满足直线锚固要求时，可采用 90°弯折锚固措施。此时，包括弯弧在内的钢筋垂直投影锚固长度不应小于 $0.5l_{ab}$，在弯折平面内包含弯弧段的水平投影长度不宜小于 $12d$，如图 7-21（a）所示。

③ 当截面尺寸不满足时，也可采用带锚头的机械锚固措施。此时，包含锚头在内的竖向锚固长度不应小于 $0.5l_{ab}$，如图 7-21（b）所示。

④ 当柱顶有现浇楼板且板厚不小于 100mm 时，柱纵向钢筋也可向节点外弯折，锚固于板内，但弯折后的水平投影长度不宜小于 $12d$。

（4）顶层端节点　顶层端节点柱外侧纵向钢筋可弯入梁内作梁上部纵向钢筋，也可将梁上部纵向钢筋与柱外侧纵向钢筋在节点及其附近部位搭接，搭接可采用下列方式。

① 搭接接头可沿顶层端节点外侧及梁端顶部布置，搭接长度不应小于 $1.5l_{ab}$，如图 7-22（a）所示。其中，伸入梁内的柱外侧钢筋截面面积不宜小于其全部截面面积的 65%；梁宽范围以外的柱外侧钢筋宜沿节点顶部伸至柱内边锚固。当柱外侧纵向钢筋位于柱顶第一层时，钢筋伸至柱内边后宜向下弯折不小于 $8d$ 截断，d 为柱纵向钢筋的直径；当柱外侧纵向钢筋位于柱顶第二层时，可不向下弯折。当现浇板厚度不小于 100mm 时，梁宽范围以外的柱外侧纵向钢筋也可伸入现浇板内，其长度与伸入梁内的柱纵向钢筋相同。

② 当柱外侧纵向钢筋配筋率大于 1.2% 时，伸入梁内的柱纵向钢筋截面面积不小于其全部截面面积的 65%，且宜分两批截断，截断点之间的距离不宜小于 $20d$，d 为柱外侧纵向钢筋的直径。梁上部纵向钢筋应伸至节点外侧并向下弯至梁下边缘高度截断。

③ 纵向钢筋搭接接头也可沿节点柱顶外侧直线布置，如图 7-22（b）所示。此时，搭接长度自柱顶算起不应小于 $1.7l_{ab}$。当梁上部纵向钢筋的配筋率大于 1.2% 时，弯入柱外侧的梁上部纵向钢筋与柱外侧纵向钢筋的搭接长度不小于 $1.5l_{ab}$，且宜分两批截断，截断点之间的距离不宜小于 $20d$，d 为梁上部纵向钢筋的直径。

④ 当梁的截面高度较大，梁、柱纵向钢筋相对较少，从梁底算起的直线搭接长度未延伸至柱顶已满足 $1.5l_{ab}$ 的要求时，应将搭接长度延伸至柱顶并满足搭接长度 $1.7l_{ab}$ 的要求；或者从梁底算起的弯折搭接长度未延伸至柱内侧边缘已满足 $1.5l_{ab}$ 的要求时，其弯折后包括

弯弧在内的水平段长度不应小于 $15d$，d 为柱纵向钢筋的直径。

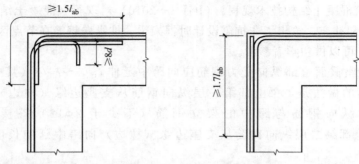

(a) 搭接接头沿顶层端节点外侧及梁端顶部布置　　(b) 搭接接头沿顶层端节点外侧直线布置

图 7-22　顶层端节点梁、柱纵向钢筋在节点内的锚固与搭接

　　试验研究表明，当梁上部和柱外侧钢筋配筋率过高时，将引起顶层端节点核心区混凝土的斜压破坏，故应限制顶层端节点梁上部纵向钢筋的用量。顶层端节点处梁上部纵向钢筋的截面面积 A_s 应符合下列规定：

$$A_s \leqslant \frac{0.35\beta_c f_c b_b h_0}{f_y} \tag{7-25}$$

式中　b_b——梁腹板宽度；

　　　h_0——梁截面有效高度。

　　梁上部纵向钢筋与柱外侧纵向钢筋在节点角部的弯弧内半径，当钢筋直径不大于 25mm 时，不宜小于 $6d$；当钢筋直径大于 25mm 时，不宜小于 $8d$。钢筋弯弧外侧的混凝土中应配置防裂、防剥落的构造钢筋。

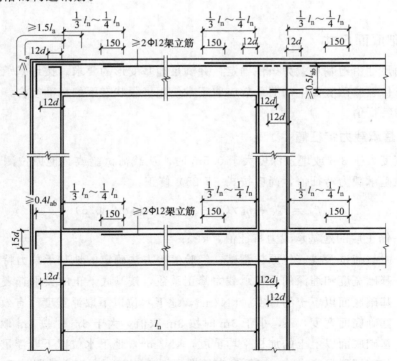

图 7-23　非抗震设计时框架梁、柱纵向钢筋在节点区锚固示意

7.3.3.3 梁柱节点钢筋锚固示例

《高层建筑混凝土结构技术规程》（JGJ 3—2010）对现行《混凝土结构设计规范》进行了必要的修改和补充，给出了非抗震设计时框架梁、柱纵向钢筋在节点区的锚固示意图，如图 7-23 所示，可以供初学者参考。

框架梁支座截面上部纵向受力钢筋应向跨中延伸 $l_n/4 \sim l_n/3$（其中 l_n 为梁的净跨），工程上采常用的做法是，梁上部第一层纵向钢筋从支座边缘（柱边）向跨中延伸长度 $l_n/3$，角部的纵向钢筋与跨中的架立钢筋（不少于 $2\phi12$）搭接，搭接长度可取 150mm；梁上部第二层纵向钢筋从支座边缘（柱边）向跨中延伸长度 $l_n/4$，与抗震设计构造相同。

框架梁的下部纵向钢筋通常采用带肋钢筋，伸入支座（节点）的长度，有 $12d$ 已足够，不必伸入 l_a。

需要注意的是，当相邻梁的跨度相差较大（长短跨之比值超过 1.2）时，梁端负弯矩钢筋的延伸长度（或截断位置），应根据实际受力情况另行确定。

7.4 钢筋混凝土柱下独立基础

基础是建筑的下部结构，承担上部结构传来的荷载，并经其扩散后传给地基。柱下钢筋混凝土基础的形式有独立基础、条形基础、筏形基础、箱形基础和桩基础等，地基条件较好时框架结构柱基础通常采用钢筋混凝土独立基础。基础底面尺寸应满足地基承载力条件、地基变形条件。柱下钢筋混凝土独立基础可能发生冲切破坏和弯曲破坏，应进行相应验算。

7.4.1 基础底面尺寸

基础底面尺寸由地基承载力条件确定，并满足地基变形的要求。按地基承载力确定基础底面尺寸时，传至基础底面上的荷载效应取正常使用极限状态下的标准组合，相应的抗力采用地基承载力特征值。

7.4.1.1 地基承载力特征值

当基础宽度大于 3m 或埋置深度大于 0.5m 时，从载荷试验或其他原位测试、经验值等方法确定的地基承载力特征值，尚应按式（7-26）修正：

$$f_a = f_{ak} + \eta_b \gamma(b-3) + \eta_d \gamma_m(d-0.5) \tag{7-26}$$

式中　f_a——修正后的地基承载力特征值，kPa；

$\quad f_{ak}$——由载荷试验或其他原位测试、经验值等方法确定的地基承载力特征值，kPa；

$\quad \eta_b$、η_d——基础宽度和埋深的地基承载力修正系数，按基底下土的类别查表 7-10 取值；

$\quad \gamma$——基础底面以下土的重度，kN/m³，地下水位以下取浮重度（有效重度）；

$\quad b$——基础底面宽度，m，小于 3m 时按 3m 取值，大于 6m 时按 6m 取值；

$\quad \gamma_m$——基础底面以上土的加权平均重度，kN/m³，地下水位以下取浮重度；

$\quad d$——基础埋置深度，m，一般自室外地面标高算起。在填方整平地区，可自填土地面标高算起，但填土在上部结构施工完成时，应从天然地面标高算起。

表 7-10　承载力修正系数

土 的 类 别		η_b	η_d
淤泥和淤泥质土		0	1.0
人工填土 e 或 I_L 大于等于 0.85 的黏性土		0	1.0
红黏土	含水比 $\alpha_w > 0.8$	0	1.2
	含水比 $\alpha_w \leqslant 0.8$	0.15	1.4
大面积压实填土	压实系数大于 0.95、黏粒含量 $\rho_c \geqslant 10\%$ 的粉土	0	1.5
	最大干密度大于 2.1t/m³ 的级配砂石	0	2.0
粉　土	黏粒含量 $\rho_c \geqslant 10\%$ 的粉土	0.3	1.5
	黏粒含量 $\rho_c < 10\%$ 的粉土	0.5	2.0
e 及 I_L 小于 0.85 的黏性土		0.3	1.6
粉砂、细砂(不包括很湿与饱和时的稍密状态)		2.0	3.0
中砂、粗砂、砾砂和碎石土		3.0	4.4

注：1. 强风化和全风化的岩石，可参照所风化的相应土类取值，其他状态下的岩石不修正；
　　2. 地基承载力特征值由深层平板载荷试验确定时 η_d 取 0。

7.4.1.2　持力层承载力条件确定基底尺寸

基础底面的压力分布比较复杂，通常按《材料力学》或《工程力学》的公式进行简化计算。柱基础一般都是偏心受压，要求基底平均压力 p_k 不超过地基承载力特征值、偏心方向边缘的最大压应力 $p_{k\max}$ 不超过地基承载力特征值的 1.2 倍：

$$p_k = \frac{F_k + G_k}{A} = \frac{F_k}{A} + \gamma_G d \leqslant f_a \tag{7-27}$$

$$p_{k\max} = \frac{F_k + G_k}{A} + \frac{M_k}{W} = p_k\left(1 + \frac{6e}{l}\right) \leqslant 1.2 f_a \tag{7-28}$$

式中　F_k——相应于荷载效应标准组合时，上部传至基础顶面的竖向力值，kN；

$\quad\ G_k$——基础自重和基础上的回填土重，kN，可取 $G_k = \gamma_G A d$，其中 γ_G 为基础和台阶上回填土的平均重度，一般取 20kN/m³，地下水位以下扣除浮力，取 10kN/m³；

$\quad\ d$——基础埋置深度，m；

$\quad\ A$——基础底面面积，m²；

$\quad\ M_k$——相应于荷载效应标准组合时，作用于基础底面的力矩值，kN·m；

$\quad\ W$——基础底面的抵抗矩，m³，矩形基础 $W = bl^2/6$；

$\quad\ e$——偏心距，m，$e = M_k/(F_k + G_k)$。

首先由式 (7-27) 估算基底面积 A，然后根据偏心程度乘以放大系数 1.1～1.3，再取矩形底面的长宽比 $l/b = 1$～2，确定边长 l 和 b，最后验算式 (7-28)。

7.4.2　基础冲切计算

柱下独立基础的剖面可采用锥形或阶梯形。锥形基础的边缘高度不宜小于 200mm；两个方向的坡度不宜大于 1:3，顶部每边宜沿柱边放出 50mm。阶梯形基础的每阶高度宜为 300～500mm。阶梯形基础的阶高和阶宽（图 7-24）均采用 50mm 的倍数，最下一阶宽度 $b_1 \leqslant 1.75h_1$，其余阶宽不大于阶高。当高度 $H \leqslant 500$mm 时，宜分为一阶；当 $500\text{mm} < H \leqslant 900\text{mm}$ 时，宜分为二阶；当 $H > 900$mm 时，宜分为三阶。

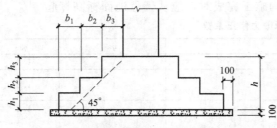

图 7-24 阶梯形基础的阶高和阶宽

基础垫层的厚度不宜小于 70mm（通常做法是：垫层采用厚度 100mm，两边伸出基础底板 100mm）；垫层混凝土的强度等级按《建筑地基基础设计规范》不宜低于 C10，而按《混凝土结构设计规范》则应为 C15。

试验表明，当基础底板面积较大而高度较薄时，基础从柱子（或变阶处）四周开始，沿着 45°斜面拉裂，从而形成冲切角锥体（图 7-25），这种破坏称为冲切破坏。矩形基础一般沿柱短边一侧先产生冲切破坏。

基础的高度由混凝土抗冲切强度确定。由冲切破坏角锥体以外的地基净反力所产生的冲切力应不大于冲切面处混凝土的抗冲切能力。对于矩形截面柱的矩形基础，应按下列公式验算柱与基础交接处以及基础变阶处的受冲切承载力：

$$F_l \leqslant 0.7\beta_{hp}f_t b_m h_0 \qquad (7\text{-}29)$$

$$b_m = (b_t + b_b)/2 \qquad (7\text{-}30)$$

$$F_l = p_j A_l \qquad (7\text{-}31)$$

式中　β_{hp}——受冲切承载力截面高度影响系数，当 h 不大于 800mm 时，β_{hp} 取 1.0；当 h 大于等于 2000mm 时，β_{hp} 取 0.9，其间按线性内插法取用；

　　f_t——混凝土轴心抗拉强度设计值，kPa；

　　h_0——基础冲切破坏锥体的有效高度，m；

　　b_m——冲切破坏锥体最不利一侧计算长度，m，如图 7-26 所示；

　　b_t——冲切破坏锥体最不利一侧截面的上边长，m，当计算柱与基础交接处的受冲切承载力时，取柱宽；当计算基础变阶处的受冲切承载力时，取上阶宽；

　　b_b——冲切破坏锥体最不利一侧斜截面在基础底面积范围内的下边长，m；

　　p_j——荷载效应基本组合时地基土单位面积净反力，kPa，偏心受压基础可取最大净反力 p_{jmax}；

　　A_l——冲切验算时取用的部分基底面积，m²，如图 7-27（a）所示中的阴影面积 ABCDEF，或如图 7-27（b）所示中的阴影面积 ABCD；

　　F_l——相应于荷载效应基本组合时作用在 A_l 上的地基土净反力设计值，kN。

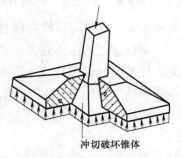

冲切破坏锥体

图 7-25　冲切破坏角锥体

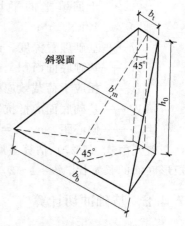

图 7-26　冲切斜裂面边长

轴心受压时，地基土的净反力设计值为

$$p_j = \frac{F}{A} = \frac{F}{bl} \qquad (7\text{-}32)$$

偏心受压时，地基土净反力设计值的最大、最小值分别为

$$p_{jmax} = \frac{F}{A} + \frac{M}{W} = \frac{F}{bl} + \frac{6M}{bl^2} \qquad (7\text{-}33)$$

$$p_{jmin} = \frac{F}{A} - \frac{M}{W} = \frac{F}{bl} - \frac{6M}{bl^2} \qquad (7\text{-}34)$$

假设柱截面的长边、短边尺寸分别用 a_c、b_c 表示，则沿柱边产生冲切时，应有 $b_c = b_t$。当 $b > b_c + 2h_0$ 时，冲切破坏锥体的底边落在基础底面积之内，此时 $b_b = b_c + 2h_0$，所以

$$b_m = (b_t + b_b)/2 = (b_c + b_c + 2h_0)/2 = b_c + h_0 \qquad (7\text{-}35)$$

$$A_l = \left(\frac{l}{2} - \frac{a_c}{2} - h_0\right)b - \left(\frac{b}{2} - \frac{b_c}{2} - h_0\right)^2 \qquad (7\text{-}36)$$

而当 $b \leq b_c + 2h_0$ 时，冲切力的作用面积为一矩形，此时 $b_b = b$，所以

$$b_m = (b_c + b)/2 \qquad (7\text{-}37)$$

$$A_l = \left(\frac{l}{2} - \frac{a_c}{2} - h_0\right)b \qquad (7\text{-}38)$$

通常做法是根据经验假定基础高度 h，并按式（7-29）进行验算。如满足，则假定高度可取；若不满足，则应加大基础高度，重新验算，直到满足为止。

当基础剖面为阶梯形时，除可能在柱子周边沿 45° 斜面拉裂形成冲切角锥体外，还可能从变阶处开始沿 45° 斜面拉裂。因此，尚需对基础变阶处进行冲切验算。此时，变阶处的有效高度 h_{01} 由变阶处的截面高度确定，并将上述公式中的 a_c 和 b_c 分别换成变阶处的台阶尺寸 a_1 和 b_1 即可。

当基础底面边缘在 45° 冲切破坏线以内时，可不进行基础高度的受冲切承载力验算。

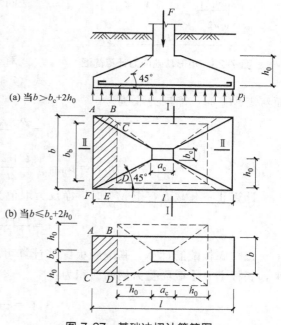

(a) 当 $b > b_c + 2h_0$

(b) 当 $b \leq b_c + 2h_0$

图 7-27　基础冲切计算简图

7.4.3　基础底板配筋

底板在净反力作用下，两个方向上均发生向上的弯曲变形，底部受拉、顶部受压，在危险截面内的弯矩超过底板的抗弯极限承载力时，底板就会发生弯曲破坏。

7.4.3.1　基础底板配筋计算

独立基础底板在地基净反力作用下，沿着柱的周边向上弯曲，一般矩形基础均为双向受弯，因此应在底板两个方向配置受力钢筋。

（1）底板弯矩计算　将基础底板看成四块固定在柱周边的梯形悬臂板，则基础底板长、宽两个方向的弯矩，就等于相应梯形基底面积上地基净反力所产生的力矩。

对于图 7-28 所示的轴心受压基础，固定于柱四周的四边悬挑基础底板，沿长边方向柱边截面 I—I 的弯矩为梯形面积 $ABDC$ 上的净反力所产生。$ABDC$ 面积内净反力的合力大

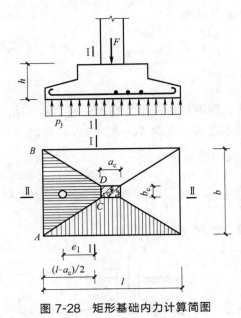

图 7-28 矩形基础内力计算简图

小为

$$V_{\text{I}} = p_{\text{j}} \frac{1}{4}(l - a_{\text{c}})(b + b_{\text{c}})$$

该合力作用于梯形的形心，与Ⅰ—Ⅰ截面相距为 e_{I}：

$$e_{\text{I}} = \frac{2}{3} \times \left(\frac{2b + b_{\text{c}}}{b + b_{\text{c}}}\right) \times \frac{l - a_{\text{c}}}{2} \times \frac{1}{2}$$

$$= \frac{(l - a_{\text{c}})(2b + b_{\text{c}})}{6(b + b_{\text{c}})}$$

Ⅰ-Ⅰ截面的弯矩设计值

$$M_{\text{I}} = V_{\text{I}} e_{\text{I}} = \frac{p_{\text{j}}}{24}(l - a_{\text{c}})^2(2b + b_{\text{c}}) \quad (7\text{-}39)$$

同理，沿短边方向柱边Ⅱ-Ⅱ截面应有：

$$M_{\text{II}} = \frac{p_{\text{j}}}{24}(b - b_{\text{c}})^2(2l + a_{\text{c}}) \quad (7\text{-}40)$$

对于偏心受压基础，截面弯矩仍按式（7-39）、式（7-40）计算，但净反力取值不同。计算Ⅰ-Ⅰ截面弯矩 M_{I} 时，净反力取值为：

$$p_{\text{j}} = \frac{p_{\text{jmax}} + p_{\text{jI}}}{2} \quad (7\text{-}41)$$

$$p_{\text{jI}} = p_{\text{jmin}} + \frac{l + a_{\text{c}}}{2l}(p_{\text{jmax}} - p_{\text{jmin}}) \quad (7\text{-}42)$$

计算Ⅱ—Ⅱ截面弯矩 M_{II} 时，净反力取值为：

$$p_{\text{j}} = \frac{p_{\text{jmax}} + p_{\text{jmin}}}{2} \quad (7\text{-}43)$$

（2）底板配筋计算　基础底板配筋计算可利用双向板的配筋计算公式（6-15），如此一来，底板Ⅰ—Ⅰ截面受力钢筋面积为：

$$A_{\text{sI}} = \frac{M_{\text{I}}}{0.9 f_{\text{y}} h_0} \quad (7\text{-}44)$$

该钢筋位于底板的底部。底板Ⅱ—Ⅱ截面受力钢筋面积为：

$$A_{\text{sII}} = \frac{M_{\text{II}}}{0.9 f_{\text{y}}(h_0 - d)} \quad (7\text{-}45)$$

短边方向的弯矩小于长边方向的弯矩，该方向的钢筋布置在长边方向钢筋之上，故其合力作用点到基础顶面的距离为 $h_0 - d$（这里 d 为钢筋直径）。

对于阶梯形基础，除进行柱边截面配筋计算外，尚应计算变阶处截面的配筋，此时只需用台阶平面尺寸替换柱截面尺寸，按上述方法计算。最后，根据同一方向柱边截面、变阶截面所计算的钢筋面积，取较大者进行实际配筋。

7.4.3.2　柱下独立基础的构造

基础底板受力钢筋的最小直径不应小于 10mm；间距不应大于 200mm，也不应小于 100mm；最小配筋率不应小于 0.15%。当边长大于或等于 2.5m 时，底板受力钢筋的长度可取边长的 0.9 倍，并宜交错布置。

当有垫层时，钢筋的保护层厚度不小于 40mm（从垫层顶面算起）；无垫层时，保护层厚度不小于 70mm。基础混凝土的强度等级不应低于 C20。

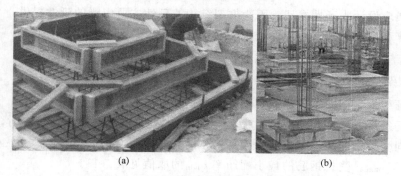

图 7-29　柱下钢筋混凝土独立基础施工现场

现浇柱的基础，其插筋的数量、直径以及钢筋种类应与柱内纵向受力钢筋相同；插筋的锚固长度应满足要求，插筋的下端宜做成直钩放在基础底板钢筋网上。

如图 7-29 所示为柱下独立基础的施工现场，图（a）中可见底板钢筋，基础侧边模板；图（b）中可见基础台阶和插筋。

7.5　钢筋混凝土框架结构的抗震构造措施

钢筋混凝土框架结构是我国工业与民用建筑较常用的结构形式，多层结构为主，高层建筑为辅。因其具有良好的抗震性能，故地震时所遭受的破坏比砌体结构震害轻得多。但是，未经抗震设计或抗震概念设计存在明显问题的钢筋混凝土框架结构也存在许多薄弱环节，在遭遇 8 度及以上的地震时，有一定数量的框架结构房屋也会产生中等或严重破坏，极少数甚至整体倒塌，如图 7-30 所示。因此，在抗震设防区，钢筋混凝土框架结构应进行抗震设计。

图 7-30　强震作用下多层钢筋混凝土框架结构整体倒塌

中国目前抗震设防的目标是"小震不坏、中震可修、大震不倒"。延性框架设计，是实现大震不倒的途径，只有大震不倒才能减少地震灾害引起的生命、财产损失。延性框架设计的基本原则是强柱弱梁、强剪弱弯、强节点强锚固。框架结构抗震设计分概念设计、抗震计算和构造措施三个方面，这里只介绍抗震构造措施。

7.5.1 框架梁的抗震构造措施

抗震框架应设计成延性框架。因为框架结构的延性主要由梁的延性提供，所以设计框架梁必须从计算和构造两个方面来保证是适筋梁，塑性铰具有较强的转动能力，并满足强剪弱弯的要求。

7.5.1.1 框架梁的纵向受力钢筋

为了保证梁端正截面塑性铰的转动能力和适筋梁的要求，应采用双筋梁，且受压区高度 x 应满足如下条件：抗震等级为一级时，$x \leqslant 0.25h_0$；抗震等级为二、三级时，$x \leqslant 0.35h_0$。

（1）纵向受拉钢筋构造要求　框架梁纵向受拉钢筋的配筋率应不低于最小配筋率，即 $\rho = A_s/(bh) \geqslant \rho_{min}$。受拉钢筋的最小配筋率 ρ_{min} 的取值见表7-11。

梁端纵向受拉钢筋的配筋率不宜大于 2.5%。

（2）纵向受压钢筋构造要求　梁端底部纵向受压钢筋配置不能过少。一方面考虑到地震作用的随机性，在按计算梁端不出现正弯矩或出现较小正弯矩的情况下，有可能在较强地震下出现偏大的正弯矩，故需在底部正弯矩受拉钢筋用量上给予一定的储备，以免下部钢筋过早屈服甚至拉断；另一方面，提高梁端截面底部纵向钢筋的数量，也有助于改善梁端塑性铰区在负弯矩作用下的延性。所以，梁端截面底部纵向钢筋除按计算确定外，还应满足如下条件：一级抗震等级 $A'_s \geqslant 0.5A_s$，二、三级抗震等级 $A'_s \geqslant 0.3A_s$。

表 7-11　框架梁纵向受拉钢筋的最小配筋百分率　　　　单位：%

抗震等级	梁中位置	
	支座	跨中
一级	0.40 和 $80f_t/f_y$ 中的较大值	0.30 和 $65f_t/f_y$ 中的较大值
二级	0.30 和 $65f_t/f_y$ 中的较大值	0.25 和 $55f_t/f_y$ 中的较大值
三、四级	0.25 和 $55f_t/f_y$ 中的较大值	0.20 和 $45f_t/f_y$ 中的较大值

（3）纵向钢筋的其他构造要求　考虑到框架梁在地震作用过程中反弯点位置可能出现移动，沿梁全长应配置一定数量的通长钢筋：沿梁全长顶面和底面至少应各配置两根通长的纵向钢筋，对一级、二级抗震等级，钢筋直径不应小于14mm，且分别不应少于梁两端顶面和底面纵向受力钢筋中较大截面面积的 1/4；对三级、四级抗震等级，钢筋直径不应小于 12mm。

一级、二级、三级框架梁内贯通中柱的每根纵向钢筋直径，不应大于矩形截面柱在该方向截面尺寸的 1/20，或纵向钢筋所在位置圆形截面柱弦长的 1/20。

7.5.1.2 框架梁的箍筋构造

为保证实现强剪弱弯，梁端塑性铰区箍筋除满足斜截面受剪承载力以外，还应按规定加密。梁端箍筋的加密区长度、箍筋最大间距和箍筋最小直径，应按表7-12采用；当梁端纵向受拉钢筋配筋率大于2%时，表中箍筋最小直径应增大 2mm。

梁箍筋加密区长度内的箍筋肢距：一级抗震等级，不宜大于 200mm 和 20 倍箍筋直径的较大值；二级、三级抗震等级，不宜大于 250mm 和 20 倍箍筋直径的较大值；各抗震等级下，均不宜大于 300mm。

梁端设置的第一个箍筋距框架节点边缘不应大于 50mm。非加密区的箍筋间距不宜大于加密区箍筋间距的 2 倍。沿梁全长箍筋的面积配筋率 ρ_{sv} 应符合下列规定：

表 7-12 框架梁梁端箍筋加密区的构造要求

抗震等级	加密区长度/mm	箍筋最大间距/mm	最小直径/mm
一级	2 倍梁高和 500 中的较大值	纵向钢筋直径的 6 倍、梁高的 1/4 和 100 中的最小值	10
二级		纵向钢筋直径的 8 倍、梁高的 1/4 和 100 中的最小值	8
三级	1.5 倍梁高和 500 中的较大值	纵向钢筋直径的 8 倍、梁高的 1/4 和 150 中的最小值	8
四级		纵向钢筋直径的 8 倍、梁高的 1/4 和 150 中的最小值	6

注：箍筋直径大于 12mm、数量不少于 4 肢且肢距不大于 150mm 时，一级、二级的最大间距应允许适当放宽，但不得大于 150mm。

一级抗震等级　　　　　　$\rho_{sv} \geq 0.30 f_t / f_{yv}$　　　　　　　　　　　　(7-46)

二级抗震等级　　　　　　$\rho_{sv} \geq 0.28 f_t / f_{yv}$　　　　　　　　　　　　(7-47)

三级、四级抗震等级　　　$\rho_{sv} \geq 0.26 f_t / f_{yv}$　　　　　　　　　　　　(7-48)

7.5.2 框架柱的抗震构造措施

延性框架结构要求设计成强柱，尽可能使柱处于弹性受力状态；而且同时要求强剪，保证柱子具有一定的延性。地震时房屋是否坏而不倒，很大程度上与柱的延性好坏有关。框架柱的设计计算和抗震措施都是围绕强柱、强剪，尽量提高偏心受压柱的延性。

7.5.2.1 框架柱纵向钢筋构造要求

框架柱全部纵向受力钢筋的配筋百分率不应小于表 7-13 规定的数值，同时，每一侧的配筋百分率不应小于 0.2%；对 IV 类场地上较高的高层建筑，最小配筋百分率应增加 0.1%。采用 335MPa 级、400MPa 级纵向受力钢筋时，应分别按表中数值增加 0.1% 和 0.05% 采用；当混凝土强度等级为 C60 以上时，应按表中数值增加 0.1% 采用。

表 7-13 框架柱全部纵向受力钢筋最小配筋百分率　　　　　　　单位：%

柱类型	抗 震 等 级			
	一级	二级	三级	四级
中柱、边柱	1.0	0.8	0.7	0.6
角柱	1.1	0.9	0.8	0.7

框架柱全部纵向受力钢筋配筋率不应大于 5%。柱的纵向钢筋宜对称配置。截面尺寸大于 400mm 的柱，纵向钢筋的间距不宜大于 200mm。当按一级抗震等级设计，且柱的剪跨比不大于 2 时，柱每侧纵向钢筋的配筋率不宜大于 1.2%。

框架边柱、角柱在地震组合下处于小偏心受拉时，柱内纵向受力钢筋总截面面积应比计算值增加 25%。

7.5.2.2 框架柱箍筋构造要求

（1）加密区箍筋构造要求　框架柱上、下两端箍筋应加密。加密区长度应取柱截面长边尺寸（或圆形截面直径）、柱净高的 1/6 和 500mm 中的最大值；一级、二级抗震等级的角柱应沿全高加密箍筋。底层柱根箍筋加密区长度应取不小于该层柱净高的 1/3；当有刚性地面时，除柱端箍筋加密区外尚应在刚性地面上、下各 500mm 的高度范围内加密箍筋。

框架柱加密区的箍筋最大间距和箍筋最小直径应符合表 7-14 的规定；剪跨比不大于 2 的框架柱应在柱全高范围内加密箍筋，且箍筋间距应符合一级抗震等级的要求；一级抗震等级框架柱的箍筋直径大于 12mm 且箍筋肢距不大于 150mm 及二级抗震等级框架柱的箍筋直径不小于 10mm 且箍筋肢距不大于 200mm 时，除底层柱下端外，箍筋间距应允许采用 150mm；四级抗震等级框架柱剪跨比不大于 2 时，箍筋直径不应小于 8mm。

柱箍筋加密区内的箍筋肢距：一级抗震等级不宜大于 200mm；二级、三级抗震等级不宜大于 250mm 和 20 倍箍筋直径中的较大值；四级抗震等级不宜大于 300mm。每隔一根纵向钢筋宜在两个方向有箍筋或拉筋约束；当采用拉筋且箍筋与纵向钢筋有绑扎时，拉筋宜紧靠纵向钢筋并钩住箍筋。

表 7-14 柱端箍筋加密区的构造要求

抗震等级	箍筋最大间距/mm	箍筋最小直径/mm
一级	纵向钢筋直径的 6 倍和 100 中的较小值	10
二级	纵向钢筋直径的 8 倍和 100 中的较小值	8
三级	纵向钢筋直径的 8 倍和 150（柱根 100）中的较小值	8
四级	纵向钢筋直径的 8 倍和 150（柱根 100）中的较小值	6（柱根 8）

表 7-15 柱箍筋加密区的最小配箍特征值 λ_v

抗震等级	箍筋形式	轴压比								
		≤0.3	0.4	0.5	0.6	0.7	0.8	0.9	1.0	1.05
一级	普通箍、复合箍	0.10	0.11	0.13	0.15	0.17	0.20	0.23	—	—
	螺旋箍、复合或连续复合矩形螺旋箍	0.08	0.09	0.11	0.13	0.15	0.18	0.21	—	—
二级	普通箍、复合箍	0.08	0.09	0.11	0.13	0.15	0.17	0.19	0.22	0.24
	螺旋箍、复合或连续复合矩形螺旋箍	0.06	0.07	0.09	0.11	0.13	0.15	0.17	0.20	0.22
三、四级	普通箍、复合箍	0.06	0.07	0.09	0.11	0.13	0.15	0.17	0.20	0.22
	螺旋箍、复合或连续复合矩形螺旋箍	0.05	0.06	0.07	0.09	0.11	0.13	0.15	0.18	0.20

注：1. 普通箍指单个矩形箍筋或单个圆形箍筋；螺旋箍指单个螺旋箍筋；复合箍指由矩形、多边形、圆形箍筋或拉筋组成的箍筋；复合螺旋箍指由螺旋箍与矩形、多边形、圆形箍筋或拉筋组成的箍筋；连续复合矩形螺旋箍指全部螺旋箍为同一根钢筋加工成的箍筋。

2. 在计算复合螺旋箍的体积配筋率时，其中非螺旋箍筋的体积应乘以系数 0.8。

3. 当混凝土强度等级高于 C60 时，箍筋宜采用复合箍、复合螺旋箍或连续复合矩形螺旋箍；当轴压不大于 0.6 时，其加密区的最小配箍特征值宜按表中数值增加 0.02；当轴压比大于 0.6 时，宜按表中数值增加 0.03。

柱箍筋加密区箍筋的体积配筋率，应符合下列规定

$$\rho_v \geq \lambda_v f_c / f_{yv} \tag{7-49}$$

式中 ρ_v——柱箍筋加密区的体积配筋率，计算中应扣除重叠部分的箍筋体积，一级抗震等级不应小于 0.8%，二级抗震等级不应小于 0.6%，三级、四级抗震等级不应小于 0.4%；

f_{yv}——箍筋抗拉强度设计值；

f_c——混凝土轴心抗压强度设计值，当强度等级低于 C35 时，按 C35 取值；

λ_v——最小配箍特征值，按表 7-15 采用。

当剪跨比 λ 不大于 2 时，宜采用复合螺旋箍或井字复合箍，其箍筋体积配筋率不应小于 1.2%；抗震设防烈度为 9 度时，不应小于 1.5%。

（2）非加密区箍筋构造要求 在箍筋加密区外，箍筋的体积配筋率不宜小于加密区配筋率的一半；对一级、二级抗震等级，箍筋间距不应大于 10d；对三级、四级抗震等级，箍筋间距不应大于 15d，此处，d 为纵向钢筋直径。

7.5.3 框架梁柱节点的抗震构造措施

震害调查发现，框架梁柱节点区的破坏大都是由于节点区无箍筋或少箍筋，在剪压作用下混凝土首先出现斜裂缝，然后挤压破碎，纵向钢筋压屈成灯笼状所致。2008 年四川汶川

地震中框架结构梁柱节点区出现了不同程度的震害，如图 7-31 所示。保证节点区不发生剪切破坏的主要措施是，通过抗震验算，在节点区配置足够的箍筋，并保证混凝土的强度及浇筑的密实性，以此实现"强节点"。

图 7-31　节点区震害案例

节点区的另一安全隐患是，梁纵向钢筋可能在节点区内产生滑移。采取"强锚固"措施，可防止梁纵向钢筋的黏结滑移。

7.5.3.1　节点箍筋构造要求

框架节点核心区箍筋的最大间距、最小直径宜按表 7-14 采用。对一级、二级、三级抗震等级的框架节点核心区，配箍特征值 λ_v 分别不宜小于 0.12、0.10 和 0.08，且其箍筋体积配筋率分别不宜小于 0.6%、0.5% 和 0.4%。当框架柱的剪跨比不大于 2 时，其节点核心区体积配箍率不宜小于核心区上、下柱端体积配箍率中的较大值。

7.5.3.2　强锚固的构造措施

抗震设计时，纵向钢筋的基本锚固长度为 l_{abE}、锚固长度为 l_{aE}。框架梁、柱纵向钢筋在框架节点区的锚固和搭接（图 7-32）应符合下列要求。

① 顶层中节点柱纵向钢筋和边节点柱内侧纵向钢筋应伸至柱顶。当从梁边计算的直线锚固长度不小于 l_{aE} 时，可不必水平弯折，否则应向柱内侧或梁内、板内水平弯折，锚固段弯折前的竖直投影长度不应小于 $0.5l_{abE}$，弯折后的水平投影长度不宜小于 12 倍的柱纵向钢筋直径。此处，l_{abE} 为抗震时钢筋的基本锚固长度，一级、二级取 $1.15l_{ab}$，三级、四级分别取 $1.05l_{ab}$ 和 $1.00l_{ab}$；l_{aE} 为纵向受拉钢筋的锚固长度，一级、二级取 $1.15l_a$，三级取 $1.05l_a$，四级取 $1.00l_a$。

② 顶层端节点处，柱外侧纵向钢筋可与梁上部纵向钢筋搭接，搭接长度不应小于 $1.5l_{aE}$，且伸入梁内的柱外侧纵向钢筋截面面积不宜小于柱外侧全部纵向钢筋截面面积的 65%；在梁宽范围以外的柱外侧纵向钢筋可伸入现浇板内，其伸入长度与伸入梁内相同。当柱外侧纵向钢筋的配筋率大于 1.2% 时，伸入梁内的柱纵向钢筋宜分两批截断，其截断点之间的距离不宜小于 20 倍的柱纵向钢筋直径。

③ 梁上部纵向钢筋应贯穿中间节点，且贯穿中柱的每根梁纵向钢筋直径，一级抗震等级不宜大于柱在该方向截面尺寸的 1/25，二级、三级抗震等级不宜大于柱在该方向截面尺寸的 1/20。梁上部纵向钢筋伸入端节点（边节点）的锚固长度，直线锚固时不应小于 l_{aE}，

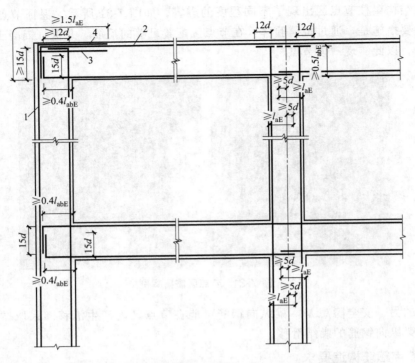

图 7-32 抗震设计时框架梁、柱纵向钢筋在节点区锚固示意

1—柱外侧纵向钢筋；2—梁上部纵向钢筋；3—伸入梁内的柱外侧纵向钢筋；
4—不能伸入梁内的柱外侧纵向钢筋，可伸入板内

且伸过柱中心线的长度不应小于 5 倍的梁纵向钢筋直径；当柱截面尺寸不足时，梁上部纵向钢筋应伸至节点对边并向下弯折，锚固段弯折前的水平投影长度不应小于 $0.4l_{abE}$，弯折后的竖直投影长度应取 15 倍的梁纵向钢筋直径。

④ 梁下部纵向钢筋锚固与梁上部纵向钢筋相同，但采用 90° 弯折方式锚固时，竖直段应向上弯入节点内。

练习题

7-1 框架的承重方案有哪几种？各有何特点？

7-2 如何估算框架梁柱的截面尺寸？梁柱的线刚度应当如何计算？

7-3 结构的变形缝有哪几种？什么情况下需要设置伸缩缝，目的何在？

7-4 如何计算柱的侧移刚度？

7-5 为何要验算框架的层间位移角？如何验算？

7-6 梁柱的控制截面如何选取？

7-7 梁柱控制截面要考虑哪些类型的内力组合？

7-8 对称配筋的框架柱，当控制截面组合出多组内力时，应根据什么原则选取最不利内力参与配筋计算？

7-9 如何确定基础底面尺寸？

7-10　柱下独立基础的高度应由什么条件确定?

7-11　抗震设计时为什么要设计成延性框架?

7-12　框架梁柱箍筋如何加密? 非抗震设计时箍筋是否需要加密?

7-13　某四层两跨框架结构, 层高 3.9m, 梁的跨度 7.8m, 如图 7-33 所示。 梁的相对线刚度为 1.5, 柱的相对线刚度为 1.0, 各层竖向均匀分布荷载 $q = 16kN/m$, 试用弯矩二次分配法计算该框架的内力, 并作弯矩图、剪力图和轴力图。

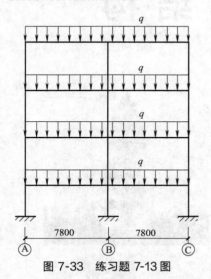

图 7-33　练习题 7-13 图

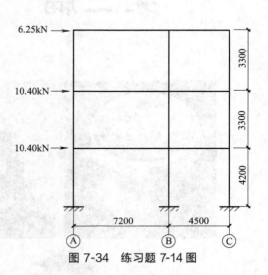

图 7-34　练习题 7-14 图

7-14　承受水平荷载作用的三层二跨框架, 计算简图如图 7-34 所示。 已知左跨梁截面尺寸 250mm × 600mm, 右跨梁截面尺寸 250mm × 500mm, 柱截面尺寸 400mm × 400mm。 C30 混凝土, 弹性模量 $E_c = 3.00 × 10^4 N/mm^2$。 试用 D 值法计算该框架, 并绘制弯矩图。

第三篇 砌体结构

传统的砌体结构

砖石砌体的应用源远流长。左上图所示为万神庙，位于意大利罗马，是古罗马早期穹顶技术的代表作，跨度达到 43.5m，穹顶中央有直径约 9m 的圆形采光口，它是建筑史上最早、最大的大跨度砌体结构；中上图所示为位于西安慈恩寺内的大雁塔，它是大唐高僧玄奘法师为贮藏从天竺国取回的梵文经典和佛像舍利而建，现存 7 层，高 64m，塔身呈方形角锥体，为楼阁式砖塔，采用磨砖对缝砌筑；右上图所示为建于 1055 年的河北正定县开元寺塔，采用砖砌双层筒体结构体系，11 层总高 84.2m，是当时世界上最高的砌体结构。

城墙和长城都具有军事防御功能，明城墙和明长城保留比较完好。左下图所示为西安明城墙，保存相当完好，城墙内部为夯土、外部由大型精制砖砌成，城楼为砖木结构；右下图所示为明长城，它东起山海关，西至嘉峪关，蜿蜒起伏达 12700 多里，号称"万里长城"，大部分由砖石砌筑而成，并设有哨楼和烽火台。

古老的砌体结构与现代水泥、钢筋结合，又获得了新生。配筋砖砌体、配筋砌块砌体房屋，在我国已修到了十几层；全国基本建设中，砌体作为墙体占百分之九十以上。砌体的应用前景仍然看好。

第8章　砌体构件的受压承载力

【内容提要】

本章讲述砌体构件的受压承载力，内容涉及无筋砌体构件整体受压、局部受压承载力计算，网状配筋砖砌体的构造要求、适用条件及受压承载力计算。

【基本要求】

通过本章的学习，要求了解砌体构件受压时截面上的应力分布规律，掌握无筋砌体整体受压和局部受压承载力计算，熟悉网状配筋砖砌体的构造要求、计算方法。

8.1　无筋砌体构件整体受压承载力计算

在混合结构房屋中，无筋砌体构件作为墙、柱使用，是建筑结构的竖向承重构件。承重墙、柱整体承受竖向压力，可能轴心受压，也可能偏心受压，计算时引进影响系数后，使用同一公式进行承载力验算。

8.1.1　墙柱高厚比

墙柱高厚比 β 是墙柱的计算高度 H_0 与厚度 h 的比值，即 $\beta = H_0/h$，它是构件长细比的一个替代量，是砌体结构承载力计算中的重要参数。在承载力计算中，为了考虑不同种类砌体受力性能的差异，构件高厚比尚需考虑材料不同的影响，故高厚比定义如下：

矩形截面
$$\beta = \gamma_\beta \frac{H_0}{h} \tag{8-1}$$

T 形截面
$$\beta = \gamma_\beta \frac{H_0}{h_T} \tag{8-2}$$

式中　H_0——受压构件的计算高度，按表 8-1 采用；

γ_β——不同砌体材料的高厚比修正系数，按表 8-2 采用；

h——矩形截面厚度，轴心受压时为较小边长，偏心受压时为偏心方向的边长；

h_T——T 形截面折算厚度，可取截面惯性半径的 3.5 倍，即 $h_T = 3.5i$。

表 8-1 中房屋的静力计算方案分为弹性方案、刚性方案和刚弹性方案三种，分类依据详见第 9 章。墙柱的实际高度（构件高度）H 应按下列规定采用。

① 在房屋底层，为楼板顶面到构件下端支点的距离。下端支点的位置，可取在基础顶面。当埋置较深且有刚性地坪时，可取室外地面下 500mm 处。

② 在房屋其他层，为楼板或其他水平支点间的距离。

③ 对于无壁柱的山墙，可取层高加山尖高度的 1/2；对于带壁柱的山墙可取壁柱处的山墙高度。

表 8-1 受压构件的计算高度 H_0

房屋类别			柱		带壁柱墙或周边拉接的墙		
			排架方向	垂直排架方向	$s>2H$	$2H \geqslant s>H$	$s \leqslant H$
有吊车的单层房屋	变截面柱上段	弹性方案	$2.5H_u$	$1.25H_u$	2.5H_u		
		刚性、刚弹性方案	$2.0H_u$	$1.25H_u$	2.0H_u		
	变截面柱下段		$1.0H_l$	$0.8H_l$	$1.0H_l$		
无吊车的单层和多层房屋	单跨	弹性方案	$1.5H$	$1.0H$	1.5H		
		刚弹性方案	$1.2H$	$1.0H$	1.2H		
	多跨	弹性方案	$1.25H$	$1.0H$	1.25H		
		刚弹性方案	$1.10H$	$1.0H$	1.1H		
	刚性方案		$1.0H$	$1.0H$	$1.0H$	$0.4s+0.2H$	$0.6s$

注：1. 表中 H_u 为变截面柱上段高度；H_l 为变截面柱下段高度。
2. 对于上端为自由端的构件，$H_0=2H$。
3. 独立砖柱，当无柱间支撑时，柱在垂直排架方向的 H_0 应按表中数值乘以 1.25 后采用。
4. s 为房屋横墙间距。
5. 自承重墙的计算高度应根据周边支承或拉接条件确定。

表 8-2 高厚比修正系数 γ_β

砌体材料类别	γ_β
烧结普通砖、烧结多孔砖	1.0
混凝土普通砖、混凝土多孔砖、混凝土及轻集料混凝土砌块	1.1
蒸压灰砂普通砖、蒸压粉煤灰普通砖、细料石	1.2
粗料石、毛石	1.5

注：对灌孔混凝土砌块砌体，γ_β 取 1.0。

8.1.2 受压构件影响系数

由材料力学知识可知，轴心受压构件的截面压应力均匀分布，倘若为短柱，则构件破坏时截面所能承受的压应力可达到砌体的抗压强度；对于长细比或高厚比较大的细长构件，则构件通常以失稳形式破坏，此时截面压应力并不能达到砌体的抗压强度，结构承载能力下降。

对于偏心受压构件，截面上的应力状态如图 8-1 所示。如果偏心距很小，全截面受压 [图 8-1（a）]；如果偏心距较小，小部分截面受拉、大部分截面受压 [图 8-1（b）]；如果偏心距较大，则截面的受拉区开裂使截面削弱，实际受力截面面积减小 [图 8-1（c）]。极限状态下，偏心受压构件截面上的应力按曲线规律分布，不符合材料力学的线性分布规律。

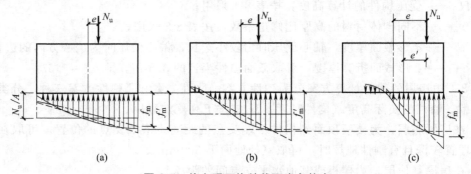

图 8-1 偏心受压构件截面应力状态

受压砌体构件的承载力计算时可采用承载力影响系数 φ 来综合考虑压杆稳定问题和偏

心的影响，系数 φ 与砂浆强度等级、构件高厚比 β、偏心程度 e/h 等有关。

承载力影响系数 φ 可按附表 23 取值，也可由式（8-3）计算：

$$\varphi = \frac{1}{1 + 12\left(\dfrac{e}{h} + \beta\sqrt{\dfrac{\alpha}{12}}\right)^2} \tag{8-3}$$

式中 e——轴向力偏心距（$e = M/N$）；

h——矩形截面偏心方向的边长，当为轴心受压时为截面的较小边长；

β——构件的高厚比，当 $\beta \leqslant 3$ 时，取 $\beta = 0$ 代入公式；

α——与砂浆强度等级有关的系数，当砂浆强度等级 $\geqslant$ M5 时，$\alpha = 0.0015$；当砂浆强度等级为 M2.5 时，$\alpha = 0.002$；当砂浆强度为零时，$\alpha = 0.009$。

对于 T 形截面受压构件，可以采用矩形截面的公式（8-3）计算 φ，只需以 h_T 代替 h。对于轴心受压构件，$\varphi = \varphi_0$ 为压杆的稳定系数，将 $e = 0$ 代入式（8-3）并整理得到：

$$\varphi = \varphi_0 = \frac{1}{1 + \alpha\beta^2} \tag{8-4}$$

8.1.3 无筋砌体构件受压承载力

砌体结构轴心受压和单向偏心受压构件，承载力应按式（8-5）计算

$$N \leqslant \varphi f A \tag{8-5}$$

式中 N——轴向力设计值；

φ——高厚比 β 和轴向力的偏心距 e 对受压构件承载力的影响系数；

f——砌体抗压强度设计值；

A——截面面积，对各类砌体均应按毛截面计算。

偏心距较大的受压构件当荷载较大时，往往在使用阶段砌体受拉边缘产生较宽的水平裂缝，构件刚度降低，纵向弯曲的影响增大，构件的承载力显著降低，因此，从安全和经济的角度考虑，无筋砌体受压构件由内力设计值计算的轴向力的偏心距 e 不能过大。规范要求 $e \leqslant 0.6y$，其中 y 为截面形心到轴向力所在偏心方向截面边缘的距离。

同时，对矩形截面构件轴向力偏心方向为长边时，该方向按偏心受压计算，短边还应按轴心受压验算。

【例 8-1】 某房屋结构中，承受轴心压力的砖柱，截面尺寸为 370mm×490mm，采用 MU15 烧结普通砖和 M7.5 混合砂浆砌筑，B 级施工质量控制，两个方向计算高度均为 $H_0 = H = 5.0$m。柱顶轴向压力设计值为 225kN（可变荷载控制的效应组合），试验算该柱承载力。

【解】

（1）内力设计值 柱底截面内力最大，其设计值等于柱顶截面压力设计值＋柱自重设计值

$$N = N_顶 + 自重 = 225 + 1.2 \times 19.0 \times (0.37 \times 0.49 \times 5) = 245.7\text{kN}$$

（2）影响系数

$$\beta = \gamma_\beta \frac{H_0}{h} = 1.0 \times \frac{5000}{370} = 13.5$$

因轴心受压 $e/h = 0$，且 $\alpha = 0.0015$，故由式（8-4）得

$$\varphi = \varphi_0 = \frac{1}{1 + \alpha\beta^2} = \frac{1}{1 + 0.0015 \times 13.5^2} = 0.785$$

（3）砌体的抗压强度　查附表19，砌体抗压强度设计值为2.07MPa。

截面面积 $A = 0.49 \times 0.37 = 0.1813\text{m}^2 < 0.3\text{m}^2$，砌体的抗压强度设计值需要调整

$$\gamma_a = 0.7 + A = 0.7 + 0.1813 = 0.8813$$

$$f = \gamma_a \times 表值 = 0.8813 \times 2.07 = 1.82\text{MPa}$$

（4）轴心受压承载力验算

$\varphi fA = 0.785 \times 1.82 \times 0.1813 \times 10^3 = 259.0\text{kN} > N = 245.7\text{kN}$，承载力满足要求

【例8-2】　某房屋结构中，承受偏心压力的砖柱，截面尺寸为490mm×620mm，采用烧结普通砖MU15和混合砂浆M5砌筑，B级施工质量控制，两个方向的计算高度均为 $H_0 = 6.0\text{m}$。柱底截面轴向压力设计值 $N = 285\text{kN}$，在长边方向的偏心距 $e = 100\text{mm}$，试复核该柱承载力。

【解】

（1）砌体的抗压强度设计值　截面面积 $A = 0.49 \times 0.62 = 0.3038\text{m}^2 > 0.3\text{m}^2$，砌体抗压强度设计值不需调整。

查附表19，砌体抗压强度设计值 $f = 1.83\text{MPa}$

（2）长边方向偏心受压承载力　偏心距 $e = 100\text{mm} < 0.6y = 0.6 \times 310 = 186\text{mm}$，满足无筋砌体受压承载力公式的适用条件。

$$\frac{e}{h} = \frac{100}{620} = 0.16 , \quad \beta = \gamma_\beta \frac{H_0}{h} = 1.0 \times \frac{6000}{620} = 9.68 , \quad \alpha = 0.0015$$

承载力影响系数

$$\varphi = \frac{1}{1 + 12\left(\frac{e}{h} + \beta\sqrt{\frac{\alpha}{12}}\right)^2} = \frac{1}{1 + 12 \times \left(0.16 + 9.68 \times \sqrt{\frac{0.0015}{12}}\right)^2} = 0.535$$

承载力验算

$\varphi fA = 0.535 \times 1.83 \times 0.3038 \times 10^3 = 297.4\text{kN} > N = 285\text{kN}$，承载力满足要求

（3）短边方向轴心受压承载力

$$\beta = \gamma_\beta \frac{H_0}{h} = 1.0 \times \frac{6000}{490} = 12.2$$

$$\varphi = \frac{1}{1 + \alpha\beta^2} = \frac{1}{1 + 0.0015 \times 12.2^2} = 0.817$$

$\varphi fA = 0.817 \times 1.83 \times 0.3038 \times 10^3 = 454.2\text{kN} > N = 285\text{kN}$，满足要求

8.2　无筋砌体局部受压承载力

当轴向压力并没有覆盖整个构件截面时，称为局部受压。在房屋结构中，梁或屋架端部支承处的砌体截面受力，钢筋混凝土柱支承在强度较低的基础上等均属于局部受压情形，如图8-2所示，其中（a）为局部均匀受压、（b）为局部非均匀受压。局部受压是砌体结构中常见的一种受力状态。

大量试验表明：砌体局部受压可能出现竖向裂缝发展而引起破坏、劈裂破坏和局部受压

面积上的砌体被压坏三种破坏形态，如图 8-3 所示。

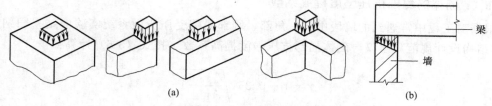

图 8-2　砌体局部受压情形

（1）由于竖向裂缝发展而引起破坏——"先裂后坏"　在竖向压力作用下，局部受压面附近砌体处于二向或三向压应力状态，但在局部受压面下会出现拉应力，当此拉应力达到砌体抗拉强度时即出现竖向裂缝。初始裂缝出现在最大横向拉应力附近位置；随着荷载的增加，裂缝向上方和下方发展，同时出现其他竖向裂缝和斜裂缝。随着裂缝的增多，砌体原有的复杂应力状态将转化为竖向裂缝所分割的条带上的单向压应力状态。最后砌体内会有一条主要裂缝，导致构件破坏，称为"先裂后坏"，如图 8-3（a）所示。这是最常见的破坏形态，开裂时的荷载值小于局部受压破坏时的荷载值。这种破坏发生在比值 A_0/A_1 较小时，其中 A_0 为影响局部抗压强度的计算面积，A_1 为局部受压面积，构件破坏前具有一定的塑性变形能力。

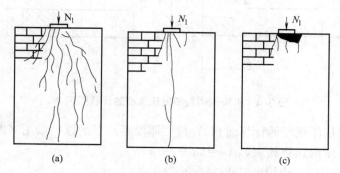

图 8-3　砌体局部受压破坏形态

（2）劈裂破坏——"一裂就坏"　当局部受压面积很小，即 A_0/A_1 大于某一值时，随着压力增加到一定数值时，裂缝一旦出现，结构立即开裂破坏。裂缝少而集中，破坏时犹如刀劈，即"一裂就坏"，如图 8-3（b）所示。劈裂破坏的开裂荷载与破坏荷载几乎相等。

（3）局部受压面积上的砌体被压坏——"未裂先坏"　当砌体强度过低时，砌体局部受压面积内压应力很大，接触处的砌体也可能被压碎而导致破坏，此时结构并未出现开裂，即"未裂先坏"，如图 8-3（c）所示。这种破坏无预兆，具有明显的脆性。

8.2.1　砌体局部均匀受压承载力

在砌体局部面积 A_1 上施加均布压力的状态被称为局部均匀受压，如图 8-2（a）所示。通过实验可知，该受力状态下砌体的抗压强度比全截面承受均布压力状态的抗压强度大大提高，通常认为这是"套箍效应"引起的结果。套箍效应指受力面积以外未承受荷载的砌体，对中间承受局部荷载砌体的横向变形起约束作用，使中间砌体处于三向或二向受压状态，因此其抗压强度得到大大提高。另外，有研究者认为除了套箍作用外，力的扩散作用也会使观察到的砌体抗压强度提高。

8.2.1.1 砌体的局部抗压强度提高系数

根据对工程中常遇到的墙段中部、角部、端部局部受压所做系统实验的结果归纳分析，《砌体结构设计规范》建议，砌体局部抗压强度提高系数 γ 按式（8-6）计算：

$$\gamma = 1 + 0.35\sqrt{\frac{A_0}{A_1} - 1} \tag{8-6}$$

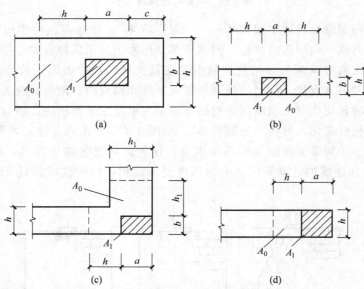

图 8-4　影响砌体局部抗压强度的计算面积 A_0

影响砌体局部抗压强度的计算面积 A_0 按"厚度延长"的原则取用（图 8-4），应有：

图 8-4（a）所示的四边约束，$A_0 = (a+c+h)h$；

图 8-4（b）所示的三边约束，$A_0 = (a+2h)h$；

图 8-4（c）所示的二边约束，$A_0 = (a+h)h + (b+h_1-h)h_1$；

图 8-4（d）所示的一边约束，$A_0 = (a+h)h$。

式中　a，b——矩形局部受压面积 A_1 的边长；

　　　　h，h_1——分别为墙厚或柱的较小边长、墙厚；

　　　　c——矩形局部受压面积的外边缘至构件边缘的较小距离，大于 h 时应取为 h。

为了避免 A_0/A_1 过大而在砌体内产生纵向劈裂破坏，由式（8-6）计算所得的提高系数不能过大，规范对 γ 的取值给出了上限：图 8-4（a）四边约束情况下，$\gamma \leqslant 2.5$；图 8-4（b）三边约束情况下，$\gamma \leqslant 2.0$；图 8-4（c）二边约束情况下，$\gamma \leqslant 1.5$；图 8-4（d）一边约束情况下，$\gamma \leqslant 1.25$。

对于灌孔的混凝土砌块砌体，在三边、四边约束情况下，尚应符合 $\gamma \leqslant 1.5$；未灌孔混凝土砌块砌体，$\gamma = 1.0$。对多孔砖砌体孔洞难以灌实时，应按 $\gamma = 1.0$ 取用；当设置混凝土垫块时，按垫块下砌体局部受压计算。

8.2.1.2 砌体局部均匀受压承载力计算

砌体截面中局部均匀受压时，承载力按式（8-7）进行计算：

$$N_1 \leqslant \gamma f A_1 \qquad (8-7)$$

式中　N_1——局部受压面积上的轴向力设计值；

　　　　γ——砌体局部抗压强度提高系数；

　　　　f——砌体的抗压强度设计值，局部受压面积小于 $0.3 \mathrm{m}^2$ 时，可不考虑强度调整系数 γ_a 的影响；

　　　　A_1——局部受压面积，$A_1 = ab$。

8.2.2　梁端下砌体局部非均匀受压承载力

梁端支承处砌体局部受压时，梁在荷载作用下发生弯曲变形，梁端产生转角，梁端下砌体处于非均匀局部受压状态，应力图形如图 8-5 所示。从图中可以看到，支座内缘的应力最大，往梁端方向逐渐减小。在梁端支承位置，还可能由于梁上荷载过大，梁端下砌体压缩变形大，致使梁端顶面与上面内侧墙体脱开、梁端底面与端部支承墙体脱开。此时，梁端有效支承长度 a_0 小于实际支承长度 a。

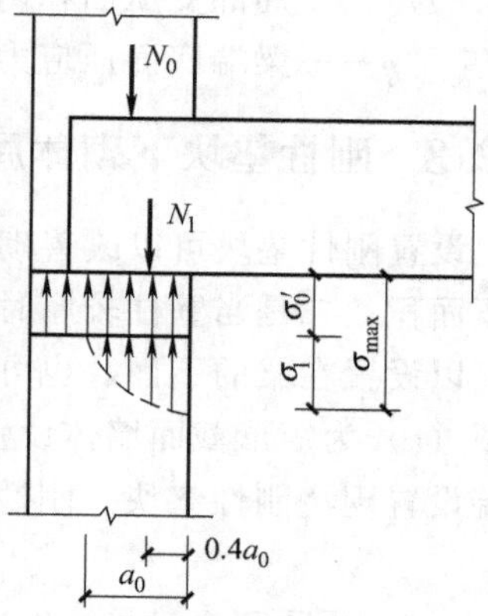

图 8-5　梁端支承处砌体局部受压

8.2.2.1　梁端有效支承长度

现行《砌体结构设计规范》规定，梁端有效支承长度 a_0 按式（8-8）取值：

$$a_0 = 10 \sqrt{\dfrac{h_c}{f}} \qquad (8-8)$$

式中　a_0——梁端有效支承长度，mm，当 $a_0 \geqslant$ 实际支承长度 a 时，应取 $a_0 = a$；

　　　　h_c——梁的截面高度，mm；

　　　　f——砌体的抗压强度设计值，MPa。

8.2.2.2　上部荷载传来的平均压应力

当上部荷载传来的压应力作用到梁端时，梁端顶面会有上翘趋势而产生内拱结构，通过内拱作用将上部墙体传给梁端支承面的压力传给梁端周围砌体。梁端砌体会产生卸荷作用，卸荷作用随 A_0/A_1 的增大而增大。

考虑卸荷作用，上部压应力 σ_0 传至梁端下砌体的平均压应力减小为 σ'_0（图 8-5）：

$$\sigma'_0 = \psi \sigma_0 \qquad (8-9)$$

$$\psi = 1.5 - 0.5 A_0/A_1 \qquad (8-10)$$

式中　ψ——上部荷载折减系数，当 $A_0/A_1 \geqslant 3$ 时，取 $\psi = 0$；

　　　　A_1——局部受压面积，$A_1 = a_0 b$（其中 b 为梁截面宽度）；

　　　　σ_0——上部平均压应力设计值。

8.2.2.3　梁端下砌体局部受压承载力

砌体局部受压区的平均压应力为本层梁端反力引起的平均压应力 N_1/A_1 与上部传来的平均压应力 σ'_0 之和，也可由最大压应力乘以一个不超过 1 的系数 η 得到，所以有

$$\sigma_{平均} = \eta \sigma_{\max} = N_1/A_1 + \sigma'_0 = N_1/A_1 + \psi \sigma_0$$

最大压应力应满足强度条件

$$\sigma_{\max} = \frac{N_1/A_1 + \psi\sigma_0}{\eta} \leqslant \gamma f \tag{8-11}$$

由式（8-11）很容易得到由内力表达的承载力计算公式：

$$N_1 + \psi N_0 \leqslant \eta\gamma f A_1 \tag{8-12}$$

式中　N_1——梁端支承压力设计值；

　　　N_0——局部受压面积内上部轴向力设计值，$N_0 = \sigma_0 A_1$；

　　　η——梁端底面压应力图形的完整系数，应取 0.7，对于过梁和墙梁应取 1.0。

8.2.3　刚性垫块下砌体局部非均匀受压承载力

设置刚性垫块可以改善砌体局部受压的性能。刚性垫块设置的目的，一是为了扩大局部受压面积；二是当壁柱较厚时，为避免梁和屋架不能伸入墙内，必须设置刚性垫块。刚性垫块可以设置在梁的下面，也可以与梁端一起整浇。如图 8-6 所示为刚性垫块的设置情况，其中图（a）为矩形截面墙体设置刚性垫块，图（b）为带壁柱墙上设置刚性垫块，图（c）为梁端设置现浇刚性垫块。刚性垫块的尺寸为：高度 t_b、宽度 b_b、伸入墙内的长度 a_b。

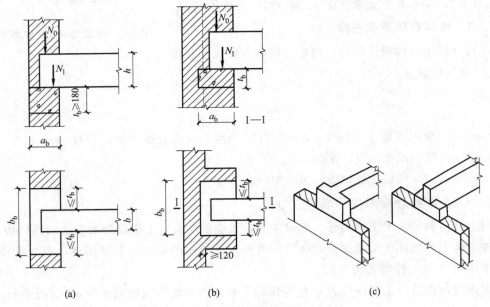

图 8-6　刚性垫块的设置

刚性垫块的构造应符合下列要求：

① 刚性垫块高度不应小于 180mm，自梁边算起的垫块挑出长度不应大于垫块高度 t_b。

② 在带壁柱墙的壁柱内设刚性垫块时［图 8-6（b）］，其计算面积 A_0 应取壁柱范围内的面积，而不应计算翼缘部分。同时，壁柱上垫块伸入翼墙内的长度不应小于 120mm。

③ 当现浇垫块与梁端整体浇筑时，垫块可在梁高范围内设置。

有研究表明，垫块面积以外的砌体能够提供有力帮助，但考虑到垫块底面压应力的不均匀性，垫块下砌体局部抗压强度的提高系数予以折减，取 $\gamma_1 = 0.8\gamma$。

梁端设有刚性垫块时，局部压力 N_1 作用点可取梁端有效支承长度 a_0 的 0.4 倍（距离墙内缘）。梁端有效支承长度按下式确定：

$$a_0 = \delta_1 \sqrt{\frac{h_c}{f}} \tag{8-13}$$

式中　δ_1——刚性垫块的影响系数，按表 8-3 采用。

表 8-3　系数 δ_1 值

σ_0/f	0	0.2	0.4	0.6	0.8
δ_1	5.4	5.7	6.0	6.9	7.8

注：表中其间的数值可采用插入法求得。

刚性垫块下的局部受压状态可以视为以垫块截面尺寸为截面的砌体短柱（$\beta \leqslant 3$）的偏心受压，并考虑砌体抗压强度的部分提高，所以有

$$N_1 + N_0 \leqslant \varphi \gamma_1 f A_b \tag{8-14}$$

式中　N_0——垫块面积 A_b 内上部轴向力设计值，$N_0 = \sigma_0 A_b$；

φ——垫块上 N_0 与 N_1 合力的影响系数，应取 $\beta \leqslant 3$ 时的 φ 值；N_1 的作用位置为距内侧 $0.4a_0$；确定 φ 时偏心距为

$$e = \frac{N_1(0.5a_b - 0.4a_0)}{N_1 + N_0}，且\ \frac{e}{h} = \frac{e}{a_b}$$

γ_1——垫块外砌体面积的有利影响系数，γ_1 应为 0.8γ，但不小于 1.0。γ 为砌体局部抗压强度提高系数，由式（8-6）以 A_b 代替 A_1 计算得出；

A_b——垫块面积，$A_b = a_b b_b$。

8.2.4　垫梁下砌体局部非均匀受压承载力

支承在墙上的梁端下部有钢筋混凝土梁（圈梁或其他钢筋混凝土梁）时，这些下部梁可起到垫梁的作用。梁端部的集中荷载 N_1 通过垫梁传递到墙体，上部墙体传来的荷载 N_0 也通过垫梁均匀传递到下面的墙体。

长度大于 πh_0 的垫梁下砌体局部受压承载力应按下列公式计算：

$$N_1 + N_0 \leqslant 2.4\delta_2 f b_b h_0 \tag{8-15}$$

$$N_0 = \pi b_b h_0 \sigma_0 / 2 \tag{8-16}$$

$$h_0 = 2\sqrt[3]{\frac{E_c I_c}{Eh}} \tag{8-17}$$

式中　N_0——垫梁上部轴向力设计值；

b_b——垫梁在墙厚方向的宽度；

δ_2——垫梁底面压应力分布系数，当荷载沿墙厚方向均匀分布时可取 $\delta_2 = 1.0$，不均匀分布时可取 $\delta_2 = 0.8$；

h_0——垫梁折算高度；

E_c，I_c——分别为垫梁的混凝土弹性模量和截面惯性矩；

E——砌体的弹性模量；

h——墙厚，mm。

【例 8-3】某窗间墙截面尺寸 1200mm×370mm，采用烧结普通砖 MU10、混合砂浆 M5 砌筑，B 级施工质量控制。墙上支承钢筋混凝土梁，截面尺寸为 250mm×500mm，如图 8-7 所示。梁支座压力设计值 $N_1 = 80$kN，梁底截面处的上部荷载设计值为 160kN。试验算梁端支承处砌体的局部受压承载力。

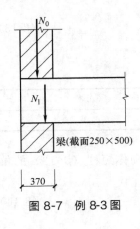

图 8-7　例 8-3 图

【解】

查附表 19，$f = 1.50\text{MPa}$

$$a_0 = 10\sqrt{\frac{h_c}{f}} = 10 \times \sqrt{\frac{500}{1.50}} = 182.6\text{mm}$$

$$< a = 370\text{mm}$$

$$A_1 = a_0 b = 182.6 \times 250 = 45650\text{mm}^2$$

$$A_0 = (b + 2h)h = (250 + 2 \times 370) \times 370 = 366300\text{mm}^2$$

$$\frac{A_0}{A_1} = \frac{366300}{45650} = 8.02 > 3，\psi = 0$$

$$\gamma = 1 + 0.35\sqrt{\frac{A_0}{A_1} - 1} = 1 + 0.35 \times$$

$$\sqrt{8.02 - 1} = 1.93 < 2.0（三边约束）$$

$$N_1 + \psi N_0 = 80 + 0 = 80\text{kN}$$

$$< \eta\gamma f A_1 = 0.7 \times 1.93 \times 1.50 \times 45650\text{N} = 92.5\text{kN}，满足要求$$

8.3　网状配筋砖砌体受压构件承载力

配筋砌体指在砌体中水平方向或竖向方向配置钢筋的砌体形式，配筋砌体可以提高砌体的强度，减小构件截面尺寸，提高砌体结构的抗震能力，能够修建出更多层数和更高的楼房。配筋砌体分为网状配筋砖砌体、组合砖砌体、钢筋混凝土构造柱组合墙等类型。

网状配筋砖砌体是在砖砌体的水平灰缝（通缝）中加入钢筋网片形成的砌体构件（图8-8），也被称为横向配筋砖砌体，是我国较早采用的配筋砌体结构。

网状配筋砖砌体利用了砂浆和块材、砂浆和钢筋之间的黏结作用，使三者共同工作。砌体在竖向压力作用下，发生竖向的压缩和横向的拉伸，钢筋也随之发生横向拉伸；钢筋的弹性模量大于砌体弹性模量，可以阻止横向变形的发展，使砌体处于三向受压的状态，提高砌体的承载力；同时钢筋能够联结被竖向裂缝分割的砌体小短柱，提供更好的稳定性，提高砌体承受轴向荷载的能力。

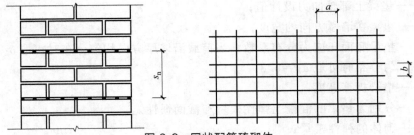

图 8-8　网状配筋砖砌体

网状配筋砌体的破坏与无筋砌体类似，在此不赘述，有兴趣的同学可参考其他教材。

8.3.1　网状配筋砖砌体的构造要求

为了使网状配筋砖砌体受压构件安全工作，网状配筋的优势充分发挥，在满足承载力条件下，还应符合下列构造要求。

① 研究表明，网状配筋砖砌体的配筋率过小，对砌体强度的提高不大；配筋率过大，钢筋强度不能充分发挥。因此，在横截面面积为 A_s 的钢筋组成的钢筋网，网格尺寸为 $a \times b$，钢筋网间距为 s_n 的网状配筋砖砌体中（图 8-8），体积配筋率应满足 $0.1\% \leqslant \rho \leqslant 1\%$，$\rho$ 按式（8-18）计算，并且 s_n 不应大于 400mm，也不应大于 5 皮砖。

$$\rho = \frac{A_s}{V} = \frac{(a+b)A_s}{abs_n} \tag{8-18}$$

② 砌筑在灰缝中的钢筋，考虑锈蚀的影响，应设置粗钢筋比较有利；但是钢筋过粗会增加灰缝厚度，不利于砌体受力。因此，网状钢筋的直径宜采用 3~4mm。

③ 为了保证砂浆的密实度，钢筋网的网孔尺寸（钢筋间距）不宜过小；但钢筋间距过大对砌体的横向约束作用不够。因此，网格尺寸不应小于 30mm，也不应大于 120mm。

④ 网状配筋砖砌体的砂浆强度等级不宜过低，应采较用高强度砂浆，保证砂浆的黏结力，更有效地保护钢筋。网状配筋砖砌体的砂浆强度等级不应低于 M7.5。灰缝厚度宜控制在 8~12mm，使钢筋网居中后，上下还有 2mm 的砂浆层。

施工验收时，要检查钢筋网成品的规格、钢筋网放置间距和受力钢筋保护层厚度，灰缝中钢筋外露砂浆保护层的厚度不应小于 15mm。检查方法有局部剔缝观察，探针刺入灰缝内检查，或钢筋位置测定仪测定。

8.3.2　网状配筋砖砌体的适用条件

为了保证网状配筋砖砌体中网状钢筋的作用，使其抗压强度高于无筋砌体的抗压强度，规范规定网状配筋砖砌体需要在一定范围内使用。试验表明，当受压砌体的荷载偏心距增大时，横向配筋效果会降低；当构件高厚比较大时，构件更容易发生失稳破坏，此时横向钢筋的作用难以发挥。因此，规范规定网状配筋砖砌体的适用条件如下：

① 偏心距不超过截面的核心范围，对矩形截面 $e/h \leqslant 0.17$；
② 构件高厚比 $\beta \leqslant 16$。

8.3.3　网状配筋砖砌体受压承载力

网状配筋砖砌体受压承载力影响系数和砌体抗压强度不同于无筋砖砌体的取值，整体受压承载力有较大的提高。

8.3.3.1　承载力影响系数

网状配筋砖砌体受压构件承载力影响系数用 φ_n 表示，其取值可由 e/h、ρ、β 查表 8-4，也可以按式（8-19）计算：

$$\varphi_n = \frac{1}{1 + 12\left(\dfrac{e}{h} + \beta\sqrt{\dfrac{1+300\rho}{8000}}\right)^2} \tag{8-19}$$

当 $\beta \leqslant 3$ 时，取 $\beta = 0$。当为轴心受压时，影响系数用 φ_{0n} 表示（稳定系数），由式（8-19）得

$$\varphi_n = \varphi_{0n} = \frac{1}{1 + (0.0015 + 0.45\rho)\beta^2} \tag{8-20}$$

8.3.3.2　网状配筋砖砌体抗压强度设计值

根据试验资料分析，得到网状配筋砖砌体抗压强度设计值的经验公式：

$$f_n = f + 2\left(1 - \frac{2e}{y}\right)\rho f_y \tag{8-21}$$

式中 f_n——网状配筋砖砌体抗压强度设计值；

f——砖砌体抗压强度设计值，若截面面积＜0.2m²，则需乘以调整系数 γ_a；

e——轴向力的偏心距；

y——截面形心到轴向力所在偏心方向截面边缘的距离；

ρ——体积配筋率；

f_y——钢筋的抗拉强度设计值，当 f_y 大于 320MPa 时，仍采用 320MPa。

表 8-4 影响系数 φ_n

$\rho/\%$	β	e/h				
		0	0.05	0.10	0.15	0.17
0.1	4	0.97	0.89	0.78	0.67	0.63
	6	0.93	0.84	0.73	0.62	0.58
	8	0.89	0.78	0.67	0.57	0.53
	10	0.84	0.72	0.62	0.52	0.48
	12	0.78	0.67	0.56	0.48	0.44
	14	0.72	0.61	0.52	0.44	0.41
	16	0.67	0.56	0.47	0.40	0.37
0.3	4	0.96	0.87	0.76	0.65	0.61
	6	0.91	0.80	0.69	0.59	0.55
	8	0.84	0.74	0.62	0.53	0.49
	10	0.78	0.67	0.56	0.47	0.44
	12	0.71	0.60	0.51	0.43	0.40
	14	0.64	0.54	0.46	0.38	0.36
	16	0.58	0.49	0.41	0.35	0.32
0.5	4	0.94	0.85	0.74	0.63	0.59
	6	0.88	0.77	0.66	0.56	0.52
	8	0.81	0.69	0.59	0.50	0.46
	10	0.73	0.62	0.52	0.44	0.41
	12	0.65	0.55	0.46	0.39	0.36
	14	0.58	0.49	0.41	0.35	0.32
	16	0.51	0.43	0.36	0.31	0.29
0.7	4	0.93	0.83	0.72	0.61	0.57
	6	0.86	0.75	0.63	0.53	0.50
	8	0.77	0.66	0.56	0.47	0.43
	10	0.68	0.58	0.49	0.41	0.38
	12	0.60	0.50	0.42	0.36	0.33
	14	0.52	0.44	0.37	0.31	0.30
	16	0.46	0.38	0.33	0.28	0.26
0.9	4	0.92	0.82	0.71	0.60	0.56
	6	0.83	0.72	0.61	0.52	0.48
	8	0.73	0.63	0.53	0.45	0.42
	10	0.64	0.54	0.46	0.38	0.36
	12	0.55	0.47	0.39	0.33	0.31
	14	0.48	0.40	0.34	0.29	0.27
	16	0.41	0.35	0.30	0.25	0.24
1.0	4	0.91	0.81	0.70	0.59	0.55
	6	0.82	0.71	0.60	0.51	0.47
	8	0.72	0.61	0.52	0.43	0.41
	10	0.62	0.53	0.44	0.37	0.35
	12	0.54	0.45	0.38	0.32	0.30
	14	0.46	0.39	0.33	0.28	0.26
	16	0.39	0.34	0.28	0.24	0.23

8.3.3.3 网状配筋砖砌体受压承载力计算

网状配筋砖砌体受压构件的承载力，可按式（8-22）计算

$$N \leqslant \varphi_n f_n A \tag{8-22}$$

式中 N——轴向力设计值；

A——构件截面面积。

值得注意的是，对矩形截面构件，当轴向力偏心方向的截面边长大于另一方向的边长时，除按偏心受压计算外，还应对较小边长方向按轴心受压进行验算；当网状配筋砖砌体构件下端与无筋砌体交接时，尚应验算交接处无筋砌体的局部受压承载力。

【例 8-4】 正方形截面砖柱采用 MU15 的烧结普通砖和 M7.5 的混合砂浆砌筑，施工质量控制等级为 B 级，截面尺寸 490mm×490mm，计算高度 $H_0 = 4.2$m，承受轴心压力设计值 $N = 526$kN，试验算承载力。因截面尺寸受限制，若承载力不满足，可采用网状配筋砖砌体。

【解】

（1）验算无筋砖柱承载力

$$A = 0.49 \times 0.49 = 0.24\text{m}^2 < 0.3\text{m}^2$$
$$\gamma_a = 0.7 + A = 0.7 + 0.24 = 0.94$$
$$f = 0.94 \times 2.07 = 1.95\text{MPa}$$
$$\beta = \gamma_\beta \frac{H_0}{h} = 1.0 \times \frac{4.2}{0.49} = 8.57 \ , \ e/h = 0$$
$$\varphi = \varphi_0 = \frac{1}{1 + \alpha\beta^2} = \frac{1}{1 + 0.0015 \times 8.57^2} = 0.90$$

$\varphi f A = 0.90 \times 1.95 \times 0.24 \times 10^3 = 421\text{kN} < N = 526\text{kN}$，承载力不满足要求。

（2）设计网状配筋砖柱 因 $\beta = 8.57 < 16$、$e/h = 0 < 0.17$，截面尺寸受限，故可采用网状配筋砖柱。选用 Φ^{b}4 冷拔钢丝方格网（$A_s = 12.6\text{mm}^2$，$f_y = 430\text{MPa} > 320\text{MPa}$，取 $f_y = 320\text{MPa}$），网格尺寸 $a = b = 60\text{mm} > 30\text{mm}$ 且 $< 120\text{mm}$，方格网片竖向间距 $s_n = 300\text{mm} < 400\text{mm}$ 且不超过五皮砖。

$$A = 0.49 \times 0.49 = 0.24 \text{ m}^2 > 0.2\text{m}^2$$

砖砌体抗压强度不需调整，$f = 2.07\text{MPa}$

$$\rho = \frac{(a+b)A_s}{abs_n} = \frac{(60+60) \times 12.6}{60 \times 60 \times 300} = 0.14\% \begin{matrix} >0.1\% \\ <1.0\% \end{matrix}$$

$$f_n = f + 2\left(1 - \frac{2e}{y}\right)\rho f_y = 2.07 + 2 \times (1-0) \times 0.14\% \times 320 = 2.97\text{MPa}$$

$$\varphi_n = \varphi_{0n} = \frac{1}{1 + (0.0015 + 0.45\rho)\beta^2} = \frac{1}{1 + (0.0015 + 0.45 \times 0.14\%) \times 8.57^2} = 0.86$$

$\varphi_n f_n A = 0.86 \times 2.97 \times 0.24 \times 10^3 = 613\text{kN} > N = 526\text{kN}$，承载力满足要求。

练习题

8-1 砌体受压构件承载力计算公式中，系数 φ 的意义是什么？

8-2 轴心受压和偏心受压构件承载力计算有何异同？

8-3 砌体局部抗压强度为什么可以提高？

8-4 无筋砌体受压构件承载力计算公式的适用条件是（　　　　）。

A. $e \leqslant 0.7y$　　　　B. $e > 0.7y$　　　　C. $e \leqslant 0.6y$　　　　D. $e > 0.6y$

8-5 网状配筋砖砌体是指在砖砌体（　　　　）。

A. 水平灰缝中设置钢筋网片　　　　B. 表面配钢筋网片，并抹砂浆面层

C. 表面配钢筋网片，并设混凝土面层　　　　D. 竖向灰缝中设置钢筋网片

8-6 网状配筋砖砌体的体积配筋率的最大值为（　　　　）。

A. 0.1%　　　　B. 0.2%　　　　C. 0.6%　　　　D. 1.0%

8-7 柱截面为 490mm×490mm，采用 MU10 蒸压灰砂普通砖及 Ms5 专用砂浆砌筑，施工质量控制等级为 B 级，柱计算高度 $H_0 = H = 6.8$m，柱顶承受轴心压力设计值 $N = 220$kN。砖砌体自重为 19.0kN/m³，永久荷载分项系数 $\gamma_G = 1.2$。试验算柱底截面承载力。

8-8 某住宅外廊砖柱，截面尺寸为 370mm×490mm 采用烧结普通砖 MU10、混合砂浆 M5 砌筑，施工质量控制等级为 B 级。计算高度 $H_0 = 3.9$m，承受轴向压力设计值 $N = 132$kN，偏心距 $e = 60$mm（沿长边偏心）。试验算该柱承载力。

8-9 某窗间墙，截面尺寸为 1000mm×240mm，采用 MU10 的烧结普通砖和 M5 的混合砂浆砌筑，施工质量控制等级为 B 级。墙上支承钢筋混凝土梁，梁端支承长度 240mm，梁的截面尺寸为 200mm×500mm，梁端荷载设计值产生的支承压力为 50kN，上部荷载设计值在窗间墙上产生的轴向力设计值为 125kN。试验算梁端支承处砌体的局部受压承载力。

8-10 某承受荷载作用的砖柱，截面尺寸为 370mm×620mm，计算高度 $H_0 = 4.8$m，承受轴向压力设计值 $N = 320$kN，弯矩设计值 $M = 28$kN·m（沿长边方向作用）。采用 MU15 烧结普通砖、M7.5 混合砂浆砌筑，B 级施工质量。试验算该砖柱的承载力，若不足请配置钢筋网。

第 9 章 混合结构房屋

【内容提要】

本章主要内容包括混合结构房屋抗震概念设计，房屋静力计算方案，墙柱高厚比验算，承重纵墙、横墙计算，挑梁和过梁设计，多层砖砌体房屋抗震构造措施。

【基本要求】

通过本章的学习，要求了解混合结构房屋抗震概念设计，熟悉房屋静力计算方案，掌握墙体计算方法，掌握挑梁和过梁设计方法，了解多层砖混结构房屋抗震构造措施要点。

9.1 混合结构房屋抗震概念设计

混合结构房屋通常指墙、柱与基础等竖向承重构件采用砌体，房屋的楼盖和屋盖采用钢筋混凝土结构（或木结构）。混合结构房屋所用材料符合各自的力学特性，材料易得，造价也比较低，因此可应用的范围较广。一般的民用建筑，如住宅、宿舍、办公楼、学校、仓库等都可以采用混合结构。我国单层或多层民用建筑，广泛采用砖混结构和砖木结构。

9.1.1 承重结构布置方案

根据混合结构的使用需求、房间布局和大小、房屋的墙体材料、造价和安全性要求，需要合理选择混合结构房屋的结构布置。混合结构的墙体具有承重、维护和分隔功能，合理布局是保证房屋使用功能和安全性的关键因素。

沿房屋短向布置的墙体称为横墙，沿长向布置的墙体称为纵墙；隔离房屋和外界空间的墙体称为外墙，其余的墙体叫做内墙，其中外横墙又称为山墙。内外墙均有分隔和承重的作用。根据受力来划分，又可分为承重墙和自承重墙，承受梁、板荷载者为承重墙，不承受梁、板荷载者为自承重墙。

根据荷载传递路线的不同，混合结构的承重方案分为四种：纵墙承重方案、横墙承重方案、纵横墙承重方案和内框架承重方案。

9.1.1.1 纵墙承重方案

纵墙承重方案无内横墙或横墙间距较大，通过与纵墙垂直的预制屋面大梁（或屋架）将屋面、楼面荷载传递给纵墙。纵墙承重方案的屋面、楼面荷载均由纵墙承受，内横墙不承受屋面、楼面荷载，如图 9-1 所示。

纵墙承重方案竖向荷载的主要传递路线是：屋面（楼面）板→梁（或屋架）→纵向承重墙→纵墙基础→地基。

纵墙承重方案具有如下特点。

① 空间布置灵活。主要承重构件是纵墙，横墙设置的目的是为了满足房屋空间刚度和

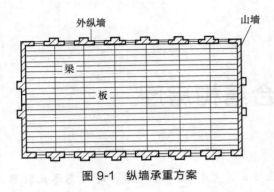

图 9-1　纵墙承重方案

整体性，设置间隔较大，有利于使用时的灵活布置。

② 横向刚度小，整体性差。由于横墙数量少，房屋的横向刚度小，整体性较差，抗震性能较差，抗震设计时应避免采用这种方案。

③ 纵墙上门窗洞口的大小、位置受到限制。由于纵墙是主要的受力构件，纵墙上开设门窗洞口受到限制。

④ 楼盖用料多，墙体用料少。纵墙承重体系的楼盖除了板以外还有梁（或屋架），楼盖用料多；而墙体只有纵墙和少量的横墙，因此墙体用料少。

非抗震设计时，纵墙承重方案适用于教学楼、实验室、厂房、仓库、食堂等有较大空间需求的房屋。

9.1.1.2　横墙承重方案

横墙承重方案指楼面、屋面板直接搁置在横墙上的结构布置方案，荷载主要由横墙承担，纵墙是自承重墙，如图 9-2 所示。

横墙承重方案竖向荷载的主要传递路线是：屋面（楼面）板→横墙→横墙基础→地基。

横墙承重方案具有如下特点。

① 横向刚度大，整体性好。横墙数量较多，间距较小，纵墙也可以起到拉结作用，因此房屋的横向刚度大、整体性好，抗风和抗震性能强，对调整地基不均匀沉降有

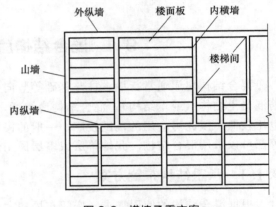

图 9-2　横墙承重方案

利。抗震设计时，横墙承重方案是优先选择的方案之一。

② 纵墙上门窗洞口的大小、位置受限较小。横墙是主要的承重墙，纵墙起围护、隔断、将横墙连接起来和保证横墙稳定性的作用。纵墙上可以开较大的门窗洞口，受到的限制较少。

③ 墙体用料多，楼盖用料少。楼盖和屋盖只有板而无梁，板材用料少；横墙数量多，因此墙体用料多。

横墙承重方案适用于宿舍、住宅、旅馆等居住类建筑或小开间的办公楼。

9.1.1.3　纵、横墙承重方案

纵、横墙承重方案指由纵、横墙共同承担竖向荷载的房屋承重方案，如图 9-3 所示。纵横墙承重方案竖向荷载传递路线为：屋面（楼面）板、梁→横墙、纵墙→基础→地基。

纵、横墙承重方案的特点如下。

① 房间布置灵活，开间比横墙承重方案大。

② 纵、横墙均承受竖向荷载，纵、横向均具有较好的空间刚度和整体性，抗震性能好。抗震设计时，纵、横墙承重方案是优先选择的方案之一。

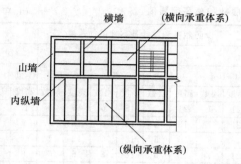

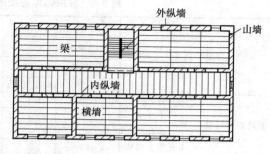

图 9-3 纵、横墙承重方案

纵、横墙承重方案可使房屋有较大的空间，且具有良好的力学性能，适用于教学楼、办公楼、图书馆和医院等建筑。

9.1.1.4 内框架承重方案

内框架承重方案指楼面、屋面荷载由外墙和内柱共同承重的方案。该方案中楼板铺设在梁和山墙上，而梁则支承在外纵墙和中间支承柱上（图 9-4）。

内框架承重方案竖向荷载传递路线为：屋面（楼面）板 → 梁 → 外纵墙、柱 → 基础 → 地基。

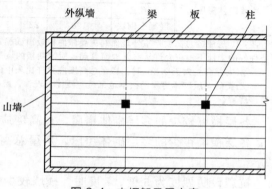

图 9-4 内框架承重方案

内框架承重方案的特点如下。

① 平面布置灵活。外墙和内柱均为主要承重构件，内柱替代了内墙功能，使用时可以取得较大空间，而梁的跨度不需要增加。

② 变形不易协调。在竖向荷载作用下，钢筋混凝土内柱和砌体外纵墙的压缩量不同，柱基础和墙基础的形式也可能不同，基础沉降量也不一致，会出现竖向变形，产生较大的附加内力。特别是在地震作用时，容易由变形不协调而产生破坏。

③ 横墙少，房屋的空间刚度差，抗震性能差，抗震设计时不应采用这种方案。

④ 施工复杂。施工时砌体结构和钢筋混凝土结构分属不同的施工过程，涉及工种多，工序更复杂，施工组织也复杂。

非抗震设计时，内框架承重方案适用于工业厂房、仓库和商城等，并且层数不宜过多。

9.1.2 房屋的适用高度和层数

从历次地震中已经总结出砌体结构房屋的层数和高度与地震震害成正比的结论，随着层数和高度的增加，破坏程度加重，倒塌率增加。因此，必须限制砌体房屋的高度和层数。一般情况下，砌体房屋的总高度和总层数不应超过表 9-1 的规定。

特殊情况下，房屋的总高度和层数还应做相应调整。

（1）横墙少的砌体房屋 当同一楼层内开间大于 4.2m 的房间占该层总面积的 40％以上时，定义为房屋的横墙较少；其中，开间不大于 4.2m 的房间占该层总面积不到 20％且开间大于 4.8m 的房间占该层总面积的 50％以上者，定义为横墙很少的房屋。

表 9-1　多层砌体房屋的层数和总高度限值　　　　　　单位：m

房屋类别		最小墙厚度/mm	设防烈度和设计基本地震加速度											
			6		7				8				9	
			0.05g		0.10g		0.15g		0.20g		0.30g		0.40g	
			高度	层数	高度	层数	高度	层数	高度	层数	高度	层数	高度	层数
多层砌体房屋	普通砖	240	21	7	21	7	21	7	18	6	15	5	12	4
	多孔砖	240	21	7	21	7	18	6	18	6	15	5	9	3
	多孔砖	190	21	7	18	6	15	5	15	5	12	4	—	—
	混凝土砌块	190	21	7	21	7	18	6	18	6	15	5	9	3
底部框架-抗震墙砌体房屋	普通砖多孔砖	240	22	7	22	7	19	6	16	5	—	—	—	—
	多孔砖	190	22	7	19	6	16	5	13	4	—	—	—	—
	混凝土砌块	190	22	7	22	7	19	6	16	5	—	—	—	—

注：1. 房屋的总高度指室外地面到主要屋面板板顶或檐口的高度，半地下室从地下室室内地面算起，全地下室和嵌固条件好的半地下室应允许从室外地面算起；对带阁楼的坡屋面应算到山尖墙的1/2高度处。

2. 室内外高差大于 0.6m 时，房屋总高度应允许比表中的数据适当增加，但增加量应少于 1.0m。

3. 乙类的多层砌体房屋仍按本地区设防烈度查表，其层数应减少一层且总高度应降低 3m；不应采用底部框架-抗震墙砌体房屋。

各层横墙较少的多层砌体房屋，总高度应比表 9-1 中的规定降低 3m，层数相应减少一层；各层横墙很少的多层砌体房屋，房屋总高度应按表 9-1 的规定降低 6m，层数相应减少二层。

抗震设防烈度为 6 度、7 度时，横墙较少的丙类多层砌体房屋，当按规定采取加强措施并满足抗震承载力要求时，其高度和层数应允许仍按表 9-1 的规定采用。

（2）蒸压砖砌体房屋　采用蒸压灰砂普通砖和蒸压粉煤灰普通砖的砌体房屋，当砌体的抗剪强度仅达到普通黏土砖砌体的 70% 时（普通砂浆砌筑的砌体），房屋的层数应比普通砖房屋减少一层，总高度应减少 3m；当砌体的抗剪强度达到普通黏土砖砌体的取值时（专用砂浆砌筑的砌体），房屋的层数和总高度的要求同普通砖房屋。

9.1.3　房屋的高宽比和层高

若砌体房屋考虑整体弯曲进行验算，目前的计算方法即使在 7 度时，超过三层就不能满足要求，这与大量的震后调查不符。实际上，多层砌体房屋一般可以不做整体弯曲验算，但为了保证房屋的稳定性，对房屋的高宽比提出了要求。多层砌体房屋总高度与总宽度的最大比值，6 度、7 度时为 2.5，8 度时为 2.0，9 度时为 1.5。

试验研究表明，抗震墙的高度对抗震墙出平面（平面外）偏心受压承载力和变形有直接关系。因此，为了保证抗震墙出平面的承载力、刚度和稳定性，对砌体房屋层高提出了相应要求。多层砌体房屋的层高不应超过 3.6m。当使用功能确有需要时，采用约束砌体等加强措施的普通砖房屋，层高不应超过 3.9m。

9.1.4　抗震横墙的间距

多层砌体房屋的横向地震作用主要由横墙承担，地震中横墙间距大小对房屋是否倒塌影响很大，不仅横墙需要有足够的承载力，而且楼（屋）盖须具有传递地震作用给横墙的水平刚度。为了保证结构的空间刚度，保证楼（屋）盖具有足够的能力传递水平地震作用给墙体，房屋的抗震横墙间距不应超过表 9-2 的规定值。

表 9-2 房屋抗震横墙的间距 单位：m

房屋类别		烈度			
		6	7	8	9
多层砌体房屋	现浇或装配整体式钢筋混凝土楼(屋)盖	15	15	11	7
	装配式钢筋混凝土楼(屋)盖	11	11	9	4
	木屋盖	9	9	4	—

注：1. 多层砌体房屋的顶层，除木屋盖外的最大横墙间距允许适当放宽，但应采取相应的加强措施。
2. 多孔砖抗震横墙厚度为 190mm 时，最大横墙间距应比表中数值减少 3m。

9.1.5 房屋的局部尺寸

为了避免砌体结构房屋出现抗震薄弱部位，防止因局部破坏而引起房屋倒塌，多层砌体房屋中砌体墙段的局部尺寸限值宜符合表 9-3 的要求。

表 9-3 房屋的局部尺寸限值 单位：m

部位	6 度	7 度	8 度	9 度
承重窗间墙最小宽度	1.0	1.0	1.2	1.5
承重外墙尽端至门窗洞边的最小距离	1.0	1.0	1.2	1.5
自承重外墙尽端至门窗洞边的最小距离	1.0	1.0	1.0	1.0
内墙阳角至门窗洞边的最小距离	1.0	1.0	1.5	2.0
无锚固女儿墙(非出入口处)的最大高度	0.5	0.5	0.5	0.0

注：1. 局部尺寸不足时，应采取局部加强措施弥补，且最小宽度不宜小于 1/4 层高和表列数据的 80%。
2. 出入口的女儿墙应有锚固。

9.1.6 结构材料的强度等级

普通砖和多孔砖的强度等级不应低于 MU10，其砌筑砂浆强度等级不应低于 M5；蒸压灰砂普通砖、蒸压粉煤灰普通砖及混凝土砖的强度等级不应低于 MU15，其砌筑砂浆强度等级不应低于 Ms5（Mb5）。

混凝土砌块的强度等级不应低于 MU7.5，其砌筑砂浆的强度等级不应低于 Mb7.5。

约束砖砌体墙，其砌筑砂浆强度等级不应低于 M10 或 Mb10。

构造柱、圈梁、水平现浇钢筋混凝土带及其他各类构件的混凝土强度等级不应低于 C20，砌块灌孔混凝土强度等级不应低于 Cb20。

9.2 混合结构房屋的静力计算方案

混合结构房屋由屋盖、楼盖、墙、柱、基础等主要承重构件组成空间受力体系，承受竖向荷载、水平荷载和地震作用。空间受力体系与平面受力体系的变形、荷载传递途径不同。不同的房屋，空间受力性能也不尽相同，进行计算时需要考虑空间受力性能的强弱，以确定计算方案，并简化为平面结构来分析墙、柱的内力。

9.2.1 房屋的空间工作性能

如图 9-5 所示为单层纵墙承重体系，竖向荷载的传递路线是：屋面板→屋面大梁→纵墙→纵墙基础→地基，水平风荷载的传递路线是：纵墙→纵墙基础→地基。在水平荷载作用下，有山墙和无山墙时，纵墙顶的水平位移（侧移）明显不同。

如图 9-5（a）所示为仅由两道纵墙和屋盖组成的单层房屋，墙体截面均匀。若在一侧纵墙上作用均匀分布的水平荷载，则墙体产生弯曲变形，整个纵墙顶的水平位移相等，与平面结构（杆件的弯曲变形）无异。从整体结构中取出一个独立的计算单元，其受力状态和整个房屋的受力性能是一样的。可按平面排架结构进行受力分析，墙顶的水平位移（侧移）为 u_p，它仅取决于纵墙的刚度，而屋盖的水平刚度只是保证传递水平荷载时两边纵墙位移相等。这样的房屋为平面工作，或不具有空间工作性能。

如图 9-5（b）所示为两端有山墙的单层房屋。山墙的横向刚度很大，结构变形受到两端山墙的约束，水平荷载的传力途径发生了变化。同样在均匀的水平荷载作用下，整个房屋墙顶的水平位移不再相等。距山墙越远的纵墙顶水平位移越大，距山墙越近的纵墙顶水平位移越小。屋盖作为纵墙顶端的支承受到纵墙传来的水平荷载作用后，在其自身平面内产生弯曲变形，且纵墙中部变形 u_1 为最大。山墙顶受到屋盖传来的荷载作用后，也会在其墙身平面内产生弯曲变形和剪切变形，墙顶的水平侧移为 u。纵墙顶部的最大侧移 u_s 为屋盖中部最大变形 u_1 与山墙顶侧移 u 之和，即 $u_s = u_1 + u$。由于在空间受力体系中，山墙（横墙）协调工作，对抵抗侧移起到了重要作用，使得 u_s 较平面受力体系中排架计算简图的墙顶部侧移 u_p 小，即 $u_s < u_p$。这是纵墙、屋盖和横墙（山墙）在空间受力体系中协调工作的结果，也就是空间受力性能或房屋的空间工作性能。

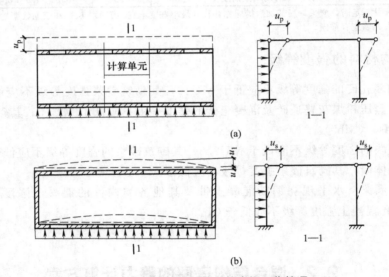

图 9-5　单层纵墙承重体系的空间工作情况

房屋的空间受力性能减小了房屋的侧移。横墙间水平距离和屋盖的水平刚度影响 u_1 的大小，横墙自身平面内的刚度大小影响 u 的取值，因而影响房屋的侧移，所以，房屋空间工作性能的影响因素主要有横墙间水平距离、屋盖的水平刚度和横墙自身平面内的刚度。房屋的空间受力性能，可用空间性能影响系数 η 定量描述：

$$\eta = \frac{u_s}{u_p} = 1 - \frac{1}{\cosh ks} \tag{9-1}$$

式中　u_p——水平荷载作用下平面排架的侧移；

　　　u_s——考虑空间工作后纵墙顶的侧移（房屋侧移）；

　　　k——屋盖系统弹性常数，取决于屋盖的刚度；

s——横墙间距。

空间性能影响系数 η 的值越大，表明房屋侧移越接近平面排架的侧移，即房屋的空间刚度较差；反之空间作用越大。

《砌体结构设计规范》将楼盖或屋盖分成三类（表9-5），根据半经验、半理论方法给出了弹性常数 k 的取值。第1类屋盖 $k=0.03$；第2类屋盖 $k=0.05$；第3类屋盖 $k=0.065$。

除了屋盖类别以外，横墙间距 s 也是影响房屋空间刚度的重要因素。不同类别的屋盖（楼盖）在不同横墙间距下，房屋各层的空间性能影响系数 η_i 可按表9-4取用。

表9-4　房屋各层的空间性能影响系数 η_i

屋盖或楼盖类别	横墙间距 s/m														
	16	20	24	28	32	36	40	44	48	52	56	60	64	68	72
1	—	—	—	—	0.33	0.39	0.45	0.50	0.55	0.60	0.64	0.68	0.71	0.74	0.77
2	—	0.35	0.45	0.54	0.61	0.68	0.73	0.78	0.82	—	—	—	—	—	—
3	0.37	0.49	0.60	0.68	0.75	0.81	—	—	—	—	—	—	—	—	—

注：i 取 $1\sim n$，n 为房屋的层数。

9.2.2 房屋的静力计算方案

按照房间空间作用的大小，混合结构房屋静力计算可划分为刚性方案、弹性方案和刚弹性方案三种。

① 刚性方案。刚性方案房屋是指在荷载作用下，房屋的水平位移 u_s 很小，可忽略不计。墙、柱的内力按屋架、大梁与墙、柱为不动铰支承的竖向构件计算的房屋。这种房屋的横墙间距较小，楼盖和屋盖的水平刚度较大，房屋的空间刚度也较大。房屋的空间性能影响系数 $\eta<0.33\sim0.37$。教学楼、办公楼、宿舍、医院和住宅等一般属于刚性方案房屋。

② 弹性方案。弹性方案房屋是指在荷载作用下，房屋的水平位移 u_s 较大，不能忽略。墙、柱的内力按屋架、大梁与墙、柱为铰接的不考虑空间工作的平面排架计算的房屋。这种房屋的横墙间距较大，楼盖和屋盖的水平刚度较小，房屋的空间刚度也较小。房屋的空间性能影响系数 $\eta>0.77\sim0.82$。单层厂房、仓库、礼堂、食堂等可能属于弹性方案房屋。

③ 刚弹性方案。刚弹性方案指介于"刚性"与"弹性"两种方案之间的房屋。墙、柱的内力按屋架、大梁与墙、柱为铰接的考虑空间工作的平面排架计算的房屋。这种房屋在水平荷载作用下，墙柱顶端的相对水平位移较弹性方案房屋的小，但又不可忽略不计。房屋的空间性能影响系数 $0.33<\eta<0.82$。

《砌体结构设计规范》考虑屋盖（楼盖）水平刚度的大小和横墙间距两个因素，来划分静力计算方案。设计时，可根据相邻横墙间距 s（m）和屋盖或楼盖类别，由表9-5确定房屋的静力计算方案。

表9-5　房屋的静力计算方案

	屋盖或楼盖类别	刚性方案	刚弹性方案	弹性方案
1	整体式、装配整体和装配无檩体系钢筋混凝土屋盖或钢筋混凝土楼盖	$s<32$	$32\leqslant s\leqslant72$	$s>72$
2	装配式有檩体系钢筋混凝土屋盖、轻钢屋盖和有密铺望板的木屋盖或木楼盖	$s<20$	$20\leqslant s\leqslant48$	$s>48$
3	瓦材屋面的木屋盖和轻钢屋盖	$s<16$	$16\leqslant s\leqslant36$	$s>36$

静力计算方案是根据横墙间距和屋盖类别来确定的，其中横墙还必须满足一定的刚度要

求，使横墙自身平面内弯曲变形和剪切变形引起的水平位移 u 足够小。如果横墙刚度过小，刚性方案的计算模型中不动铰的假设不能满足；刚弹性方案中的空间性能也会有很大影响。因此，刚性、刚弹性方案房屋中的横墙应符合下列规定：

① 横墙中开有洞口时，洞口的水平截面面积不应超过横墙截面面积的 50%。

② 横墙的厚度不宜小于 180m。

③ 单层房屋的横墙长度不宜小于其高度，多层房屋的横墙长度不宜小于 $H/2$（H 为横墙总高度）。

当横墙不能符合上述要求时，应对横墙的刚度进行验算，如其最大水平位移 $u_{max} \leqslant H/4000$ 时，仍可视作刚性和刚弹性方案房屋的横墙。而 u_{max} 的计算详见《砌体结构设计规范》。

9.3 墙柱高厚比验算

砌体结构中墙、柱均是受压构件，除满足承载力要求外还要保证稳定性。结构设计时，通过验算墙、柱高厚比的方法来保证砌体在施工阶段和使用阶段的稳定性。高厚比验算包括两个方面，一是确定允许高厚比的取值，二是确定墙、柱实际高厚比。

9.3.1 允许高厚比的影响因素

影响墙、柱允许高厚比的因素很复杂，仅用理论公式推导难以确定。允许高厚比的确定和高厚比验算方法是从大量工程经验中总结而来。影响允许高厚比取值的因素很多，主要有以下几个方面。

（1）砂浆强度等级 根据砌体受力分析，砂浆强度直接影响砌体的弹性模量，弹性模量又影响砌体的刚度。而刚度是影响稳定性的重要因素，因此砂浆强度是影响允许高厚比的重要因素。

（2）砌体类型 砌体类型直接影响砌体刚度，比如毛石墙的刚度就较砖砌体墙的刚度差，因此允许高厚比会降低；组合砌体由于添加了钢筋混凝土，刚度更好，因此允许高厚比相应提高。

（3）横墙间距 横墙的间距越小，墙体稳定性和刚度越好，反之则越差。高厚比验算中通过改变墙体计算高度来考虑该因素。柱子没有横墙，规范中柱的允许高厚比墙体的取值更小。

（4）支承条件 刚性方案房屋的墙柱在屋盖和楼盖支承处水平位移较小，刚度好，刚弹性和弹性方案次之。根据稳定性理论，支承位置水平位移小的约束，失稳时的临界荷载大，则构件允许高厚比较大。该因素仍然通过改变墙体计算高度来考虑。

（5）墙体截面刚度 墙体横截面惯性矩大，则稳定性好；墙体上门窗洞口较多时，稳定性减弱。该影响通过有门窗洞口墙允许高厚比的修正系数来考虑。

（6）构件重要性和房屋使用情况 对次要构件，允许高厚比可增大，使用时有振动的房屋则应酌情降低。

（7）构造柱间距 钢筋混凝土构造柱可以提高墙体稳定性和刚度，高厚比验算时通过设置构造柱墙允许高厚比提高系数来考虑该影响。

9.3.2 允许高厚比的取值

墙、柱允许高厚比［β］很难用理论方法确定，而是按工程经验取值。根据高厚比的影响因素分析，允许高厚比与砂浆强度等级、砌体结构类型等因素有关，按表9-6采用。

表9-6　墙、柱的允许高厚比［β］值

砌体类型	砂浆强度等级	墙	柱
无筋砌体	M2.5	22	15
	M5.0 或 Mb5.0、Ms5.0	24	16
	≥M7.5 或 Mb7.5、Ms7.5	26	17
配筋砌块砌体	—	30	21

注：1. 毛石墙、柱的允许高厚比应按表中数值降低20%。

2. 带有混凝土或砂浆面层的组合砖砌体构件的允许高厚比，可按表中数值提高20%，但不得大于28。

3. 验算施工阶段砂浆尚未硬化的新砌砌体构件高厚比时，允许高厚比对墙取14，对柱取11。

由表9-6得到的高厚比允许值，在以下几种情况下还应乘以修正系数进行修正。

（1）自承重墙修正　自承重墙是房屋中的次要构件。根据弹性稳定理论，在材料、截面及支承条件相同的情况下，构件仅承受自重作用时失稳的临界荷载比上端受有集中外力时大。所以，自承重墙的允许高厚比可适当放宽。厚度 $h \leqslant 240mm$ 的自承重墙，允许高厚比修正系数 μ_1 取值为：

墙厚 $h = 240mm$ 时，$\mu_1 = 1.2$；

墙厚 $h = 90mm$ 时，$\mu_1 = 1.5$；

当 $90mm < h < 240mm$ 时，μ_1 值按线性插入法取值。

上端为自由端自承重墙的允许高厚比，除按上述规定提高外，尚可提高30%。对厚度小于90mm 的墙，当双面采用不低于 M10 的水泥砂浆抹面，包括抹面层的厚度不小于90mm 时，可按墙厚等于90mm 验算高厚比。需要注意的是，对承重墙而言，$\mu_1 = 1.0$。

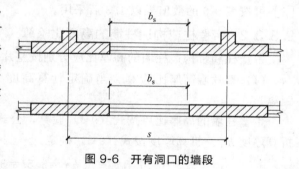

图 9-6　开有洞口的墙段

（2）洞口修正　对于开有门窗洞口的墙，刚度因开洞而降低，其允许高厚比应减小。如图9-6所示为开有洞口的墙段，设相邻窗间墙或壁柱之间的距离为 s，洞口宽度为 b_s，则允许高厚比修正系数 μ_2 为：

$$\mu_2 = 1 - 0.4 \frac{b_s}{s} \tag{9-2}$$

当按式（9-2）计算的 μ_2 值小于 0.7 时，取 $\mu_2 = 0.7$；当洞口高度等于或小于墙高的1/5时，取 $\mu_2 = 1.0$；当洞口高度大于或等于墙高的4/5时，可按独立墙段验算高厚比。很明显，无门窗洞口时，$\mu_2 = 1.0$。

（3）构造柱修正　对设有钢筋混凝土构造柱的墙体，构造柱可提高墙体的稳定性。当构造柱截面宽度不小于墙厚时，墙的允许高厚比修正系数 μ_c 按式（9-3）取值：

$$\mu_c = 1 + \gamma \frac{b_c}{l} \tag{9-3}$$

式中　γ——系数。对细料石砌体，$\gamma = 0$；对混凝土砌块、混凝土多孔砖、粗料石、毛料石及毛石砌体，$\gamma=1.0$；其他砌体，$\gamma=1.5$；

  b_c——构造柱沿墙长方向的宽度；

  l——构造柱的间距。

当 $b_c/l>0.25$ 时，取 $b_c/l=0.25$；当 $b_c/l<0.05$ 时，取 $b_c/l=0$。该项考虑构造柱有利作用的修正不适用于施工阶段。

9.3.3 高厚比验算方法

墙柱高厚比验算，按一般墙、柱高厚比和带壁柱（构造柱）墙的高厚比分别验算。

9.3.3.1 一般墙柱的高厚比验算

一般墙、柱（矩形截面）的高厚比应按式（9-4）验算：

$$\beta=\frac{H_0}{h}\leq\mu_1\mu_2[\beta] \tag{9-4}$$

式中 H_0——墙、柱的计算高度，按表 8-1 采用；

  h——墙厚或矩形柱与 H_0 相对应的边长；

  μ_1——自承重墙允许高厚比的修正系数；

  μ_2——有门窗洞口墙允许高厚比的修正系数；

  $[\beta]$——墙、柱的允许高厚比，应按表 9-6 采用。

当与墙相连接的相邻两墙间的距离 $s\leq\mu_1\mu_2[\beta]h$ 时，墙的高度不受式（9-4）的限制；变截面柱的高厚比可按上、下截面分别验算，验算上柱高厚比时，墙、柱的允许高厚比 $[\beta]$ 可按表 9-6 的数值乘以 1.3 后采用。

9.3.3.2 带壁柱或构造柱墙的高厚比验算

带壁柱和带构造柱墙的高厚比应分别按整片墙和壁柱间墙或构造柱间墙进行验算。

（1）整片墙高厚比验算 当确定计算高度 H_0 时，s 应取与之相交的相邻横墙之间的距离。

带壁柱墙的高厚比可按式（9-4）验算，公式中的 h 应改用带壁柱截面（T 形截面）的折算厚度 h_T。折算厚度按式（9-5）确定

$$h_T=3.5i=3.5\sqrt{I/A} \tag{9-5}$$

式中 i——带壁柱墙截面的惯性半径；

 I，A——带壁柱墙截面的惯性矩和截面面积。

带壁柱墙的计算截面翼缘宽度 b_f，可按下列规定采用：多层房屋，当有门窗洞口时可取窗间墙宽度；当无门窗洞口时每侧翼墙宽度可取壁柱高度的 1/3，但不应大于相邻壁柱间的距离。单层房屋，可取壁柱宽加 2/3 墙高，但不应大于窗间墙宽度和相邻壁柱间的距离。

当构造柱截面宽度不小于墙厚时，按式（9-6）验算带构造柱墙的高厚比

$$\beta=\frac{H_0}{h}\leq\mu_1\mu_2\mu_c[\beta] \tag{9-6}$$

（2）壁柱间墙和构造柱间墙高厚比验算 壁柱间墙或构造柱间墙的高厚比可按式（9-4）验算。确定计算高度 H_0 时，s 应取相邻壁柱间或相邻构造柱间的距离。此时无论带壁柱墙或带构造柱墙静力计算是何种方案，H_0 的计算均按刚性方案考虑。

设有钢筋混凝土圈梁的带壁柱墙或带构造柱墙，当 $b/s\geq1/30$ 时，圈梁可视作壁柱间墙

或构造柱间墙的不动铰支点（b 为圈梁宽度）。如不允许增加圈梁宽度，可按墙体平面外等刚度原则增加圈梁高度，以满足壁柱间墙或构造柱间墙不动铰支点的要求

【例9-1】　某三层砌体结构办公楼底层平面图如图 9-7 所示，为纵横墙联合承重方案。屋盖和楼盖均采用现浇钢筋混凝土，墙体采用强度等级为 MU10 的烧结普通砖，承重墙采用 M5 混合砂浆砌筑，墙体厚度 240mm，底层墙体高度 4.5m；自承重墙厚度 120mm，砌筑砂浆为 M2.5 混合砂浆，墙高 3.5m，试验算底层墙体的高厚比。

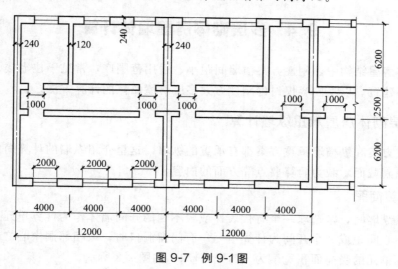

图 9-7　例 9-1 图

【解】

（1）确定房屋静力计算方案　因屋盖和楼盖均属于第 1 类，且最大横墙间距 $s=12\text{m}<32\text{m}$，故为刚性方案房屋。承重墙 $H=4.5\text{m}$，$h=240\text{mm}$，$[\beta]=24$；自承重墙 $H=3.5\text{m}$，$h=120\text{mm}$，$[\beta]=22$。

（2）承重纵墙高厚比验算　由内外纵墙门窗对墙体的削弱程度比较可知，外纵墙削弱更多，因此只验算外纵墙。

因为 $s=12\text{m}>2H=9\text{m}$，所以计算高度 $H_0=1.0H=4.5\text{m}$；承重墙 $\mu_1=1$，相邻窗间墙间距为 4m，窗洞口宽度为 2m，允许高厚比修正系数

$$\mu_2=1-0.4\frac{b_s}{s}=1-0.4\times\frac{2}{4}=0.8>0.7$$

外纵墙高厚比：

$$\beta=\frac{H_0}{h}=\frac{4500}{240}=18.75<\mu_1\mu_2[\beta]=1\times0.8\times24=19.2，满足要求。$$

（3）承重横墙高厚比验算　承重横墙 $\mu_1=1$，无洞口 $\mu_2=1$，纵墙间距 $s=6.2\text{m}$，因为 $H=4.5\text{m}<s<2H=9\text{m}$，所以横墙计算高度为：

$$H_0=0.4s+0.2H=0.4\times6.2+0.2\times4.5=3.38\text{m}$$

横墙高厚比：

$$\beta=\frac{H_0}{h}=\frac{3380}{240}=14.1<\mu_1\mu_2[\beta]=1\times1\times24=24，满足要求。$$

（4）自承重墙高厚比验算　无洞口 $\mu_2=1$，按照两端铰支考虑，$H_0=H=3.5\text{m}$，自承重墙允许高厚比修正系数

$$\mu_1 = 1.2 + \frac{1.5 - 1.2}{240 - 90} \times (240 - 120) = 1.44$$

自承重墙高厚比：

$$\beta = \frac{H_0}{h} = \frac{3500}{120} = 29.2 < \mu_1 \mu_2 [\beta] = 1.44 \times 1 \times 22 = 31.7,满足要求。$$

9.4 多层砌体房屋墙体计算

多层砌体房屋结构中，刚性方案横墙间距小、适用范围广，常见于住宅楼、办公楼以及教学楼等民用建筑。以下内容仅讨论刚性方案多层房屋墙体的计算方法。

9.4.1 多层砌体房屋承重纵墙计算

纵墙承重方案和纵横墙承重方案都有承重的纵墙，这里介绍纵墙的计算简图确定、内力计算方法、控制截面承载力验算要点等方面的内容。

9.4.1.1 计算简图

计算承重纵墙时，常选取一个有代表性或较不利的开间墙体作为计算单元。无洞口时取梁下砌体的中心间距或一个开间为计算单元；有门窗洞口时，取相邻洞中心之间的距离为计算单元。计算单元的受荷面积宽度为 $(l_1 + l_2)/2$，如图 9-8 所示。

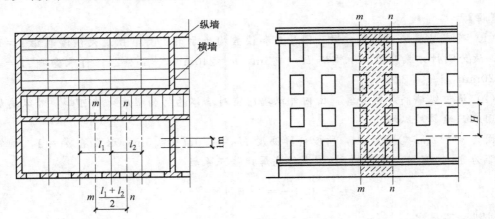

图 9-8 多层房屋纵墙计算单元

无洞口时取计算单元的截面为计算截面，有门窗洞口时取窗间墙截面为计算截面。对带壁柱墙，计算截面宽度 $B = (b + 2H/3) \leqslant (l_1 + l_2)/2$，其中 b 为壁柱宽度。

在竖向荷载作用下，墙、柱在每层高度范围内可近似地视作两端铰支的竖向构件，其计算简图如图 9-9 所示。在水平荷载作用下则视作竖向连续梁，其计算简图如图 9-10 所示。底层墙体高度为楼板顶面到基础顶面的距离，其他层取层高或取梁（板）底到下层梁（板）底的距离。

作用在楼面上的活荷载，不大可能以标准值的大小同时布满在所有的楼面上，因此在设计梁、柱、基础等承重构件时，楼层活荷载应乘以按表 9-7 取值的折减系数。

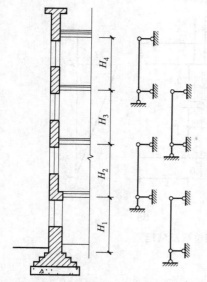

图 9-9　纵墙在竖向荷载作用下的计算简图

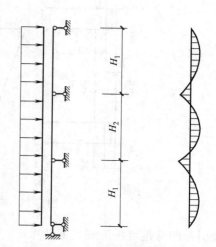

图 9-10　纵墙在水平荷载作用下的计算简图

表 9-7　活荷载按楼层的折减系数

墙、柱、基础计算截面以上的层数	1	2～3	4～5	6～8	9～20	>20
计算截面以上各楼层活荷载总和的折减系数	1.00	0.85	0.70	0.65	0.60	0.55

作用在墙体上的荷载，有上层传递的竖向荷载 N_u、本层楼盖梁传来的荷载 N_l 和本层墙体自重 N_G。其中 N_u 沿上层墙体的轴线向下传递，N_l 作用在距墙体内边缘 $0.4a_0$（a_0 为梁端有效支承长度），N_G 作用于本层墙体重心处。

9.4.1.2　内力分析

（1）竖向荷载作用下墙体内力计算　竖向荷载作用下，上、下层墙体厚度是否相同，会影响荷载对墙体的偏心程度，因此需分别讨论上、下层墙体厚度相同和不相同两种情况下的截面内力。

① 上、下层墙体厚度相同 [图 9-11 (a)]。层间墙体顶面 I—I 截面

$$\left. \begin{array}{l} N_I = N_u + N_l \\ M_I = N_l e_1 = N_l(0.5h_1 - 0.4a_0) \end{array} \right\} \tag{9-7}$$

层间墙体底面 II—II 截面

$$\left. \begin{array}{l} N_{II} = N_u + N_l + G = N_I + G \\ M_{II} = 0 \end{array} \right\} \tag{9-8}$$

② 上、下层墙体厚度不相同 [图 9-11 (b)]。层间墙体顶面 I—I 截面

$$\left. \begin{array}{l} N_I = N_u + N_l \\ M_I = N_l e_1 - N_u e_0 = N_l(0.5h_2 - 0.4a_0) - N_u(0.5h_2 - 0.5h_1) \end{array} \right\} \tag{9-9}$$

层间墙体底面 II—II 截面

$$\left. \begin{array}{l} N_{II} = N_u + N_l + G = N_I + G \\ M_{II} = 0 \end{array} \right\} \tag{9-10}$$

（2）水平荷载作用下墙体内力计算　在水平荷载作用下，纵墙被视为竖向连续梁，风荷

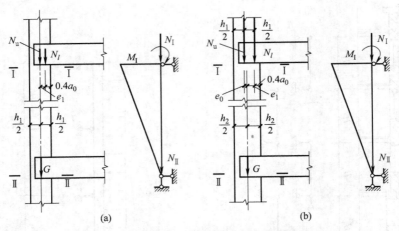

图 9-11 墙体竖向荷载作用点位置及弯矩图

载引起的弯矩可按下式近似计算：

$$M = \frac{1}{12} w H_i^2 \qquad (9\text{-}11)$$

式中 w——沿楼层高度均布风荷载，kN/m；

H_i——第 i 层墙体高度，即层高，m。

计算时应分别考虑左风和右风，风荷载引起的截面内力与竖向荷载产生的截面内力组合后，应大于仅考虑竖向荷载时的内力，否则不应考虑风荷载的影响。

刚性方案多层砌体房屋，当外墙符合下列要求时，静力计算可不考虑风荷载的影响，仅按竖向荷载进行计算：洞口水平截面面积不超过全截面面积的 2/3；层高和总高不超过表 9-8 的规定；屋面自重不小于 0.8kN/m²。

表 9-8 外墙不考虑风荷载影响时的最大高度

基本风压/(kN/m²)	层高/m	总高/m
0.4	4.0	28
0.5	4.0	24
0.6	4.0	18
0.7	3.5	18

注：对于多层混凝土砌块房屋，当外墙厚度不小于 190mm、层高不大于 2.8m、总高不大于 19.6m、基本风压不大于 0.7kN/m² 时，可不考虑风荷载的影响。

9.4.1.3 承载力验算

墙体截面承载力验算时，每层墙体取上、下两个控制截面。上截面取位于梁（或板）底的墙顶截面 I—I，该截面承受轴力 N_I 和弯矩 M_I，应按偏心受压验算承载力，同时，还应验算梁端下砌体的局部受压承载力。下截面可取位于梁（或板）底稍上的墙体截面 II—II，底层墙体则取基础顶面，该截面轴力 N_{II} 最大，不考虑风荷载时弯矩为零，按轴心受压验算承载力；考虑风荷载时，该截面存在弯矩，应按偏心受压验算承载力。

若各层墙体截面和材料都相同，则只需验算内力最大的底层，其他层不需验算；若墙体厚度或材料强度等级发生变化，除验算底层墙体以外，还应对变化层墙体进行验算。

9.4.2　多层砌体房屋承重横墙计算

承重横墙的计算与承重纵墙的计算类似，都是将楼盖作为墙体的不动铰支座进行计算。因此刚性方案房屋承重横墙的计算简图与承重纵墙相同，但又有其自身的特点。

（1）计算简图　横墙一般承受屋盖、楼盖传来的均布荷载，通常取 $b=1\mathrm{m}$ 宽度作为计算单元，每层横墙视为两端不动铰支承的竖向构件（图 9-12）。

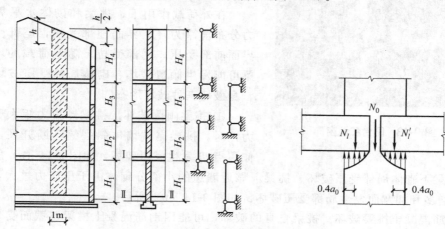

图 9-12　承重横墙计算简图

构件高度 H 取值同纵墙，仅在顶层为坡屋顶时，取层高加上山尖高度的一半。

（2）横墙内力计算　分析层间受力时，横墙两侧均有楼盖传来的力 N_l 和 N_l'，因此在式（9-7）和式（9-9）中的 N_l 应分别替换为 N_l+N_l' 和 N_l-N_l'，以分别考虑两侧楼盖传来的轴力对墙体内力的影响。

（3）横墙截面承载力验算　当横墙两侧开间相同且楼面荷载相等时，楼盖传来的轴向力 $N_l=N_l'$，$M_{\mathrm{I}}=0$，墙体轴心受压。此时可只计算各层墙体底部 Ⅱ—Ⅱ 截面的轴心受压承载力，因该截面轴心压力在本层中最大。倘若墙体厚度和材料相同，则只需验算底层底部截面（基础顶面）的轴心受压承载力。

若横墙相邻两开间不相等，或楼面荷载不相等，或计算山墙时，因为 $N_l\neq N_l'$，所以 $M_{\mathrm{I}}\neq0$，墙体顶部 Ⅰ—Ⅰ 截面应按偏心受压验算承载力，底部 Ⅱ—Ⅱ 截面按轴心受压验算承载力。

当墙体支承梁时，还应验算梁端下砌体局部受压承载力。

9.5　砌体房屋的挑梁和过梁

砌体结构中除楼（屋）盖、楼梯等水平构件以外，还有挑梁、过梁等水平构件，它们与墙体一起受力，共同工作。钢筋混凝土挑梁、过梁的设计，是砌体房屋结构设计的内容之一。

9.5.1　钢筋混凝土挑梁

挑梁就是嵌固在砌体中的悬挑式钢筋混凝土梁，这里指混合结构房屋中的阳台挑梁、雨

图 9-13 阳台和飘窗

篷挑梁或外廊挑梁。如图 9-13 所示为某民用建筑阳台和飘窗，其主要受力构件就是挑梁。挑梁自身属于水平悬挑构件，在材料力学中称为悬臂梁，它与嵌固砌体一起受力和变形，是一个整体。因此，挑梁的设计不仅要保证挑梁自身的安全，还要保证嵌固砌体的安全。

在外荷载作用下，挑梁和砌体水平界面上应力分布规律为，上界面前部受拉，尾部受压；下界面前部受压，尾部受拉。随着荷载的增加，挑梁可能发生倾覆破坏、砌体局部受压破坏和挑梁自身破坏三种破坏形态。

① 挑梁倾覆破坏。挑梁倾覆力矩大于抗倾覆力矩时，挑梁尾端墙体斜裂缝不断开展，挑梁绕倾覆点 O 发生倾覆破坏，如图 9-14（a）所示。

② 挑梁下砌体局部受压破坏。挑梁下靠近墙边的小部分砌体由于压应力过大，随着竖向裂缝的增多和加宽而发生局部受压破坏，如图 9-14（b）所示。

③ 钢筋混凝土挑梁破坏。挑梁自身的破坏，可能因钢筋混凝土挑梁正截面受弯承载力不足而致弯曲破坏，也可能因斜截面受剪承载力不足而发生剪切破坏。

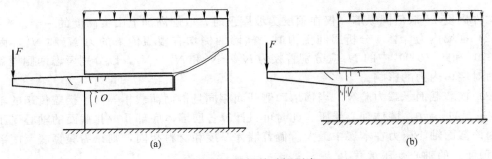

(a)　　　　　　　　　　　　　　　　　(b)

图 9-14 挑梁的破坏形态

对于雨篷、悬挑楼梯等这类垂直于墙段挑出的构件，在挑出部分的荷载作用下，挑出一边的墙面受压，另一边墙面受拉。随着荷载的增加，中和轴（中性轴）向受压一侧移动。破坏形态仍然有三种，但最容易发生的是倾覆破坏。

9.5.1.1 挑梁的抗倾覆验算

为了防止挑梁发生倾覆破坏，需要按式（9-12）进行抗倾覆验算：

$$M_{ov} \leqslant M_r \tag{9-12}$$

式中　M_{ov}——挑梁的荷载设计值对计算倾覆点产生的倾覆力矩；

　　　　M_r——挑梁的抗倾覆力矩设计值。

（1）计算倾覆点位置　倾覆点并不在墙边缘，而是在距墙外边缘 x_0 处。计算倾覆点位置 x_0 按如下公式确定：

当 $l_1 \geqslant 2.2h_b$ 时，

$$x_0 = 0.3h_b，且 x_0 \leqslant 0.13l_1 \tag{9-13}$$

当 $l_1 < 2.2h_b$ 时，

$$x_0 = 0.13l_1 \tag{9-14}$$

式中　l_1——挑梁埋入砌体墙中的长度；

h_b——挑梁截面高度。

当挑梁下有混凝土构造柱或垫梁时，计算倾覆点到墙外边缘的距离可取 $0.5x_0$。

（2）抗倾覆力矩设计值　抗倾覆荷载 G_r 的取值要求是：按图 9-15 所示的阴影范围内本层的砌体与楼面恒荷载标准值之和，其中 l_3 为挑梁尾端 45°上斜线与上一层楼面相交的水平投影长度。对于无洞口砌体，当 $l_3 \le l_1$ 时，按图 9-15（a）计算砌体自重；当 $l_3 > l_1$ 时，按图 9-15（b）计算砌体自重。对于有洞口砌体，当洞口内边至挑梁埋入段尾端的距离不小于 370mm 时，按图 9-15（c）计算砌体自重，否则应按图 9-15（d）计算砌体自重。本层楼面恒荷载直接作用于挑梁埋入段；当上部楼层无挑梁时，抗倾覆荷载中可计及上部楼层的楼面永久荷载（标准值）。

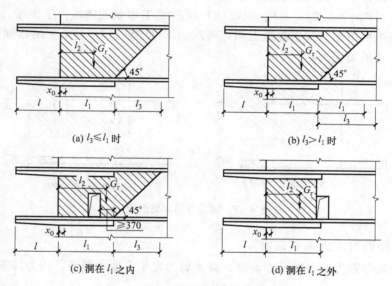

(a) $l_3 \le l_1$ 时　　　　　　　　　　(b) $l_3 > l_1$ 时

(c) 洞在 l_1 之内　　　　　　　　　　(d) 洞在 l_1 之外

图 9-15　挑梁的抗倾覆荷载

挑梁的抗倾覆力矩设计值可按式（9-15）计算：

$$M_r = 0.8G_r(l_2 - x_0) \tag{9-15}$$

式中　G_r——挑梁的抗倾覆荷载；

l_2——G_r 作用点距墙体外边缘的距离。

雨篷也是悬挑构件，由于埋入长度 l_1 较小，因此容易发生倾覆破坏。雨篷的倾覆是突然的，其危险性大于挑梁。抗倾覆荷载应按图 9-16 所示阴影线范围内的墙体自重和楼盖恒荷载计算，其中 $l_3 = 0.5l_n$；抗倾覆荷载 G_r 距墙外边缘的距离应为墙厚的 1/2，即 $l_2 = 0.5l_1$。当上部楼层无雨篷时，抗倾覆荷载中可计及上部楼层的楼面永久荷载（标准值）。

9.5.1.2　挑梁下砌体局部受压承载力验算

挑梁下砌体局部受压承载力验算时不考虑上部荷载 N_0，在式（8-12）中取 $\psi N_0 = 0$，得到：

$$N_l \le \eta\gamma fA_l \tag{9-16}$$

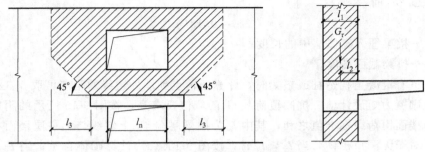

图 9-16　雨篷抗倾覆验算简图

式中　N_1——挑梁下的支承压力，可近似取 $N_1 = 2R$，R 为挑梁的倾覆荷载设计值；

　　　　η——挑梁底面压应力图形完整性系数，可取 $\eta = 0.7$；

　　　　γ——砌体局部抗压强度提高系数；对图 9-17（a）所示的矩形截面墙段（一字墙），可取 $\gamma = 1.25$；对图 9-17（b）所示的 T 形截面墙段（丁字墙），可取 $\gamma = 1.5$；

　　　　A_1——挑梁下砌体局部受压面积，可取 $A_1 = 1.2bh_b$，b 为挑梁的截面宽度，h_b 为挑梁的截面高度。

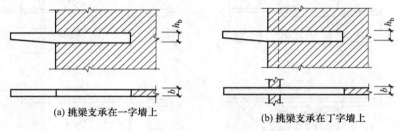

（a）挑梁支承在一字墙上　　　　　　　（b）挑梁支承在丁字墙上

图 9-17　挑梁下砌体局部受压

9.5.1.3　钢筋混凝土挑梁截面设计

挑梁的最大弯矩发生在倾覆点截面，最大剪力发生在墙边截面，内力计算公式为

$$M_{\max} = M_{ov} \tag{9-17}$$

$$V_{\max} = V_0 \tag{9-18}$$

式中　M_{ov}——挑梁的倾覆力矩；

　　　　V_0——挑梁的荷载设计值在挑梁墙外边缘处截面产生的剪力。

钢筋混凝土挑梁应按受弯构件进行正截面受弯承载力和斜截面受剪承载力计算，并符合现行国家标准《混凝土结构设计规范》的有关规定，同时还应满足下列要求：

① 纵向受力钢筋至少应有 1/2 的钢筋面积伸入梁尾端，且不少于 $2\phi12$。其余钢筋伸入支座的长度不应小于 $2l_1/3$。

② 挑梁埋入砌体长度 l_1 与挑出长度 l 之比宜大于 1.2；当挑梁上无砌体时，l_1 与 l 之比宜大于 2。

【例 9-2】　某钢筋混凝土雨篷，其尺寸如图 9-18 所示。墙体采用 MU10 烧结普通砖、M5 混合砂浆砌筑，双面粉刷，施工质量控制等级为 B 级。雨篷板自重标准值 6.96kN/m，悬臂端集中检修荷载标准值 2kN，楼盖传给雨篷梁的恒载标准值 8.96kN/m，双面粉刷的 240mm 厚砖墙自重 5.24kN/m²，钢筋混凝土自重 25.0kN/m³。结构安全等级为二级，设计使用年限 50 年。试验算该雨篷的抗倾覆稳定性。

【解】

（1）基本数据

$$l_1 = 240\text{mm} = 0.24\text{m}$$
$$x_0 = 0.13l_1 = 0.13 \times 0.24 = 0.0312\text{m}$$
$$l_2 = 0.5l_1 = 0.5 \times 0.24 = 0.12\text{m}$$

（2）倾覆力矩　由可变荷载控制的组合（1.2 组合）

$$g = \gamma_G g_k = 1.2 \times 6.96 = 8.352\text{kN/m}$$
$$F = \gamma_L \gamma_Q F_k = 1.0 \times 1.4 \times 2 = 2.8\text{kN}$$
$$M_{ov} = \gamma_0 [F(l + x_0) + gl(l/2 + x_0)]$$
$$= 1.0 \times [2.8 \times (0.9 + 0.0312) + 8.352 \times 0.9 \times (0.9/2 + 0.0312)] = 6.22\text{kN} \cdot \text{m}$$

由永久荷载控制的组合（1.35 组合）

$$g = \gamma_G g_k = 1.35 \times 6.96 = 9.396\text{kN/m}$$
$$F = \gamma_L \gamma_Q \psi_c F_k = 1.0 \times 1.4 \times 0.7 \times 2 = 1.96\text{kN}$$
$$M_{ov} = \gamma_0 [F(l + x_0) + gl(l/2 + x_0)]$$
$$= 1.0 \times (1.96 \times 0.9312 + 9.396 \times 0.9 \times 0.4812) = 5.89\text{kN} \cdot \text{m}$$

取两种组合中的较大值，即 $M_{ov} = 6.22\text{kN} \cdot \text{m}$。

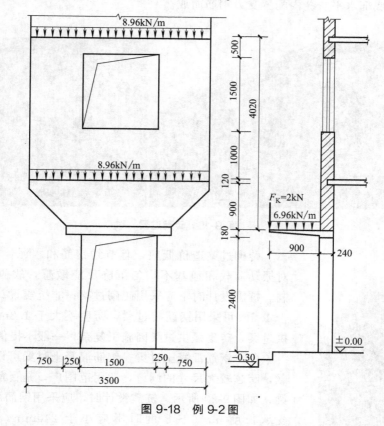

图 9-18　例 9-2 图

（3）抗倾覆力矩　从图 9-18 可知：$l_n = 1500\text{mm}$，雨篷梁支承长度 $a = 250\text{mm}$，取 $l_3 = 0.5l_n = 750\text{mm}$，且上部楼层无挑出雨篷，抗倾覆荷载中可计入上部楼层永久荷载。抗倾覆荷载包括墙体自重和楼层永久荷载（标准值）：

$$G_r = 5.24 \times (4.02 \times 3.5 - 1.5 \times 1.5 - 0.75 \times 0.75) + (8.96 \times 3.5) \times 2 = 121.7 \text{kN}$$

$$M_r = 0.8G_r(l_2 - x_0) = 0.8 \times 121.7 \times (0.12 - 0.0312) = 8.65 \text{kN} \cdot \text{m}$$

（4）抗倾覆验算结果

$$M_{ov} = 6.22 \text{kN} \cdot \text{m} < M_r = 8.65 \text{kN} \cdot \text{m}, \text{满足要求}。$$

9.5.2　钢筋混凝土过梁

过梁是设置在墙体门窗洞口上的构件，用来承受门窗洞口上部的墙体重量以及梁、板传来的荷载。

9.5.2.1　过梁的种类

过梁是混合结构房屋中门窗洞口上的常用构件，按所用材料的不同，可分为砖砌过梁和钢筋混凝土过梁两大类。

（1）砖砌过梁　对于清水墙房屋，采用砖砌过梁可以使过梁与墙体保持同一种风貌，视觉效果好，如图 9-19 所示。因为过梁和墙体采用同一种材料，所以可以避免因温度变化产生的附加应力。砖砌过梁可分为钢筋砖过梁、砖砌平拱过梁和砖砌弧拱过梁三种形式，其中钢筋砖过梁是梁底部水平灰缝内配置受力钢筋而成。

图 9-19　砖砌过梁

图 9-20　钢筋混凝土过梁

砖砌过梁造价低廉，且节约钢筋和水泥，但整体性较差，对振动荷载和地基不均匀沉降反应敏感，故应用受到一定限制。抗震设计时不应采用砖砌过梁；非抗震设计时，跨度不大于 1.5m 可采用钢筋砖过梁，跨度不大于 1.2m 可采用砖砌平拱过梁，砖砌弧拱过梁因施工复杂，一般不提倡采用。

（2）钢筋混凝土过梁　钢筋混凝土过梁可以承受较大的荷载，跨越较大尺寸的洞口，适用范围广，是目前最为常用的过梁，如图 9-20 所示。抗震设计时，应采用钢筋混凝土过梁，其支承长度 a，6～8 度时不应小于 240mm，9 度时不应小于 360mm。

这里只介绍钢筋混凝土过梁的设计，不讨论砖砌过梁的计算。钢筋混凝土过梁可以是现浇构件，也可以是预制构件。预制构件按标准图集生产，有各种型号可供选择。

9.5.2.2 过梁上的荷载

过梁上的荷载包含作用于过梁上的墙体自重和过梁计算高度范围内的梁板荷载两部分。试验表明，过梁和上部的墙体之间存在组合作用，上部墙体内存在显著的拱作用，将荷载直接传递给支座。过梁上的荷载应按下列规定取值。

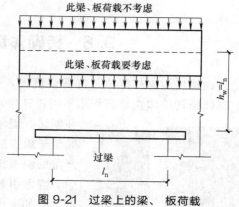

图 9-21 过梁上的梁、板荷载

（1）梁、板荷载 设梁、板下的墙体高度为 h_w，过梁的净跨度为 l_n，对于砖砌体、砌块砌体，当 $h_w < l_n$ 时，过梁应计入梁、板传来的荷载；当 $h_w \geqslant l_n$ 时，可不考虑梁、板传来的荷载，如图 9-21 所示。

（2）墙体荷载 对于砖砌体，当过梁上的墙体高度 $h_w < l_n/3$ 时，应按墙体的均布自重计算；当 $h_w \geqslant l_n/3$ 时，应按高度为 $l_n/3$ 墙体的均布自重计算。

对于砌块砌体，当过梁上的墙体高度 $h_w < l_n/2$ 时，应按墙体的均布自重计算；当 $h_w \geqslant l_n/2$ 时，应按高度为 $l_n/2$ 墙体的均布自重计算。

9.5.2.3 钢筋混凝土过梁设计

（1）内力计算 钢筋混凝土过梁按简支梁计算，在均布荷载作用下，梁跨中弯矩、支座剪力和梁端局部压力分别为：

$$M = \gamma_0 \frac{1}{8}(g+q)l_0^2 \tag{9-19}$$

$$V = \gamma_0 \frac{1}{2}(g+q)l_n \tag{9-20}$$

$$N_l = \gamma_0 \frac{1}{2}(g+q)l_0 \tag{9-21}$$

式中 l_0——过梁的计算跨度，取 $1.05l_n$ 和 $l_n + a$ 两者的较小值（a 为过梁的支承长度）；

l_n——过梁的净跨度。

（2）过梁截面设计 钢筋混凝土过梁的截面宽度一般与墙厚一致，高度按砖砌体的模数取值，即 120mm、180mm、240mm、300mm 等。

按混凝土受弯构件确定过梁的纵筋和箍筋。如果是圈梁兼作过梁，过梁部分的钢筋要另外配置，不得与圈梁的构造钢筋混同使用。

（3）过梁支座砌体局部受压承载力验算 过梁支座砌体局部受压承载力验算时，可不考虑上层荷载的影响，即取 $\psi N_0 = 0$，梁端底面压应力图形完整性系数 η 可取 1.0，局部受压承载力提高系数 γ 取 1.25；梁端有效支承长度 a_0 可取实际支承长度 a，但不大于墙厚 h。以上数据代入式（8-12），得到钢筋混凝土过梁支座处砌体局部受压承载力的计算公式：

$$N_l \leqslant 1.25 f A_l \tag{9-22}$$

9.6 砖砌体房屋的抗震构造措施

砖砌体房屋材料抗拉、抗剪强度低，抗震性能较差。发生地震时，墙体开裂现象较普遍。砌体结构墙体在地震作用下可以产生水平裂缝、斜裂缝、X形裂缝，严重时会出现倾斜和倒塌。墙角在地震作用下会出现开裂甚至局部的倒塌。楼梯间由于承担的地震作用较多，楼梯间横墙常出现比一般横墙更严重的斜裂缝。纵横墙连接处由于受力较复杂，易产生应力集中，继而引起交接面的竖向裂缝和外墙的失稳倒塌。立面突出部位（如突出屋面的小楼，楼梯间、电梯间、女儿墙等），由于刚度、质量的突变，在地震作用下的震害较重，表现为水平裂缝、斜裂缝等多种形态，甚至出现局部的倒塌。

图 9-22 钢筋混凝土构造柱

砌体房屋的抗震构造措施是根据地震灾害和工程经验总结而来，并通过了实验和实际工程的验证。

9.6.1 设置钢筋混凝土构造柱

钢筋混凝土构造柱（图 9-22）是唐山大地震以来采用的一项重要抗震构造措施。近年来的震害调查表明，在已有房屋加固时设置的钢筋混凝土构造柱或新建房屋所设置的钢筋混凝土构造柱均起到了良好的抗倒塌作用。构造柱可以大大增加墙体的抗剪能力，延性提高 3～4 倍。如果有钢筋混凝土圈梁和构造柱共同工作，在墙体发生极限破坏时，可以使破碎墙体中的碎块不易散落，保持一定的承载力，使楼盖不致发生突然倒塌。由此可见，钢筋混凝土构造柱对提高砌体房屋的抗震能力有着重要的作用。

（1）构造柱的设置要求　各类砖砌体的现浇钢筋混凝土构造柱（简称构造柱）应按下列规定设置。

① 构造柱设置部位应符合表 9-9 的规定。

表 9-9　砖砌体房屋构造柱设置要求

房屋层数				设 置 部 位	
6 度	7 度	8 度	9 度		
≤五	≤四	≤三		楼、电梯间四角，楼梯斜梯段上下端对应的墙体处；	隔12m或单元横墙与外纵墙交接处；楼梯间对应的另一侧内横墙与外纵墙交接处
六	五	四	二	外墙四角和对应转角；错层部位横墙与外纵墙交接处；	隔开间横墙（轴线）与外墙交接处；山墙与内纵墙交接处
七	六、七	五、六	三、四	大房间内外墙交接处；较大洞口两侧	内墙（轴线）与外墙交接处；内墙的局部较小墙垛处；内纵墙与横墙（中线）交接处

注：1. 较大洞口，内墙指不小于 2.1m 的洞口；外墙在内外墙交接处已设置构造柱时允许适当放宽，但洞侧墙体应加强。

2. 当按第②～⑤款规定确定的层数超出本表范围，构造柱设置要求不应低于表中相应烈度的最高要求且宜适当提高。

② 外廊式和单面走廊的房屋，应根据房屋增加一层的层数，按表 9-9 的要求设置构造柱，且单面走廊两侧的纵墙均应按外墙处理。

③ 横墙较少的房屋，应根据房屋增加一层的层数，按表 9-9 的要求设置构造柱。当横墙较少的房屋为外廊式或单面走廊式时，应按第②款要求设置构造柱；但 6 度不超过四层、7 度不超过三层和 8 度不超过二层时，应按增加二层的层数对待。

④ 各层横墙很少的房屋，应按增加二层的层数设置构造柱。

⑤ 采用蒸压灰砂普通砖和蒸压粉煤灰普通砖的砌体房屋，当砌体的抗剪强度仅达到普通黏土砖砌体的 70% 时（普通砂浆砌筑），应根据增加一层的层数按①～④款的要求设置构造柱；但 6 度不超过四层、7 度不超过三层和 8 度不超过二层时，应按增加二层的层数对待。

⑥ 有错层的多层砌体房屋，在错层部位应设置墙，该墙与其他墙的交接处应设置构造柱；在错层部位的错层楼板位置应设置现浇钢筋混凝土圈梁；当房屋层数不低于四层时，底部 1/4 楼层处错层部位墙中部的构造柱间距不宜大于 2m。

（2）构造柱的构造要求　多层砖砌体房屋的构造柱应符合下列构造要求。

① 构造柱最小截面可采用 180mm×240mm（墙厚 190mm 时为 180mm×190mm），构造柱纵向钢筋宜采用 4Φ12，箍筋直径可采用 6mm，箍筋间距不宜大于 250mm，且在柱上下端应适当加密；当 6 度、7 度超过六层、8 度超过五层和 9 度时，构造柱纵向钢筋宜采用 4Φ14，箍筋间距不应大于 200mm；房屋四角的构造柱应适当加大截面及配筋。

② 构造柱与墙连接处应砌成马牙槎，沿墙高每隔 500mm 设 2Φ6 水平钢筋和 Φ4 分布短筋平面内点焊组成的拉结网片或 Φ4 点焊钢筋网片，每边伸入墙内不宜小于 1m。6 度、7 度时底部 1/3 楼层，8 度时底部 1/2 楼层，9 度时全部楼层，上述拉结钢筋网片应沿墙体通长设置。

③ 构造柱与圈梁连接处，构造柱的纵筋应在圈梁纵筋内侧穿过，保证构造柱纵筋上下贯通。

④ 构造柱可不单独设置基础，但应伸入室外地面下 500mm 或与埋深小于 500mm 的基础圈梁相连。

⑤ 房屋高度和层数接近表 9-1 的限值时，纵、横墙内构造柱间距尚应符合下列要求：

a. 横墙内的构造柱间距不宜大于层高的二倍，下部 1/3 楼层的构造柱间距可适当减小。

b. 当外纵墙开间大于 3.9m 时，应另设加强措施。内纵墙的构造柱间距不宜大于 4.2m。

必须注意，钢筋混凝土构造柱宜有一面外露，以便于检查施工质量。

9.6.2　设置钢筋混凝土圈梁

圈梁（图 9-23）可加强墙体间、墙体与楼盖间的连接，在水平方向将装配式楼盖（屋盖）连成整体，增强房屋的整体性和空间刚度，限制墙体斜裂缝的开展和延伸（使斜裂缝仅在两道圈梁之间的墙段内发生）。

图 9-23　钢筋混凝土圈梁

国内外的震害调查表明，凡合理设置圈梁的房屋，其震害都比较轻。根据试验资料分析，当钢筋混凝土预制板周围加设圈梁或楼板留有齿槽或键时，楼盖水平刚度可提高 15～20 倍；当圈梁与有很好灌缝的混凝土空心板拉结时，楼盖水平刚度可增大 40 倍以上；当圈梁与屋架用螺栓连接，屋盖可视为铰接空腹桁架，屋盖水平刚度增大 10 倍；当水平屋架满铺望板时，则增大更多。设置圈梁是提高房屋抗震能力、减轻震害的有效措施。

圈梁的设置应根据烈度和结构布置等情况综合考虑。

（1）现浇钢筋混凝土圈梁的设置

① 装配式钢筋混凝土楼、屋盖或木楼盖的砖房，应按表 9-10 的要求设置圈梁；纵墙承重时，抗震横墙上的圈梁间距应比表 9-10 的要求适当加密。

表 9-10　多层砖砌体房屋现浇钢筋混凝土圈梁设置要求

墙　类	烈　度		
	6 度、7 度	8 度	9 度
外墙和内纵墙	屋盖处及每层楼盖处	屋盖处及每层楼盖处	屋盖处及每层楼盖处
内横墙	屋盖处及每层楼盖处；屋盖处间距不应大于 4.5m；楼盖处间距不应大于 7.2m；构造柱对应部位	屋盖处及每层楼盖处；各层所有横墙，且间距不应大于 4.5m；构造柱对应部位	屋盖处及每层楼盖处；各层所有横墙

② 现浇或装配整体式钢筋混凝土楼、屋盖与墙体有可靠连接的房屋应允许不另设圈梁，但楼板沿抗震墙体周边均应加强配筋并应与相应的构造柱钢筋可靠连接。

（2）圈梁的构造要求

① 圈梁应闭合，遇有洞口中断时，圈梁应上下搭接。圈梁宜与预制板设在同一标高处或紧靠板底。

② 圈梁在表 9-10 要求的间距内无横墙时，应利用梁或板缝中配筋替代圈梁。

③ 圈梁的截面高度不应小于 120mm，配筋应符合表 9-11 的要求。

④ 对于地基为软弱黏性土、液化土、新近填土或严重不均匀土层时，为加强底层的整体性和刚性而设置的基础圈梁，截面高度不应小于 180mm，配筋不应少于 4Φ12。

表 9-11　多层砖砌体房屋圈梁配筋要求

配　筋	烈　度		
	6、7	8	9
最小纵筋	4Φ10	4Φ12	4Φ14
箍筋最大间距/mm	250	200	150

9.6.3　楼梯间的构造要求

楼梯间由于比较空旷，在地震来临时容易产生严重破坏。突出屋顶的楼梯间、电梯间在地震中受到较大的地震作用，因此在构造上需要加强。楼梯间除了按规定设置构造柱和圈梁外，尚应符合下列要求。

① 顶层楼梯间墙体应沿墙高每隔 500mm 设 2Φ6 通长钢筋和 Φ4 分布短钢筋平面内点焊组成的拉结网片或 Φ4 点焊网片；7～9 度时其他各层楼梯间墙体应在休息平台或楼层半高处设置 60mm 厚、纵向钢筋不应少于 2Φ10 的钢筋混凝土带或配筋砖带，配筋砖带不少于 3 皮，每皮配筋不少于 2Φ6，砂浆强度等级不应低于 M7.5 且不低于同层墙体的砂浆强度等级。

② 楼梯间及门厅内墙阳角处的大梁支承长度不应小于 500mm，并应与圈梁连接。

③ 装配式楼梯段应与平台板的梁可靠连接，8 度、9 度时不应采用装配式楼梯段；不应

采用墙中悬挑式踏步或踏步竖肋插入墙体的楼梯,不应采用无筋砖砌栏板。

④ 突出屋顶的楼、电梯间,构造柱应伸到顶部,并与顶部圈梁连接,所有墙体应沿墙高每隔 500mm 设 2Φ6 通长钢筋和Φ4 分布短筋平面内点焊组成的拉结网片或Φ4 点焊网片。

9.6.4 楼盖(屋盖)的构造要求

楼盖、屋盖是传力的主要构件,楼盖、屋盖与墙体间的良好连接,是保证结构整体性的重要措施。

① 现浇钢筋混凝土楼板或屋面板伸进纵、横墙内的长度,均不应小于 120mm。

② 装配式钢筋混凝土楼板或屋面板,当圈梁未设在板的同一标高时,板端伸进外墙的长度不应小于 120mm,伸进内墙的长度不应小于 100mm 或采用硬架支模连接,在梁上不应小于 80mm 或采用硬架支模连接。

③ 当板的跨度大于 4.8m 并与外墙平行时,靠外墙的预制板侧边应与墙或圈梁拉结。

④ 房屋端部大房间的楼盖,6 度时房屋的屋盖和 7～9 度时房屋的楼盖、屋盖,当圈梁设在板底时,钢筋混凝土预制板应相互拉结,并应与梁、墙或圈梁拉结。

⑤ 楼盖、屋盖的钢筋混凝土梁或屋架应与墙、柱(包括构造柱)或圈梁可靠连接,不得采用独立砖柱。跨度不小于 6m 大梁的支承构件应采用组合砌体,并满足承载力要求。

⑥ 坡屋顶房屋的屋架应与顶层圈梁可靠连接,檩条或屋面板应与墙、屋架可靠连接,房屋出入口处的檐口瓦应与屋面构件锚固。采用硬山搁檩时,顶层内纵墙顶宜增砌支承山墙的踏步式墙垛,并设置构造柱。

9.6.5 墙体的加强措施

丙类的多层砖砌体房屋,当横墙较少且总高度和层数接近或达到表 9-1 规定的限值时,应采取下列加强措施。

① 房屋的最大开间尺寸不宜大于 6.6m。

② 同一结构单元内横墙错位数量不宜超过横墙总数的 1/3,且连续错位不宜多于两道;错位的墙体交接处均应增设构造柱,且楼、屋面板应采用现浇钢筋混凝土板。

③ 横墙和内纵墙上洞口的宽度不宜大于 1.5m;外纵墙上洞口的宽度不宜大于 2.1m 或开间尺寸的一半;且内外墙上洞口位置不应影响内外纵墙与横墙的整体连接。

④ 所有纵横墙均应在楼、屋盖标高处设置加强的现浇钢筋混凝土圈梁:圈梁的截面高度不宜小于 150mm,上下纵筋各不应少于 3Φ10,箍筋不小于Φ6,间距不大于 300mm。

⑤ 所有纵横墙交接处及横墙的中部,均应增设满足下列要求的构造柱:在纵、横墙内的柱距不宜大于 3.0m,最小截面尺寸不宜小于 240mm×240mm(当墙厚 190mm 时为 240mm×190mm),配筋宜符合表 9-12 的要求。

表 9-12 增设构造柱的纵筋和箍筋设置要求

位置	纵 向 钢 筋			箍 筋		
	最大配筋率 /%	最小配筋率 /%	最小直径 /mm	加密区范围 /mm	加密区间距 /mm	最小直径 /mm
角柱	1.8	0.8	14	全高	100	6
边柱			14	上端 700		
中柱	1.4	0.6	12	下端 500		

⑥ 同一结构单元的楼、屋面板应设置在同一标高处。

⑦ 房屋底层和顶层的窗台标高处，宜设置沿纵横墙通长的水平现浇钢筋混凝土带；其截面高度不小于 60mm，宽度不小于墙厚，纵向钢筋不少于 2Φ10，横向分布筋的直径不小于 Φ6 且其间距不大于 200mm。

9.6.6 其他构造要求

① 6 度、7 度时长度大于 7.2m 的大房间，以及 8 度、9 度时外墙转角及内外墙交接处，应沿墙高每隔 500mm 配置 2Φ6 的通长钢筋和 Φ4 分布短筋平面内点焊组成的拉结网片或 Φ4 点焊网片。

② 门窗洞处不应采用砖过梁；过梁支承长度，6~8 度时不应小于 240mm，9 度时不应小于 360mm。

③ 后砌的自承重隔墙应沿墙高每隔 500~600mm 配置 2Φ6 拉结钢筋与承重墙或柱拉结，每边伸入墙内不应少于 500mm；8 度和 9 度时，长度大于 5m 的后砌隔墙，墙顶尚应与楼板或梁拉结，独立墙肢端部及大门洞宜设钢筋混凝土构造柱。

④ 预制阳台，6 度、7 度时应与圈梁和楼板的现浇板带可靠连接，8 度、9 度时不应采用预制阳台。

···············练习题···············

9-1 砌体结构房屋有哪几种承重形式？各自的特点是什么？

9-2 确定砌体结构房屋静力计算方案的目的是什么？分为哪几类？

9-3 砌体结构房屋的墙、柱为何应进行高厚比验算。带壁柱墙和带构造柱墙的高厚比如何验算？

9-4 挑梁可能出现哪些破坏形式？

9-5 如何确定过梁上的荷载？

9-6 哪些措施可以有效提高砌体结构的抗震性能？

9-7 混合结构房屋计算方案中，空间刚度最好的是（　　　）。

  A. 弹性方案　　　B. 刚弹性方案　　　C. 刚性方案　　　D. 内框架方案

9-8 无洞口承重墙允许高厚比的修正系数 μ_2=（　　　）。

  A. 1.0　　　B. 1.2　　　C. 1.5　　　D. 1.8

9-9 为了减小高厚比，满足墙、柱的稳定性要求，可采取的措施有（　　　）。

  （1）减小横墙间距　　　（2）降低层高　　　（3）加大砌体厚度

  （4）提高砂浆强度等级　（5）减小洞口尺寸　（6）减小荷载值

  （7）提高块体强度

  A.（1）、（2）、（3）、（4）、（5）　　　B.（2）、（3）、（4）、（5）、（6）

  C.（1）、（2）、（3）、（5）、（7）　　　D.（3）、（4）、（5）、（6）、（7）

9-10 确定房屋的静力计算方案时，考虑的主要因素是（　　　）。

  A. 屋盖和楼盖类别及纵墙间距　　　B. 屋盖或楼盖类别及横墙间距

  C. 屋盖总高度和总宽度　　　D. 屋盖总高度和横墙间距

9-11 在验算壁柱间墙高厚比时，确定墙的计算高度 H_0 时，s 应取（　　　）。

  A. 壁柱间墙的距离　　　B. 横墙间的距离

C. 墙体的高度　　　　　　　　　D. 墙体高度的 2 倍

9-12　在验算砌体房屋墙体高厚比时，与高厚比的允许值无关的因素是（　　　）。

A. 砌体强度等级　　　　　　　　B. 砂浆强度等级

C. 是否承重墙　　　　　　　　　D. 是否有门、窗洞口

9-13　某刚性方案房屋的承重砖柱截面尺寸为 370mm×490mm，柱顶标高 4.2m，基础顶面标高 -0.3m，用 M5 混合砂浆砌筑，试验算该柱的高厚比。

第四篇 钢 结 构

现代钢结构建筑的代表

金属材料古代产量低，属于稀缺物资，很少用于建筑。1856 年英国冶金学家贝塞麦发明酸性底吹转炉炼钢法，钢产量成倍增加，使钢材用于建筑结构成为可能。埃菲尔铁塔建于 1889 年，塔尖高度 320.7m，总重九千余吨，已成为法国巴黎的标志性建筑之一。

钢结构具有高度和跨度两方面的优势。左上图所示为 1931 年建成的美国纽约帝国大厦，全钢结构，高度达到 381m，成为纽约的标志之一；右上图所示为位于美国芝加哥的威利斯大厦（Willis Tower），1974 年建成，全钢结构，110 层，总高度达到 442m，成为当时的世界第一高楼。左下图所示为上海东方明珠电视塔，1995 年建成，高 468m；右下图所示为 2008 年北京奥运会主体育馆——鸟巢，椭圆形平面 340m×290m，是目前世界上建成的跨度最大的空间钢桁架结构。现代超高层、大跨度房屋，钢结构具有较大的竞争能力。

第 10 章　钢结构连接

【内容提要】

　　本章简要介绍钢结构的常用连接方法，重点讲述焊缝连接和螺栓连接的构造要求、强度计算公式、适用条件，并给出了连接计算的案例。

【基本要求】

　　通过本章的学习，要求了解钢结构连接的各种方法，掌握焊缝连接和螺栓连接的构造要求，熟练掌握对接焊缝、直角角焊缝的强度计算，熟练掌握普通螺栓连接和高强度螺栓连接的计算方法。

10.1　钢结构的连接方法

　　连接在钢结构中十分重要。所谓连接，就是通过一定的手段将板材或型钢组合成构件，或将若干构件组合成整体结构，以保证其共同工作。钢材或钢构件只有连接起来，才能形成钢结构。钢结构连接的基本原则是安全可靠、传力明确、构造简单、制造方便和节约钢材，接头需要有足够的强度，还要有适宜于施行连接手段的足够空间。

　　鉴于上述要求，建筑工程上普通钢结构可采用的连接方法有焊缝连接、螺栓连接和铆钉连接三种，轻型钢结构可采用抽芯铆钉、自攻螺钉和射钉等紧固连接。

10.1.1　焊缝连接

　　焊缝连接就是将钢材连接处金属加热熔化，待冷却后形成焊缝，将缝两侧钢材连成一体，如图 10-1 所示。焊缝连接是目前钢结构连接的主要方法。

10.1.1.1　常用焊接方法

　　焊缝连接的工艺过程称为焊接。常用的焊接方法是电弧焊，根据操作的自动化程度和焊接时用以保护熔化金属的物质种类，电弧焊可分为手工电弧焊、埋弧焊及气体保护焊等。

图 10-1　焊缝连接

　　(1) 手工电弧焊　手工电弧焊是最常用的一种焊接方法，其原理如图 10-2 所示，它由焊条、焊钳、焊件、电焊机和导线组成电路。通电后，涂有药皮的焊条和焊件之间产生电弧，电弧温度可高达 3000℃。在高温作用下，电弧周围金属熔化成液态，形成熔池。同时，焊条中的焊丝熔化滴入熔池中，与焊件金属溶液相互结合，冷却后形成焊缝。焊条药皮在燃烧过程中产生气体保护电弧和熔化金属，并形成焊渣覆盖于液态金属表面，隔绝空气中的

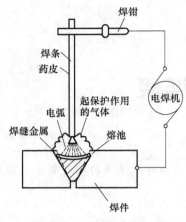

图 10-2 手工电弧焊原理

图中标注：焊钳、焊条药皮、起保护作用的气体、电弧、焊缝金属、熔池、焊件、电焊机

氧、氮气体，避免形成脆性化合物。

手工电弧焊的优点在于设备简单，操作灵活方便，适用于任何空间位置的焊接，特别适于焊接短焊缝。其不足之处是生产效率低，劳动强度大，焊缝质量与焊工技术水平有关，且质量波动较大。

手工电弧焊常用的焊条分为碳钢焊条和合金钢焊条两种，牌号有 E43 型、E50 型、E55 型和 E60 型等，其中 E 表示焊条，两位数字表示熔敷金属抗拉强度的最小值（kgf/mm^2）。焊条的选用应与主体金属（焊件钢材）相匹配，一般情况下，对 Q235 钢材采用 E43 型焊条，对 Q345、Q390 钢材则采用 E50 型或 E55 型焊条，对 Q420、Q460 钢材采用 E55 型或 E60 型焊条。当不同强度的两种钢材进行焊接时，宜采用与低强度钢材相适应的焊条。

（2）埋弧焊　埋弧焊是电弧在焊剂层下燃烧的一种电弧焊方法，分自动埋弧焊和半自动埋弧焊两种方式。通电引弧后，由于电弧的作用，使埋于焊剂下的焊丝和附近的焊剂熔化，熔渣浮在熔化的焊缝金属上面，使熔化金属不与空气接触，并供给焊缝金属所必需的合金元素，随着电焊机的移动，颗粒状的焊剂不断由料斗漏下，电弧完全被埋在焊剂之内，同时焊丝边熔化边下降。如果电焊机沿轨道按设定的速度自动移动，就称为自动埋弧焊；如果电焊机的移动是由人工操作，则称为半自动埋弧焊。

埋弧焊具有的优点较多，概括起来为：工艺条件稳定，与大气隔离、保护效果好，电弧热量集中；熔深大，焊缝的化学成分均匀；焊缝质量好，塑性和韧性较高；生产效率高。但自动埋弧焊只适合于焊接较长的直线焊缝，手工埋弧焊可焊接曲线焊缝。

埋弧焊采用的焊丝、焊剂要保证其熔敷金属抗拉强度不低于相应手工焊条的数值。Q235 钢焊件可采用 H08、H08A、H08MnA 等焊丝配合高锰、高硅型焊剂；Q345 钢和 Q390 钢焊件可采用 H08A、H08E 焊丝配合高锰型焊剂，也可采用 H08Mn、H08MnA 焊丝配合中锰型和高锰型焊剂，或采用 H10Mn2 焊丝配合无锰型或低锰型焊剂。

（3）气体保护焊　气体保护焊又称气电焊，它是利用惰性气体或二氧化碳（CO_2）气体作为保护介质的一种电弧熔焊方法。该法依靠保护气体在电弧周围形成局部隔离区，以防止有害气体的侵入，从而保持焊接过程的稳定。

气体保护焊的优点是电弧热量集中，焊接速度快，焊件熔深大，热影响区较小，焊接变形较小；由于焊缝熔化区不产生焊渣，焊接过程中能清楚地看到焊缝成型的全过程；气体保护焊所形成的焊缝强度比手工电弧焊高、塑性和抗腐蚀性较好。这种焊接方法适用于全位置的焊接，特别适用于厚钢板或厚度 100mm 以上的特厚钢板的连接。气电焊的缺点是设备较复杂，不适于野外或有风的地方施焊。

10.1.1.2　焊缝连接的特点

焊缝连接的优点是：不削弱构件截面，节约钢材；构造简单，加工方便；连接的刚度大，密封性能好；易于采用自动化作业。焊缝连接的缺点在于：焊缝附近的热影响区内钢材的力学性能发生变化，导致局部材质变脆；焊接残余应力和残余变形使构件的承载力受到不利影响；焊接结构对裂纹很敏感，一旦局部发生裂纹，就容易迅速扩展到整个截面，低温冷脆现象较为突出。

从现有钢结构所发生的事故分析看，结构破坏的主要原因是焊接接头的焊缝及热影响区发生断裂，导致结构的传力方式发生改变，引起强度破坏。由于焊接技术和工艺方面的原因，导致构件制作和结构安装过程中出现质量不符合要求的事件，也时有发生。

10.1.1.3　焊缝的质量等级

焊缝质量检验方法可分为外观检查和无损检验。外观检查就是用肉眼或放大倍数不高的放大镜等来检验焊缝的外观缺陷和几何尺寸；无损检验就是用超声探伤、射线探伤、磁粉探伤以及可渗透探伤等手段，在不损坏焊缝性能和完整性的情况下，对焊缝质量是否符合规定要求和设计要求所进行的检验。

焊缝的质量等级按要求分为一级、二级和三级。三级焊缝只要求对焊缝作外观检查，即检查焊缝实际尺寸是否符合设计要求和有无看得见的裂纹、咬边等缺陷，检查结果需符合三级质量标准；二级焊缝应进行无损检测，抽检比例不应小于 20%，其合格等级应为现行国家标准《钢焊缝手工超声波探伤方法及质量分级方法》（GB 11345）B 级检验的 Ⅲ 级及 Ⅲ 级以上；一级焊缝应进行 100% 的探伤检验，其合格等级应为现行国家标准《钢焊缝手工超声波探伤方法及质量分级方法》（GB 11345）B 级检验的 Ⅱ 级及 Ⅱ 级以上。

10.1.2　螺栓连接

螺栓属于紧固件之一，常和螺帽、垫圈同时使用。螺栓连接就是螺栓、螺帽通过螺栓孔将钢材连接成整体，如图 10-3 所示。这种连接的优点在于施工简单，安装方便，进度和质量易于保证，但存在开孔对构件截面有削弱，有时需要辅助连接件、增加钢材用量等缺陷。螺栓连接分为普通螺栓连接和高强度螺栓连接两种。

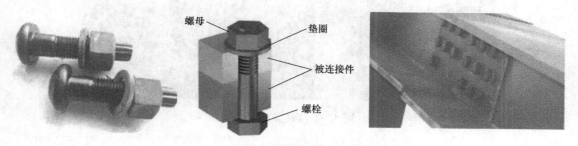

图 10-3　螺栓与螺栓连接

10.1.2.1　普通螺栓连接

普通螺栓通常采用 Q235 钢制作，分为 A 级、B 级和 C 级三个级别，安装时用普通扳手拧紧螺帽即可。

A 级、B 级螺栓为精制螺栓，是由毛坯在车床上经过切削加工精制而成。尺寸准确、表面光滑，要求配用 Ⅰ 类孔（孔径与栓杆直径相同）。精制螺栓由于精度高，故抗剪性能好，但制作安装复杂，价格较高，应用受到一些限制。

C 级螺栓为粗制螺栓，由未经加工的圆钢压制而成。因加工粗糙，尺寸不很准确，故只需要求 Ⅱ 类孔（孔径比螺栓直径大 1.5~3mm）。因为螺栓杆和螺栓孔之间的间隙较大，所以 C 级螺栓传递剪力时，将会产生较大的剪切滑移，连接的变形大。但因其安装方便，传递拉力的性能较好，且成本低廉，故 C 级螺栓多用于沿螺栓杆轴受拉的连接中，也用于次要结构的抗剪连接以及安装时的临时固定。

10.1.2.2 高强度螺栓连接

高强度螺栓是用高强度钢材经热处理制成，用能控制螺栓杆的扭矩或拉力的特制扳手拧紧到规定的扭矩或预拉力值，把被连接构件高度夹紧。依据传力机理的不同，高强度螺栓连接分为摩擦型连接和承压型连接两种类型。前者仅靠被连接板件之间的强大的摩擦阻力传递剪力，并以剪力不超过接触面摩擦力作为设计准则；后者允许接触面间滑移，以连接达到破坏（螺栓杆剪切破坏、承压破坏）的极限承载力作为设计准则。

高强度螺栓的摩擦型连接剪切变形小，弹性性能好，可拆卸，耐疲劳，特别适用于承受动力荷载作用的结构。承压型连接的承载力虽然高于摩擦型连接，但剪切变形大，故不得用于承受动力荷载的结构中。

10.1.3 铆钉连接

铆钉也是紧固件，一般为圆柱形，一端预制钉头。铆钉连接需事先在构件上开铆钉孔，将烧红的铆钉插入铆钉孔后用铆钉枪或压铆机进行铆合（压制铆钉的另一端钉头），也可用常温铆钉插入铆钉孔进行铆合，但需较大的铆合力。

如图 10-4 所示为铆钉和铆钉连接。这种连接传力可靠，塑性和韧性较好，质量易于检查，适合于承受动力荷载作用、荷载较大和跨度较大的结构。但由于铆钉连接构造复杂，费钢费工，除重要结构偶尔采用外，现已很少采用，而被高强度螺栓摩擦型连接所代替。

图 10-4　铆钉和铆钉连接

10.2　焊　缝　连　接

焊缝连接的形式按被连接构件间的相互位置分为对接连接、搭接连接、T 形连接和角部连接四种形式。焊缝形式是指焊缝本身的截面形式，实际应用中有对接焊缝和角焊缝两种形式（图 10-5）。

与外力作用线垂直的对接焊缝称为正对接焊缝，如图 10-5（a）所示；与外力作用线斜交的对接焊缝称为斜对接焊缝，如图 10-5（b）所示。对接焊缝传力均匀、无明显应力集中现象发生，受力性能较好。对接连接都是采用对接焊缝。

角焊缝位于板件边缘，如图 10-5（c）所示。垂直于外力作用方向的角焊缝称为正面角焊缝，而平行于外力作用方向的角焊缝则称为侧面角焊缝。角焊缝传力不均匀，受力复杂，

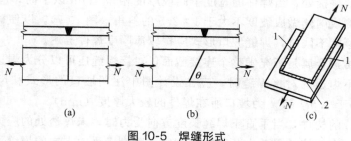

图 10-5 焊缝形式

1—侧面角焊缝；2—正面角焊缝

容易引起应力集中。

10.2.1 焊缝连接的构造要求

根据多年的工程实践，为了施焊操作的便利和确保焊缝连接的安全性、可靠性，现行《钢结构设计规范》对焊缝提出了构造要求，设计时应满足这些要求。

10.2.1.1 对接焊缝构造要求

对接焊缝一般用于钢板的拼接和 T 形连接。在施焊时，焊件之间须具有适合于焊条运转的空间，故一般将焊件边缘加工成坡口（图 10-6），焊缝金属填充在坡口内。施焊时采用的坡口形式和焊件厚度有关：当焊件厚度较小（$t < 10mm$）时，可采用直边缝（I 形）；对一般厚度的焊件（$t = 10 \sim 20mm$），采用单边 V 形、V 形坡口；当焊件厚度较大（$t > 20mm$）时，应采用 U 形、K 形或 X 形坡口。斜坡口和根部间隙 c 共同组成一根焊条能运转的施焊空间，使焊缝易于焊透；钝边 p 有托住熔化金属的作用。

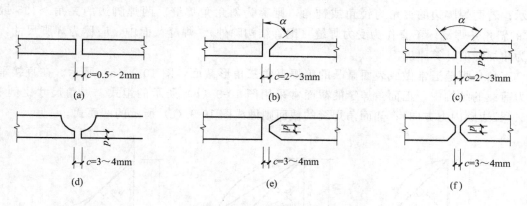

图 10-6 对接焊缝坡口形式

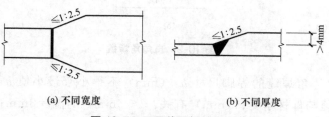

(a) 不同宽度　　(b) 不同厚度

图 10-7 不同截面板件拼接

在对接焊缝的拼接处，当焊件的宽度不同或厚度相差 4mm 以上时，应分别在宽度方向或厚度方向从一侧或两侧做成坡度不大于 1：2.5 的斜角（图 10-7），以使截面过渡和缓，减小应力集中。当厚度不同时，焊缝坡口形式应按较薄厚度焊件选用。

根据焊缝的熔敷金属是否充满整个连接截面，对接焊缝还可以分为焊透和不焊透两种施焊形式。当采用不焊透的对接焊缝时，应在设计图中注明坡口的形式和尺寸，其有效厚度 h_e（mm）不得小于 $1.5t^{1/2}$，t 为坡口所在焊件的较大厚度（mm）。

对受动力荷载的构件，当垂直于焊缝长度方向受力时，未焊透处的应力集中会产生不利影响，因此规定：在直接承受动力荷载的结构中，垂直于受力方向的焊缝不宜采用不焊透的对接焊缝。

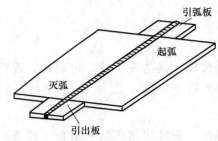

图 10-8 施焊施时的引弧板与引出板

对接焊缝在施焊时的起点和终点，常因起弧和灭弧（落弧）出现弧坑等缺陷，此处极易产生应力集中和裂纹，对承受动力荷载的结构极为不利。为避免这种缺陷出现，可在施焊时采用引弧板和引出板，如图 10-8 所示。起弧在引弧板上发生，落弧在引出板上发生，焊接完毕后用气割切除，并将板边沿受力方向修理打磨平整，以消除弧坑缺陷的影响。在某些特殊情况下，无法采用引弧板和引出板施焊时，计算每条焊缝的长度时，应取实际长度减去 $2t$（t 为焊件的较小厚度）。

10.2.1.2 角焊缝构造要求

角焊缝是最常用的焊缝。角焊缝两焊脚边的夹角为直角的称为直角角焊缝，如图 10-9 所示；若两焊脚边的夹角为锐角或钝角，则称为斜角角焊缝。两焊脚边的夹角＞135°或＜60°的斜角角焊缝，不宜作为受力焊缝（钢管结构除外）。焊缝截面中，h_f 称为焊脚尺寸，h_e 称为角焊缝的计算厚度。

直角角焊缝通常做成表面微凸的等腰直角三角形截面，图 10-9（a）所示。在直接承受动力荷载的结构中，正面角焊缝的截面常采用图 10-9（b）所示的坦式，焊角尺寸比例 1：1.5（长边顺内力方向）；侧面角焊缝的截面则做成图 10-9（c）所示的凹面式。

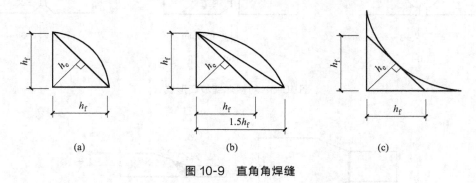

图 10-9 直角角焊缝

（1）焊脚尺寸 角焊缝的焊脚尺寸 h_f（mm）不得小于最小值 h_{fmin}。最小焊脚尺寸 h_{fmin}（mm）的取值与母材厚度 t（mm）有关：$t≤6mm$，$h_{fmin}=3mm$；$6mm＜t≤12mm$，$h_{fmin}=5mm$；$12mm＜t≤20mm$，$h_{fmin}=6mm$；$t＞20mm$，$h_{fmin}=8mm$。

角焊缝的焊脚尺寸不宜大于较薄焊件厚度的 1.2 倍（钢管结构除外），但板件（厚度为 t）边缘的角焊缝最大焊脚尺寸尚应符合下列要求：当 $t \leqslant 6\text{mm}$ 时，$h_{\mathrm{f}} \leqslant t$；当 $t > 6\text{mm}$ 时，$h_{\mathrm{f}} \leqslant t - (1 \sim 2)\text{mm}$。

（2）焊缝计算长度 侧面角焊缝的计算长度不得小于 $8h_{\mathrm{f}}$ 和 40mm；侧面角焊缝的计算长度不宜大于 $60h_{\mathrm{f}}$，当大于上述数值时，其超过部分在计算中不予考虑。若内力沿侧面角焊缝全长分布时，其计算长度不受此限制。

（3）板件端部角焊缝 当板件的端部仅有两侧面角焊缝连接时，每条侧面角焊缝长度不宜小于两侧面角焊缝之间的距离；同时两侧面角焊缝之间的距离不宜大于 $16t$（当 $t > 12\text{mm}$）或 190mm（当 $t \leqslant 12\text{mm}$），t 为较薄焊件的厚度。

（4）节点角焊缝 焊件与节点板的连接焊缝（图 10-10）一般宜采用两面侧焊，也可采用三面围焊，对角钢杆件可采用 L 形围焊，所有围焊的转角处必须连续施焊。

当角焊缝的端部在构件转角处做长度为 $2h_{\mathrm{f}}$ 的绕角焊时，转角处必须连续施焊。

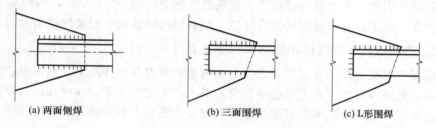

(a) 两面侧焊　　　　　　(b) 三面围焊　　　　　　(c) L形围焊

图 10-10 杆件与节点板的焊缝连接

（5）搭接长度 在搭接连接中，搭接长度不得小于焊件较小厚度的 5 倍，并不得小于 25mm。

10.2.2 对接焊缝计算

对接焊缝上的应力分布情况与焊件本身的分布基本相同，可采用材料力学公式计算焊缝截面正应力、剪应力，并进行焊缝强度验算。

10.2.2.1 轴心受力的对接焊缝计算

轴心受力是指作用力通过焊件截面形心，分为垂直焊缝长度方向受力（正对接焊缝）和斜向受力（斜对接焊缝）两种情况，分别如图 10-5（a）、（b）所示。

在对接接头和 T 形接头中，垂直于轴心拉力或轴心压力的对接焊缝或对接与角接组合焊缝，强度按式（10-1）计算：

$$\sigma = \frac{N}{l_{\mathrm{w}} t} \leqslant f_{\mathrm{t}}^{\mathrm{w}} \text{ 或 } f_{\mathrm{c}}^{\mathrm{w}} \tag{10-1}$$

式中 N——轴心拉力或轴心压力；

l_{w}——焊缝计算长度。当采用引弧板和引出板施焊时，为实际长度；当无法采用引弧板和引出板施焊时，每条焊缝的长度计算时应各减去 $2t$（t 为焊件的较小厚度）；

t——在对接接头中为连接件的较小厚度，在 T 形接头中为腹板的厚度；

f_t^w，f_c^w——对接焊缝的抗拉、抗压强度设计值，按附表 25 取值。

就抗拉强度而言，质量等级为一级、二级的焊缝，焊缝和构件等强；质量等级为三级的焊缝，焊缝强度低于构件强度。所以，对接焊缝抗拉计算只针对三级焊缝及未能采用引弧板、引出板施焊的一级、二级焊缝。焊缝与母材的抗压强度相等，只要采用了引弧板、引出板施焊，就不必验算焊缝的抗压强度。

当承受轴心力的板件用斜焊缝对接时，可分别计算斜截面上的正应力和剪应力，各自满足强度条件：

$$\sigma = \frac{N\sin\theta}{l_w t} \leqslant f_t^w \text{ 或 } f_c^w \tag{10-2}$$

$$\tau = \frac{N\cos\theta}{l_w t} \leqslant f_v^w \tag{10-3}$$

式中 f_v^w——对接焊缝的抗剪强度设计值，按附表 25 取值。

大量的计算表明，当焊缝与作用力间的夹角 θ 满足 $\tan\theta \leqslant 1.5$ 时，斜焊缝的强度不低于母材的强度，可不再对焊缝进行强度计算。但斜对接焊缝比正对接焊缝费料，不宜多用。

10.2.2.2 弯矩和剪力共同作用的对接焊缝计算

焊缝截面中存在弯矩、剪力两个内力。在弯矩和剪力共同作用下，截面上正应力呈线性分布，剪应力按曲线分布。在上下边缘正应力最大，剪应力为零；在中和轴（中性轴）上剪应力最大，正应力为零；截面的其他位置，同时存在正应力和剪应力。

（1）截面边缘处正应力强度

$$\sigma = \frac{M}{W_w} \leqslant f_t^w \quad \text{或 } f_c^w \tag{10-4}$$

式中 W_w——焊缝计算截面抵抗矩（或截面模量）。

（2）中和轴上剪应力强度

$$\tau = \frac{VS_w}{I_w t} \leqslant f_v^w \tag{10-5}$$

式中 I_w——焊缝计算截面对中和轴的惯性矩；

S_w——计算剪应力处以上焊缝计算截面对中和轴的面积矩（静矩）。

（3）工字形构件的腹翼交界处综合应力 在工字形截面及箱形截面的腹翼交界处同时存在正应力和剪应力，而且正应力 σ_1 和剪应力 τ_1 都较大，处于复杂应力状态，应按强度理论验算其强度。由第四强度理论计算的等效应力或折算应力，应满足如下条件：

$$\sqrt{\sigma_1^2 + 3\tau_1^2} \leqslant 1.1 f_t^w \tag{10-6}$$

式中 σ_1，τ_1——验算点的正应力和剪应力；

1.1——考虑到最大折算应力只在局部出现，而将强度设计值适当提高的系数。

对于同时承受轴力、弯矩和剪力的构件，对接焊缝的剪应力强度仍按式（10-5）计算，而正应力强度计算和折算应力强度计算时，焊缝截面正应力应同时考虑轴力和弯矩的影响。

【例 10-1】 两块 Q235 钢板通过如图 10-11 所示正对接焊缝连接，采用手工电弧焊，焊条选用 E43 型，未用引弧板施焊，焊缝质量等级为三级，试验算该焊缝的强度。已知 $N = 1200$kN，钢板宽 $b = 550$mm，厚度 $t = 12$mm。

【解】 轴心受力的正对接焊缝，未用引弧板施焊

$l_w = l - 2t = 550 - 2 \times 12 = 526$mm，查附表 25 得 $f_t^w = 185$N/mm²

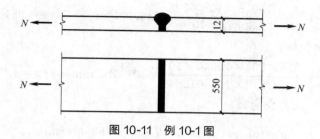

图 10-11　例 10-1 图

$$\sigma = \frac{N}{l_w t} = \frac{1200 \times 10^3}{526 \times 12} = 190 \text{N/mm}^2 > f_t^w = 185 \text{N/mm}^2, \text{不满足强度要求}$$

改用斜对接焊缝以增大焊缝计算长度，取 $\tan\theta = 1.5$，查附表 25 得 $f_v^w = 125 \text{N/mm}^2$，焊缝计算长度 $l_w = 550/\sin\theta - 2 \times 12 = 639 \text{mm}$，

斜焊缝的正应力和剪应力：

$$\sigma = \frac{N\sin\theta}{l_w t} = \frac{1200 \times 10^3 \times 0.83}{639 \times 12} = 130 \text{N/mm}^2 < f_t^w = 185 \text{N/mm}^2$$

$$\tau = \frac{N\cos\theta}{l_w t} = \frac{1200 \times 10^3 \times 0.55}{639 \times 12} = 86 \text{N/mm}^2 < f_v^w = 125 \text{N/mm}^2$$

当斜焊缝 $\tan\theta = 1.5$ 时，强度能够保证，可不必验算。

若不采用斜焊缝，考虑加引弧板，此时对接焊缝计算长度 $l_w = 550 \text{mm}$，焊缝应力：

$$\sigma = \frac{N}{l_w t} = \frac{1200 \times 10^3}{550 \times 12} = 182 \text{N/mm}^2 < f_t^w = 185 \text{N/mm}^2, \text{焊缝强度满足要求。}$$

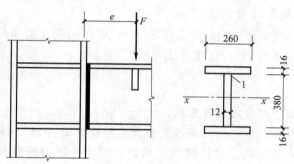

图 10-12　例 10-2 图

【例 10-2】　计算如图 10-12 所示工字形截面牛腿与钢柱连接的对接焊缝强度。集中力设计值 $F = 536 \text{kN}$，偏心距 $e = 300 \text{mm}$。钢材为 Q235-B，焊条为 E43 型，手工电弧焊。三级焊缝质量要求，上下翼缘加引弧板和引出板施焊。

【解】　查附表 25：$f_t^w = 185 \text{N/mm}^2$，$f_v^w = 125 \text{N/mm}^2$

对接焊缝的计算截面与牛腿截面相同，几何参数为

$$I_x = \frac{12 \times 380^3}{12} + 2 \times \left(\frac{260 \times 16^3}{12} + 260 \times 16 \times 198^2 \right) = 3.812 \times 10^8 \text{mm}^4$$

$$S_{x1} = 260 \times 16 \times 198 = 8.237 \times 10^5 \text{mm}^3$$

$$S_x = S_{x1} + 190 \times 12 \times 95 = 1.040 \times 10^6 \text{mm}^3$$

焊缝截面内力设计值为：$M = Fe = 536 \times 0.3 = 160.8 \text{kN} \cdot \text{m}$，$V = F = 536 \text{kN}$

最大正应力（上下翼缘）

$$\sigma_{\max} = \frac{M}{I_x} \times \frac{h}{2} = \frac{160.8 \times 10^6 \times 206}{3.812 \times 10^8} = 86.9 \text{N/mm}^2 < f_t^w = 185 \text{N/mm}^2$$

最大剪应力（中和轴）

$$\tau_{\max} = \frac{VS_x}{I_x t} = \frac{536 \times 10^3 \times 1.040 \times 10^6}{3.812 \times 10^8 \times 12} = 121.9 \text{N/mm}^2 < f_v^w = 125 \text{N/mm}^2$$

腹翼交界处"1"点复合受力

正应力
$$\sigma_1 = \sigma_{\max} \times \frac{190}{206} = 86.9 \times \frac{190}{206} = 80.2 \text{N/mm}^2$$

剪应力
$$\tau_1 = \frac{VS_{x1}}{I_x t} = \frac{536 \times 10^3 \times 8.237 \times 10^5}{3.812 \times 10^8 \times 12} = 96.5 \text{N/mm}^2$$

等效应力（或折算应力）

$$\sqrt{\sigma_1^2 + 3\tau_1^2} = \sqrt{80.2^2 + 3 \times 96.5^2} = 185.4 \text{N/mm}^2$$
$$< 1.1 f_t^w = 1.1 \times 185 = 203.5 \text{N/mm}^2$$

所以，该焊缝强度满足要求。

10.2.3 角焊缝计算

角焊缝应力状态十分复杂，工程计算以大量试验为基础。大量试验结果证明，角焊缝的强度和外力的方向存在直接关系。侧面角焊缝的强度最低，正面角焊缝的强度最高，为侧面角焊缝强度的 1.35～1.55 倍，斜向角焊缝的强度介于二者之间。这里只介绍直角角焊缝的基本计算公式和简单应用。

10.2.3.1 角焊缝的基本计算公式

承受垂直于焊缝长度方向且通过焊缝形心的力 N 作用的正面角焊缝，焊缝计算截面上的应力用 σ_f 表示（并非正应力），强度公式为

$$\sigma_f = \frac{N}{h_e l_w} \leqslant \beta_f f_f^w \tag{10-7}$$

式中　h_e——焊缝的有效厚度或计算厚度，$h_e = 0.7 h_f$；

l_w——焊缝的计算长度，对每条焊缝取其实际长度减去 $2h_f$（起、灭弧处各减去 h_f）；

β_f——正面角焊缝的强度设计值增大系数，对承受静力荷载和间接动力荷载的结构取 $\beta_f = 1.22$，对直接承受动力荷载的结构取 $\beta_f = 1.0$；

f_f^w——角焊缝的强度设计值，按附表 25 取值。

对于承受平行于焊缝长度方向且通过焊缝形心的力 N 作用的侧面角焊缝，计算截面上的剪应力 τ_f，应由式（10-8）计算：

$$\tau_f = \frac{N}{h_e l_w} \leqslant f_f^w \tag{10-8}$$

对于承受轴心力作用的斜向焊缝，因力与焊缝斜交，故可将轴心力分解为垂直于焊缝和平行于焊缝的两个分力，分别计算应力 σ_f 和 τ_f，再由式（10-9）进行强度验算：

$$\sqrt{\left(\frac{\sigma_f}{\beta_f}\right)^2 + \tau_f^2} \leqslant f_f^w \tag{10-9}$$

10.2.3.2 轴心受力角焊缝计算

轴心受力正面角焊缝按式（10-7）计算，侧面角焊缝按式（10-8）计算。由正面角焊

缝、侧面角焊缝组成的焊缝或围焊，需分别计算正面角焊缝和侧面角焊缝。

如图 10-13 所示为加双盖板的对接连接，采用三面围焊，承受轴心力 N 作用。假定焊缝应力均匀分布，则长度为 l_{w3} 的正面角焊缝分担的内力 N_3 可由式（10-7）取等号确定：

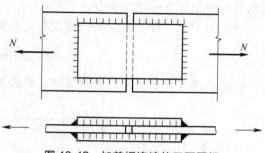

图 10-13　加盖板连接的三面围焊

$$N_3 = \beta_f f_f^w h_e l_{w3} \qquad (10\text{-}10)$$

侧面角焊缝应承担的内力为（$N - N_3$），强度条件要求

$$\tau_f = \frac{N - N_3}{h_e l_w} \leqslant f_f^w \qquad (10\text{-}11)$$

由此可验算侧面角焊缝的强度或确定侧面角焊缝的长度。

【例 10-3】　如图 10-13 所示的双盖板对接连接，已知钢板宽 450mm、厚 18mm，盖板宽 410mm、厚 10mm，角焊缝采用三面围焊，钢板间隙 10mm。试设计盖板长度。已知承受轴心拉力设计值 2250kN（间接动力荷载），钢材为 Q345 钢，采用 E50 型焊条，手工电弧焊。

【解】　角焊缝强度设计值　$f_f^w = 200 \text{N/mm}^2$

由于较薄板件厚度 $t = 10\text{mm} > 6\text{mm}$，因此最大焊脚尺寸 $h_{f\max} = t - (1 \sim 2)\text{mm} = 8\text{mm}$ 或 9mm；因较厚板件厚度 $t = 18\text{mm}$，故最小焊脚尺寸 $h_{f\min} = 6\text{mm}$。最后取 $h_f = 8\text{mm}$。

正面角焊缝，上下各一条，所以

$$l_{w3} = 410 \times 2 = 820\text{mm}, h_e = 0.7 h_f = 0.7 \times 8 = 5.6\text{mm}, \beta_f = 1.22$$

由式（10-10）得正面角焊缝的承载力 N_3

$$N_3 = \beta_f f_f^w h_e l_{w3} = 1.22 \times 200 \times 5.6 \times 820\text{N} = 1120.4\text{kN}$$

设一侧侧面角焊缝的长度为 l（左右对称），因左板上、下共 4 条侧面角焊缝，故

$$l_w = 4l - 2 \times (2h_f) = 4l - 2 \times (2 \times 8) = 4l - 32$$

代入式（10-11）

$$\tau_f = \frac{N - N_3}{h_e l_w} = \frac{N - N_3}{h_e(4l - 32)} \leqslant f_f^w$$

得到

$$l \geqslant \frac{N - N_3}{4 h_e f_f^w} + 8 = \frac{(2250 - 1120.4) \times 10^3}{4 \times 5.6 \times 200} + 8 = 260.1\text{mm}$$

取 $l = 265\text{mm}$ 可满足要求。考虑钢板间隙 10mm，则盖板长度 L 为

$$L = l + 10 + l = 265 + 10 + 265 = 540\text{mm}$$

盖板尺寸为：540mm×410mm×10mm。

10.2.3.3　角钢连接的角焊缝计算

在钢桁架中，杆件一般采用双角钢，各杆件与连接板（节点板）用角焊缝连接在一起。双角钢组成 T 形截面与中间的节点板之间可采用二面侧焊、三面围焊和 L 形围焊三种形式，如图 10-14 所示。杆件承受轴心力 N 作用，为了避免焊缝受力偏心，焊缝所传递的合力作

用线应与角钢杆件的轴线重合。

对于图 10-14（b）所示的三面围焊，正面角焊缝分担的力 N_3 为

$$N_3 = h_{e3} l_{w3} \beta_f f_f^w = 2h_{e3} b \beta_f f_f^w \tag{10-12}$$

由平衡条件可求出角钢肢背焊缝、肢尖焊缝分担的力 N_1、N_2：

$$\begin{cases} N_1 = \dfrac{(b-e)N}{b} - \dfrac{N_3}{2} = k_1 N - 0.5N_3 \\[3mm] N_2 = \dfrac{eN}{b} - \dfrac{N_3}{2} = k_2 N - 0.5N_3 \end{cases} \tag{10-13}$$

式（10-13）也适合于图 10-14（a）所示的两面侧焊缝，此时只需取 $N_3 = 0$ 便可求得 N_1、N_2。式中 k_1、k_2 为角钢肢背、肢尖的内力分配系数，可按表 10-1 取值。

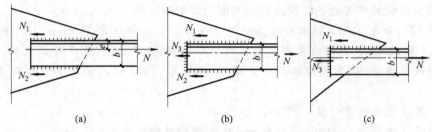

(a)   (b)   (c)

图 10-14　角钢与钢板的角焊缝连接

肢背焊缝的计算长度 l_{w1} 和肢尖焊缝的计算长度 l_{w2} 分别由下列公式计算

$$l_{w1} = \frac{N_1}{2h_{e1} f_f^w} \tag{10-14}$$

$$l_{w2} = \frac{N_2}{2h_{e2} f_f^w} \tag{10-15}$$

表 10-1　角钢肢背、肢尖内力分配系数

角钢类型	连接情况	分配系数	
		角钢肢背 k_1	角钢肢尖 k_2
等边		0.70	0.30
不等边（短肢相连）		0.75	0.25
不等边（长肢相连）		0.65	0.35

对于图 10-14（c）所示的 L 形围焊，因 $N_2=0$，所以由式（10-13）得

$$N_3=2k_2N, \qquad N_1=N-N_3 \tag{10-16}$$

角钢肢背上的焊缝计算长度由式（10-14）计算，因角钢端部正面角焊缝的长度已知，所以按式（10-17）可确定焊脚尺寸

$$h_{f3}=\frac{N_3}{2\times 0.7 l_{w3}\beta_f f_f^w} \tag{10-17}$$

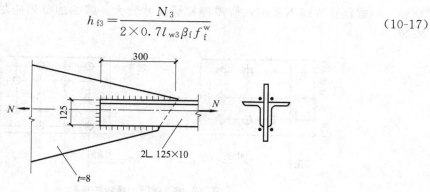

图 10-15　例 10-4 图

【例 10-4】　试确定图 10-15 所示承受静态轴心力作用的双角钢三面围焊连接的承载力及肢尖焊缝的长度。已知角钢为 2∟125×10，节点板厚 8mm，搭接长度 300mm，焊脚尺寸 $h_f=8$mm。钢材为 Q235-B，手工电弧焊，焊条为 E43 型。

【解】　角焊缝强度设计值 $f_f^w=160$N/mm²。

角焊缝有效厚度 $h_e=0.7h_f=0.7\times 8=5.6$mm。正面角焊缝的长度等于相连角钢肢的宽度 $l_{w3}=b=125$mm，正面角焊缝承担的内力由式（10-12）计算

$$N_3=2h_{e3}b\beta_f f_f^w=2\times 5.6\times 125\times 1.22\times 160\text{N}=273.3\text{kN}$$

肢背角焊缝承担的内力

$$N_1=2h_{e1}l_{w1}f_f^w=2\times 5.6\times(300-8)\times 160\text{N}=523.3\text{kN}$$

查表 10-1 得内力分配系数 $k_1=0.70$，$k_2=0.30$。由式（10-13）解得承载力 N：

$$N=\frac{N_1+0.5N_3}{k_1}=\frac{523.3+0.5\times 273.3}{0.70}=942.8\text{kN}$$

肢尖焊缝所承担的内力

$$N_2=k_2N-0.5N_3=0.30\times 942.8-0.5\times 273.3=146.2\text{kN}$$

肢尖焊缝计算为：$l_{w2}=\dfrac{N_2}{2h_e f_f^w}+h_f=\dfrac{146.2\times 10^3}{2\times 5.6\times 160}+8=89.6$mm

可取 $l_{w2}=100$mm。

10.3　螺 栓 连 接

钢结构工程中采用的普通螺栓形式为六角头型，高强度螺栓则有大六角头和扭剪型两种形式。螺栓的代号用字母 M 和公称直径的毫米数来表示，建筑工程中常用的有 M12、M16、M20、M22、M24、M27 和 M30 等。

10.3.1 螺栓连接的构造要求

螺栓在构件上的排列方式有齐列（或并列）和错列两种，图 10-16 所示。并列比较简单、整齐，所用连接板尺寸小，但螺栓孔对截面的削弱较大；错列可以减小螺栓孔对截面的削弱，但螺栓孔排列不紧凑，所需连接板尺寸较大。螺栓的排列应尽量整齐、紧凑及便于安装。

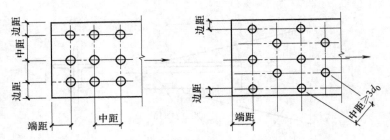

图 10-16　钢板上螺栓的排列

螺栓在构件上的排列应考虑下列要求。

（1）受力要求　为避免钢板端部发生冲剪破坏，螺栓的端距不应小于 $2d_0$，d_0 为螺栓孔径。对受压构件，当沿作用力方向的螺栓距离过大时，在被连接板件间易发生张口或鼓曲现象。所以，需要规定最大、最小间距。

（2）构造要求　若中距和边距过大，则构件接触不紧密，潮气易侵入缝隙而发生锈蚀，所以中距和边距不宜过大。

（3）施工要求　施工上要保证一定的操作空间，便于转动扳手拧紧螺帽。根据扳手尺寸和工人的施工经验，规定最小中距为 $3d_0$。

根据以上要求，钢板上螺栓的容许距离见表 10-2。型钢上的螺栓排列，除了满足表10-2的要求外，还要注意避免在靠近截面倒角和圆角处开孔。

表 10-2　螺栓的最大、最小容许距离

名　称	位　置　和　方　位			最大容许距离（取两者的较小值）	最小容许距离
中心间距	外　排（垂直内力方向或顺内力方向）			$8d_0$ 或 $12t$	$3d_0$
	中间排	垂直内力方向		$16d_0$ 或 $24t$	
		顺内力方向	构件受压力	$12d_0$ 或 $18t$	
			构件受拉力	$16d_0$ 或 $24t$	
	沿对角线方向			—	
中心至构件边缘距离	顺内力方向			$4d_0$ 或 $8t$	$2d_0$
	垂直内力方向	剪切边或手工气切割边			$1.5d_0$
		轧制边、自动气割或锯割边	高强度螺栓		
			其它螺栓或铆钉		$1.2d_0$

注：1. d_0 为螺栓的孔径，t 为外层较薄板件的厚度。
　　2. 钢板边缘与刚性构件（如角钢、槽钢等）相连的螺栓的最大间距，可按中间排的数值采用。

螺栓连接除了满足上述螺栓排列的容许中距、边距和端距以外，根据不同情况尚应满足下列构造要求。

① 每一杆件在节点上以及拼接接头的一端，永久性的螺栓数不宜少于 2 个。对组合构

件的缀条，其端部连接可采用 1 个螺栓。

② 高强度螺栓孔应采用钻成孔。摩擦型高强度螺栓的孔径比螺栓公称直径 d 大 $1.5 \sim$
$2.0 \mathrm{mm}$；承压型连接的高强度螺栓的孔径比螺栓公称直径 d 大 $1.0 \sim 1.5 \mathrm{mm}$。

③ C 级螺栓宜用于沿其杆轴方向受拉的连接，在下列情况下可用于受剪连接：a. 承受
静力荷载或间接动力荷载结构中的次要连接；b. 承受静力荷载的可拆卸结构的连接。c. 临
时固定构件用的安装连接。

④ 对直接承受动力荷载的普通螺栓受拉连接，应采用双螺帽或其他能防止螺帽松动的
有效措施。

⑤ 当型钢构件拼接采用高强度螺栓连接时，其拼接件宜采用钢板。

⑥ 沿杆轴方向受拉的螺栓连接中的端板（或法兰板），应适当增强其刚度（如设加劲
肋），以减少撬力对螺栓抗拉承载力的不利影响。

10.3.2　普通螺栓连接计算

普通螺栓连接按螺栓传力方式不同，可分为受剪螺栓连接、受拉螺栓连接和拉剪共同作
用螺栓连接三类。图 10-17（a）为受剪螺栓连接，外力与螺栓杆垂直，依靠螺栓杆承压和抗
剪来传力；图 10-17（b）为受拉螺栓连接，外力与螺栓杆平行，螺栓杆承受拉力作用；图
10-17（c）为同时受拉、受剪的螺栓连接，弯矩使螺栓杆受拉，剪力使螺栓杆受剪。

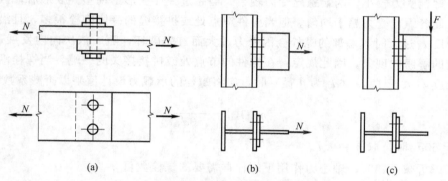

图 10-17　普通螺栓连接传力方式分类

10.3.2.1　普通螺栓受剪连接计算

普通螺栓受剪连接（图 10-18）依靠螺栓杆抗剪和螺栓杆对孔壁的承压（挤压）传力。
达到承载力极限时，螺栓杆可能发生剪切破坏，也可能发生孔壁挤压破坏。受剪连接计算就
是计算螺栓抗剪和抗挤压承载能力，从而避免这些破坏的发生。

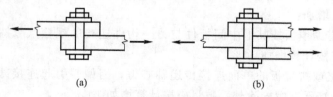

图 10-18　受剪螺栓连接的剪切面

（1）单个普通螺栓承载力　螺栓的剪切面数目用 n_{v} 表示，图 10-18（a）连接两块钢板，
只有一个剪切面，即单面剪切 $n_{\mathrm{v}}=1$；而图 10-18（b）连接三块钢板，有两个剪切面，即双

面剪切 $n_v=2$。由螺栓剪应力强度条件得到单个螺栓受剪承载力设计值，用 N_v^b 表示

$$N_v^b = n_v \frac{\pi d^2}{4} f_v^b \tag{10-18}$$

式中　d——螺栓杆直径；

　　　f_v^b——螺栓的抗剪强度设计值，按附表 26 取值。

孔壁挤压面积为半圆柱面，挤压应力分布复杂，实用计算中假定挤压应力在计算面积 $(d\sum t)$ 上均匀分布，由该应力不应超过材料的承压强度设计值得到单个螺栓承压承载力设计值，用符号 N_c^b 表示

$$N_c^b = d \sum t f_c^b \tag{10-19}$$

式中　d——螺栓杆直径；

　　　$\sum t$——同一受力方向的承压构件的较小总厚度；

　　　f_c^b——螺栓的承压强度设计值，按附表 26 取值。

受剪连接的一个普通螺栓承载力设计值取抗剪承载力设计值和承压承载力设计值中的较小值，即

$$N_{min}^b = \min(N_v^b, \quad N_c^b) \tag{10-20}$$

（2）轴心受力螺栓群　螺栓群在轴心力作用下处于弹性变形阶段时，各个螺栓受力不相等。中间螺栓受力较小，两端螺栓受力较大。当超过弹性变形出现塑性变形后，因内力重分布现象，使各螺栓受力趋于均匀。但当构件节点处或拼接缝的一侧螺栓很多，且沿受力方向的连接长度 l_1 过大时，端部的螺栓会因受力过大而首先破坏，随后依次向内发展逐个破坏，出现所谓的解纽扣现象。因此规定：在构件的节点处或拼接接头的一端，当螺栓沿受力方向的连接长度 l_1 大于 $15d_0$（d_0 为孔径）时，应将螺栓的承载力设计值乘以折减系数 η：

$$\eta = 1.1 - \frac{l_1}{150 d_0} \tag{10-21}$$

当 l_1 大于 $60d_0$ 时，取 $\eta = 0.7$。

不考虑折减系数时，轴心力作用下螺栓群需要的螺栓数目 n 为：

$$n = \frac{N}{N_{min}^b} \tag{10-22}$$

考虑折减系数时，所需螺栓数目 n 为：

$$n = \frac{N}{\eta N_{min}^b} \tag{10-23}$$

由式（10-22）、式（10-23）计算得到的值应按收尾法取整，且在下列情况的连接中，螺栓数目还应予以增加：

①　一个构件借助填板或其他中间板件与另一构件连接的螺栓（摩擦型连接的高强度螺栓除外）数目，应按计算增加 10%。

②　当采用搭接或拼接板的单面连接传递轴心力，因偏心引起连接部位发生弯曲时，螺栓（摩擦型连接的高强度螺栓除外）数目应按计算增加 10%。

③　在构件的端部连接中，当利用短角钢连接型钢（角钢或槽钢）的外伸肢以缩短连接长度时，在短角钢两肢中的一肢上，所用的螺栓数目应按计算增加 50%。

【例 10-5】　试设计两块钢板用普通螺栓加盖板的对接连接。钢板和盖板材料均为 Q235，

钢板宽 360mm，厚 8mm，盖板厚 6mm。轴心拉力设计值 $N=465$kN，A 级（5.6 级）螺栓 M20。

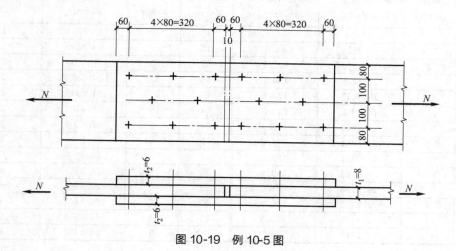

图 10-19　例 10-5 图

【解】

5.6 级剪力螺栓 $f_v^b=190$N/mm^2，$f_c^b=405$N/mm^2，加双盖板拼接属于双面剪切 $n_v=2$。

单个螺栓的抗剪、承压承载力

$$N_v^b=n_v\frac{\pi d^2}{4}f_v^b=2\times\frac{\pi\times20^2}{4}\times190=119381\text{N}$$

$$N_c^b=d\sum tf_c^b=20\times8\times405=64800\text{N}$$

单个螺栓承载力设计值

$$N_{min}^b=\min(N_v^b,N_t^b)=64800\text{N}=64.8\text{kN}$$

连接一侧需要螺栓数 n

$$n=\frac{N}{N_{min}^b}=\frac{465}{64.8}=7.2$$

取 $n=8$，两侧共 16 个螺栓，布置如图 10-19 所示。

10.3.2.2　普通螺栓受拉连接计算

普通螺栓受拉连接的承载力仅取决于螺栓杆的强度，分中心受拉和弯曲受拉等不同受力情况。

（1）单个螺栓抗拉承载力　在轴向受拉的连接中，由螺栓杆的拉应力不超过其抗拉强度得到每个拉力螺栓承载力设计值 N_t^b 为

$$N_t^b=A_ef_t^b=\frac{\pi d_e^2}{4}f_t^b \tag{10-24}$$

式中　d_e，A_e——普通螺栓在螺纹处的有效直径和有效面积，见表 10-3；

　　　　f_t^b——普通螺栓的抗拉强度设计值，按附表 26 取值。

（2）螺栓群轴心受拉　螺栓群在轴心力作用下的抗拉连接，通常假定每个螺栓平均受力。若已知螺栓群承担的总拉力设计值为 N，则可算出所需拉力螺栓数目 n

$$n=\frac{N}{N_t^b} \tag{10-25}$$

表 10-3　螺栓的有效面积

螺栓直径 d/mm	螺距 p/mm	螺栓有效直径 d_e/mm	螺栓有效面积 A_e/mm²	螺栓直径 d/mm	螺距 p/mm	螺栓有效直径 d_e/mm	螺栓有效面积 A_e/mm²
10	1.8	8.3113	54.3	45	4.5	40.7781	1306
12	1.8	10.3113	83.5	48	5	43.3090	1473
14	2	12.1236	115.4	52	5	47.3090	1758
16	2	14.1236	156.7	56	5.5	50.8399	2030
18	2.5	15.6445	192.5	60	5.5	54.8399	2362
20	2.5	17.6545	244.8	64	6	58.3708	2676
22	2.5	19.6545	303.4	68	6	62.3708	3055
24	3	21.1854	352.5	72	6	66.3708	3460
27	3	24.1854	459.4	76	6	70.3708	3889
30	3.5	26.7163	560.6	80	6	74.3708	4344
33	3.5	29.7163	693.6	85	6	79.3708	4948
36	4	32.2472	816.7	90	6	84.3708	5591
39	4	35.2472	975.8	95	6	89.3708	6273
42	4.5	37.7781	1121	100	6	94.3708	6995

（3）螺栓群弯曲受拉　如图 10-20 所示为螺栓群在弯矩 M 作用下的抗拉连接，图中剪力 V 通过承托板传递，不由螺栓承担。在 M 作用下，距离中和轴越远的螺栓所受拉力越大，其值与距离成正比。而中和轴的位置通常是在弯矩指向一侧最外排螺栓附近，实际计算可近似地取中和轴位于最下排螺栓 O 处。由比例关系和平衡条件可以得到受力最大的最外排螺栓 1 的拉力为

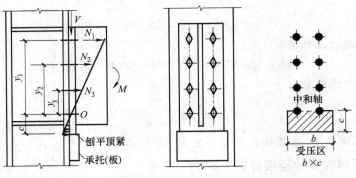

图 10-20　螺栓群弯曲受拉

$$N_1 = \frac{My_1}{\sum y_i^2} \tag{10-26}$$

承载力要求

$$N_1 = \frac{My_1}{\sum y_i^2} \leqslant N_t^b \tag{10-27}$$

10.3.2.3　普通螺栓同时受拉受剪连接计算

承受剪力和拉力作用的普通螺栓，强度计算应考虑两种可能的破坏形式，即螺栓杆受剪、受拉破坏和孔壁承压破坏。相应的计算公式为

$$\sqrt{\left(\frac{N_v}{N_v^b}\right)^2 + \left(\frac{N_t}{N_t^b}\right)^2} \leqslant 1.0 \tag{10-28}$$

$$N_v \leqslant N_c^b \qquad (10\text{-}29)$$

式中　N_v，N_t——一个普通螺栓所承受的剪力和拉力设计值；

N_v^b，N_t^b，N_c^b——单个普通螺栓的受剪、受拉和承压承载力设计值。

【例 10-6】　试验算图 10-21 所示普通螺栓的强度。C 级螺栓 M20，孔径 21.5mm，钢材为 Q235-B。

【解】　外力作用线通过螺栓群形心，螺栓同时受剪和受拉

$$V = 100 \times 0.8 = 80\text{kN}$$

$$N = 100 \times 0.6 = 60\text{kN}$$

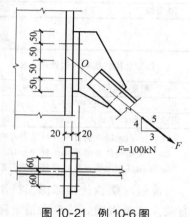

图 10-21　例 10-6 图

一个螺栓承受的剪力设计值、拉力设计值分别为

$$N_v = \frac{V}{n} = \frac{80}{4} = 20\text{kN} \ , N_t = \frac{N}{n} = \frac{60}{4} = 15\text{kN}$$

一个螺栓受剪、受拉承载力

$$f_v^b = 140\text{N/mm}^2 , f_t^b = 170\text{N/mm}^2 , f_c^b = 305\text{N/mm}^2$$

$$N_v^b = n_v \frac{\pi d^2}{4} f_v^b = 1 \times \frac{\pi \times 20^2}{4} \times 140 = 43.98 \times 10^3 \text{N} = 43.98\text{kN}$$

$$N_c^b = d \sum t f_c^b = 20 \times 20 \times 305 = 122 \times 10^3 \text{N} = 122\text{kN}$$

$$N_t^b = A_e f_t^b = 244.8 \times 170 = 41620\text{N} = 41.62\text{kN}$$

螺栓杆剪、拉强度

$$\sqrt{\left(\frac{N_v}{N_v^b}\right)^2 + \left(\frac{N_t}{N_t^b}\right)^2} = \sqrt{\left(\frac{20}{43.98}\right)^2 + \left(\frac{15}{41.62}\right)^2} = 0.58 < 1.0, 满足$$

孔壁承压

$$N_v = 20\text{kN} < N_c^b = 122\text{kN}, 满足$$

所以，图 10-21 所示连接的螺栓强度满足要求。

10.3.3　高强度螺栓连接计算

高强度螺栓连接，从受力特性可分为摩擦型高强度螺栓连接和承压型高强度螺栓连接两类。摩擦型高强度螺栓连接仅依靠被连接构件之间的摩擦阻力传递剪力，以剪力等于摩擦力为承载能力极限状态；而承压型高强度螺栓连接的传力特征是剪力超过摩擦力，构件之间产生相对滑移，螺栓杆受剪、杆与孔壁之间承压，其可能的破坏形式与普通螺栓连接相同。

10.3.3.1　高强度螺栓连接的性能参数

大六角头高强度螺栓如图 10-22 所示。通过拧紧螺帽，使螺栓杆受到拉伸作用，产生预拉力，进而使被连接钢板件之间产生压紧力。

拧紧螺帽的方法有扭矩法、转角法等。前者采用可直接显示扭矩的特制扳手，根据事先确定的扭矩和螺栓拉力之间的关系施加相应的扭矩值；后者先用普通扳手拧紧，再用强力扳手旋转螺母至预定的角度值。

预拉力 P 的取值以螺栓的抗拉强度为准，再考虑必要的系数，用螺栓的有效截面经计算确定。预拉力设计值的规范取值，见表 10-4。

图 10-22　大六角头高强度螺栓

表 10-4　一个高强度螺栓的预拉力设计值 P　　　　单位: kN

螺栓的性能等级	螺　栓　公　称　直　径/mm					
	M16	M20	M22	M24	M27	M30
8.8 级	80	125	150	175	230	280
10.9 级	100	155	190	225	290	355

表 10-5　钢材摩擦面的抗滑移系数 μ

连接处构件接触面的处理方法	构件的钢材牌号		
	Q235 钢	Q345 钢或 Q390 钢	Q420 钢或 Q460 钢
喷硬质石英砂或铸钢棱角砂	0.45	0.45	0.45
抛丸(喷砂)	0.40	0.40	0.40
钢丝刷清除浮锈或未经处理的干净轧制面	0.30	0.35	—

注: 1. 钢丝刷除锈方向应与受力方向垂直。

　　2. 当连接构件采用不同钢材牌号时, μ 按相应较低强度者取值。

　　3. 采用其他方法处理时, 其处理工艺及抗滑移系数值均需经试验确定。

高强度螺栓连接摩擦面抗滑移系数的大小与连接处构件接触面的处理方法和构件的钢材有关。试验表明, 该系数值有随被连接构件接触面间的压紧力减小而降低的现象, 故与理论力学中的摩擦系数 (或摩擦因数) 有区别。

《钢结构设计标准》GB 50017—2017 推荐的接触面处理方法有: 喷硬质石英砂或铸钢棱角砂, 抛丸 (喷砂), 钢丝刷清除浮锈或对干净轧制表面不作处理等, 各种情况下的抗滑移系数 μ 的取值见表 10-5。

10.3.3.2　摩擦型高强度螺栓连接计算

摩擦型高强度螺栓连接的受力方式仍然有受剪、受拉和拉剪复合受力三种, 应分别计算。

(1) 抗剪承载力

$$N_v^b = 0.9 k n_f \mu P \tag{10-30}$$

式中　k——孔型系数, 标准孔取 1.0, 大圆孔取 0.85, 内力与槽孔长向垂直时取 0.7, 内力与槽孔长向平行时取 0.6;

　　　n_f——传力摩擦面数目;

　　　μ——摩擦面的抗滑移系数, 按表 10-5 采用;

　　　P——每个高强度螺栓的预拉力设计值, 按表 10-4 取值。

对于中心 (轴心) 受剪螺栓群, 若传递总力为 N, 则所需要的螺栓数目为

$$n = \frac{N}{N_v^b} \tag{10-31}$$

(2) 抗拉承载力　在杆轴方向受拉的连接中, 每个摩擦型高强度螺栓的抗拉承载力设计值为

$$N_t^b = 0.8 P \tag{10-32}$$

对于承受拉力为 N 的轴心受拉螺栓群, 所需要的螺栓数目为

$$n = \frac{N}{N_t^b} = 1.25 \frac{N}{P} \tag{10-33}$$

(3) 同时受剪和受拉时的承载力　当高强度螺栓摩擦型连接同时承受摩擦面间的剪力和螺栓杆轴方向的拉力时, 其承载力应按式 (10-34) 计算:

$$\frac{N_v}{N_v^b} + \frac{N_t}{N_t^b} \leqslant 1.0 \tag{10-34}$$

式中　N_v, N_t——某个高强度螺栓所承受的剪力、拉力;

N_v^b，N_t^b——单个高强度螺栓的受剪、受拉承载力设计值。

10.3.3.3　承压型高强度螺栓连接计算

承压型高强度螺栓的预拉力 P 和连接处接触面的处理方法与摩擦型高强度螺栓相同，这种螺栓仅用于承受静力荷载和间接动力荷载结构中的连接。

承压型高强度螺栓在抗剪连接中，计算方法与普通螺栓相同；在杆轴方向受拉的连接中，每个螺栓承载力按式（10-32）计算；同时承受剪力和杆轴方向拉力时，应按下面二式验算强度：

$$\sqrt{\left(\frac{N_v}{N_v^b}\right)^2+\left(\frac{N_t}{N_t^b}\right)^2}\leqslant1.0 \tag{10-35}$$

$$N_v\leqslant N_c^b/1.2 \tag{10-36}$$

式中　　N_v，N_t——某个承压型高强度螺栓所承受的剪力和拉力；

N_v^b，N_t^b，N_c^b——一个承压型高强度螺栓的受剪、受拉和承压承载力设计值。

【例 10-7】　一双盖板拼接的钢板连接，已知盖板厚度 12mm，被连接钢板厚度 20mm，钢材为 Q235，高强度螺栓为 8.8 级的 M20，标准孔，连接处接触面要求采用喷砂处理。作用在螺栓群形心处的轴心拉力设计值 $N=800$kN，试确定螺栓数目（分别采用摩擦型和承压型连接）。

【解】

（1）按摩擦型连接设计（$\mu=0.40$，$P=125$kN，$k=1.0$，$n_f=2$）

$$N_v^b=0.9kn_f\mu P=0.9\times1.0\times2\times0.40\times125=90.0\text{kN}$$

每侧所需螺栓个数：$n=\dfrac{N}{N_v^b}=\dfrac{800}{90.0}=8.9$，可取 9 个。

（2）按承压型连接设计（$f_v^b=250\text{N/mm}^2$，$f_c^b=470\text{N/mm}^2$）

单个螺栓承载力设计值

$$N_v^b=n_v\frac{\pi d^2}{4}f_v^b=2\times\frac{\pi\times20^2}{4}\times250=157\times10^3\text{N}=157\text{kN}$$

$$N_c^b=d\sum tf_c^b=20\times20\times470=188\times10^3\text{N}=188\text{kN}$$

$$N_{min}^b=\min(N_v^b\ ,\ N_t^b)=\min(157,\ 188)=157\text{kN}$$

所以每侧所需螺栓个数：$n=\dfrac{N}{N_{min}^b}=\dfrac{800}{157}=5.1$，可取 6 个。

练习题

10-1　钢结构常用的连接方法有哪些？

10-2　手工电弧焊所采用的焊条型号应如何选择？　角焊缝的焊脚尺寸是否越大越好？

10-3　引弧板、引出板的作用是什么？

10-4　受剪普通螺栓连接的传力机理是什么？　高强度螺栓摩擦型连接和承压型连接的传力机理有什么不同？

10-5　如何增大高强度螺栓连接的摩擦面抗滑移系数 μ？

10-6　对接焊缝的计算长度 l_w，当未采用引弧板、引出板施焊时，取实际长度减去（　　　）。

　　A. t　　　　B. $2t$　　　　C. 10mm　　　　D. 20mm

10-7　焊脚尺寸和焊缝计算长度相同的正面角焊缝承载力（　　　）侧面角焊缝承载力。

　　A. 大于　　　B. 小于　　　C. 等于　　　D. 小于或等于

10-8　手工电弧焊，E50 型焊条应与下列哪种构件钢材相匹配？（　　　）

A. Q235　B. Q345　　　C. Q460　　　D. Q420

10-9　将两块钢板用普通螺栓搭接连接，螺栓的直径为 20mm，已知钢板厚度分别为 12mm 和 10mm，且 f_c^b= 400N/mm²，钢板在轴心力作用下，则一个螺栓的承压承载力为（　　　）。

A. 96kN　B. 176kN　　　C. 40kN　　　D. 80kN

10-10　抗剪连接中，单个普通螺栓的承载力设计值取决于（　　　）。

A. $N_v^b = n_v \dfrac{\pi d^2}{4} f_v^b$

B. $N_t^b = \dfrac{\pi d_e^2}{4} f_t^b$

C. $N_c^b = d \sum t f_c^b$

D. N_c^b、N_v^b 中的较小值

10-11　5.6 级 M20 的普通螺栓受拉连接时，一个螺栓的抗拉承载力是（　　　）kN。

A. 51.4　B. 66.0　　　C. 122.4　　　D. 157.1

10-12　两块 Q235 钢板厚度和宽度相同：厚 10mm，宽 500mm。今用 E43 型焊条手工焊接连接，使其承受轴向拉力设计值 980kN。①试设计对接焊缝（二级质量标准）；②加双盖板对接连接的角焊缝，采用两侧面焊或三面围焊。

10-13　验算图 10-23 所示的由三块钢板焊接组成的工字形截面钢梁的对接焊缝强度。已知工字形截面尺寸为：b= 100mm，t= 12mm，h_0= 200mm，t_w= 8mm。截面上作用的轴心拉力设计值 N= 250kN，弯矩设计值 M= 50kN·m，剪力设计值 V= 200kN。钢材为 Q345，采用手工电弧焊，焊条为 E50 型，施焊时采用引弧板，三级质量检验标准。

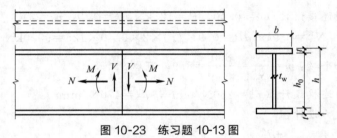

图 10-23　练习题 10-13 图

10-14　截面 340mm×12mm 的钢板构件的拼接采用双盖板的普通螺栓连接，盖板厚度 8mm，钢材 Q235，螺栓为 4.8 级，M20，构件承受轴心拉力设计值 N= 600kN。试求该拼接接头的普通螺栓数量。

10-15　对 10.9 级 M16 摩擦型高强度螺栓，其预拉力 P= 100kN，在受拉连接中，连接所承受的静载拉力设计值 N= 1200kN，试计算连接所需的螺栓数目。

10-16　如图 10-24 所示螺栓连接盖板采用 Q235 钢，普通螺栓 8.8 级 M20，钢板也是 Q235 钢，求此连接能承受的最大轴心拉力 F_{max}。

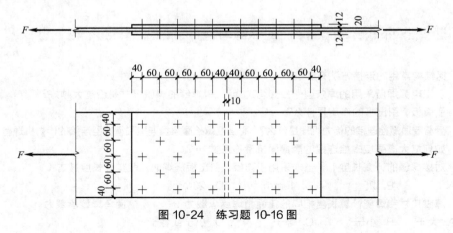

图 10-24　练习题 10-16 图

第 11 章　　钢结构构件

【内容提要】

　　本章讲述钢结构各受力构件设计，包括轴心受拉（受压）构件、受弯构件和拉弯（压弯）构件的强度、刚度和稳定性问题的计算和构造。

【基本要求】

　　通过本章的学习，要求了解钢结构各构件的截面形式、受力特点，掌握强度、刚度和稳定性的计算方法和构造要求。

11.1　钢结构轴心受力构件

　　轴心受力构件在钢结构中应用十分广泛，例如桁架、网架、塔架的组成构件和支撑系统杆件都可以简化为轴心受力构件。如图 11-1 所示结构，假定节点为铰接连接，当无节点荷载作用时，各杆件只承受轴力作用。根据轴心力是拉力还是压力，轴心受力构件又分为轴心受拉构件和轴心受压构件两种类型，轴心受拉构件仅存在强度、刚度问题，而轴心受压构件除强度、刚度问题以外，还有稳定性问题（整体稳定和局部稳定）。

图 11-1　轴心受力构件

11.1.1　轴心受力构件的截面形式

　　轴心受力构件的截面形式通常分为实腹式和格构式两大类。

　　实腹式构件制作简单，与其他构件的连接比较方便。实腹式截面形式多样，如图 11-2 所示，其中（a）为单个型钢截面，（b）为由型钢或钢板组成的组合截面，（c）为双角钢组合截面，（d）为冷弯薄壁型钢截面。轴心受拉构件一般采用截面紧凑或对两个主轴的刚度相差悬殊者，而轴心受压构件则通常采用较为开展、组成板件宽而薄的截面。

　　格构式构件易使受压杆件实现两个主轴方向的等稳定性，刚度大、抗扭性能好、用料省。截面由两个或多个型钢肢件组成，各肢件之间采用缀材（缀板或缀条）连成整体，防止

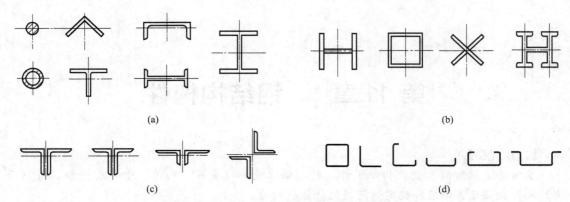

(a)

(b)

(c)

(d)

图 11-2　轴心受力实腹式构件的截面形式

肢件失稳，如图 11-3 所示。

　　轴心受压构件存在稳定问题，稳定系数和截面类型有关。根据截面形式、对截面哪一个主轴屈曲、钢材边缘加工方法、组成截面板材厚度四个因素，截面分为 a、b、c、d 四类，详见附表 28。需要注意的是，截面类型不同，抵抗失稳的能力不同。a 类截面抗失稳的能力最强，而 d 类截面最弱。

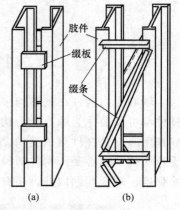

图 11-3　格构式构件的缀材布置

11.1.2　轴心受力构件的强度计算

　　除高强度螺栓摩擦型连接以外，轴心受拉构件的截面强度需计算毛截面屈服强度和净截面断裂强度：

$$\sigma = \frac{N}{A} \leqslant f \tag{11-1}$$

$$\sigma = \frac{N}{A_\mathrm{n}} \leqslant 0.7 f_\mathrm{u} \tag{11-2}$$

式中　　N——轴心拉力设计值；

　　　　A——构件的毛截面面积；

　　　　A_n——构件的净截面面积，当构件多个截面有孔时，取最不利的截面；

　　　　f——钢材的抗拉强度设计值，按附表 24 取值；

　　　　f_u——钢材的抗拉强度最小值，按附表 24 取值。

　　对于无孔眼削弱的构件截面，净截面面积与毛截面面积相等 $A_\mathrm{n} = A$；对于有螺栓孔削弱的构件截面，净截面面积小于毛截面面积 $A_\mathrm{n} < A$。当螺栓为齐列布置时，A_n 为 I—I 截面的面积 [图 11-4 (a)]；若螺栓错列布置时 [图 11-4 (b)、(c)]，构件可能沿正交截面 I—I 破坏，也

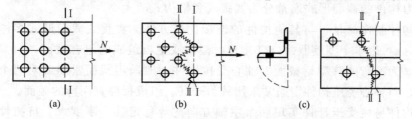

(a)　　　　　　　(b)　　　　　　　(c)

图 11-4　孔洞削弱后的危险截面

可能沿齿状截面Ⅱ—Ⅱ破坏，此时应取Ⅰ—Ⅰ和Ⅱ—Ⅱ截面的较小面积计算。

对于高强度螺栓摩擦型连接，净截面小于毛截面，但净截面处的轴心力由于表面的摩擦力而降低，也小于构件轴力，危险截面不能直接判断，构件可能沿净截面破坏，也可能沿毛截面破坏。所以，采用高强度螺栓摩擦型连接的构件，其毛截面强度计算应采用式（11-1），净截面断裂应按式（11-3）计算：

$$\sigma = \left(1 - 0.5\frac{n_1}{n}\right)\frac{N}{A_n} \leqslant 0.7 f_u \tag{11-3}$$

式中　n_1——所计算截面（最外列螺栓处）上高强度螺栓数目；

　　　n——在节点或拼接处，构件一端连接的高强度螺栓数目。

轴心受压构件，当端部连接及中部拼接处组成截面的各板件都由连接件直接传力时，截面强度应按式（11-1）计算。孔洞有螺栓填充的轴心受压构件，不必验算净截面强度，但含有虚孔的构件尚需在孔心所在截面按式（11-2）计算。

11.1.3　轴心受力构件的刚度计算

为了满足结构的正常使用要求，轴心受力构件应具有一定的刚度，以保证构件不会产生过度的变形。轴心受力构件以长细比为刚度参数，长细比太大时，会产生以下一些不利影响：

① 在运输和安装过程中产生弯曲或过大变形；

② 使用期间因自重而明显下挠；

③ 在动力荷载作用下发生较大的振动；

④ 压杆的长细比过大时，还会使极限承载力显著降低；同时，初始弯曲和自重产生的挠度也将对构件的整体稳定带来不利影响。

所以，轴心受力构件的刚度条件要求：

$$\lambda = \frac{l_0}{i} \leqslant [\lambda] \tag{11-4}$$

式中　λ——构件的最大长细比；

　　　l_0——构件的计算长度；

　　　i——截面的惯性半径；

　　$[\lambda]$——构件的容许长细比，受压构件的容许长细比按表 11-1 取值，受拉构件的容许长细比按表 11-2 取值。

表 11-1　受压构件的容许长细比

构件名称	容许长细比
轴心受压柱、桁架和天窗架中的压杆	150
柱的缀条、吊车梁或吊车桁架以下的柱间支撑	150
支撑	200
用以减小受压构件计算长度的杆件	200

表 11-2　受拉构件的容许长细比

构件名称	承受静力荷载或间接承受动力荷载的结构			直接承受动力荷载的结构
	一般建筑结构	对腹杆提供平面外支点的弦杆	有重级工作制起重机的厂房	
桁架的构件	350	250	250	250
吊车梁或吊车桁架以下柱间支撑	300	—	200	—
除张紧的圆钢外的其他拉杆、支撑、系杆等	400	—	350	—

【例 11-1】 如图 11-5 所示，中级工作制吊车的厂房屋架的下弦拉杆，由双角钢组成，角钢型号为$\llcorner 100 \times 10$，布置有交错排列的普通螺栓连接，螺栓孔直径 $d_0 = 20\text{mm}$。已知轴心拉力设计值 $N = 620\text{kN}$，计算长度 $l_{0x} = 3000\text{mm}$，$l_{0y} = 7800\text{mm}$。材料为 Q235 钢，试验算该拉杆的强度和刚度。

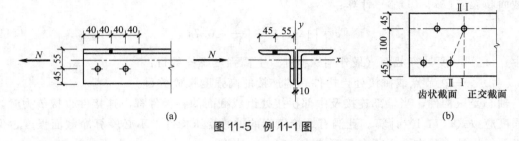

(a)　　　　　　　　　　　　　　　　　(b)

图 11-5　例 11-1 图

【解】　$f = 215\text{N/mm}^2$，$f_u = 370\text{N/mm}^2$，$[\lambda] = 350$，等边角钢肢厚 10mm。

（1）毛截面强度验算　查附表 33 得单角钢的截面面积为 19.261cm^2，所以

$$\sigma = \frac{N}{A} = \frac{620 \times 10^3}{19.261 \times 2 \times 10^2} = 161\text{N/mm}^2 < f = 215\text{N/mm}^2$$

（2）净截面强度验算　确定危险截面之前，先将其按中面展开，如图 11-5（b）所示。分别计算正交截面Ⅰ—Ⅰ、齿状截面Ⅱ—Ⅱ的净面积。

Ⅰ—Ⅰ截面　　　$A_n = 2 \times (45 + 100 + 45 - 20) \times 10 = 3400\text{mm}^2$

Ⅱ—Ⅱ截面　　$A_n = 2 \times (45 + \sqrt{100^2 + 40^2} + 45 - 2 \times 20) \times 10 = 3154\text{mm}^2$

齿状截面Ⅱ-Ⅱ为危险截面。因为

$$\sigma = \frac{N}{A_n} = \frac{620 \times 10^3}{3154} = 196.6\text{N/mm}^2 < 0.7f_u = 0.7 \times 370 = 259\text{N/mm}^2$$

所以，该拉杆满足强度条件。

（3）刚度验算　查附表 33：$i_x = 3.05\text{cm} = 30.5\text{mm}$；利用附表 33 的数据先计算惯性矩 I_y，然后计算 i_y

$$A = 2 \times 19.261 = 38.522\text{cm}^2$$

$$I_y = 2 \times [179.51 + 19.261 \times (0.5 + 2.84)^2] = 788.756\text{cm}^4$$

$$i_y = \sqrt{\frac{I_y}{A}} = \sqrt{\frac{788.756}{38.522}} = 4.525\text{cm} = 45.25\text{mm}$$

杆件沿 x、y 方向的计算长度不同，截面惯性半径也不同，表现为计算长度大的方向截面惯性半径大，所以需要分别验算长细比。

$$\lambda_x = \frac{l_{0x}}{i_x} = \frac{3000}{30.5} = 98.4 < [\lambda] = 350，满足$$

$$\lambda_y = \frac{l_{0y}}{i_y} = \frac{7800}{45.25} = 172.4 < [\lambda] = 350，满足$$

11.1.4　轴心受压构件的整体稳定

稳定性是构件保持原始平衡状态的能力。受压构件当压力较小时的直线平衡是稳定的，当压力较大时会突然偏离直线平衡状态，进入微弯平衡状态或微扭平衡状态，即构件整体发生弯曲失稳或扭转失稳。当轴心受压构件截面为双轴对称时，通常可能发生绕主轴的弯曲失

稳；而对极点对称且扭转刚度较小的截面，常发生扭转失稳。截面为单轴对称的轴心受压构件，可能发生绕非对称轴的弯曲失稳，也可能发生绕对称轴的弯曲变形，并同时伴随扭转变形的失稳，即弯扭失稳。

对于轴心受压构件，除了杆件很短或是有孔洞等削弱的截面可能发生强度破坏以外，通常是由整体稳定性控制其承载力。

11.1.4.1　轴心受压构件稳定系数

实践表明，采用一般钢结构中常用截面形式制成的轴心受压构件，由于截面厚度较大，其抗扭刚度也相对较大，因而整体失稳时主要发生弯曲失稳。现行《钢结构设计标准》引进稳定系数来进行整体稳定计算，而稳定系数定义为临界应力与材料强度的比值：

$$\varphi = \sigma_{cr} / f_y \tag{11-5}$$

式中　σ_{cr}——临界应力标准值；

f_y——钢材的抗压强度标准值。

临界应力并不按材料力学中的欧拉公式或经验公式计算。现行《钢结构设计标准》中，轴心受压构件的稳定系数 φ，是按柱的最大强度理论用数值方法算出大量 φ-λ 曲线（柱子曲线）归纳确定的。进行理论计算时，考虑了截面的不同形式和尺寸，不同的加工条件及相应的残余应力图式，并考虑了 1/1000 杆长的初始弯曲。根据大量数据和曲线，选择其中常用的 96 条曲线作为确定 φ 的依据。经过归类处理后，采用了 4 条柱子曲线。

根据截面类型不同，可由长细比 λ 查附表 29 确定稳定系数 φ。对于截面为双轴对称或极对称的构件，其长细比 λ 应按式（11-6）计算确定。

$$\lambda_x = \frac{l_{0x}}{i_x}, \ \lambda_y = \frac{l_{0y}}{i_y} \tag{11-6}$$

式中　l_{0x}，l_{0y}——构件对主轴 x 和 y 的计算长度；

i_x，i_y——构件截面对主轴 x 和 y 的惯性半径。

对于双轴对称的十字形截面构件，λ_x 或 λ_y 取值不得小于 $5.07b/t$（其中 b/t 为悬伸板件的宽厚比）。对于截面为单轴对称的构件，若截面的对称轴为 y，非对称轴为 x，当截面形心与剪切中心不重合时，在弯曲失稳时会伴随扭转变形，发生弯扭屈曲。在相同情况下，弯扭失稳比弯曲失稳的临界应力要低。所以，绕非对称轴的长细比 λ_x 仍按式（11-6）计算，但绕对称轴的稳定应取计及扭转效应的换算长细比 λ_{yz} 代替 λ_y。

11.1.4.2　轴心受压整体稳定计算

轴心受压构件以毛截面计算的压应力不应大于整体稳定临界应力，在考虑抗力分项系数 γ_R 后，就有

$$\sigma = \frac{N}{A} \leqslant \frac{\sigma_{cr}}{\gamma_R} = \frac{\sigma_{cr}}{f_y} \frac{f_y}{\gamma_R} = \varphi f$$

所以得稳定计算公式

$$\frac{N}{\varphi A f} \leqslant 1.0 \tag{11-7}$$

需要注意的是，对于截面无削弱的轴心受压构件，只需要验算刚度和整体稳定性，而无需验算强度；而对于截面有削弱的轴心受压构件，则需要同时验算强度、刚度和整体稳定性。

【例 11-2】　图 11-6 所示支柱，采用由 Q235 钢热轧而成的普通工字钢，上下端铰支，在两个三分点处有侧向支撑，以防止柱在弱轴方向过早失稳。构件承受的轴心压力设计值 $N = 300\text{kN}$，容许长细比取 $[\lambda] = 150$，试选择工字钢的型号。

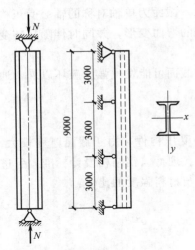

图 11-6　例 11-2 图

【解】

已知 $l_{0x}=9000\text{mm}$，$l_{0y}=3000\text{mm}$，$f=215\text{N}/\text{mm}^2$，$[\lambda]=150$，$N=300\text{kN}$。

假定 $\lambda=140<[\lambda]=150$，则由附表 29 可得绕截面强轴和弱轴的稳定系数，$\varphi_x=0.383$（a 类截面），$\varphi_y=0.345$（b 类截面）。所以弱轴危险，由式（11-7）解得所需截面面积：

$$A\geqslant\frac{N}{\varphi f}=\frac{300\times10^3}{0.345\times215}=4044\text{mm}^2=40.44\text{cm}^2$$

所需截面惯性半径

$$i_x=\frac{l_{0x}}{\lambda}=\frac{9000}{140}=64.3\text{mm}=6.43\text{cm},$$

$$i_y=\frac{l_{0y}}{\lambda}=\frac{3000}{140}=21.4\text{mm}=2.14\text{cm}$$

查附表 36，工字钢型号 22a 可以满足上述要求：$A=42.128\text{cm}^2$，$i_x=8.99\text{cm}$，$i_y=2.31\text{cm}$。选取 22a 号工字钢，其几何参数均大于计算需要值，能满足刚度条件和整体稳定条件，所以不必再验算；截面没有孔洞削弱，也不必验算强度条件。

11.1.5　轴心受压构件的局部稳定

轴心受压构件组成板件的厚度与宽度之比较小时，设计时应考虑局部稳定问题。局部失稳就是部分板件发生屈曲。如图 11-7 所示为一工字形截面轴心受压构件发生局部失稳时的变形形态，其中图（a）为腹板受压失稳，图（b）为翼缘板受压失稳。构件丧失局部稳定后，还可能继续维持着整体平衡状态，但由于部分板件屈曲后退出工作，使构件的有效截面减小，所以会加速整体失稳而丧失承载力。

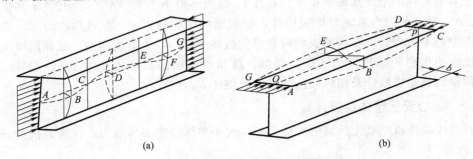

(a)　　　　　　　　　　　　　(b)

图 11-7　轴心受压构件的局部失稳

受压构件中板件的局部稳定以板件局部屈曲不先于构件的整体失稳为条件，并通过限制板件的宽厚比（高厚比）或径厚比来加以控制。

11.1.5.1　翼缘宽厚比

板件尺寸如图 11-8 所示，保证翼缘局部稳定的宽厚比应满足条件：

$$\frac{b_1}{t}\leqslant(10+0.1\lambda)\sqrt{\frac{235}{f_y}} \tag{11-8}$$

式中　λ——构件两个方向长细比的较大值。当 $\lambda<30$ 时，取 $\lambda=30$；当 $\lambda>100$ 时，

取 $\lambda = 100$；

b_1——翼缘板自由外伸宽度。对焊接构件，取腹板边缘至翼缘板（肢）边缘的距离；对轧制构件，取内圆弧起点至翼缘板（肢）边缘的距离。

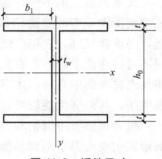

11.1.5.2　腹板高厚比

在工字形及 H 形截面的受压构件中，腹板计算高度 h_0 与其厚度 t_w 之比应符合如下要求

$$\frac{h_0}{t_w} \leqslant (25 + 0.5\lambda)\sqrt{\frac{235}{f_y}} \tag{11-9}$$

图 11-8　板件尺寸

式中　λ——构件两个方向长细比的较大值。当 $\lambda < 30$ 时，取 $\lambda = 30$；当 $\lambda > 100$ 时，取 $\lambda = 100$。

在箱形截面的受压构件中，腹板的计算高度 h_0 与其厚度 t_w 之比应符合条件：

$$\frac{h_0}{t_w} \leqslant 40\sqrt{\frac{235}{f_y}} \tag{11-10}$$

11.1.5.3　圆管径厚比

圆管截面受压构件，其外径与壁厚之比应满足式（11-11）：

$$\frac{D}{t} \leqslant 100 \times \frac{235}{f_y} \tag{11-11}$$

对于热轧型钢截面，由于板件的宽厚比（高厚比）较小，一般能满足局部稳定的要求，可不作验算。对于组合截面，则应按上述要求对板件的宽厚比（高厚比）进行验算，以确保受压构件的局部稳定。

11.2　钢结构受弯构件（钢梁）

钢结构受弯构件可分为实腹式和格构式两类受弯构件。在钢结构中，实腹式受弯构件通常称为钢梁，格构式受弯构件又称为钢桁架（钢网架），它们在工程上都是承受垂直于轴线方向的荷载，主要作为水平构件使用。这里介绍钢梁设计的计算问题。

11.2.1　钢梁的截面形式

按支承形式上的不同，钢梁可分为简支钢梁、连续钢梁和悬臂钢梁三类，其中简支钢梁因制造简单、安装方便、还可避免支座沉陷所产生的不利影响而广泛采用。

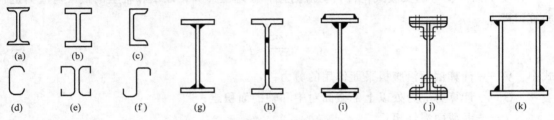

图 11-9　钢梁截面形式

按截面形式的不同，钢梁分为型钢梁和组合钢梁，如图 11-9 所示。型钢梁又可分为热轧型钢梁和冷弯薄壁型钢梁。热轧工字钢、H 型钢［图 11-9（a）、（b）］截面分布较为合理，经济性较好，应用广泛；热轧槽钢［图 11-9（c）］因弯曲中心在腹板外侧，当荷载作用线不通过弯曲中心时，在发生弯曲变形的同时会产生扭转变形，受力不利，当能确保荷载作用线通过弯曲中心时，才采用槽钢梁；冷弯薄壁型钢［图 11-9（d）～（f）］可作为屋面檩条使用，其经济性能较好，但防腐要求较高。

组合钢梁可由型钢和型钢、型钢和钢板、钢板和钢板通过焊缝连接或螺栓连接而成，截面形式主要有工字形和箱形两种［图 11-9（g）～（k）］。箱形截面因腹板用料较多、构造复杂、施焊不便，故仅当跨度较大或荷载很大而高度受限制或对梁的抗扭要求较高时才采用。

11.2.2 钢梁的强度

钢梁的强度计算一般包括抗弯、抗剪、局部承压和复合应力四个方面，但以抗弯、抗剪强度最为基本，局部受压和复合受力并不是所有梁都需要计算。

11.2.2.1 抗弯强度

抗弯强度要求弯矩引起构件横截面上的最大正应力不应超过钢材的抗弯强度设计值。在主平面内受弯的实腹式构件由弯矩 M_x 引起绕 x 轴的单向弯曲，应有

$$\sigma_{max} = \frac{M_x}{\gamma_x W_{nx}} \leqslant f \tag{11-12}$$

由弯矩 M_x 和 M_y 引起的绕 x 轴、y 轴的双向弯曲，由正应力叠加可得

$$\sigma_{max} = \frac{M_x}{\gamma_x W_{nx}} + \frac{M_y}{\gamma_y W_{ny}} \leqslant f \tag{11-13}$$

式中　M_x，M_y——同一截面绕 x 轴、y 轴的弯矩设计值（对工字形截面：x 轴为强轴，y 轴为弱轴）；

W_{nx}，W_{ny}——对 x 轴和 y 轴的净截面模量，对热轧工字钢、H 型钢可查附录相应表格；

γ_x，γ_y——截面塑性发展系数。对工字形截面取 $\gamma_x=1.05$，$\gamma_y=1.20$；对箱形截面取 $\gamma_x=\gamma_y=1.05$；对其他截面，可按附表 30 取值；

f——钢材的抗弯强度设计值，按附表 24 取值。

当梁受压翼缘的自由外伸宽度与其厚度之比大于 $13\sqrt{235/f_y}$ 而不超过 20 时，应取 $\gamma_x=1.0$。f_y 为钢材牌号所指屈服点。对需要计算疲劳的梁宜取 $\gamma_x=\gamma_y=1.0$。

11.2.2.2 抗剪强度

在主平面内受弯的实腹式构件，剪应力按弹性理论计算，以中和轴上的最大剪应力进行验算，即

$$\tau = \frac{VS}{It_w} \leqslant f_v \tag{11-14}$$

式中　V——计算截面沿腹板平面作用的剪力；

S——计算剪应力处以上毛截面对中和轴的面积矩；

I——毛截面惯性矩；

t_w——腹板厚度；

f_v——钢材的抗剪强度设计值，按附表 24 取值。

11.2.2.3 局部承压强度

当梁上翼缘受有沿腹板平面作用的集中荷载且该荷载处又未设置支承加劲肋时，腹板计算高度上边缘需要进行局部承压强度计算。

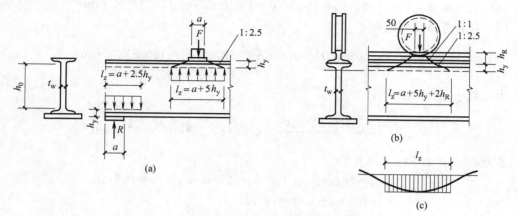

图 11-10 梁的局部承压应力

梁截面腹板的计算高度 h_0 [图 11-10 （a）] 按如下规定取值：①对轧制型钢梁，h_0 为腹板与上、下翼缘相接处两内弧起点间的距离。②对焊接组合梁，h_0 为腹板高度。③对高强度螺栓连接组合梁，h_0 为上、下翼缘与腹板连接的高强度螺栓线间的最近距离。h_0 确定后，自梁顶面至腹板计算高度上边缘的距离 h_y 也就确定了。

局部受压面的计算长度 l_z（图 11-10）的取值问题，规范作如下考虑：在 h_y 范围内按 1：2.5、在 h_R（轨道高度，对梁顶无轨道的梁 $h_R = 0$）范围内按 1：1 进行扩散，所以有

$$l_z = a + 5h_y + 2h_R \tag{11-15}$$

式中 a——集中荷载沿梁跨度方向的支承长度，对钢轨上的轮压可取为 50mm。

局部受压计算面积为 $A_l = t_w l_z$，假定压应力在计算面积上均匀分布，所以

$$\sigma_c = \frac{\psi F}{t_w l_z} \leqslant f \tag{11-16}$$

式中 F——集中荷载，对动力荷载应考虑动力系数；

ψ——集中荷载增大系数：对重级工作制吊车梁，$\psi = 1.35$；对其他梁，$\psi = 1.0$；

f——钢材的抗压强度设计值，按附表 24 取值。

在梁的支座处，当不设置支承加劲肋时，也应按式（11-16）计算腹板计算高度下边缘的局部压应力，但取 $\psi = 1.0$，边支座 $l_z = a + 2.5h_y$、中支座 $l_z = a + 5h_y$。

11.2.2.4 复合应力

在组合梁的腹板计算高度边缘处，若同时受有较大的正应力 σ、剪应力 τ 和局部压应力 σ_c，或同时受有较大的正应力和剪应力（如连续梁支座处或梁的翼缘截面改变处），此为复合应力状态。折算应力 σ_{eq} 应满足如下条件：

$$\sigma_{eq} = \sqrt{\sigma^2 + \sigma_c^2 - \sigma\sigma_c + 3\tau^2} \leqslant \beta_1 f \tag{11-17}$$

因为计算折算应力的区域是梁的局部区域，所以考虑强度设计值增大系数 β_1。当 σ 与 σ_c 异号（拉为正，压为负）时，取 $\beta_1 = 1.2$；当 σ 与 σ_c 同号或 $\sigma_c = 0$ 时，取 $\beta_1 = 1.1$。

【例 11-3】 某简支钢梁上翼缘承受均布静力线荷载设计值 $g+q=82\text{kN/m}$（不含自重），安全等级为二级，计算跨度 $l=4.2\text{m}$，支座的支承长度 $a=100\text{mm}$。材料为 Q345 钢，截面无孔眼削弱，试按强度条件选择工字钢的型号。

【解】

（1）基本数据：$\gamma_0=1.0$，$\gamma_x=1.05$，$f=305\text{N/mm}^2$，$f_v=175\text{N/mm}^2$

（2）按抗弯强度初选型号

$$M_x=\gamma_0\frac{1}{8}(g+q)l^2=1.0\times\frac{1}{8}\times82\times4.2^2=180.81\text{kN}\cdot\text{m}$$

由公式 $\dfrac{M_x}{\gamma_x W_{nx}}\leqslant f$，得

$$W_{nx}\geqslant\frac{M_x}{\gamma_x f}=\frac{180.81\times10^6}{1.05\times305}=0.5646\times10^6\text{mm}^3=564.6\text{cm}^3$$

查附表 36：选 32a 号工字钢

$$W_{nx}=692\text{cm}^3，\quad I_x/S_x=275\text{mm}，\quad t_w=9.5\text{mm}$$

$$t=15.0\text{mm}，\quad r=11.5\text{mm}$$

自重标准值：$52.717\times9.8=517\text{N/m}=0.517\text{kN/m}$

（3）考虑自重后的内力

$$M_x=180.81+1.0\times\frac{1}{8}\times(1.2\times0.517)\times4.2^2=182.18\text{kN}\cdot\text{m}$$

$$V=1.0\times\frac{1}{2}\times(82+1.2\times0.517)\times4.2=173.50\text{kN}$$

（4）强度验算

抗弯强度

$$\sigma_{max}=\frac{M_x}{\gamma_x W_{nx}}=\frac{182.18\times10^6}{1.05\times692\times10^3}=250.7\text{N/mm}^2<f=305\text{N/mm}^2，满足$$

抗剪强度

$$\tau=\frac{VS}{It_w}=\frac{V}{(I/S)t_w}=\frac{173.50\times10^3}{275\times9.5}=66.4\text{N/mm}^2<f_v=175\text{N/mm}^2，满足$$

支座局部承压

$$\psi=1.0，\quad a=100\text{mm},h_R=0，\quad F=V=173.50\text{ kN}$$

$$l_z=a+2.5h_y=a+2.5(r+t)=100+2.5\times(11.5+15.0)=116.25\text{mm}$$

$$\sigma_c=\frac{\psi F}{t_w l_z}=\frac{1.0\times173.50\times10^3}{9.5\times116.25}=109.9\text{N/mm}^2<f=305\text{N/mm}^2，满足$$

所以，从强度的观点而言，可选 32a 号工字钢。

11.2.3 钢梁的刚度

梁的刚度以挠度 v 为参数。刚度大者，挠度小；刚度小者，挠度大。挠度过大，将影响外观、影响人们的心理安全、影响正常使用。如楼盖的挠度过大，会给人一种不安全的感觉；吊车梁的挠度过大，会加剧吊车运行时的冲击和振动，甚至使吊车不能正常运行。刚度计算属于正常使用极限状态，荷载采用标准组合，梁的截面采用毛面积。刚度条件要求全部荷载标准值产生的挠度 v_T 和可变荷载标准值产生的挠度 v_Q 分别不超过容许值：

$$v_{\mathrm{T}} \leqslant [v_{\mathrm{T}}], \quad v_{\mathrm{Q}} \leqslant [v_{\mathrm{Q}}] \tag{11-18}$$

v_{T}、v_{Q} 可根据支承情况和荷载类型由结构力学中的图形相乘法计算。对于计算跨度为 l_0、承受均匀分布荷载作用的简支梁，v_{T} 应为

$$v_{\mathrm{T}} = \frac{5}{384} \frac{(g_{\mathrm{k}} + q_{\mathrm{k}}) l_0^4}{EI} \tag{11-19}$$

式中　E——钢材的弹性模量，取 $E = 2.06 \times 10^5\,\mathrm{N/mm^2}$；

　　　I——毛截面惯性矩；

　　　g_{k}——永久荷载标准值；

　　　q_{k}——可变荷载标准值。

受弯构件的挠度容许值 $[v_{\mathrm{T}}]$、$[v_{\mathrm{Q}}]$ 的规定取值见附表 31。当有实践经验或有特殊要求时，可根据不影响正常使用和观感的原则对附表 31 的规定值进行适当的调整。

11.2.4　钢梁的整体稳定

梁的截面通常做成高而窄的形式，保证有较大的抗弯承载力，但由于侧向刚度、抗扭刚度都较小，在荷载作用下其变形会突然偏离原来的弯曲平面，同时发生侧向弯曲和扭转（图 11-11），这种现象称为整体失稳（或弯扭失稳）。

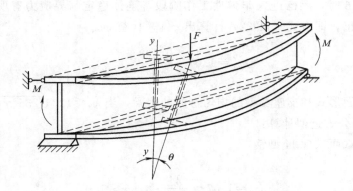

图 11-11　钢梁整体失稳

梁发生整体失稳的主要原因是侧向刚度太小、抗扭刚度太小以及侧向支承点的间距太大等。当满足一定条件时，结构整体稳定有保证，可不必进行验算。

11.2.4.1　可不验算钢梁整体稳定的情况

符合下列情况之一时，可不计算梁的整体稳定性。

① 有铺板（各种钢筋混凝土板和钢板）密铺在梁的受压翼缘上并与其牢固相连、能阻止梁受压翼缘的侧向位移时。

② 箱形截面简支梁，其截面尺寸（图 11-12）满足 $h/b_0 \leqslant 6$ 和 $l_1/b_0 \leqslant 95 (235/f_y)$，其中 l_1 为受压翼缘侧向支承点间的距离（梁的支座处视为有侧向支承）。

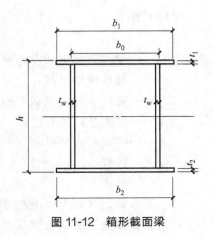

图 11-12　箱形截面梁

11.2.4.2 钢梁整体稳定验算

不符合上述条件的梁，需要按下列公式进行整体稳定性验算。在一个主平面内弯曲时

$$\frac{M_x}{\varphi_b W_x f} \leqslant 1.0 \tag{11-20}$$

在两个主平面内受弯的 H 型钢截面或工字形截面构件，其整体稳定性要求

$$\frac{M_x}{\varphi_b W_x f} + \frac{M_y}{\gamma_y W_y f} \leqslant 1.0 \tag{11-21}$$

式中 W_x，W_y——按受压纤维确定的对 x 轴和 y 轴的毛截面模量；

        φ_b——绕强轴弯曲所确定的梁整体稳定系数。

11.2.4.3 钢梁的整体稳定系数

影响钢梁整体稳定系数 φ_b 的因素很多，主要有侧向抗弯刚度 EI_y、受压翼缘侧向自由长度 l_1、荷载类型及作用位置、支座类型和截面形式等。各种截面的梁的整体稳定系数都是按弹性稳定理论求得的，考虑上述各因素后，人们制定了 φ_b 的实用计算公式和表格，以方便应用。

对于轧制普通工字钢简支梁，可由工字钢型号和 l_1 查附表 32 得 φ_b 值。研究证明，当查表所得的 $\varphi_b > 0.6$ 时，梁已进入非弹性工作阶段，整体稳定临界应力有明显降低，必须对稳定系数进行修正，即由式（11-22）计算出 φ'_b 来代替 φ_b。

$$\varphi'_b = 1.07 - \frac{0.282}{\varphi_b} \leqslant 1.0 \tag{11-22}$$

对于其他截面形式和支座类型的均匀弯曲的钢梁，当 $\lambda_y \leqslant 120\sqrt{235/f_y}$ 时，其整体稳定系数 φ_b 可按下列公式近似计算：

（1）工字形截面（含 H 型钢）

双轴对称时：

$$\varphi_b = 1.07 - \frac{\lambda_y^2}{44000} \times \frac{f_y}{235} \leqslant 1.0 \tag{11-23}$$

单轴对称时：

$$\varphi_b = 1.07 - \frac{W_x}{(2\alpha_b + 0.1)Ah} \times \frac{\lambda_y^2}{14000} \times \frac{f_y}{235} \leqslant 1.0 \tag{11-24}$$

式中 λ_y——梁在侧向支承点间对截面弱轴 y-y 的长细比，$\lambda_y = l_1/i_y$，i_y 为梁毛截面对 y 轴的惯性半径；

       W_x——梁对 x 轴的毛截面模量；

       A——梁的毛截面面积；

       h——梁截面的全高；

       α_b——系数，且 $\alpha_b = I_1/(I_1 + I_2)$，$I_1$ 和 I_2 分别为受压翼缘和受拉翼缘对 y 轴的惯性矩。

（2）T 形截面（弯矩作用在对称轴平面，绕 x 轴）

弯矩使翼缘受压的双角钢 T 形截面：

$$\varphi_b = 1 - 0.0017\lambda_y\sqrt{f_y/235} \tag{11-25}$$

弯矩使翼缘受压的剖分 T 型钢和两板组合 T 形截面：

$$\varphi_b = 1 - 0.0022\lambda_y\sqrt{f_y/235} \tag{11-26}$$

弯矩使翼缘受拉，且腹板宽厚比不大于 $18\sqrt{235/f_y}$ 时：

$$\varphi_b = 1 - 0.0005\lambda_y\sqrt{f_y/235} \tag{11-27}$$

【例 11-4】　验算例 11-3 选定的简支钢梁的整体稳定性，设跨中受压翼缘有侧向支承点。

【解】

已知数值为 $M_x = 182.18\ \text{kN·m}$，$f = 305\text{N/mm}^2$，$W_x = 692\text{cm}^3$，$b_1 = b = 130\text{mm}$。跨中位置有侧向支承点，$l_1 = 2100\text{mm}$。

查附表 32 项次 5 得

$$\varphi_b = 3.0 - \frac{3.0 - 1.8}{3 - 2}\times(2.1 - 2) = 2.88$$

表值仅适用于 Q235 钢，对 Q345 钢需乘以修正系数 $235/f_y$ 进行修正，所以

$$\varphi_b = 2.88\times235/345 = 1.96 > 0.6$$

$$\varphi_b' = 1.07 - \frac{0.282}{\varphi_b} = 1.07 - \frac{0.282}{1.96} = 0.93 < 1.0$$

所以取 $\varphi_b = \varphi_b' = 0.93$

$$\frac{M_x}{\varphi_b W_x f} = \frac{182.18\times10^6}{0.93\times692\times10^3\times305} = 0.93 < 1.0$$

满足整体稳定性要求，该方案可取。

11.2.5　钢梁的局部稳定

如果受压翼缘宽度与厚度之比过大，或腹板的高度与厚度之比过大，则会出现板件的局部屈曲（图 11-13），这种现象称为梁的局部失稳。

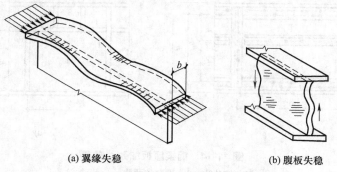

(a) 翼缘失稳　　　　　　　(b) 腹板失稳

图 11-13　钢梁局部失稳

钢梁局部失稳主要是由于受压翼缘的宽厚比或腹板的高厚比过大所造成的,所以,限制板件宽厚比或高厚比和采用加劲肋等构造措施,可以提高受弯梁的局部稳定性。热轧型钢板件的宽厚比都较小,能满足局部稳定要求,不需要计算;由薄钢板组成的组合截面,设计时要考虑局部稳定问题。

11.2.5.1 受压翼缘局部稳定

钢梁受压翼缘的局部稳定与轴心受压构件一样,采用限制板件宽厚比来实现。

(1) 悬挑翼缘板的局部稳定 悬挑翼缘板的自由外伸宽度 b 与厚度 t 之比应满足下列条件:

$$\frac{b}{t} \leqslant 13\sqrt{\frac{235}{f_y}} \qquad (11-28)$$

当计算梁抗弯强度取 $\gamma_x = 1.0$ 时,宽厚比 b/t 可放宽为

$$\frac{b}{t} \leqslant 15\sqrt{\frac{235}{f_y}} \qquad (11-29)$$

(2) 腹板间翼缘板的局部稳定 箱形截面的翼缘板在腹板之间的无支承部分(宽度用 b_0 表示),宽厚比要求:

$$\frac{b_0}{t} \leqslant 40\sqrt{\frac{235}{f_y}} \qquad (11-30)$$

当箱形截面梁受压翼缘板设有纵向加劲肋时,则 b_0 取值为腹板与纵向加劲肋之间的翼缘板无支承宽度。

11.2.5.2 腹板局部稳定

为保证组合梁腹板的局部稳定性,应按下列规定在腹板上配置加劲肋,如图 11-14 所示。设 h_0 为腹板计算高度(对单轴对称梁,当确定是否需要配置纵向加劲肋时,h_0 应取受压区高度 h_c 的 2 倍),t_w 为腹板宽度,则:

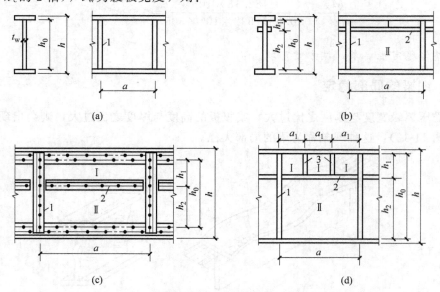

(a)　　　　　　　　　　(b)

(c)　　　　　　　　　　(d)

图 11-14　钢梁腹板加劲肋布置

1—横向加劲肋;2—纵向加劲肋;3—短加劲肋

① 当 $h_0/t_w \leqslant 80\sqrt{235/f_y}$ 时，对有局部压应力（$\sigma_c \neq 0$）的梁，应按构造配置横向加劲肋；但对无局部压应力（$\sigma_c = 0$）的梁，可不配置加劲肋。

② 当 $h_0/t_w > 80\sqrt{235/f_y}$ 时，应配置横向加劲肋。其中，当 $h_0/t_w > 170\sqrt{235/f_y}$（受压翼缘扭转受到约束，如连有刚性铺板、制动板或焊有钢轨时）或 $h_0/t_w > 150\sqrt{235/f_y}$（受压翼缘扭转未受到约束时），或按计算需要时，应在弯曲应力较大区格的受压区增加配置纵向加劲肋。局部压应力很大的梁，必要时尚宜在受压区配置短加劲肋。任何情况下 h_0/t_w 均不应超过 250。

③ 梁的支座处和上翼缘受有较大固定集中荷载处，宜设置支承加劲肋。

加劲肋宜在腹板两侧成对配置，也可单侧配置，但支承加劲肋、重级工作制吊车梁的加劲肋不应单侧配置。

横向加劲肋的最小间距应为 $0.5h_0$，最大间距应为 $2h_0$（对无局部压应力的梁，当 $h_0/t_w \leqslant 100$ 时，可采用 $2.5h_0$）。纵向加劲肋至腹板计算高度受压边缘的距离应在 $h_c/2.5 \sim h_c/2$ 范围内。

在腹板两侧成对配置的横向加劲肋，其截面外伸宽度 $b_s \geqslant h_0/30 + 40$（mm）、厚度 $t_s \geqslant b_s/15$。在同时用横向加劲肋和纵向加劲肋加强的腹板中，横向加劲肋的截面尺寸除应符合上面的规定外，其截面惯性矩 I_z 尚应满足规范提出的要求。

短加劲肋的最小间距为 $0.75h_1$。短加劲肋外伸宽度应取横向加劲肋外伸宽度的 $0.7 \sim 1.0$ 倍，厚度不应小于短加劲肋外伸宽度的 $1/15$。

11.3　钢结构拉弯（压弯）构件

钢结构中的构件除单独受轴心受拉（受压）和单独受弯以外，还可能同时受拉和受弯，也可能同时受压和受弯，这在材料力学中称为组合变形。轴心拉力和弯矩作用下的构件称为拉弯构件，而轴心压力和弯矩作用下的构件则称为压弯构件。

在钢结构中，拉弯构件和压弯构件应用十分广泛。有横向力作用的拉弯构件常见之于工程结构，如有节间荷载作用的屋架下弦杆件、网架结构的下部水平杆件等都可能是拉弯构件。压弯构件应用最广泛的是作为结构的柱子，如单层厂房排架柱、多层或高层建筑框架柱、工作平台立柱等。

11.3.1　拉弯（压弯）构件的强度和刚度

钢结构拉弯（压弯）构件也应同时满足承载力极限状态和正常使用极限状态的要求，具体设计时拉弯构件只需要进行强度和刚度计算，而压弯构件则需要进行强度、刚度和稳定性计算。

11.3.1.1　拉弯（压弯）构件的强度计算

实腹式偏心受力钢构件，当截面出现塑性铰时达到强度极限状态。考虑截面塑性时，与受弯构件强度计算一样，引入塑性发展系数 γ_x 和 γ_y 以限制塑性区的发展。弯矩作用在主平面内的拉弯构件和压弯构件，其强度按式（11-31）计算：

$$\frac{N}{A_n} + \frac{M_x}{\gamma_x W_{nx}} + \frac{M_y}{\gamma_y W_{ny}} \leqslant f \tag{11-31}$$

式中 N——轴心拉力或压力；

M_x，M_y——作用在拉弯和压弯构件截面的 x 轴和 y 轴方向的弯矩；

W_{nx}，M_{ny}——对 x 轴、y 轴的净截面模量。

单向受弯时，式（11-31）中取 $M_y=0$。对于需要计算疲劳的拉弯、压弯构件，可不考虑截面塑性发展，宜取 $\gamma_x=\gamma_y=1.0$。当压弯构件受压翼缘的自由外伸宽度与其厚度之比大于 $13\sqrt{235/f_y}$ 时，应取 $\gamma_x=1.0$。

11.3.1.2 拉弯（压弯）构件的刚度计算

拉弯构件和压弯构件的刚度要求和轴心受拉构件、轴心受压构件一样，采用限制长细比的方法，按式（11-4）验算，其中压弯构件的容许长细比 $[\lambda]$ 按表 11-1 取值，拉弯构件的容许长细比 $[\lambda]$ 按表 11-2 取值。

11.3.2 实腹式压弯构件的稳定性

实腹式压弯构件的稳定性包含整体稳定和局部稳定两个方面，其截面尺寸通常由稳定承载力确定。

11.3.2.1 压弯构件整体稳定性

实腹式压弯构件需要进行弯矩作用平面内和弯矩作用平面外的整体稳定计算。

（1）弯矩作用平面内的稳定性 实腹式压弯构件可能在弯矩作用平面内发生过大的侧向弯曲变形而致失去整体稳定（弯曲失稳）。为保证弯矩作用平面内的稳定，应按式（11-32）进行验算：

$$\frac{N}{\varphi_x A f}+\frac{\beta_{mx}M_x}{\gamma_{1x}W_{1x}\left(1-0.8\dfrac{N}{N'_{Ex}}\right)f}\leqslant 1.0 \tag{11-32}$$

式中 N——所计算构件段范围内的轴心压力；

N'_{Ex}——参数，$N'_{Ex}=\pi^2 EA/(1.1\lambda_x^2)$；

φ_x——弯矩作用平面内的轴心受压构件稳定系数；

M_x——所计算构件段范围内的最大弯矩；

W_{1x}——在弯矩作用平面内对较大受压纤维的毛截面模量；

β_{mx}——等效弯矩系数，按下列规定采用。

对于无侧移框架柱和两端支承的构件，无横向荷载作用时

$$\beta_{mx}=0.6+0.4\frac{M_2}{M_1} \tag{11-33}$$

这里 M_1 和 M_2 为杆端弯矩，使构件产生同向曲率（无反弯点）时取同号；使构件产生反向曲率（有反弯点）时取异号，$|M_1|>|M_2|$；有端弯矩和横向荷载作用时，由《钢结构设计标准》所给公式确定 $\beta_{mx}M_x$；无端弯矩但有横向荷载作用时，跨中单个集中荷载 $\beta_{mx}=1.0-0.36N/N_{cr}$，全跨均布荷载 $\beta_{mx}=1.0-0.18N/N_{cr}$，其中弹性临界压力 $N_{cr}=1.1N'_{Ex}$。

悬臂构件和分析内力未考虑二阶效应的无支撑纯框架和弱支撑框架柱，$\beta_{mx}=1.0$。

（2）弯矩作用平面外的稳定性 弯矩作用在截面最大刚度的平面内时，因弯矩作用平面外截面的刚度较小，构件可能向弯矩平面外发生侧向弯扭屈曲破坏（弯扭失稳），所以需要验算弯矩作用平面外的稳定性。实腹式压弯构件在弯矩作用平面外的稳定性按式（11-34）计算：

$$\frac{N}{\varphi_y Af} + \eta \frac{\beta_{tx} M_x}{\varphi_b W_{1x} f} \leqslant 1.0 \tag{11-34}$$

式中　φ_y——弯矩作用平面外的轴心受压构件稳定系数；

　　　φ_b——均匀弯曲的受弯构件整体稳定系数（对闭口截面 $\varphi_b = 1.0$）；

　　　M_x——所计算构件段范围内的最大弯矩；

　　　η——截面影响系数，闭口截面 $\eta = 0.7$，其他截面 $\eta = 1.0$；

　　　β_{tx}——等效弯矩系数，确定方法如下：弯矩作用平面外有支承的构件，有端弯矩无横向荷载作用时，$\beta_{tx} = 0.65 + 0.35 M_2/M_1$；端弯矩和横向荷载同时作用时，使杆件产生同向弯曲 $\beta_{tx} = 1.0$，使杆件产生反向弯曲 $\beta_{tx} = 0.85$；无端弯矩有横向荷载同时作用时，$\beta_{tx} = 1.0$。弯矩作用平面外为悬臂的构件，$\beta_{tx} = 1.0$。

为了设计上的方便，当 $\lambda_y \leqslant 120\sqrt{235/f_y}$ 时，压弯构件的 φ_b 可按式（11-23）～式（11-27）近似计算。

11.3.2.2 压弯构件局部稳定性

压弯构件的局部稳定也是通过限制板件的宽厚比或高厚比来保证的。压弯构件翼缘板宽厚比的验算公式同受弯构件的公式（11-29），而腹板的高厚比则按下列公式验算。

工字形及 H 形截面压弯构件腹板计算高度 h_0 与其厚度 t_w 之比，应符合下列要求：

$$\frac{h_0}{t_w} \leqslant (45 + 25\alpha_0^{1.66})\sqrt{\frac{235}{f_y}} \tag{11-35}$$

$$\alpha_0 = \frac{\sigma_{max} - \sigma_{min}}{\sigma_{max}} \tag{11-36}$$

式中　σ_{max}——腹板计算高度边缘的最大压应力，计算时不考虑构件的稳定系数和截面塑性发展系数；

　　　σ_{min}——腹板计算高度另一边缘的相应的应力，压应力取正值，拉应力取负值；

　　　λ——构件在弯矩作用平面内的长细比；当 $\lambda < 30$ 时，取 $\lambda = 30$；当 $\lambda > 100$ 时，取 $\lambda = 100$。

箱形截面压弯构件壁板（腹板）间翼缘高厚比应满足：$b_0/t \leqslant 45\sqrt{235/f_y}$。

【例 11-5】 图 11-15 所示的某偏心受压柱，两端铰支，中间 1/3 长度处有侧向支撑。截

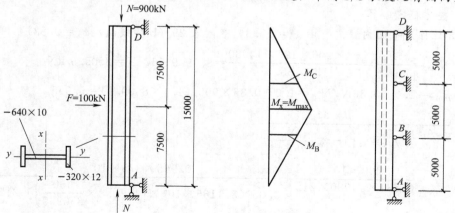

图 11-15　例 11-5 图

面为 Q235 钢焰切边工字形，无削弱。承受轴心压力设计值 $N=900\text{kN}$，跨中集中力设计值 $F=100\text{kN}$。试验算此柱的承载力（强度、刚度和稳定性）。

【解】

(1) 截面几何特性

$$A=2\times(320\times12)+640\times10=14080\text{mm}^2$$

$$I_x=2\times\left[\frac{1}{12}\times320\times12^3+(320\times12)\times326^2\right]+\frac{1}{12}\times10\times640^3$$

$$=1.0347\times10^9\text{mm}^4$$

$$I_y=2\times\frac{1}{12}\times12\times320^3+\frac{1}{12}\times640\times10^3=6.5589\times10^7\text{mm}^4$$

$$W_{1x}=\frac{I_x}{y_{\max}}=\frac{1.0347\times10^9}{332}=3.1166\times10^6\text{mm}^3$$

$$i_x=\sqrt{\frac{I_x}{A}}=\sqrt{\frac{1.0347\times10^9}{14080}}=271.09\text{mm}$$

$$i_y=\sqrt{\frac{I_y}{A}}=\sqrt{\frac{6.5589\times10^7}{14080}}=68.25\text{mm}$$

(2) 强度验算

$$M_x=\frac{1}{4}\times100\times15=375\text{kN}$$

$$\frac{N}{A_n}+\frac{M_x}{\gamma_x W_{nx}}=\frac{900\times10^3}{14080}+\frac{375\times10^6}{1.05\times3.1166\times10^6}=178.5\text{N/mm}^2$$

$$<f=215\text{N/mm}^2\text{，满足强度条件}$$

(3) 刚度验算

$$\lambda_x=\frac{l_{0x}}{i_x}=\frac{15000}{271.09}=55.3<[\lambda]=150$$

$$\lambda_y=\frac{l_{0y}}{i_y}=\frac{5000}{68.25}=73.3<[\lambda]=150\text{，满足刚度条件}$$

(4) 整体稳定验算

① 弯矩作用平面内稳定　由 $\lambda_x=55.3$，查附表 29（b 类截面）$\varphi_x=0.831$

$$N'_{Ex}=\frac{\pi^2 EA}{1.1\lambda_x^2}=\frac{\pi^2\times206\times10^3\times14080}{1.1\times55.3^2}=8509.9\times10^3\text{N}=8509.9\text{ kN}$$

$$\beta_{mx}=1.0-0.36N/N_{cr}=1.0-0.36\times900/(1.1\times8509.9)=0.965$$

$$\frac{N}{\varphi_x Af}+\frac{\beta_{mx}M_x}{\gamma_{1x}W_{1x}\left(1-0.8\dfrac{N}{N'_{Ex}}\right)f}$$

$$=\frac{900\times10^3}{0.831\times14080\times215}+\frac{0.965\times375\times10^6}{1.05\times3.1166\times10^6\times\left(1-0.8\times\dfrac{900}{8509.9}\right)\times215}$$

$$=0.92<1.0\text{，满足}$$

② 弯矩作用平面外稳定 由 $\lambda_y=73.3$，查附表 29（b 类截面）$\varphi_y=0.730$。因为 $\lambda_y<120$，所以有

$$\varphi_b=1.07-\frac{\lambda_y^2}{44000}\times\frac{f_y}{235}=1.07-\frac{73.3^2}{44000}\times1=0.948<1.0$$

所计算构件段为 BC 段，有端弯矩和横向荷载作用，但使构件产生同向曲率，故取 $\beta_{tx}=1.0$，另有 $\eta=1.0$。

$$\frac{N}{\varphi_y A f}+\eta\frac{\beta_{tx}M_x}{\varphi_b W_{1x}f}=\frac{900\times10^3}{0.730\times14080\times215}+1.0\times\frac{1.0\times375\times10^6}{0.948\times3.1166\times10^6\times215}$$
$$=0.998<1.0，满足$$

（5）局部稳定验算

$$\sigma_{max}=\frac{N}{A}+\frac{M_x}{I_x}\times\frac{h_0}{2}=\frac{900\times10^3}{14080}+\frac{375\times10^6}{1.0347\times10^9}\times320=179.9\text{N/mm}^2$$

$$\sigma_{min}=\frac{N}{A}-\frac{M_x}{I_x}\times\frac{h_0}{2}=\frac{900\times10^3}{14080}-\frac{375\times10^6}{1.0347\times10^9}\times320=-52.1\text{N/mm}^2$$

$$\alpha_0=\frac{\sigma_{max}-\sigma_{min}}{\sigma_{max}}=\frac{179.9-(-52.1)}{179.9}=1.29$$

翼缘板宽厚比

$$\frac{b}{t}=\frac{160-5}{12}=12.9<15\sqrt{\frac{235}{f_y}}=15，满足$$

腹板高宽厚比

$$\frac{h_0}{t_w}=\frac{640}{10}=64<(45+25\alpha_0^{1.66})\sqrt{\frac{235}{f_y}}$$
$$=(45+25\times1.29^{1.66})\times1=83.2，满足$$

练习题

11-1 钢结构轴心受拉构件和轴心受压构件各自的计算内容有哪些？

11-2 如何保证实腹式轴心受压构件的整体稳定？

11-3 承受均匀分布荷载作用的型钢梁，强度计算包括哪些内容？

11-4 如何保证钢梁的整体稳定和局部稳定？

11-5 拉弯构件和压弯构件的刚度计算参数是什么，刚度条件如何验算？

11-6 实腹式轴心受拉构件应计算的全部内容为（　　　）。

A. 强度　　　　　　　　　　　B. 强度及整体稳定性

C. 强度、局部稳定和整体稳定　　D. 强度及刚度

11-7 实腹式轴心受压构件的整体稳定性计算公式是（　　　）。

A. $\frac{N}{\varphi A f}\leqslant1.0$　　　　B. $\frac{N}{A f}\leqslant1.0$　　　　C. $\frac{N}{\varphi A_n}\leqslant f$　　　　D. $\frac{\varphi N}{A_n}\leqslant f$

11-8 一般建筑结构的桁架受拉杆件，在承受静力荷载时的容许长细比是（　　　）。

A. 250　　　　　　　B. 300　　　　　　　C. 350　　　　　　　D. 400

11-9 桁架中压杆的容许长细比是（　　　）。

A. 100　　　　　　　B. 150　　　　　　　C. 200　　　　　　　D. 250

11-10　引起钢梁受压翼缘板局部失稳的原因是（　　　）。

A. 弯曲压应力　　　B. 剪应力　　　　　C. 局部压应力　　　D. 折算应力

11-11　关于钢梁的设计计算，下列哪项是正确的?（　　　）

A. 抗弯强度按弹性计算　　　　　　　　B. 抗剪强度按弹性计算

C. 不需要计算整体稳定　　　　　　　　D. 不需要计算局部稳定

11-12　有一水平两端铰接的由 Q345 钢制作而成的轴心受拉构件，长 9m，截面为由双角钢 2∟90×8 组成的肢件向下的 T 形截面，无孔眼削弱。　问该构件能否承受轴心拉力设计值 870kN?

11-13　轴心受压构件的截面（焰切边缘）形式如图 11-16 所示，面积相等，钢材为 Q235 钢。　构件长度为 10m，两端铰接，轴心压力设计值 N= 3200kN，验算（a）、（b）两种截面柱的强度、刚度和稳定性。

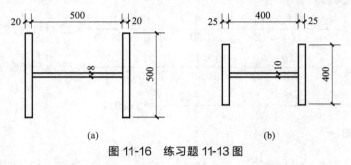

图 11-16　练习题 11-13 图

11-14　某一焊接工字形等截面简支梁，跨度为 15m，侧向水平支承的间距为 5m，截面尺寸如图 11-17 所示，材料为 Q345 钢。　荷载作用于上翼缘，均布恒载标准值 12.0kN/m，均布活载标准值 26.5kN/m（可变荷载分项系数 γ_Q= 1.3）。　试验算梁的强度、刚度、整体稳定性和局部稳定性（板件宽厚比、高厚比）。

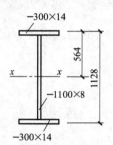

图 11-17　练习题 11-14 图

11-15　如图 11-18 所示的拉弯构件，截面为 20a 号热轧工字钢，承受轴心拉力设计值 N= 540kN，两端铰接，在跨中 1/3 处作用有集中荷载 F，钢材为 Q235。　试求该构件能承受的最大横向荷载 F。

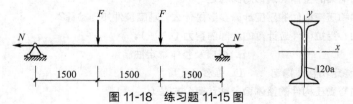

图 11-18　练习题 11-15 图

第 12 章　钢结构房屋

【内容提要】

本章首先介绍钢结构单层厂房的结构形式、柱网布置、屋架类型，然后讲述钢结构多层和高层房屋的结构体系、结构布置、楼盖类型，最后对钢结构大跨度房屋的常用结构形式做了介绍。

【基本要求】

通过本章的学习，要求了解钢结构单层、多层、高层房屋的结构布置、构件组成和设计计算的基本知识，熟悉大跨度房屋的结构类型和特点。

12.1　钢结构单层厂房

因为钢结构的承载力高，跨越能力较大，所以钢结构单层厂房主要用于重型车间（如轧钢车间、锻压车间等）和跨度较大的厂房。钢结构单层厂房根据其承受的屋盖荷载和吊车吨位的大小，可以分为普通钢结构厂房和轻型钢结构厂房，本节分别介绍这两类厂房结构。

12.1.1　普通钢结构单层厂房

如图 12-1 所示为普通钢结构单层厂房，其主要承重构件是屋架、吊车梁、厂房柱和柱基础，次要承重构件则是支撑和墙架等。

图 12-1　钢结构单层厂房

屋架承担屋盖上的全部恒荷载和活荷载、雪荷载等竖向荷载，并将其传给柱；吊车梁主要承担吊车竖向及水平荷载，并将这些荷载传递给柱；厂房柱不仅要承担屋架和吊车梁传来的荷载，还要承担水平风荷载、水平地震作用等，并把这些荷载传递到基础；基础承担柱传来的所有荷载，并经其扩散以后传给地基。

12.1.1.1 柱网布置

厂房承重柱的定位轴线，在平面排列所形成的网络，称为柱网，如图 12-2 所示。纵向定位轴线之间的距离称为厂房的跨度，横向定位轴线之间的距离称为厂房的柱距。中间部分的横向定位轴线通过柱截面的几何中心，且通过屋架中心和屋面板的横向接缝；在端部，为避免屋架与山墙、抗风柱位置的冲突，应使横向定位轴线与山墙内边缘重合，将山墙内侧第一排柱中心内移 600mm。

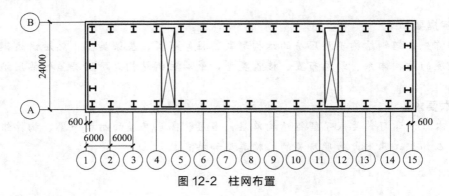

图 12-2　柱网布置

纵向定位轴线一般宜与柱的几何中心重合，如图 12-3 所示；也可以和边柱外缘与墙内缘重合，如图 12-2 所示。在有桥式吊车的厂房中，由于吊车起重量、柱距或构造要求等原因，纵向定位轴线和柱的几何中心也可能不重合。

柱网布置就是确定跨度和柱距的尺寸，它既是确定柱的位置，也是确定屋面板、屋架和吊车梁等构件跨度的依据，并涉及结构构件布置。柱网布置恰当与否，将直接影响厂房的经济合理性和安全性，与生产使用也有密切关系。

为了保证构件标准化、定型化，主要尺寸和标高应符合统一模数。《厂房建筑协调标准》规定的统一协调模数制，以 100mm 为基本单位，用 M 表示。当厂房的跨度不超过 18m 时，跨度应取 30M（3m）的倍数；当厂房的跨度超过 18m 时，跨度应取 60M（6m）的倍数；当工艺布置有明显的优越性时，跨度允许采用 21m、27m 和 33m。厂房的基本柱距一般取 6m 或 6m 的倍数，如 6m、12m、18m、24m 等。当生产工艺有特殊要求时，也可采用局部抽柱的布置方式，此时中列柱距为基本柱距的 2 倍，如图 12-3（b）所示。

温度变化将引起结构变形，对于静定结构不会引起应力，但对于厂房这种超静定结构将产生温度应力。当厂房平面尺寸较大时，为避免产生过大的温度变形和温度应力，应在厂房结构的横向和纵向设置伸缩缝（温度缝），将厂房分成伸缩时互不影响的温度区段。按《钢结构设计标准》的规定，当温度区段长度（伸缩缝的间距）不超过表 12-1 的数值时，可不考虑温度应力和温度变形的影响。

表 12-1　温度区段长度值　　　　　　　　　　　　单位：m

结构情况	纵向温度区段 （垂直屋架或构架跨度方向）	横向温度区段 （沿屋架或构架跨度方向）	
		柱顶为刚接	柱顶为铰接
采暖房和非采暖区的房屋	220	120	150
热车间和采暖地区的非采暖房屋	180	100	125
露天结构	120	—	—
维护构件为金属压型钢板的房屋	250	150	

伸缩缝的通常做法是在缝的两侧分别设柱（双柱），缝和定位轴线的关系有两种：其一是伸缩缝的中线与定位轴线重合，如图 12-3（a）所示；其二是采取插入距的方式，如图 12-3（b）所示，将缝两旁的柱置于同一基础上，其轴线间距可取 1m，对重型厂房由于柱的截面尺寸较大，轴线间距可能要放大到 1.5～3m，才能满足伸缩缝构造要求。

当厂房宽度较大时时，应按要求布置纵向伸缩缝。

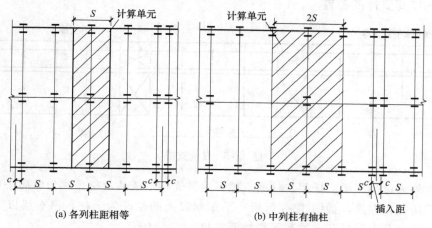

(a) 各列柱距相等　　　　　　　　(b) 中列柱有抽柱

图 12-3　伸缩缝与轴线的关系

厂房的计算跨度和高度等主要尺寸，如图 12-4 所示。计算跨度 L_0 一般取为上柱中心线之间的横向距离，可由下列公式确定：

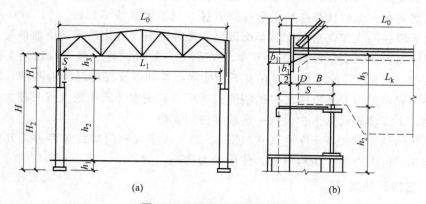

(a)　　　　　　　　　　(b)

图 12-4　厂房的跨度和高度

$$L_0 = L_k + 2S \tag{12-1}$$
$$S = B + D + b_1/2 \tag{12-2}$$

式中　L_k——桥式吊车的跨度；

　　　S——吊车梁轴线至上柱轴线的距离，中型厂房取 0.75～1.00m，重型厂房取 1.25～2.00m；

　　　B——桥式吊车架悬伸长度；

　　　D——吊车外缘和柱内边缘之间的必要空隙，当起重量≤50t 时 $D \geqslant 80$mm，当起重量≥75t 时 $D \geqslant 100$mm，当吊车和柱之间需要设置安全走道时 $D \geqslant 400$mm；

　　　b_1——上柱（截面）宽度。

厂房高度 H 为由柱脚底面到横梁（屋架）下弦底部的距离：

$$H = h_1 + h_2 + h_3 \tag{12-3}$$

式中　h_1——室内地面到柱脚底面的距离，中型厂房取 0.8～1.0m，重型厂房取 1.0～1.2m；

　　　h_2——室内地面到吊车轨顶的高度，由工艺要求决定；

　　　h_3——吊车轨顶至屋架下弦底面的距离，取吊车轨道顶面至起重小车顶面的距离 A 加上安装间隙和必要的预留空间，可取 $h_3 = A + (250～300)$mm。

12.1.1.2　柱间支撑的布置

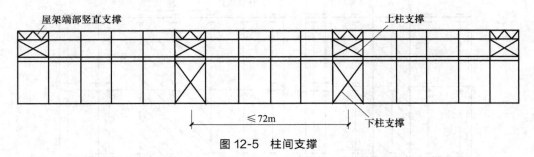

图 12-5　柱间支撑

纵向柱列通过吊车梁、托架、柱间支撑等构件连接形成的骨架，称为纵向平面排架。柱间支撑与厂房柱相连接，如图 12-5 所示。吊车梁以上的柱段为上柱，吊车梁以下的柱段为下柱，柱间支撑分上段柱间支撑和下段柱间支撑。

柱间支撑的作用，体现在如下三个方面：一是保证厂房结构的纵向稳定性和刚度；二是承受厂房端部山墙的风荷载、吊车纵向水平荷载、温度应力、纵向水平地震作用；三是作为柱在平面外的支点，减小柱在结构平面外的计算长度，增大稳定系数。

单层厂房的每一纵列柱都必须设置柱间支撑。当温度区段≤150m 时，可在温度区段中部设置一道下段柱间支撑，这样使吊车梁等纵向构件随温度变化比较自由地伸缩，以免产生过大的温度应力；当温度区段＞150m 时，应在三分点处各设置一道下段柱间支撑，且支撑的中心距≤72m。上段柱间支撑布置在有下段柱间支撑处以及温度区段的两端，以便直接传递山墙的风荷载，并为安装提供必要的刚度。当厂房的高度和跨度较大或有较大的吊车梁或振动设备时，山墙墙架通常至少设置一道墙架柱间支撑。

柱间支撑的结构形式有十字交叉式（图 12-5）、八字式和门架式等多种。其中十字交叉支撑构造简单、传力直接、用料节省，使用最为普遍。

12.1.1.3　结构计算简图

横向柱和屋架、基础组成的平面结构是单层厂房的主要承重部分。其中柱脚和基础固结，柱顶和屋架刚接或铰接。若柱顶和屋架刚性连接，则形成横向平面刚架，该刚架可称为框架结构，如图 12-6（a）所示；若柱顶与屋架铰接，则形成横向平面排架，如图 12-6（b）所示。因此，单层钢结构厂房就结构形式而言，可以是框架结构，也可以是排架结构。

框架结构中梁柱节点处梁的线刚度与柱的线刚度之比不小于 4 时，可以认为结构在水平荷载作用下横梁刚度为无穷大（无限刚性），否则横梁按有限刚度考虑。对于横梁无限刚性的情况，柱高 H 可取为柱脚底面至屋架下弦轴线的距离；对于横梁为有限刚性的情况，柱高 H 可取为柱脚底面至屋架端部半高处的距离。排架结构的柱高 H 取为柱脚底面至屋架（横梁）主要支承点间距离。

计算简图中的计算跨度 L_0（或 L_{01}，L_{02}）取为两上柱轴线之间的距离。

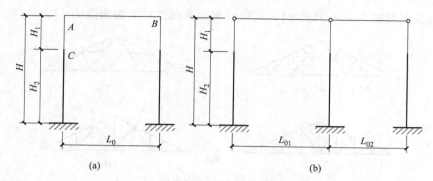

图 12-6 平面刚架和排架

横向平面框架（排架）上的作用有永久作用、可变作用和偶然作用。永久作用或永久荷载有各构件恒荷载，按设计尺寸和单位体积自重计算；可变作用或可变荷载主要有水平风荷载、吊车制动力、竖向雪荷载、屋面活荷载、积灰荷载、吊车荷载，其值按荷载规范和吊车规格确定；偶然作用有地震作用，按底部剪力法计算。

12.1.1.4 单层厂房钢屋架

单层厂房的屋盖结构体系可分为无檩屋盖和有檩屋盖两类。无檩屋盖是将大型屋面板直接放置在屋架或天窗架上，一般用于预应力混凝土屋面板等重型屋面；有檩屋盖则是在屋架或天窗架上设置檩条，再在檩条上铺设轻型屋面材料如压型钢板、压型铝合金板、石棉瓦、瓦楞铁皮等。钢屋架和天窗架是屋盖结构体系中的主要承重结构。

钢屋架通常采用桁架结构，其外形布置应尽可能与弯矩图接近，这样能使弦杆受力均匀，腹杆受力较小。腹杆的布置应使内力分布趋于合理，尽量设计成拉杆长、压杆短。屋架从外形上分主要有三角形和梯形两种，如图 12-7 所示为某重工业厂房施工过程中正在架设的一榀梯形钢屋架。

图 12-7 架设中的钢屋架

三角形屋架（图 12-8）适用于陡坡屋面的有檩体系屋盖，屋架与柱之间只能铰接形成排架。在竖向荷载作用下，弯矩图是抛物线，与三角形外形相差悬殊，致使这种屋架弦杆受力不均，支座处内力较大，跨中内力较小，弦杆的截面不能充分发挥作用。支座处上、下弦杆的交角过小，而内力又较大，使得支座节点构造复杂。三角形屋架适用于中、小跨度的轻型屋盖，当屋面坡度为 1/3～1/2 时，三角形屋架的高度可取为跨度的 1/6～1/4。

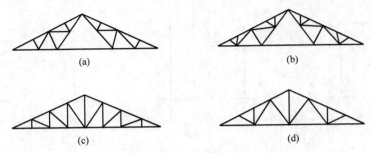

图 12-8　三角形屋架

梯形屋架（图 12-9）的外形与弯矩图比较接近，其受力性能较三角形屋架好，腹杆较短，适合于屋面坡度较小的无檩屋盖体系。梯形屋架与柱的连接可做成刚接，也可做成铰接，是工业厂房屋盖结构的基本形式。

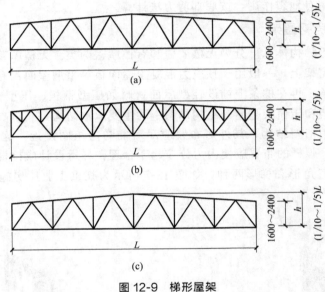

图 12-9　梯形屋架

梯形钢屋架的设计可查阅标准图集——《梯形钢屋架》（05G511），适用于 1.5m×6m 大型屋面板和卷材防水屋面，跨度 18～36m。

12.1.2　轻型钢结构单层厂房

轻型钢结构采用轻型 H 型钢（焊接或轧制；变截面或等截面）做成门式刚架结构承重，C 型、Z 型冷弯薄壁型钢作檩条和墙梁，压型钢板或轻质夹芯板作屋面、墙面围护结构，采用高强度螺栓、普通螺栓及自攻螺钉等连接件和密封材料组装起来的单层和多层预制装配式钢结构房屋体系，主要用在不承受较大荷载的工业与民用建筑。

轻型门式刚架钢结构单层厂房，是指主要承重结构为单跨或多跨实腹门式刚架、具有轻型屋盖和轻型外墙、可设置起重量不大于 20t 的 A1～A5 工作级桥式吊车或 3t 悬挂式起重机的单层房屋钢结构。

施工中的轻型门式刚架钢结构单层厂房如图 12-10 所示。这种结构外观简洁优美，能有效利用材料：既可采用变截面形式，以适应结构中的内力分布，大大减少用钢量；又可在采用等截面设计时考虑钢材的塑性发展来减少用钢量，使得轻型门式刚架钢结构的成本得到显著降低。

图 12-10　轻型门式刚架钢结构单层厂房

12.1.2.1　轻型门式刚架钢结构单层厂房的结构形式

门式刚架可分为单跨、双跨和多跨刚架，形成单坡、双坡或多坡屋面。多跨刚架中间柱与刚架斜梁的连接，可采用铰接。

根据跨度、高度和荷载大小不同，门式刚架的梁、柱可以采用等截面，如轧制 H 形截面（图 12-10）；梁、柱也可以采用变截面，如焊接工字形截面（图 12-11）。设有桥式吊车时，柱宜采用等截面构件。变截面构件通常改变腹板的高度，做成楔形，必要时也可改变腹板厚度。结构构件在运输单元内一般不改变翼缘截面，必要时可改变翼缘厚度；邻接的安装单元可采用不同的翼缘截面，两单元相邻截面的高度宜相等。

图 12-11　变截面门式刚架

屋盖应采用压型钢板屋面板和冷弯薄壁型钢檩条，外墙宜采用压型钢板墙和冷弯薄壁型钢墙梁，也可以采用砌体外墙或底部为砌体、上部为轻质材料的外墙。主刚架斜梁下翼缘和刚架柱内翼缘的平面外稳定性，由与檩条或墙梁相连的隔撑来保证。主刚架之间的交叉支撑可采用张紧的圆钢。

轻型门式刚架房屋的屋面坡度宜取 1/20～1/8，在雨水较多的地区宜取较大值。屋面可采用隔热卷材做隔热和保温层，也可采用带隔热层的板材做屋面。

门式刚架的柱脚多按铰接支承设计，通常为平板支座，设一对或两对地脚螺栓。当厂房有桥式吊车时，宜将柱脚设计为刚接。

12.1.2.2 轻型门式刚架钢结构单层厂房的结构布置

门式刚架的跨度取横向刚架柱轴线（柱脚截面处）之间的距离，高度取地坪至柱轴线与斜梁轴线的交点的高度。而斜梁的轴线可取通过变截面梁段最小端中心与斜梁上表面平行的轴线。

门式刚架的跨度宜采用 9～36m，并以 3m 为模数。柱列中边柱的截面宽度不相等时，其外侧要对齐。门式刚架的高度宜为 4.5～9.0m，必要时可适当加大。刚架间距（柱距）宜取为 6m，也可以采用 7.5m、9m、12m；跨度较小时，柱距可以为 4.5m。

挑檐长度可根据使用要求确定，宜为 0.5～1.2m，其上翼缘坡度宜与斜梁坡度相同。

山墙处可设置由斜梁、抗风柱和墙架组成的山墙墙架（端部刚架），或直接采用门式刚架。侧墙采用压型钢板作维护墙时，墙梁宜布置在刚架柱外侧，其间距随墙板类型和规格尺寸而定。外墙在抗震设防烈度为 6 度时，可采用砌体；当为 7 度、8 度时，不宜采用嵌砌砖砌体、砌块砌体；9 度时宜采用与柱柔性连接的轻质墙板。

轻型门式刚架钢结构厂房的纵向温度区段长度不大于 300m，横向温度区段的长度不大于 150m。建筑平面尺寸超过上述规定时，应设置伸缩缝。设缝时可在搭接檩条的螺栓连接处采用长圆孔并使该处屋面板在构造上允许胀缩，或者设置双柱。

在每个温度区段中，应分别设置能独立构成空间结构的支撑体系。柱间支撑的间距根据安装条件确定，一般取 30～40m，不大于 60m。端部支撑宜设在温度区段端部的第二个开间，第一个开间的相应位置宜设置刚性系杆。房屋高度较大时，柱间支撑要分层设置。在设置柱间支撑的开间，应同时设置屋盖横向支撑以组成几何不变体系，如图 12-12 所示。

柱间支撑

图 12-12　门式刚架的支撑

12.2　钢结构多层和高层房屋

多层、高层建筑是近代经济发展和科学技术进步的产物，而钢结构多层、高层房屋的出现不过百余年的历史。世界上第一幢钢铁建筑是美国芝加哥家庭保险公司大楼，建于 1883 年，地面 10 层、地下 1 层，共 11 层，55m 高，采用钢梁铁柱以降低造价，如图 12-13 所示。20 世纪在美国建成了有名的纽约帝国大厦（102 层、高 381m），芝加哥威利斯大厦（110 层、高 442m）；中国高层钢结构起步于 20 世纪 80 年代初，第一幢钢结构高层房屋是深圳发展中心大厦（43 层、高 165m），1998 年年底正式颁布《高层民用建筑钢结构技术规程》。

钢结构建筑的多少，标志着一个国家或一个地区的经济实力和经济发达程度。进入 21 世纪以后，中国的国民经济显著增长，国力明显增强，钢产量成为世界大国，在建筑中提出了要"积极、合理地用钢"，从此甩掉了"限制用钢"的束缚，钢结构建筑在经济发达地区逐渐增多。特别是 2008 年北京奥运会前后，出现了钢结构建筑热潮，先后建成了一大批钢结构场馆、机场、车站和高层建筑，一些钢结构建筑在制作安装技术方面具有世界一流水平，如奥运会国家体育场等建筑。

图 12-13　第一幢钢铁结构楼房

高层建筑采用钢结构具有良好的综合经济效益和力学性能，其主要优点是自重轻、抗震性能好、有效使用面积大、建造速度快。

12.2.1　钢结构多层和高层房屋的结构体系

常用钢结构多层、高层房屋的结构体系主要有：框架结构体系、框架-支撑结构体系、框架-剪力墙结构体系、框架-核心筒结构体系和筒体结构体系。

12.2.1.1　框架结构体系

框架结构体系既包括各层楼盖平面内的梁格系统，也包括由竖直平面内的梁、柱刚接组成的框架。多层和高层民用钢结构房屋多采用空间框架结构体系，即沿房屋的横向和纵向均采用刚接框架作为主要承重结构和抗侧力结构。如图 12-14 所示为施工中的多层钢框架结构房屋。

图 12-14　多层钢框架结构房屋

框架结构的平面布置灵活，可为建筑提供较大的室内空间，且各部分的刚度比较均匀。框架结构的延性较好，自振周期较长，因而对地震作用不敏感，抗震性能好。但框架结构的侧向刚度小，在水平风荷载或水平地震作用下，结构的水平位移（侧移）大，易引起填充墙、围护墙、门窗等非结构构件破坏。同时，较大的侧移也会使竖向荷载对结构产生附加内力，使结构的水平位移进一步增加，从而降低结构的承载能力和整体稳定性，这种现象称为 P-Δ效应。钢框架结构中各构件的翼缘、腹板和加劲肋均较薄，梁、柱节点并非理想刚节点，节点域存在剪切变形，将使框架结构产生不可忽视的水平位移，计算时应考虑这一影响。

12.2.1.2 框架-支撑结构体系

纯框架结构侧移较大，当到达一定高度后，难以承受在水平风荷载或水平地震作用下引起的水平剪力。钢框架-支撑结构体系是以框架为基础，沿房屋的纵、横两个方向在部分框架柱之间对称布置一定数量的竖向支撑桁架所构成的一种结构体系，如图 12-15 所示。支撑通常沿同一竖向柱距内连续布置，其层间刚度变化均匀，也能保证刚度的连续性。

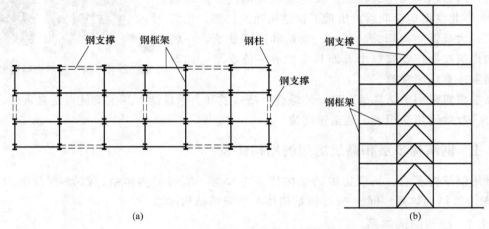

图 12-15　钢框架-支撑结构体系

框架-支撑结构体系的特点是框架与支撑系统协同工作，竖向支撑桁架承担大部分水平剪力。罕遇地震中若支撑系统破坏，尚可通过内力重分布由框架承担水平力，形成两道抗震防线或双重抗侧力体系。框架-支撑结构体系的支撑可分为中心支撑和偏心支撑两类。

（1）中心支撑　中心支撑的支撑斜杆轴线通过框架梁与框架柱轴线的交点，或一端通过框架梁与框架柱轴线的交点、另一端通过框架梁跨中截面的形心。中心支撑常用类型有交叉支撑［图 12-16（a）］、单斜杆支撑［图 12-16（b）］和人字支撑［图 12-16（c）］三种。

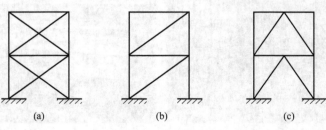

图 12-16　中心支撑类型

中心支撑构造简单、设计施工方便，在小震作用下结构具有较大的抗侧刚度。但是在大震作用下，支撑斜杆容易受压失稳（屈曲），造成刚度和消耗地震能量的能力急剧下降。

（2）偏心支撑　偏心支撑的支撑斜杆，至少有一端交于框架梁，且其轴线不通过框架梁跨中截面的形心，将框架梁分成长短不同的梁段，其中短梁段称为消能梁段。偏心支撑常用类型有 D 形偏心支撑 ［图 12-17 （a）］、K 形偏心支撑 ［图 12-17 （b）］ 和 V 形偏心支撑 ［图 12-17 （c）］ 三种。

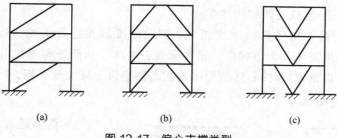

(a)　　　　　　　　　(b)　　　　　　　　　(c)

图 12-17　偏心支撑类型

偏心支撑的设计原则是强柱、强支撑和弱消能梁段，即在大震时消能梁段发生剪切屈服形成塑性铰，且具有稳定的滞回性能，较多地消耗地震能量，即使耗能梁段进入应变硬化阶段，支撑斜杆、柱和其余梁段仍保持弹性。因此，每根斜杆只能在一端与消能梁段连接，若两端均与消能梁段相连，则可能一端的消能梁段屈服，另一端的消能梁段不屈服，使偏心支撑的承载力和耗能能力降低。

12.2.1.3　框架-剪力墙结构体系

以框架结构为基础，沿房屋的纵、横方向布置一定数量的剪力墙，形成框架-剪力墙结构体系，如图 12-18 所示。预制墙板嵌置于钢框架的梁、柱所形成的框格内，从底部到顶部连续布置，形成剪力墙或抗震墙。该结构体系既具有框架结构平面布置灵活、使用方便的特点，又有较大的抗侧刚度。钢框架主要承受竖向荷载，也承受一部分水平剪力；剪力墙（抗震墙）作为主要的抗侧力结构，承担大部分水平剪力。

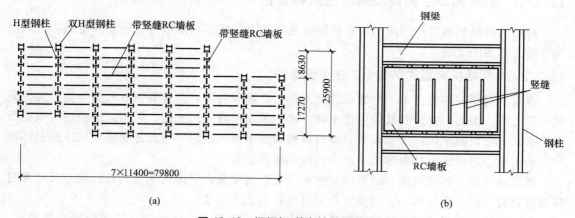

(a)　　　　　　　　　　　　　　　　　　(b)

图 12-18　钢框架-剪力墙结构体系

预制墙板可分为钢板墙、内藏钢板支撑的预制钢筋混凝土墙板和预制带竖缝钢筋混凝土墙板。钢板墙采用厚钢板制成，或采用带纵、横加劲肋的较厚钢板制成，与钢框架的连接构造应保证钢板墙仅参与承担水平剪力，而不参与承受重力荷载及柱压缩变形引起的压力。内藏钢板支撑的预制钢筋混凝土墙板则是以钢板支撑为基本受力构件、外包钢筋混凝土墙板所形成的预制抗侧力构件，仅在支撑节点与钢框架相连接，外包的钢筋混凝土墙板的周边与框架梁、柱之间均留有间隙。预制带竖缝钢筋混凝土墙板（RC 墙板）是在钢筋混凝土墙体中按一定间距设置竖缝，在墙体中形成了许多壁柱，如图 12-18 （b）所示。

12.2.1.4 框架-核心筒结构体系

将剪力墙设置在建筑内部，并围成封闭的筒体状结构，形成核心筒。核心筒的外围周边为钢框架，形成钢框架-核心筒结构体系。

因为框架-核心筒结构体系的承载能力、侧向刚度和抗扭能力均远高于框架-剪力墙结构，而且还可以利用筒体作为电梯间、楼梯间或卫生间，从而提高了利用效率，建筑功能上也能合理应用，所以钢框架-核心筒结构体系在高层建筑上被大量采用。

12.2.1.5 筒体结构体系

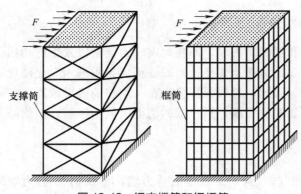

图 12-19　钢支撑筒和钢框筒

钢结构筒体通常是由支撑形成支撑筒（桁架筒），或是由密柱深梁形成框筒，如图12-19所示。筒体属于立体抗侧构件，抗侧刚度和承受水平作用的能力大大提高，筒体结构是超高层建筑中受力性能较好的结构体系。

筒体结构可以是单筒，也可以是多筒。单筒体系是指建筑平面外缘为筒体，中部为钢框架承重。多筒体系分为筒中筒（外筒套内筒：二重筒体系，三重筒体系）和束筒（多筒并列），各筒协同工作，共同抵抗水平力。

12.2.2 钢结构多层和高层房屋的结构布置

钢结构多层和高层房屋的结构布置除满足建筑上的使用功能以外，还要满足结构抗风抗震等受力方面的要求。

12.2.2.1 钢结构房屋的结构平、立面布置

多层、高层钢结构房屋的平面布置宜简单、规则和对称，并具有良好的整体性，宜优先采用正方形、圆形、矩形及其他对称平面，避免采用不规则的平面。采用光滑曲线构成的凸平面形式，可以减小风载体型系数，圆形或椭圆形平面比矩形平面能显著降低风压的整体作用；采用中心对称或双轴对称的平面，可减小扭转振动。

建筑的竖向布置宜规则，结构的抗侧刚度宜均匀变化，竖向抗侧力构件的截面尺寸和材料强度宜自下而上逐渐减小，避免抗侧力刚度和承载力突变。

由于钢结构房屋可耐受的结构变形比较大，故一般不宜设防震缝。需要设置防震缝时，可按实际需要在适当部位设置防震缝，形成多个比较规则的抗侧力结构单元。框架结构防震缝的宽度，当高度不超过 15m 时不应小于 150mm；高度超过 15m 时，6 度、7 度、8 度和 9度分别每增加高度 5m、4m、3m 和 2m，宜加宽 30mm。

12.2.2.2 钢结构房屋适用高度、高宽比和抗震等级

房屋高度指室外地面到主要屋面板板顶的高度，不包括局部突出屋顶的部分，影响建筑结构高度的是结构类型和抗震设防烈度。钢结构民用房屋的结构类型和最大适用高度应符合表 12-2 的规定。

表 12-2　钢结构房屋适用的最大高度　　　　单位：m

结 构 类 型	设 防 烈 度				
	6、7 度(0.10g)	7 度(0.15g)	8 度		9 度(0.40g)
			(0.20g)	(0.30g)	
框架	110	90	90	70	50
框架-中心支撑	220	200	180	150	120
框架-偏心支撑(延性墙板)	240	220	200	180	160
简体(框简、简中简、桁架简、束简)和巨型框架	300	280	260	240	180

　　影响建筑结构宏观性能的另一个尺度是结构的高宽比，即房屋总高度与结构平面最小宽度的比值，这一参数对结构刚度、侧移、振动模态有直接影响。钢结构民用房屋的高宽比不宜超过适用的最大高宽比。适用的最大高宽比的取值，6 度、7 度时取 6.5，8 度时取 6.0，9 度时取 5.5。

　　钢结构房屋应根据设防类别、设防烈度及房屋高度采用不同的抗震等级，并应符合相应的计算和构造措施要求。丙类建筑的抗震等级应按表 12-3 确定，高度接近或等于高度分界时，应允许结合房屋不规则程度和场地、地基条件确定抗震等级。

表 12-3　钢结构房屋的抗震等级

房 屋 高 度	设 防 烈 度			
	6 度	7 度	8 度	9 度
≤50m		四	三	二
>50m	四	三	二	一

12.2.2.3　支撑的设置要求

　　抗震等级为一级、二级的钢结构房屋，宜设置偏心支撑、带竖缝钢筋混凝土墙板、内藏钢支撑钢筋混凝土墙板、屈曲约束支撑等消能支撑或简体。采用框架结构时，甲、乙类建筑和高层的丙类建筑不应采用单跨框架，多层的丙类建筑不宜采用单跨框架。

　　采用框架-支撑结构的钢结构房屋，支撑框架在两个方向的布置均宜基本对称，支撑框架之间楼盖长宽比不宜大于 3。三级、四级且高度不大于 50m 的钢结构宜采用中心支撑，也可采用偏心支撑、屈曲约束支撑等消能支撑。

　　中心支撑框架宜采用交叉支撑，也可采用人字支撑或单斜杆支撑。支撑的轴线宜汇交于梁柱轴线的交点，偏离交点时偏心距不应超过支撑杆件宽度，并应计入由此产生的附加弯矩。当中心支撑采用只能受拉的单斜杆体系时，应同时设置不同倾斜方向的两组斜杆，且每组中不同方向单斜杆的截面面积在水平方向的投影面积之差不应大于 10%。

　　偏心支撑框架的每根支撑应至少有一端与框架梁连接，并在支撑与梁交点和柱之间或同一跨内另一支撑与梁交点之间形成消能梁段。

　　屈曲约束支撑（图 12-20）主要由两个基本部件（单元）组成：即截面中部的核心单元和外围约束单元，二者之间用无黏结涂层隔离。当支撑受压时，外围约束单元提供侧向约束，避免核心单元受压失稳（屈曲）。不论是在拉力还是压力作用下，核心单元都能伸缩屈服，比中心支撑有更稳定的耗能能力，是比较理想的消能减震装置。采用屈曲约束支撑时，宜采用人字支撑、成对布置的单斜杆支撑等形式，支撑与柱的夹角宜在 35°～55°之间。

12.2.2.4　地下室

　　多层、高层钢结构房屋设置地下室对于提高上部结构抗震稳定性、提高结构抗倾覆能力、增加结构下部整体性、减小地基沉降等方面起有利作用，因此高度超过 50m 的钢结构

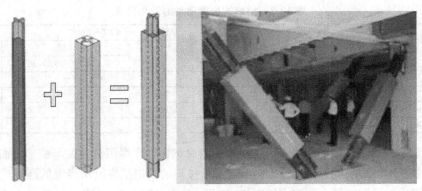

图 12-20　屈曲约束支撑及工程实例

房屋应设地下室。地下室和基础作为上部结构连续的锚连部分，应具有可靠的埋置深度、足够的承载力和刚度。基础埋置深度，当采用天然地基时不宜小于房屋总高度的 1/15；当采用桩基础时，桩承台埋深不宜小于房屋总高度的 1/20。

　　设置地下室时，框架-支撑（抗震墙板）结构中竖向连续布置的支撑（抗震墙板）应延伸至基础；钢框架柱应至少延伸至地下一层，其竖向荷载应直接传至基础。

12.2.3　钢结构多层和高层房屋的楼盖

　　在多层、高层钢结构房屋中，楼盖既担负着楼面荷载向竖向承重构件的传递，又担负着将水平作用（荷载）分配给抗侧力构件，建筑的竖向防火分区及管线的埋设等作用。

12.2.3.1　楼盖类型要求

　　选择楼盖应考虑如下几个方面的要求：保证楼盖有足够的平面整体刚度，使得结构各抗侧力构件在水平地震作用下具有相同的侧移；较轻的楼盖自重和较低的楼盖高度；有利于现场快速施工和安装；较好的防火、隔声性能，便于敷设动力、设备及通信等管线设施。

　　现行《建筑抗震设计规范》提出，钢结构房屋的楼盖宜采用压型钢板现浇钢筋混凝土组合楼板或钢筋混凝土楼板，并应与钢梁有可靠连接。对于 6 度、7 度时不超过 50m 的钢结构，尚可采用装配整体式钢筋混凝土楼板，也可采用装配式钢筋混凝土楼板或其他轻型楼盖，但应将楼板预埋件与钢梁焊接，或采取其他保证楼盖整体性的措施。对转换层楼盖或楼板有大洞口等情况，必要时可设置水平支撑。

12.2.3.2　压型钢板组合楼板

　　压型钢板与混凝土组合楼板是 20 世纪 60 年代前后兴起的一种新型组合结构，它是在压型钢板上面浇筑混凝土形成的钢板和钢筋混凝土的组合体，如图 12-21 所示。施工阶段压型钢板作为模板及浇筑混凝土的作业平台，应对钢板进行强度、刚度验算。在使用阶段，压型钢板相当于钢筋混凝土板中的受拉钢筋，设计时考虑压型钢板和混凝土的组合作用，按组合板进行承载力验算和挠度验算。

　　为了保证压型钢板现浇钢筋混凝土组合楼板中压型钢板与混凝土能够共同工作，要求接触面上的抗剪齿槽、槽纹或其他连接措施，具有足够的抗剪切黏结强度，不产生过大的黏结滑移，以抵抗楼板在外荷载作用下产生的纵向水平剪力；同时还要足以抵抗垂直掀起力，保证在垂直方向结合成不可分开的整体。

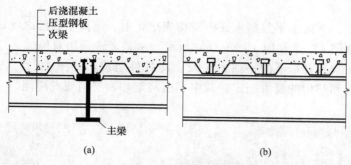

图 12-21　压型钢板组合楼盖

12.2.3.3　压型钢板组合梁

由钢梁和支承在其上的压型钢板现浇钢筋混凝土组合楼板所构成的"钢-混凝土"组合楼层梁，称为压型钢板组合梁。它由后浇混凝土板、压型钢板、抗剪连接件和钢梁四部分组成，如图 12-21 所示。当压型钢板的肋平行于主梁时，称为压型钢板组合主梁，如图 12-21（a）所示；当压型钢板的肋垂直于主梁（平行于次梁）时，称为压型钢板组合次梁，如图 12-21（b）所示。由于压型钢板组合梁的组合性能好、施工便捷、施工进度快，因此在钢结构高层建筑中广泛应用。

12.3　钢结构大跨度房屋

大跨度建筑通常指跨度≥60m 的建筑，工业与民用建筑中均有应用。工业建筑中大跨度房屋主要用于飞机装配车间、飞机库、造船厂的船体结构车间和其他大跨度厂房、库房，民用建筑中大跨度房屋则主要用于影剧院、体育馆、展览馆、大会堂、车站候车室、航站楼及其他大型公共建筑。钢结构大跨度房屋包括网架结构、网壳结构、立体桁架结构、悬索结构等空间结构及其各类组合空间结构。

12.3.1　网架结构

网架是指按一定规律布置的杆件通过节点连接而形成的平板型或微曲面型空间杆系结构，主要承受整体弯曲内力。网架为由二力杆组成的水平结构（图 12-22），跨越一定的空间，形成屋面。网架的组成杆件有水平

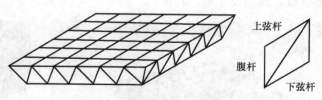

图 12-22　网架的基本组成杆件

杆、竖直杆和斜杆三种，其中水平杆称为弦杆（上弦杆、下弦杆），竖直杆和斜杆则称为腹杆。网架的杆件轴心受力，应力分布均匀，能充分利用材料。杆件通常采用钢管，设计时拉杆验算强度和刚度条件，压杆验算刚度和稳定性。

12.3.1.1　网架的类型

网架的分类方式很多，可按结构组成、支承方式及网格组成等进行分类。

（1）按结构组成分类　按结构组成不同，网架可分为双层网架和多层网架（三层网架、

四层网架)。

双层网架由上、下两个平放的平面桁架作表层，上、下两个表层之间设有层间杆件（腹杆）相互联系，如图 12-22 和图 12-23（a）所示。网架通常采用双层。

多层网架由三个及其以上的平面桁架及层间杆件组成，如图 12-23（b）所示。多层网架的采用依据建筑和结构的要求而定，其中三层网架和四层网架有应用。

 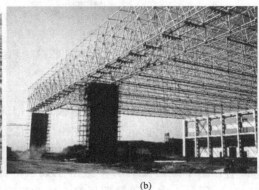

(a)   (b)

图 12-23　不同层数的网架

（2）按支承方式分类　按支承方式不同，网架可分为点支承网架、边支承网架和混合支承网架三种。

点支承网架可置于四个或多个支承点上，前者称为四点支承网架（图 12-24），而后者称为多点支承网架。这种网架由于支承点较少，因此支点反力较大。点支承网架周边应有适当悬挑，以减小跨中挠度和杆件内力。

边支承网架如图 12-25 所示，支点设置于建筑周边，又可细分为周边支承网架、三边支承网架和两对边支承网架三种形式。周边支承网架的所有节点均搁置在柱或梁上，传力直接、受力均匀，是采用较多的一种形式；因建筑功能的要求，需要在一边或两对边上开口，因而使网架仅在三边或两对边上支承，另一边或两对边为自由边，形成三边支承网架或两边支承网架。自由边的存在对网架的受力是不利的，应对其采取相应措施（自由边附近增加网架层数，或加设托梁、托架）。

图 12-24　点支承网架　　　　　　　　　图 12-25　边支承网架

混合支承就是将周边支承与点支承混合。在点支承网架中，当周边设有维护结构和抗风柱时，可采用混合支承形式。混合支承网架适用于工业厂房和展览厅等公共建筑，如图 12-26 所示。

（3）按网格组成分类　按网格的组成不同，网架可分为交叉桁架体系网架、四角锥体系网架和三角锥体系网架三类。

交叉桁架体系网架由若干相互交叉的竖向平面桁架所组成。这些平面桁架可沿两个或三个方向布置，当为两向交叉时其夹角为 90°（正交）或任意角度（斜交），当为三向交叉时其夹角为 60°。这些相互交叉的竖向平面桁架当与边界方向平行或

图 12-26　混合支承网架

垂直时称为正放，与边界方向斜交时称为斜放。因此，可以形成两向正交正放网架、两向正交斜放网架、两向斜交斜放网架、三向交叉网架和单向折线形网架等多种形式。

四角锥体系网架以四角锥为其组成单元。网架的上、下弦平面均为正方形网格，上、下弦网格相互错开半格，使下弦平面正方形的四个顶点对应于上弦平面正方形的形心，并以腹杆连接上、下弦节点，即形成若干四角锥体。具体应用时有正放四角锥网架、正放抽空四角锥网架、斜放四角锥网架、棋盘形四角锥网架和星形四角锥网架等形式。

三角锥体系网架的基本组成单元为三角锥体。锥底正三角形的三边为网架的上弦杆，其棱为网架的腹杆，形成倒置的三角锥体；若锥底正三角形的三边为网架的下弦杆，其棱为网架的腹杆，则形成正置的三角锥体。三角锥体系网架在实际应用中，有三角锥网架、抽空三角锥网架和蜂窝形三角锥网架等形式。

12.3.1.2　网架结构选型

网架的网格高度与网格尺寸应根据跨度大小、荷载条件、柱网尺寸、支承情况、网格形式以及构造要求和建筑功能等因素确定，网架的高跨比可取 1/18～1/10。短向跨度的网格数不宜小于 5。确定网格尺寸时宜使相邻杆件间的夹角大于 45°，且不宜小于 30°。

影响网架选型的主要因素是施工制作（节点连接、安装施工）和用钢指标，次要因素是跨度大小、刚度要求、平面形状、支承条件等，应进行多方面综合分析，根据实用与经济的原则，选取合理的网架形式。

（1）施工制作要求选型　网架的节点有焊缝连接和螺栓连接两种，螺栓连接不受限，但如果采用焊缝连接，节点就有施焊是否方便的区别。焊缝连接时，由交叉桁架体系组成的网架，其制作比角锥体系网架方便；两向正交网架又比两向斜交网架和三向网架方便；四角锥网架比三角锥网架方便。

如果网架现场空中安装或整体提升、吊装，则可选任何类型的网架；而如果是采用分条或分块安装，则选用两向正交正放网架、正放四角锥网架、正放抽空四角锥网架三种正交正放类网架比选用斜放类网架有利。因为斜放类网架在分条或分块吊装时，往往因刚度不足或几何可变性而需要增设临时支撑，这是不合算的。

（2）用钢指标对选型的建议　网架的用钢量多少是衡量网架选型是否合理的一项重要指标，用钢量少则经济性好。当平面接近正方形时，斜放四角锥网架最经济，其次是正放四角锥网架、两向正交正放网架和两向正交斜放网架，最浪费的是三向交叉网架。当平面为矩形

时，则以两向正交斜放网架和斜放四角锥网架较为经济。

当网架的跨度及屋面荷载都较大时，三向交叉网架就显得经济合理些，而且刚度也较大。

12.3.1.3 网架结构的节点

网架结构的节点起着连接交汇杆件、传递荷载的作用。网架结构属于空间杆系结构，同一节点交汇的杆件多，且节点数量多，节点用钢量占整个网架杆件用钢量的 20%～25%。合理设计节点对网架的安全性能、制作安装、工程进度和工程造价都有直接关系。

经过多年的探索和工程实践，定型化、标准化的节点有焊接空心球节点［图 12-27（a）］和螺栓球节点［图 12-27（b）］。

(a)   (b)

图 12-27　网架结构的节点类型

（1）焊接空心球节点　焊接空心球节点是由两个热冲压钢半球加肋或不加肋焊接成空心球的连接节点。杆件焊接在球面上，连接焊缝可以采用对接焊缝或角焊缝。这种节点可用于各种形式的网架结构，也可用于网壳结构。

虽然空心球受压时属于稳定问题，而空心球受拉时是强度问题，但《空间网格结构技术规程》（JGJ 7—2010）采用同一个公式进行承载力验算。当空心球直径为 120～900mm 时，其受压、受拉承载力应按如下公式验算：

$$N \leqslant N_{\mathrm{R}} = \eta_0 \left(0.29 + 0.54 \frac{d}{D} \right) \pi t d f \tag{12-4}$$

式中　N——受压空心球所受的轴向压力设计值或受拉空心球所受的轴向拉力设计值，N；

    N_{R}——空心球的承载力设计值或抗力设计值，N；

    η_0——大直径空心球节点承载力调整系数，当空心球直径 $D \leqslant 500$mm 时，$\eta_0 = 1.0$，当空心球直径 $D > 500$mm 时，$\eta_0 = 0.9$；

    D——空心球外径，mm；

    t——空心球壁厚，mm；

    d——钢管外径，mm；

    f——空心球钢材强度设计值，N/mm²。

对于加肋空心球，当轴力方向和加肋方向一致时，其承载力设计值（抗力设计值）可乘以加肋空心球承载力提高系数 η_{d}，受压球取 $\eta_{\mathrm{d}} = 1.4$，受拉球取 $\eta_{\mathrm{d}} = 1.1$。交汇于空心球节点有多根杆件，可以用受压力最大的杆件来验算其受压承载力，用受拉力最大的杆件来验算其受拉承载力。

（2）螺栓球节点　螺栓球节点是由螺栓球、高强度螺栓、销子（或螺钉）、套筒、锥头或封板等零部件组成的机械装配式节点。杆件端部焊接封板或锥头封口，再通过高强度螺栓、套筒、螺钉或销钉将杆件与实心球相连。螺栓球节点连接灵活，适用范围广，可用于网架结构，也可用于网壳结构。

钢网架螺栓球节点已有标准图集，可在工厂生产，产品质量容易保证。受拉时只需验算螺栓的受拉承载力，受压时应验算套筒的受压承载力。

12.3.1.4　网架结构的屋面

网架结构的屋面与上弦节点相连，如图 12-28 所示。根据屋面板尺寸的大小，可分为有檩体系和无檩体系两类。有檩体系在节点上布置冷弯薄壁型钢（卷边 Z 形，卷边 C 形）檩条，檩条上面铺设小型屋面板；无檩体系则是将大型屋面板直接与网架上弦节点相连。

网架结构可采用的屋面板有彩色压型钢板、铝塑复合板、夹胶玻璃、阳光板等，其中应用最为广泛的是彩色压型钢板。彩色压型钢板是由涂层钢板为原材料，经过辊压冷弯成型的建筑用维护钢板。它具有自重轻、外表美观、抗震性能好、安装方便、施工速度快、防水性和密封性好、耐腐蚀、耐火性能好等特点。

图 12-28　网架结构的屋面

当有保温要求时，可采用复合夹芯压型钢板。这种板材由上皮（彩色压型钢板）、夹芯层（轻质、防火、阻燃芯材）和下皮（钢板）组成。按芯材不同，可分为硬质聚氨酯夹芯板、聚苯乙烯夹芯板和岩棉夹芯板。

为了屋面排水，网架结构的屋面坡度一般取 $1\% \sim 4\%$，多雨地区宜选用较大值。当屋面结构采用有檩体系时，还应考虑檩条挠度对泄水的影响。坡度的做法有多种，例如上弦节点上加小立柱找坡、网架变高度、网架结构起坡等。

12.3.2　网壳结构

网壳是按一定规律布置的杆件通过节点连接而形成的曲面状空间杆系或梁系结构，主要承受整体薄膜内力。网壳结构的优点是受力合理，跨越能力大；造型美观，外形多样化；施工简便，经济指标好。因此，网壳结构是钢结构大跨度建筑中一种举足轻重的结构形式。

12.3.2.1　网壳结构的类型

网壳结构可按层数、外形、曲率等进行分类。

（1）按层数分类　按网壳的层数不同，可分为单层网壳、双层网壳、局部双层（单层）网壳和多层网壳，其中单层网壳和双层网壳最为常用。

单层网壳应采用刚接节点，杆件和节点验算时应考虑弯矩的影响；双层网壳可采用铰接节点。单层网壳结构不应采用悬挂吊车。

（2）按外形分类　按曲面外形不同，网壳分为球面网壳（含椭球面网壳）、双曲扁网壳、圆柱面网壳（包括其他曲线柱面网壳）和双曲抛物面网壳（包括鞍形网壳、单块扭网壳、四块组合型扭网壳）等四大类网壳，如图 12-29 所示。

网壳结构还可以通过切割与组合手段构成新的网壳外形，对于无标准外形名称的网壳可称为异形网壳。

（3）按曲面曲率分类　设曲面在 P 点处的两个主曲率分别为 K_1 和 K_2，则其乘积 $K = K_1 \times K_2$ 称为曲面于该点的总曲率或高斯曲率。高斯曲率反映曲面的弯曲程度。

按网壳曲面的曲率不同，可分为正高斯曲率（$K > 0$）网壳、零高斯曲率（$K = 0$）网壳和负高斯曲率（$K < 0$）网壳三类，如图 12-29 所示。

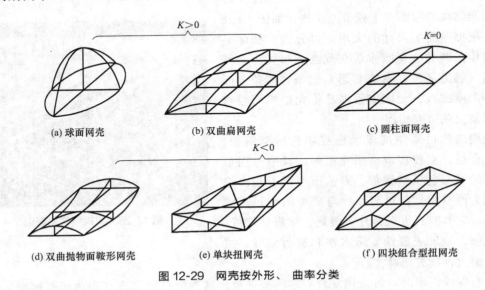

(a) 球面网壳　　(b) 双曲扁网壳　　(c) 圆柱面网壳

(d) 双曲抛物面鞍形网壳　　(e) 单块扭网壳　　(f) 四块组合型扭网壳

图 12-29　网壳按外形、曲率分类

12.3.2.2　球面网壳

球面网壳是外形为球面的单层或双层网壳结构，适合于圆形建筑平面，如图 12-30 所示。球面的几何特征是圆弧线绕 z 轴旋转而成，曲面方程为：

$$x^2 + y^2 + (z + R - f)^2 = R^2 \tag{12-5}$$

其中，R 为曲率半径；f 为矢高。当 $x = y = 0$ 时，$z = f$。

图 12-30　球面网壳

球面网壳的矢跨比不宜小于 1/7。双层球面网壳的厚度可取跨度（平均直径）的 1/60 ～ 1/30；单层球面网壳的跨度（平均直径）不宜大于 80m。

球面网壳的网格尺寸，取值与跨度有关。当跨度＜50m 时，网格尺寸可取 1.5～3.0m；当跨度为 50～100m 时，网格尺寸可取 2.5～3.5m；当跨度＞100m 时，网格尺寸可取

3.0～4.5m。

12.3.2.3 圆柱面网壳

圆柱面网壳是外形为圆柱面的单层或双层网壳结构，适用于矩形建筑平面，如图 12-31 所示。柱面是由一根母线（直线）沿两根曲率和长度相同的准线（平面曲线）平行移动所形成的曲面，而准线为圆弧线的柱面就是圆柱面。圆柱面的曲面方程为

$$x^2+(z+R-f)^2=R^2 \tag{12-6}$$

其中，R 为曲率半径；f 为矢高。当 $x=0$ 时，$z=f$。

图 12-31 圆柱面网壳

两端边支承的圆柱面网壳，其宽度 B 与跨度（长度）L 之比宜小于 1.0，壳体的矢高可取宽度 B 的 1/6～1/3。沿两纵向边支承或四边支承的圆柱面网壳，其宽度 B 与跨度 L 之比宜小于 1.0，壳体的矢高可取宽度 B（或长度 L）的 1/5～1/2；双层网壳的厚度可取宽度 B 的 1/50～1/20。圆柱面网壳的网格尺寸可参照球面网壳取值。

两端边支承的单层圆柱面网壳，跨度 L 不宜大于 35m；沿两纵向边支承的单层圆柱面网壳，其跨度 B 不宜大于 30m。

12.3.3 立体桁架结构

所谓立体桁架，就是由上弦杆、腹杆和下弦杆构成的横截面为三角形或梯形的格构式桁架（图 12-32）。立体桁架结构属于空间网格结构的范畴，与平面桁架结构相比，立体桁架结构提高了侧向稳定性和抗扭刚度，可减少侧向支撑构件，具有较大的优越性。

三角形截面分正三角形截面和倒三角形截面两种形式，其特点各不相同。倒三角形截面中，上弦有两根杆件，下弦有一根杆件，而上弦通常是受压构件，由稳定性控制设计，下弦则是受拉构件，不存在稳定问题，因而倒三角形截面形式比较合理，即压力由两杆承担，每杆压力较小，保证稳定性，拉杆仅一根，拉力较大，充分发挥（利用）材料的强度。倒三角形截面的两根上弦杆通过斜腹杆与下弦杆连接，并在节点处设置水平连杆，可以形成上弦侧向刚度较大的屋架；另外，两根上弦杆紧贴屋面，下弦只有一根杆件，给人以轻巧之感；倒三角形截面还可减小檩条的跨度。因此，实际工程中大量采用的是倒三角形截面形式的立体桁架。

正三角形截面中，上弦一根杆、下弦两根杆，上下弦杆件之间通过斜腹杆连接，两下弦杆之间在节点用水平连杆相连。这种截面受力不是很合理，上弦杆所需截面尺寸远大于下弦杆，但檩条和天窗架支柱与上弦的连接比较简单。

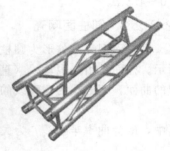

图 12-32　立体桁架的截面形式

桁架的外形可以做成直线形式，也可以做成曲线形式，如图 12-33 所示。早期的立体桁架多采用直线形式，用于平屋顶大跨度屋架。然而随着社会对美学要求的不断提高，为了满足空间造型的多样性，立体桁架多做成各种曲线形状。立体桁架一般都采用钢管相贯节点形式，故又称为（立体）管桁架。

立体桁架的高度可取跨度的 1/16～1/12。支承于下弦节点时，应在边桁架或上弦设置纵向水平支撑，以防止立体桁架侧倾；立体桁架还应设置上弦水平支撑体系（结合檩条），以保证平面外稳定。曲线形式的立体桁架支座水平位移较大，应考虑支座水平位移对下部结构的影响。

立体桁架在恒荷载与活荷载标准值作用下的最大挠度不应超过屋盖结构短向跨度的 1/250、悬臂结构跨度的 1/125。施工时可预先起拱，其起拱值可取不大于短向跨度的 1/300。

图 12-33　立体桁架的应用实例

12.3.4　悬索结构

悬索结构是由一系列作为主要承重构件的悬挂拉索按一定规律布置而组成的结构体系，包括悬挂拉索体系和支承系统。拉索由钢丝束、钢绞线、钢丝绳及钢拉杆制成，仅承受拉力作用，可充分利用钢材的强度。当采用高强度钢材时，更可以大大减轻结构自重，较为经济地跨越较大空间，因此悬索结构是大跨度建筑屋盖采用的结构形式之一。悬索结构的形式多样，布置灵活，并能适应多种建筑平面，因此能够较好地满足建筑功能和造型需求，广泛应用于体育建筑（体育馆、游泳馆、大运动场等）、工业车间、文化生活建筑（陈列馆、杂技厅、市场等）及特殊构筑物。

悬索结构的拉索悬挂于支承系统之上。支承系统由周边梁（桁架）、水平横梁、立柱或拱等构件组成，它承受悬索传来的荷载，并将其可靠地传至下部结构——基础，再通过基础将上部荷载传至地基。支承系统可以由钢材或钢筋混凝土来建造，其合理性和可靠性是直接影响整个屋盖结构经济性和安全性的重要因素。

悬挂拉索体系可以分为单层索系、双层索系和横向加劲索系三种形式。

（1）单层索系　单层索系仅一层索，分单索（图 12-34）和索网（图 12-35）。单索宜采用重型屋面。当平面为矩形或多边形时，可将拉索平行布置成单曲下凹屋面 ［图 12-34（a）］，在垂直于承重索方向布置檩条；当平面为圆形时，拉索可按辐射状布置成碟形屋面，中心宜设置受拉环，如图 12-34（b）所示；当平面为圆形并允许在中心设置立柱时，拉索可按辐射状布置成伞形屋面，如图 12-34（c）所示。

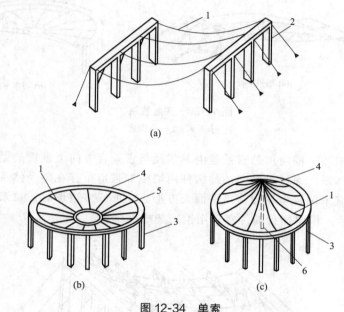

图 12-34　单索

1—承重索；2—边柱；3—周边柱；4—圈梁；5—受拉环；6—中柱

索网由两个方向布置承重索，或一个方向布置承重索、另一方向布置稳定索而形成，如图 12-35 所示。索网宜采用轻型屋面，平面形状可为方形、矩形、多边形、菱形、圆形和椭圆形等。

（2）双层索系　双层索系的基本单元是索桁架。所谓索桁架，就是由在同一竖向平面内两根曲率方向相反的索以及两索之间的撑杆或拉索组成的结构体系。索桁架中下凹方向的索为承重索，上凸方向的索为稳定索。由于两向索系的曲率相反，索中预拉力可以相互平衡，因此这类形式的悬索体系可以建立预应力，获得较强的结构刚度，并具有很好的整体稳定性。

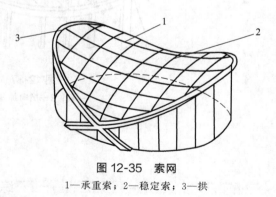

图 12-35　索网

1—承重索；2—稳定索；3—拱

双层索系宜采用轻型屋面。当平面为矩形或多边形时，承重索、稳定索宜平行布置，构成索桁架式的双层索系，如图 12-36（a）所示；当平面为圆形时，承重索、稳定索宜按辐射状布置，中心宜设置受拉环，如图 12-36（b）所示。

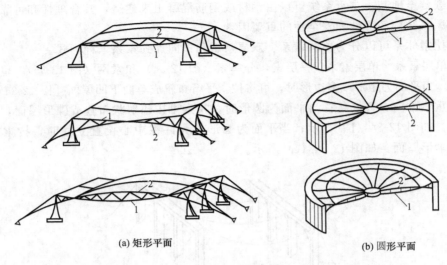

(a) 矩形平面   (b) 圆形平面

图 12-36 双层索系
1—承重索；2—稳定索

（3）横向加劲索系 横向加劲索系是由单索及与索垂直方向上设置的梁或桁架等横向加劲构件组成的结构体系，通过对横向加劲构件两端施加强迫位移在整个体系中建立预应力。

横向加劲索系宜采用轻型屋面。当平面为方形、矩形或多边形时，拉索宜沿纵向平行布置，如图 12-37 所示。横向加劲构件宜采用钢桁架或钢梁。

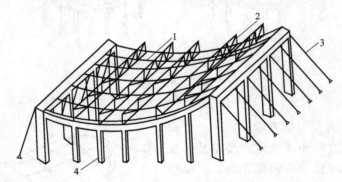

图 12-37 横向加劲索系
1—索；2—横向加劲构件；3—锚索；4—柱

练习题

12-1 普通钢结构单层厂房的主要承重构件有哪些？

12-2 普通钢结构单层厂房柱间支撑的作用是什么？

12-3 简述三角形屋架和梯形屋架的受力特点和适用范围。

12-4 轻型门式刚架有哪些特点？

12-5 钢结构多、高层房屋的常用结构体系有哪些？

12-6　何谓中心支撑和偏心支撑？

12-7　钢结构剪力墙（抗震墙）有哪几种形式？

12-8　如何确定多、高层钢结构房屋的抗震等级？

12-9　屈曲约束支撑的作用是什么？

12-10　选择钢结构房屋楼盖应考虑哪几方面的要求？

12-11　什么是网架结构？　按结构组成分哪几类？　按支承形式不同又分哪几类？

12-12　如何保证焊接空心球节点的安全性？

12-13　何谓网壳结构？　它与网架结构的区别在哪里？

12-14　曲面的高斯曲率如何定义？　依据高斯曲率可将网壳分为哪几类？

12-15　何谓立体桁架？　与平面桁架相比，立体桁架的优越性体现在哪里？

12-16　立体桁架中为什么说倒三角形截面形式比较合理？

12-17　悬索结构的悬挂拉索体系有哪几种形式？

12-18　什么是索桁架？

12-19　悬索结构的支承系统主要由哪些构件组成？

附 录

附表 1 混凝土强度标准值　　　　　　　　　　　　　　　　单位：N/mm²

强度种类	混凝土强度等级													
	C15	C20	C25	C30	C35	C40	C45	C50	C55	C60	C65	C70	C75	C80
f_{ck}	10.0	13.4	16.7	20.1	23.4	26.8	29.6	32.4	35.5	38.5	41.5	44.5	47.4	50.2
f_{tk}	1.27	1.54	1.78	2.01	2.20	2.39	2.51	2.64	2.74	2.85	2.93	2.99	3.05	3.11

附表 2 混凝土强度设计值　　　　　　　　　　　　　　　　单位：N/mm²

强度种类	混凝土强度等级													
	C15	C20	C25	C30	C35	C40	C45	C50	C55	C60	C65	C70	C75	C80
f_c	7.2	9.6	11.9	14.3	16.7	19.1	21.1	23.1	25.3	27.5	29.7	31.8	33.8	35.9
f_t	0.91	1.10	1.27	1.43	1.57	1.71	1.80	1.89	1.96	2.04	2.09	2.14	2.18	2.22

附表 3 混凝土的弹性模量　　　　　　　　　　　　　　　单位：×10⁴N/mm²

混凝土强度等级	C15	C20	C25	C30	C35	C40	C45	C50	C55	C60	C65	C70	C75	C80
E_c	2.20	2.55	2.80	3.00	3.15	3.25	3.35	3.45	3.55	3.60	3.65	3.70	3.75	3.80

注：1. 当有可靠试验依据时，弹性模量可根据实测数据确定。

2. 当混凝土中掺有大量矿物掺合料时，弹性模量可按规定龄期根据实测数据确定。

附表 4 普通钢筋强度标准值

牌　　号	符号	公称直径 d/mm	屈服强度标准值 f_{yk}/(N/mm²)	极限强度标准值 f_{stk}/(N/mm²)
HPB300	Φ	6～14	300	420
HRB335	$\underline{\Phi}$	6～14	335	455
HRB400 HRBF400 RRB400	$\underline{\Phi}$ $\underline{\Phi}^F$ $\underline{\Phi}^R$	6～50	400	540
HRB500 HRBF500	$\overline{\Phi}$ $\overline{\Phi}^F$	6～50	500	630

附表 5 普通钢筋强度设计值　　　　　　　　　　　　　　　　单位：N/mm²

牌　　号	抗拉强度设计值 f_y	抗压强度设计值 f_y'
HPB300	270	270
HRB335	300	300
HRB400、HRBF400、RRB400	360	360
HRB500、HRBF500	435	435

附表 6 普通钢筋弹性模量　　　　　　　　　　　　　　　单位：×10⁵N/mm²

牌号或种类	E_s
HPB300 钢筋	2.10
HRB335、HRB400、HRB500 钢筋，HRBF400、HRBF500 钢筋 RRB400 钢筋	2.00

附表7　混凝土保护层的最小厚度 c　　　　单位：mm

环 境 类 别	板、墙、壳	梁、柱、杆
一	15	20
二 a	20	25
二 b	25	35
三 a	30	40
三 b	40	50

注：1. 混凝土强度等级不大于 C25 时，表中保护层厚度数值应增加 5mm。

2. 钢筋混凝土基础宜设置混凝土垫层，基础中钢筋的混凝土保护层厚度应从垫层顶面算起，且不应小于 40mm。

附表8　纵向受力钢筋的最小配筋百分率 ρ_{min}　　　　单位：%

受 力 类 型		最小配筋百分率
受压构件	全部纵向钢筋　强度等级 500MPa	0.50
	全部纵向钢筋　强度等级 400MPa	0.55
	全部纵向钢筋　强度等级 300MPa、335MPa	0.60
	一侧纵向钢筋	0.20
受弯构件、偏心受拉、轴心受拉构件一侧的受拉钢筋		0.20 和 $45f_t/f_y$ 中的较大值

注：1. 受压构件全部纵向钢筋最小配筋百分率，当采用 C60 以上强度等级的混凝土时，应按表中规定增大 0.10。

2. 板类受弯构件（不包括悬臂板）的受拉钢筋，当采用强度等级 400MPa、500MPa 的钢筋时，其最小配筋百分率应允许采用 0.15 和 $45f_t/f_y$ 中的较大值。

3. 偏心受拉构件中的受压钢筋，应按受压构件一侧的纵向钢筋考虑。

4. 受压构件的全部纵向钢筋和一侧纵向钢筋的配筋率以及轴心受拉构件和小偏心受拉构件一侧受拉钢筋的配筋率均应按构件的全截面面积计算。

5. 受弯构件、大偏心受拉构件一侧受拉钢筋的配筋率应按全截面面积扣除受压翼缘面积 $(b_f'-b)h_f'$ 后的截面面积计算。

6. 当钢筋沿构件截面周边布置时，"一侧纵向钢筋"系指沿受力方向两个对边中一边布置的纵向钢筋。

附表9　混凝土受弯构件挠度限值

构 件 类 型		挠 度 限 值
吊车梁	手动吊车	$l_0/500$
	电动吊车	$l_0/600$
屋盖、楼盖及楼梯构件	当 $l_0<7$m 时	$l_0/200(l_0/250)$
	当 7m$\leq l_0\leq 9$m 时	$l_0/250(l_0/300)$
	当 $l_0>9$m 时	$l_0/300(l_0/400)$

注：1. 表中 l_0 为构件的计算跨度；计算悬臂构件的挠度限值时，其计算跨度 l_0 按实际悬臂长度的 2 倍取用。

2. 表中括号内的数值适用于使用上对挠度有较高要求的构件。

附表10　结构构件的裂缝控制等级及最大裂缝宽度的限值　　　　单位：mm

环境类别	钢筋混凝土结构		预应力混凝土结构	
	裂缝控制等级	w_{lim}	裂缝控制等级	w_{lim}
一	三级	0.30(0.40)	三级	0.20
二 a				0.10
二 b		0.20	二级	—
三 a、三 b			一级	—

注：1. 对处于年平均相对湿度小于 60% 地区一类环境下的受弯构件，其最大裂缝宽度限值可采用括号内的数值。

2. 在一类环境下，对钢筋混凝土屋架、托架及需作疲劳验算的吊车梁，其最大裂缝宽度限值应取为 0.20mm；对钢筋混凝土屋面梁和托梁，其最大裂缝宽度限值应取为 0.30mm。

附表 11　每米板宽内的钢筋截面面积　　　　　单位：mm²

钢筋间距/mm	钢筋公称直径/mm											
	3	4	5	6	6/8	8	8/10	10	10/12	12	12/14	14
70	101	180	280	404	561	719	920	1121	1369	1616	1907	2199
75	94.2	168	262	377	524	671	859	1047	1277	1508	1780	2052
80	88.4	157	245	354	491	629	805	981	1198	1414	1669	1924
85	83.2	148	231	333	462	592	758	924	1127	1331	1571	1811
90	78.5	140	218	314	437	559	716	872	1064	1257	1483	1710
95	74.5	132	207	298	414	529	678	826	1008	1190	1405	1620
100	70.6	126	196	283	393	503	644	785	958	1131	1335	1539
110	64.2	114	178	257	357	457	585	714	871	1028	1214	1399
120	58.9	105	163	236	327	419	537	654	798	942	1113	1283
125	56.5	101	157	226	314	402	515	628	766	905	1068	1231
130	54.4	96.6	151	218	302	387	495	604	737	870	1027	1184
140	50.5	89.8	140	202	281	359	460	561	684	808	954	1099
150	47.1	83.8	131	189	262	335	429	523	639	754	890	1026
160	44.1	78.5	123	177	246	314	403	491	599	707	834	962
170	41.5	73.9	115	166	231	296	379	462	564	665	785	905
180	39.2	69.8	109	157	218	279	358	436	532	628	742	855
190	37.2	66.1	103	149	207	265	339	413	504	595	703	810
200	35.3	62.8	98.2	141	196	251	322	393	479	565	668	770
220	32.1	57.1	89.2	129	179	229	293	357	436	514	607	700
240	29.4	52.4	81.8	118	164	210	268	327	399	471	556	641
250	28.3	50.3	78.5	113	157	201	258	314	383	452	534	616
260	27.2	48.3	75.5	109	151	193	248	302	369	435	513	592
280	25.2	44.9	70.1	101	140	180	230	280	342	404	477	550
300	23.6	41.9	65.5	94.2	131	168	215	262	319	377	445	513
320	22.1	39.3	61.4	88.4	123	157	201	245	299	353	417	481

附表 12　钢筋的公称直径、公称截面面积及理论质量

公称直径/mm	不同根数钢筋的公称截面面积/mm²									单根钢筋理论质量/(kg/m)
	1	2	3	4	5	6	7	8	9	
6	28.3	57	85	113	142	170	198	226	255	0.222
8	50.3	101	151	201	252	302	352	402	453	0.395
10	78.5	157	236	314	393	471	550	628	707	0.617
12	113.1	226	339	452	565	678	791	904	1017	0.888
14	153.9	308	461	615	769	923	1077	1231	1385	1.21
16	201.1	402	603	804	1005	1206	1407	1608	1809	1.58
18	254.5	509	763	1017	1272	1527	1781	2036	2290	2.00(2.11)
20	314.2	628	942	1256	1570	1884	2199	2513	2827	2.47
22	380.1	760	1140	1520	1900	2281	2661	3041	3421	2.98
25	490.9	982	1473	1964	2454	2945	3436	3927	4418	3.85(4.10)
28	615.8	1232	1847	2463	3079	3695	4310	4926	5542	4.83
32	804.2	1609	2413	3217	4021	4826	5630	6434	7238	6.31(6.65)
36	1017.9	2036	3054	4072	5089	6107	7125	8143	9161	7.99
40	1256.6	2513	3770	5027	6283	7540	8796	10053	11310	9.87(10.34)
50	1964	3928	5892	7856	9820	11784	13748	15712	17676	15.42(16.28)

注：括号内为预应力螺纹钢筋的数值。

附表 13　等截面等跨连续梁在常用荷载作用下按弹性分析的内力系数

利用表进行内力计算的公式如下（截面下部受拉时弯矩为正，绕脱离体顺时针转时剪力为正）：

（1）均布荷载作用下

$$M = 表中系数 \times gl_0^2，\quad 或 \quad M = 表中系数 \times ql_0^2$$
$$V = 表中系数 \times gl_0，\quad 或 \quad V = 表中系数 \times ql_0$$

（2）集中荷载作用下

$$M = 表中系数 \times Gl_0，\quad 或 \quad M = 表中系数 \times Ql_0$$
$$V = 表中系数 \times G，\quad 或 \quad V = 表中系数 \times Q$$

式中　g,G——永久荷载；

q,Q——可变荷载；

l_0——计算跨度。

附表 13.1　两跨连续梁

荷　载　图	跨内最大弯矩		支座弯矩	剪　　力		
	M_1	M_2	M_B	V_A	$V_{B左}$ $V_{B右}$	V_C
均布荷载 g（A B C，l_0 l_0）	0.070	0.070	-0.125	0.375	-0.625 0.625	-0.375
均布荷载 q（M_1 M_2）	0.096	-0.025	-0.063	0.437	-0.563 0.063	0.063
集中荷载 G	0.156	0.156	-0.188	0.312	-0.688 0.688	-0.312
集中荷载 Q	0.203	-0.047	-0.094	0.406	-0.594 0.094	0.094
集中荷载 G	0.222	0.222	-0.333	0.667	-1.333 1.333	-0.667
集中荷载 Q	0.278	-0.056	-0.167	0.833	-1.167 0.167	0.167

附表 13.2　三跨连续梁

荷　载　图	跨内最大弯矩		支座弯矩		剪　　力			
	M_1	M_2	M_B	M_C	V_A	$V_{B左}$ $V_{B右}$	$V_{C左}$ $V_{C右}$	V_D
均布荷载 g（A B C D，l_0 l_0 l_0）	0.080	0.025	-0.100	-0.100	0.400	-0.600 0.500	-0.500 0.600	-0.400
均布荷载 q（M_1 M_2 M_3）	0.101	-0.050	-0.050	-0.050	0.450	-0.550 0	0 0.550	-0.450

荷 载 图	跨内最大弯矩		支座弯矩		剪 力			
	M_1	M_2	M_B	M_C	V_A	$V_{B左}$ $V_{B右}$	$V_{C左}$ $V_{C右}$	V_D
	-0.025	0.075	-0.050	-0.050	-0.050	-0.050 0.500	-0.500 0.050	0.050
	0.073	0.054	-0.117	-0.033	0.383	-0.617 0.583	-0.417 0.033	0.033
	0.094	—	-0.067	0.017	0.433	-0.567 0.083	0.083 -0.017	-0.017
	0.175	0.100	-0.150	-0.150	0.350	-0.650 0.500	-0.500 0.650	-0.350
	0.213	-0.075	-0.075	-0.075	0.425	-0.575 0	0 0.575	-0.425
	-0.038	0.175	-0.075	-0.075	-0.075	-0.075 0.500	-0.500 0.075	0.075
	0.162	0.137	-0.175	-0.050	0.325	-0.675 0.625	-0.375 0.050	0.050
	0.200	—	-0.100	0.025	0.400	-0.600 0.125	0.125 -0.025	-0.025
	0.244	0.067	-0.267	-0.267	0.733	-1.267 1.000	-1.000 1.267	-0.733
	0.289	-0.133	-0.133	-0.133	0.866	-1.134 0	0 1.134	-0.866
	-0.044	0.200	-0.133	-0.133	-0.133	-0.133 1.000	-1.000 0.133	0.133
	0.229	0.170	-0.311	-0.089	0.689	-1.311 1.222	-0.778 0.089	0.089
	0.274	—	-0.178	0.044	0.822	-1.178 0.222	0.222 -0.044	-0.044

附表 13.3 四跨连续梁

荷载图	跨中最大弯矩				支座弯矩			剪力				
	M_1	M_2	M_3	M_4	M_B	M_C	M_D	V_A	$V_{B左}$ / $V_{B右}$	$V_{C左}$ / $V_{C右}$	$V_{D左}$ / $V_{D右}$	V_E
(g 满布)	0.077	0.036	0.036	0.077	−0.107	−0.071	−0.107	0.393	−0.607 / 0.536	−0.464 / 0.464	−0.536 / 0.607	−0.393
	0.100	−0.045	0.081	−0.023	−0.054	−0.036	−0.054	0.446	−0.554 / 0.018	0.018 / 0.482	−0.518 / 0.054	0.054
	0.072	0.061	—	0.098	−0.121	−0.018	−0.058	0.380	−0.620 / 0.603	−0.397 / 0.040	−0.040 / 0.558	−0.442
	—	0.056	0.056	—	−0.036	−0.107	−0.036	−0.036	−0.036 / 0.429	−0.571 / 0.571	−0.429 / 0.036	0.036
	0.094	—	—	—	−0.067	0.018	−0.004	0.433	−0.567 / 0.085	0.085 / −0.022	−0.022 / 0.004	0.004
	—	0.074	—	—	−0.049	−0.054	0.013	−0.049	−0.049 / 0.496	−0.504 / 0.067	0.067 / −0.013	−0.013
(G)	0.169	0.116	0.116	0.169	−0.161	−0.107	−0.161	0.339	−0.661 / 0.554	−0.446 / 0.446	−0.554 / 0.661	−0.339
(Q)	0.210	—	0.183	—	−0.080	−0.054	−0.080	0.420	−0.580 / 0.027	0.027 / 0.473	−0.527 / 0.080	0.080

续表

荷载图	跨中最大弯矩				支座弯矩			剪力				
	M_1	M_2	M_3	M_4	M_B	M_C	M_D	V_A	$V_{B左}$ / $V_{B右}$	$V_{C左}$ / $V_{C右}$	$V_{D左}$ / $V_{D右}$	V_E
	0.159	0.146	—	0.206	-0.181	-0.027	-0.087	0.319	-0.681 / 0.654	-0.346 / -0.060	-0.060 / 0.587	-0.413
	—	0.142	0.142	—	-0.054	-0.161	-0.054	-0.054	-0.054 / 0.393	-0.607 / 0.607	-0.393 / 0.054	0.054
	0.200	—	—	—	-0.100	0.027	-0.007	0.400	-0.600 / 0.127	0.127 / -0.033	-0.033 / 0.007	0.007
	—	0.173	—	—	-0.074	-0.080	0.020	-0.074	-0.074 / 0.493	-0.507 / 0.100	0.100 / -0.020	-0.020
	0.238	0.111	0.111	0.238	-0.286	-0.191	-0.286	0.714	-1.286 / 1.095	-0.905 / 0.905	-1.095 / 1.286	-0.714
	0.286	0.194	0.222	-0.048	-0.143	-0.095	-0.143	0.857	-0.143 / 0.048	0.048 / 0.952	-1.048 / 0.143	0.143
	0.226	0.175	0.175	0.282	-0.321	-0.048	-0.155	0.679	-1.321 / 1.274	-0.726 / -0.107	-0.107 / 1.155	-0.845
	—	—	—	—	-0.095	-0.286	-0.095	-0.095	-0.095 / 0.810	-1.190 / 1.190	-0.810 / 0.095	0.095
	0.274	—	—	—	-0.178	0.048	-0.012	0.822	-1.178 / 0.226	0.226 / -0.060	-0.060 / 0.012	0.012
	—	0.198	—	—	-0.131	-0.143	0.036	-0.131	-0.131 / 0.988	-1.012 / 0.178	0.178 / -0.036	-0.036

附表13.4 五跨连续梁

荷载图中标注：g（第一行满布均布荷载）、支座 A B C D E F、跨度 l₀；各跨荷载 q，跨中弯矩 $M_1\ M_2\ M_3\ M_4\ M_5$。

荷载图	跨中最大弯矩			支座弯矩				剪力					
	M_1	M_2	M_3	M_B	M_C	M_D	M_E	V_A	$V_{B左}$ / $V_{B右}$	$V_{C左}$ / $V_{C右}$	$V_{D左}$ / $V_{D右}$	$V_{E左}$ / $V_{E右}$	V_F
(满布 g+q)	0.078	0.033	0.046	-0.105	-0.079	-0.079	-0.105	0.394	-0.606 / 0.526	-0.474 / 0.500	-0.500 / 0.474	-0.526 / 0.606	-0.394
	0.100	—	0.085	-0.053	-0.040	-0.040	-0.053	0.477	-0.553 / 0.013	0.013 / 0.500	-0.500 / -0.013	-0.013 / 0.553	0.053
	—	0.079	—	-0.053	-0.040	-0.040	-0.053	-0.053	-0.053 / 0.513	-0.487 / 0	0 / 0.487	-0.513 / 0.053	0.052
	0.073	$\dfrac{②0.059}{0.078}$	—	-0.119	-0.022	-0.044	-0.051	0.380	-0.620 / 0.598	-0.402 / -0.023	-0.023 / 0.493	-0.507 / 0.052	-0.443
	$\dfrac{—①}{0.098}$	0.055	0.064	-0.035	-0.111	-0.020	-0.057	-0.035	-0.035 / 0.424	-0.576 / 0.591	-0.409 / -0.037	-0.037 / 0.557	-0.001
	0.094	—	—	-0.067	0.018	-0.005	0.001	0.443	-0.567 / 0.085	0.085 / -0.023	-0.023 / 0.006	0.006 / -0.001	0.004
	—	0.074	—	-0.049	-0.054	0.014	-0.004	-0.049	-0.049 / 0.495	-0.505 / 0.068	0.068 / -0.018	-0.018 / 0.004	-0.013
	—	—	0.072	0.013	-0.053	-0.053	0.013	0.013	0.013 / -0.066	-0.066 / 0.500	-0.500 / 0.066	0.066 / 0.013	-0.013

续表

荷载图	跨中最大弯矩			支座弯矩				剪力					
	M_1	M_2	M_3	M_B	M_C	M_D	M_E	V_A	$V_{B左}$ / $V_{B右}$	$V_{C左}$ / $V_{C右}$	$V_{D左}$ / $V_{D右}$	$V_{E左}$ / $V_{E右}$	V_F
	0.017	0.112	0.132	−0.158	−0.118	−0.118	−0.158	0.342	−0.658 / 0.540	−0.460 / 0.500	−0.500 / 0.460	−0.540 / 0.658	−0.342
	0.211	—	0.191	−0.079	−0.059	−0.059	−0.079	0.421	−0.579 / 0.020	0.020 / 0.500	−0.500 / −0.020	−0.020 / 0.579	−0.421
	—	0.181	—	−0.079	−0.059	−0.059	−0.079	−0.079	−0.079 / 0.520	−0.480 / 0	0 / 0.480	−0.520 / 0.079	0.079
	0.160	$\dfrac{0.144②}{0.178}$	0.151	−0.179	−0.032	−0.066	−0.077	0.321	−0.679 / 0.647	−0.353 / −0.034	−0.034 / 0.489	−0.511 / 0.077	0.077
	$\dfrac{-①}{0.207}$	0.140	—	−0.052	−0.167	−0.031	−0.086	−0.052	−0.052 / 0.385	−0.615 / 0.637	−0.363 / −0.056	−0.056 / 0.586	−0.414
	0.200	0.173	—	−0.100	0.027	−0.007	0.002	0.400	−0.600 / 0.127	0.127 / −0.034	−0.034 / 0.009	0.009 / −0.002	−0.002
	—	—	—	−0.073	−0.081	0.022	−0.005	−0.073	−0.073 / 0.493	−0.507 / 0.102	0.102 / −0.027	−0.027 / 0.005	0.005
	—	—	0.171	0.020	−0.079	−0.079	0.020	0.020	0.020 / −0.099	−0.099 / 0.500	−0.500 / 0.099	0.099 / −0.020	−0.020

续表

荷载图	跨中最大弯矩			支座弯矩				剪　力					
	M_1	M_2	M_3	M_B	M_C	M_D	M_E	V_A	$V_{B左}/V_{B右}$	$V_{C左}/V_{C右}$	$V_{D左}/V_{D右}$	$V_{E左}/V_{E右}$	V_F
	0.240	0.100	0.122	-0.281	-0.211	-0.211	-0.281	0.719	-1.281 / 1.070	-0.930 / 1.000	-1.000 / 0.930	-1.070 / 1.281	-0.719
	0.287	0.216	0.228	-0.140	-0.105	-0.105	-0.140	0.860	-1.140 / 0.035	0.035 / 1.000	-1.000 / -0.035	-0.035 / 1.140	-0.860
	0.227	$\dfrac{0.189②}{0.209}$	—	-0.140	-0.105	-0.105	-0.140	-0.140	-0.140 / 1.035	-0.965 / 0	0 / 0.965	-1.035 / 0.140	0.140
	$\dfrac{①}{0.282}$	0.172	0.198	-0.319	-0.057	-0.118	-0.137	0.681	-1.319 / 1.262	-0.738 / -0.061	-0.061 / 0.981	-1.019 / 0.137	0.137
	0.274			-0.093	-0.297	-0.054	-0.153	-0.093	-0.093 / 0.796	-1.204 / 1.243	-0.757 / -0.099	-0.099 / 1.153	-0.847
		0.198		-0.179	0.048	-0.013	0.003	0.821	-1.179 / 0.227	0.227 / -0.061	-0.061 / 0.016	0.016 / -0.003	-0.003
			0.193	-0.131	-0.144	0.038	-0.010	-0.131	-0.131 / 0.987	-1.013 / 0.182	0.182 / -0.048	-0.048 / 0.010	0.010
				0.035	-0.140	-0.140	0.035	0.035	0.035 / -0.175	-0.175 / 1.000	-1.000 / 0.175	0.175 / -0.035	-0.035

① 分子及分母分别为 M_1 及 M_5 的弯矩系数。

② 分子及分母分别为 M_2 及 M_4 的弯矩系数。

附表 14 双向板按弹性分析的计算系数表

板的抗弯刚度 B_c 按下式计算：

$$B_c = \frac{Eh^3}{12(1-\mu^2)}$$

式中　E——混凝土弹性模量；

　　　h——板厚；

　　　μ——混凝土泊松比。

其他符号说明如下：a_f、$a_{f,max}$ 分别为板中心点的挠度和最大挠度；m_x、$m_{x,max}$ 分别为平行于 l_x 方向板中心点单位板宽内的弯矩和板跨内最大弯矩；m'_x 为固定边中点沿 l_x 方向单位板宽内的弯矩；m'_y 为固定边中点沿 l_y 方向单位板宽内的弯矩；$ ====== $ 代表简支边；$ \amalg\amalg\amalg\amalg\amalg\amalg\amalg $ 代表固定边。

正负号的规定：

弯矩——使板的受荷面受压者为正，否则为负；

挠度——变形方向与荷载方向相同者为正，否则为负。

附表 14.1 四边简支

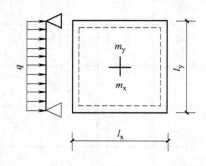

挠度＝表中系数 $\times \dfrac{ql^4}{B_c}$

$\mu=0$ 时，弯矩＝表中系数 $\times ql^2$

式中 l 取用 l_x 和 l_y 中的较小者

l_x/l_y	a_f	m_x	m_y	l_x/l_y	a_f	m_x	m_y
0.50	0.01013	0.0965	0.0174	0.80	0.00603	0.0561	0.0334
0.55	0.00940	0.0982	0.0210	0.85	0.00547	0.0506	0.0348
0.60	0.00867	0.0820	0.0242	0.90	0.00496	0.0456	0.0358
0.65	0.00796	0.0750	0.0271	0.95	0.00449	0.0410	0.0364
0.70	0.00727	0.0683	0.0296	1.00	0.00406	0.0368	0.0368
0.75	0.00663	0.0620	0.0317	—	—	—	—

附表 14.2 三边简支、一边固定

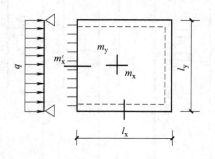

挠度＝表中系数 $\times \dfrac{ql^4}{B_c}$

$\mu=0$ 时，弯矩＝表中系数 $\times ql^2$

式中 l 取用 l_x 和 l_y 中的较小者

l_x/l_y	l_y/l_x	a_f	$a_{f,max}$	m_x	$m_{x,max}$	m_y	$m_{y,max}$	m'_x
0.50	—	0.00488	0.00504	0.0583	0.0646	0.0060	0.0063	−0.1212
0.55	—	0.00471	0.00492	0.0563	0.0618	0.0081	0.0087	−0.1187
0.60	—	0.00453	0.00472	0.0539	0.0589	0.0104	0.0111	−0.1158
0.65	—	0.00432	0.00448	0.0513	0.0559	0.0126	0.0133	−0.1124
0.70	—	0.00410	0.00422	0.0485	0.0529	0.0148	0.0154	−0.1087
0.75	—	0.00388	0.00399	0.0457	0.0496	0.0168	0.0174	−0.1048
0.80	—	0.00365	0.00376	0.0428	0.0463	0.0187	0.0193	−0.1007
0.85	—	0.00343	0.00352	0.0400	0.0431	0.0204	0.0211	−0.0965
0.90	—	0.00321	0.00329	0.0372	0.0400	0.0219	0.0226	−0.0922
0.95	—	0.00299	0.00306	0.0345	0.0369	0.0232	0.0239	−0.0880
1.00	1.00	0.00279	0.00285	0.0319	0.0340	0.0243	0.0249	−0.0839
—	0.95	0.00316	0.00324	0.0324	0.0345	0.0280	0.0287	−0.0882
—	0.90	0.00360	0.00368	0.0328	0.0347	0.0322	0.0330	−0.0925
—	0.85	0.00409	0.00417	0.0329	0.0345	0.0370	0.0378	−0.0970
—	0.80	0.00464	0.00473	0.0326	0.0343	0.0424	0.0433	−0.1014
—	0.75	0.00526	0.00536	0.0319	0.0335	0.0485	0.0494	−0.1056
—	0.70	0.00595	0.00605	0.0308	0.0323	0.0553	0.0562	−0.1096
—	0.65	0.00670	0.00680	0.0291	0.0306	0.0627	0.0637	−0.1133
—	0.60	0.00752	0.00762	0.0263	0.0289	0.0707	0.0717	−0.1166
—	0.55	0.00838	0.00848	0.0239	0.0271	0.0792	0.0801	−0.1193
—	0.50	0.00927	0.00935	0.0205	0.0249	0.0880	0.0888	−0.1215

附表 14.3 两对边简支、两对边固定

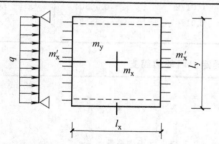

$$挠度 = 表中系数 \times \frac{ql^4}{B_c}$$

$\mu = 0$ 时，弯矩 = 表中系数 $\times ql^2$

式中 l 取用 l_x 和 l_y 中的较小者

l_x/l_y	l_y/l_x	a_f	m_x	m_y	m'_x
0.50	—	0.00261	0.0416	0.0017	−0.0843
0.55	—	0.00259	0.0410	0.0028	−0.0840
0.60	—	0.00255	0.0402	0.0042	−0.0834
0.65	—	0.00250	0.0392	0.0057	−0.0826
0.70	—	0.00243	0.0379	0.0072	−0.0814
0.75	—	0.00236	0.0366	0.0088	−0.0799
0.80	—	0.00228	0.0351	0.0103	−0.0782
0.85	—	0.00220	0.0335	0.0118	−0.0763
0.90	—	0.00211	0.0319	0.0133	−0.0743
0.95	—	0.00201	0.0302	0.0146	−0.0721
1.00	1.00	0.00192	0.0285	0.0158	−0.0698
—	0.95	0.00223	0.0296	0.0189	−0.0746
—	0.90	0.00260	0.0306	0.0224	−0.0797
—	0.85	0.00303	0.0314	0.0266	−0.0850
—	0.80	0.00354	0.0319	0.0316	−0.0904
—	0.75	0.00413	0.0321	0.0374	−0.0959
—	0.70	0.00482	0.0318	0.0441	−0.1013
—	0.65	0.00560	0.0308	0.0518	−0.1066
—	0.60	0.00647	0.0292	0.0604	−0.1114
—	0.55	0.00743	0.0267	0.0698	−0.1156
—	0.50	0.00844	0.0234	0.0789	−0.1191

附表 14.4　四边固定

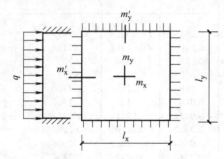

挠度＝表中系数$\times\dfrac{ql^4}{B_c}$

$\mu=0$ 时，弯矩＝表中系数$\times ql^2$

式中 l 取用 l_x 和 l_y 中的较小者

l_x/l_y	a_f	m_x	m_y	m'_x	m'_y
0.50	0.00253	0.0400	0.0038	−0.0829	−0.0570
0.55	0.00246	0.0385	0.0056	−0.0814	−0.0571
0.60	0.00236	0.0367	0.0076	−0.0793	−0.0571
0.65	0.00224	0.0345	0.0095	−0.0766	−0.0571
0.70	0.00211	0.0321	0.0113	−0.0735	−0.0569
0.75	0.00197	0.0296	0.0130	−0.0701	−0.0565
0.80	0.00182	0.0271	0.0144	−0.0664	−0.0559
0.85	0.00168	0.0246	0.0156	−0.0626	−0.0551
0.90	0.00153	0.0221	0.0165	−0.0588	−0.0541
0.95	0.00140	0.0198	0.0172	−0.0550	−0.0528
1.00	0.00127	0.0176	0.0176	−0.0513	−0.0513

附表 14.5　两邻边固定、两邻边简支

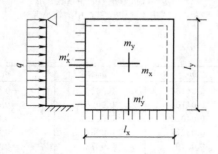

挠度＝表中系数$\times\dfrac{ql^4}{B_c}$

$\mu=0$ 时，弯矩＝表中系数$\times ql^2$

式中 l 取用 l_x 和 l_y 中的较小者

l_x/l_y	a_f	$a_{f,max}$	m_x	$m_{x,max}$	m_y	$m_{y,max}$	m'_x	m'_y
0.50	0.00468	0.00471	0.0559	0.0562	0.0079	0.0135	−0.1179	−0.0786
0.55	0.00445	0.00454	0.0529	0.0530	0.0104	0.0153	−0.1140	−0.0785
0.60	0.00419	0.00429	0.0496	0.0498	0.0129	0.0169	−0.1095	−0.0782
0.65	0.00391	0.00399	0.0461	0.0465	0.0151	0.0183	−0.1045	−0.0777
0.70	0.00336	0.00368	0.0426	0.0432	0.0172	0.0195	−0.0992	−0.0770
0.75	0.00335	0.00340	0.0390	0.0396	0.0189	0.0206	−0.0938	−0.0760
0.80	0.00308	0.00313	0.0356	0.0361	0.0204	0.0218	−0.0883	−0.0748
0.85	0.00281	0.00286	0.0322	0.0328	0.0215	0.0229	−0.0829	−0.0733
0.90	0.00256	0.00261	0.0291	0.0297	0.0224	0.0238	−0.0776	−0.0716
0.95	0.00232	0.00237	0.0261	0.0267	0.0230	0.0244	−0.0726	−0.0698
1.00	0.00210	0.00215	0.0234	0.0240	0.0234	0.0249	−0.0677	−0.0677

附表 14.6　三边固定、一边简支

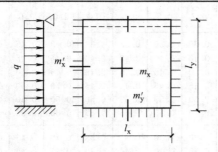

挠度＝表中系数×$\dfrac{ql^4}{B_c}$

$\mu=0$ 时，弯矩＝表中系数×ql^2

式中 l 取用 l_x 和 l_y 中的较小者

l_x/l_y	l_y/l_x	a_f	$a_{f,max}$	m_x	$m_{x,max}$	m_y	$m_{y,max}$	m'_x	m'_y
0.50	—	0.00257	0.00258	0.0408	0.0409	0.0028	0.0089	−0.0836	−0.0569
0.55	—	0.00252	0.00255	0.0398	0.0399	0.0042	0.0093	−0.0827	−0.0570
0.60	—	0.00245	0.00249	0.0384	0.0386	0.0059	0.0105	−0.0814	−0.0571
0.65	—	0.00237	0.00240	0.0368	0.0371	0.0076	0.0116	−0.0796	−0.0572
0.70	—	0.00227	0.00229	0.0350	0.0354	0.0093	0.0127	−0.0774	−0.0572
0.75	—	0.00216	0.00219	0.0331	0.0335	0.0109	0.0137	−0.0750	−0.0572
0.80	—	0.00205	0.00208	0.0310	0.0314	0.0124	0.0147	−0.0722	−0.0570
0.85	—	0.00193	0.00196	0.0289	0.0293	0.0138	0.0155	−0.0693	−0.0567
0.90	—	0.00181	0.00184	0.0268	0.0273	0.0159	0.0163	−0.0663	−0.0563
0.95	—	0.00169	0.00172	0.0247	0.0252	0.0160	0.0172	−0.0631	−0.0558
1.00	1.00	0.00157	0.00160	0.0227	0.0231	0.0168	0.0180	−0.0600	−0.0550
—	0.95	0.00178	0.00182	0.0229	0.0234	0.0194	0.0207	−0.0629	−0.0599
—	0.90	0.00201	0.00206	0.0228	0.0234	0.0223	0.0238	−0.0656	−0.0653
—	0.85	0.00227	0.00233	0.0225	0.0231	0.0255	0.0273	−0.0683	−0.0711
—	0.80	0.00256	0.00262	0.0219	0.0224	0.0290	0.0311	−0.0707	−0.0722
—	0.75	0.00286	0.00294	0.0208	0.0214	0.0329	0.0354	−0.0729	−0.0837
—	0.70	0.00319	0.00327	0.0194	0.0200	0.0370	0.0400	−0.0748	−0.0903
—	0.65	0.00352	0.00365	0.0175	0.0182	0.0412	0.0446	−0.0762	−0.0970
—	0.60	0.00386	0.00403	0.0153	0.0160	0.0454	0.0493	−0.0773	−0.1033
—	0.55	0.00419	0.00437	0.0127	0.0133	0.0496	0.0541	−0.0780	−0.1093
—	0.50	0.00449	0.00463	0.0099	0.0103	0.0534	0.0588	−0.0784	−0.1146

附表 15　框架柱反弯点高度比

附表 15.1　规则框架承受均布水平荷载时的标准反弯点高度比 y_0

m	$\dfrac{\overline{K}}{n}$	0.1	0.2	0.3	0.4	0.5	0.6	0.7	0.8	0.9	1.0	2.0	3.0	4.0	5.0
1	1	0.80	0.75	0.70	0.65	0.65	0.60	0.60	0.60	0.60	0.55	0.55	0.55	0.55	0.55
2	2	0.45	0.40	0.35	0.35	0.35	0.35	0.40	0.40	0.40	0.40	0.45	0.45	0.45	0.45
	1	0.95	0.80	0.75	0.70	0.65	0.65	0.65	0.60	0.60	0.60	0.55	0.55	0.55	0.50
3	3	0.15	0.20	0.20	0.25	0.30	0.30	0.30	0.35	0.35	0.35	0.40	0.45	0.45	0.45
	2	0.55	0.50	0.45	0.45	0.45	0.45	0.45	0.45	0.45	0.45	0.50	0.50	0.50	0.50
	1	1.00	0.85	0.80	0.75	0.70	0.70	0.65	0.65	0.65	0.60	0.55	0.55	0.55	0.55
4	4	−0.05	0.05	0.15	0.20	0.25	0.30	0.30	0.35	0.35	0.35	0.40	0.45	0.45	0.45
	3	0.25	0.30	0.30	0.35	0.35	0.40	0.40	0.40	0.40	0.45	0.45	0.50	0.50	0.50
	2	0.65	0.55	0.50	0.50	0.45	0.45	0.45	0.45	0.45	0.45	0.50	0.50	0.50	0.50
	1	1.10	0.90	0.80	0.75	0.70	0.70	0.60	0.65	0.65	0.60	0.55	0.55	0.55	0.55
5	5	−0.20	0.00	0.15	0.20	0.25	0.30	0.30	0.30	0.35	0.35	0.40	0.45	0.45	0.45
	4	0.10	0.20	0.25	0.30	0.35	0.35	0.40	0.40	0.40	0040	0.45	0.45	0.50	0.50
	3	0.40	0.40	0.40	0.40	0.40	0.45	0.45	0.45	0.45	0.45	0.50	0.50	0.50	0.50
	2	0.65	0.55	0.50	0.50	0.50	0.50	0.50	0.50	0.50	0.50	0.50	0.50	0.50	0.50
	1	1.20	0.95	0.80	0.75	0.75	0.70	0.70	0.65	0.65	0.65	0.55	0.55	0.55	0.55

m	$\overline{K}$ / n	0.1	0.2	0.3	0.4	0.5	0.6	0.7	0.8	0.9	1.0	2.0	3.0	4.0	5.0
6	6	−0.30	0.00	0.10	0.20	0.25	0.25	0.30	0.30	0.35	0.35	0.40	0.45	0.45	0.45
	5	0.00	0.20	0.25	0.30	0.35	0.35	0.40	0.40	0.40	0.40	0.45	0.45	0.50	0.50
	4	0.20	0.30	0.35	0.35	0.40	0.40	0.40	0.45	0.45	0.45	0.45	0.50	0.50	0.50
	3	0.40	0.40	0.40	0.45	0.45	0.45	0.45	0.45	0.45	0.45	0.50	0.50	0.50	0.50
	2	0.70	0.60	0.55	0.50	0.50	0.50	0.50	0.50	0.50	0.50	0.50	0.50	0.50	0.50
	1	1.20	0.95	0.85	0.80	0.75	0.70	0.70	0.65	0.65	0.65	0.55	0.55	0.55	0.55
7	7	−0.35	−0.05	0.10	0.20	0.20	0.25	0.30	0.30	0.35	0.35	0.40	0.45	0.45	0.45
	6	−0.10	0.15	0.25	0.30	0.35	0.35	0.35	0.40	0.40	0.40	0.45	0.45	0.50	0.50
	5	0.10	0.25	0.30	0.35	0.40	0.40	0.40	0.45	0.45	0.45	0.45	0.50	0.50	0.50
	4	0.30	0.35	0.40	0.40	0.40	0.45	0.45	0.45	0.45	0.45	0.50	0.50	0.50	0.50
	3	0.50	0.45	0.45	0.45	0.45	0.45	0.45	0.45	0.45	0.45	0.50	0.50	0.50	0.50
	2	0.75	0.60	0.55	0.50	0.50	0.50	0.50	0.50	0.50	0.50	0.50	0.50	0.50	0.50
	1	1.20	0.95	0.85	0.80	0.75	0.70	0.70	0.65	0.65	0.65	0.55	0.55	0.55	0.55
8	8	−0.35	−0.15	0.10	0.15	0.25	0.25	0.30	0.30	0.35	0.35	0.40	0.45	0.45	0.45
	7	−0.10	0.15	0.25	0.30	0.35	0.35	0.40	0.40	0.40	0.40	0.45	0.50	0.50	0.50
	6	0.05	0.25	0.30	0.35	0.40	0.40	0.45	0.45	0.45	0.45	0.45	0.50	0.50	0.50
	5	0.20	0.30	0.35	0.40	0.40	0.45	0.45	0.45	0.45	0.45	0.50	0.50	0.50	0.50
	4	0.35	0.40	0.40	0.45	0.45	0.45	0.45	0.45	0.45	0.45	0.50	0.50	0.50	0.50
	3	0.50	0.45	0.45	0.45	0.45	0.45	0.45	0.50	0.50	0.50	0.50	0.50	0.50	0.50
	2	0.75	0.60	0.55	0.55	0.50	0.50	0.50	0.50	0.50	0.50	0.50	0.50	0.50	0.50
	1	1.20	1.00	0.85	0.80	0.75	0.70	0.65	0.65	0.65	0.65	0.55	0.55	0.55	0.55
9	9	−0.40	−0.05	0.10	0.20	0.25	0.25	0.30	0.30	0.35	0.35	0.45	0.45	0.45	0.45
	8	−0.15	0.15	0.25	0.30	0.35	0.35	0.35	0.40	0.40	0.40	0.45	0.45	0.50	0.50
	7	0.05	0.25	0.30	0.35	0.40	0.40	0.40	0.45	0.45	0.45	0.45	0.50	0.50	0.50
	6	0.15	0.30	0.35	0.40	0.40	0.45	0.45	0.45	0.45	0.45	0.50	0.50	0.50	0.50
	5	0.25	0.35	0.40	0.40	0.45	0.45	0.45	0.45	0.454	0.454	0.50	0.50	0.50	0.50
	4	0.40	0.40	0.40	0.45	0.45	0.45	0.45	0.45	0.45	0.45	0.50	0.50	0.50	0.50
	3	0.55	0.45	0.45	0.45	0.45	0.45	0.45	0.45	0.50	0.50	0.50	0.50	0.50	0.50
	2	0.80	0.65	0.55	0.55	0.50	0.50	0.50	0.50	0.50	0.50	0.50	0.50	0.50	0.50
	1	1.20	1.00	0.85	0.80	0.75	0.70	0.70	0.65	0.65	0.65	0.55	0.55	0.55	0.55
10	10	−0.40	−0.05	0.10	0.20	0.25	0.30	0.30	0.30	0.30	0.35	0.40	0.45	0.45	0.45
	9	−0.15	0.15	0.25	0.30	0.35	0.35	0.40	0.40	0.40	0.40	0.45	0.45	0.50	0.50
	8	0.00	0.25	0.30	0.35	0.40	0.40	0.40	0.45	0.45	0.45	0.45	0.50	0.50	0.50
	7	0.10	0.30	0.35	0.40	0.40	0.40	0.45	0.45	0.45	0.45	0.50	0.50	0.50	0.50
	6	0.20	0.35	0.40	0.40	0.45	0.45	0.45	0.45	0.45	0.45	0.50	0.50	0.50	0.50
	5	0.30	0.40	0.40	0.45	0.45	0.45	0.45	0.45	0.45	0.50	0.50	0.50	0.50	0.50
	4	0.40	0.40	0.45	0.45	0.45	0.45	0.45	0.45	0.45	0.50	0.50	0.50	0.50	0.50
	3	0.55	0.50	0.45	0.45	0.45	0.50	0.50	0.50	0.50	0.50	0.50	0.50	0.50	0.50
	2	0.80	0.65	0.55	0.55	0.55	0.50	0.50	0.50	0.50	0.50	0.50	0.50	0.50	0.50
	1	1.30	1.00	0.85	0.80	0.75	0.70	0.70	0.65	0.65	0.65	0.60	0.55	0.55	0.55
11	11	−0.40	−0.05	0.10	0.20	0.25	0.30	0.30	0.30	0..35	0..35	0.40	0.45	0.45	0.45
	10	−0.15	0.15	0.25	0.30	0.35	0.35	0.40	0.40	0.40	0.40	0.45	0.45	0.50	0.50
	9	0.00	0.25	0.30	0.35	0.40	0.40	0.40	0.45	0.45	0.45	0.45	0.50	0.50	0.50
	8	0.10	0.30	0.35	0.40	0.40	0.45	0.45	0.45	0.45	0.45	0.50	0.50	0.50	0.50
	7	0.20	0.35	0.40	0.45	0.45	0.45	0.45	0.45	0.45	0.45	0.50	0.50	0.50	0.50
	6	0.25	0.35	0.40	0.45	0.45	0.45	0.45	0.45	0.45	0.45	0.50	0.50	0.50	0.50
	5	0.35	0.40	0.40	0.45	0.45	0.45	0.45	0.45	0.45	0.50	0.50	0.50	0.50	0.50
	4	0.40	0.45	0.45	0.45	0.45	0.45	0.45	0.50	0.50	0.50	0.50	0.50	0.50	0.50
	3	0.55	0.50	0.50	0.50	0.50	0.50	0.50	0.50	0.50	0.50	0.50	0.50	0.50	0.50
	2	0.80	0.65	0.60	0.55	0.55	0.50	0.50	0.50	0.50	0.50	0.50	0.50	0.50	0.50
	1	1.30	1.00	0.85	0.80	0.75	0.70	0.70	0.65	0.65	0.65	0.60	0.55	0.55	0.55

m	n \ $\overline{K}$	0.1	0.2	0.3	0.4	0.5	0.6	0.7	0.8	0.9	1.0	2.0	3.0	4.0	5.0
12 及以上	↓1	−0.40	−0.05	0.10	0.20	0.25	0.30	0.30	0.30	0.35	0.35	0.40	0.40	0.40	0.40
	2	−0.15	0.15	0.25	0.30	0.35	0.35	0.40	0.40	0.40	0.40	0.45	0.45	0.45	0.45
	3	0.00	0.25	0.30	0.35	0.40	0.40	0.40	0.45	0.45	0.45	0.50	0.45	0.50	0.50
	4	0.10	0.30	0.35	0.40	0.40	0.45	0.45	0.45	0.45	0.45	0.50	0.50	0.50	0.50
	5	0.20	0.35	0.40	0.40	0.45	0.45	0.45	0.45	0.45	0.45	0.50	0.50	0.50	0.50
	6	0.25	0.35	0.40	0.45	0.45	0.45	0.45	0.45	0.45	0.45	0.50	0.50	0.50	0.50
	7	0.30	0.40	0.40	0.45	0.45	0.45	0.45	0.45	0.50	0.50	0.50	0.50	0.50	0.50
	8	0.35	0.40	0.45	0.45	0.45	0.45	0.45	0.50	0.50	0.50	0.50	0.50	0.50	0.50
	中	0.40	0.40	0.45	0.45	0.45	0.45	0.50	0.50	0.50	0.50	0.50	0.50	0.50	0.50
	4	0.45	0.45	0.45	0.45	0.50	0.50	0.50	0.50	0.50	0.50	0.50	0.50	0.50	0.50
	3	0.60	0.50	0.50	0.50	0.50	0.50	0.50	0.50	0.50	0.50	0.50	0.50	0.50	0.50
	2	0.80	0.65	0.60	0.55	0.55	0.50	0.50	0.50	0.50	0.50	0.50	0.50	0.50	0.50
	↑1	1.30	1.00	0.85	0.80	0.75	0.70	0.70	0.65	0.65	0.65	0.55	0.55	0.55	0.55

注：m 为层数；n 为所在楼层；$\overline{K}$ 为平均线刚度比。

附表 15.2 规则框架承受倒三角形分布水平荷载时的标准反弯点高度比 y_0

m	n \ $\overline{K}$	0.1	0.2	0.3	0.4	0.5	0.6	0.7	0.8	0.9	1.0	2.0	3.0	4.0	5.0
1	1	0.80	0.75	0.70	0.65	0.65	0.60	0.60	0.60	0.60	0.55	0.55	0.55	0.55	0.55
2	2	0.50	0.45	0.40	0.40	0.40	0.40	0.40	0.40	0.40	0.45	0.45	0.45	0.45	0.50
	1	1.00	0.85	0.75	0.70	0.65	0.65	0.65	0.65	0.60	0.60	0.55	0.55	0.55	0.55
3	3	0.25	0.25	0.25	0.30	0.30	0.35	0.35	0.35	0.40	0.40	0.45	0.45	0.45	0.50
	2	0.60	0.50	0.50	0.50	0.50	0.45	0.45	0.45	0.45	0.45	0.50	0.50	0.50	0.50
	1	1.15	0.90	0.80	0.75	0.75	0.70	0.70	0.65	0.65	0.65	0.55	0.55	0.55	0.55
4	4	0.10	0.15	0.20	0.25	0.30	0.35	0.35	0.35	0.35	0.40	0.45	0.45	0.45	0.45
	3	0.35	0.35	0.35	0.40	0.40	0.40	0.40	0.45	0.45	0.45	0.45	0.50	0.50	0.50
	2	0.70	0.60	0.55	0.50	0.50	0.50	0.50	0.50	0.50	0.50	0.50	0.50	0.50	0.50
	1	1.20	0.95	0.85	0.80	0.75	0.70	0.70	0.65	0.65	0.65	0.55	0.55	0.55	0.55
5	5	−0.05	0.10	0.20	0.25	0.30	0.30	0.35	0.35	0.35	0.35	0.40	0.45	0.45	0.45
	4	0.20	0.25	0.35	0.35	0.40	0.40	0.40	0.40	0.45	0.45	0.45	0.50	0.50	0.50
	3	0.45	0.40	0.45	0.45	0.45	0.45	0.45	0.45	0.45	0.50	0.50	0.50	0.50	0.50
	2	0.75	0.60	0.55	0.55	0.55	0.50	0.50	0.50	0.50	0.50	0.50	0.50	0.50	0.50
	1	1.30	1.00	0.85	0.80	0.75	0.70	0.70	0.65	0.65	0.65	0.60	0.55	0.55	0.55
6	6	−0.15	0.05	0.15	0.20	0.25	0.30	0.30	0.35	0.35	0.35	0.40	0.45	0.45	0.45
	5	0.10	0.25	0.30	0.35	0.35	0.40	0.40	0.40	0.45	0.45	0.45	0.50	0.50	0.50
	4	0.30	0.35	0.40	0.40	0.45	0.45	0.45	0.45	0.45	0.45	0.50	0.50	0.50	0.50
	3	0.50	0.45	0.45	0.45	0.45	0.45	0.45	0.45	0.45	0.50	0.50	0.50	0.50	0.50
	2	0.80	0.65	0.55	0.55	0.55	0.50	0.50	0.50	0.50	0.50	0.50	0.50	0.50	0.50
	1	1.30	1.00	0.85	0.80	0.75	0.70	0.70	0.65	0.65	0.65	0.60	0.55	0.55	0.55
7	7	−0.20	0.05	0.15	0.20	0.25	0.30	0.30	0.35	0.35	0.35	0.45	0.45	0.45	0.45
	6	−0.05	0.20	0.30	0.35	0.35	0.40	0.40	0.40	0.40	0.45	0.45	0.50	0.50	0.50
	5	0.20	0.30	0.35	0.40	0.40	0.45	0.45	0.45	0.45	0.45	0.50	0.50	0.50	0.50
	4	0.35	0.40	0.40	0.45	0.45	0.45	0.45	0.45	0.45	0.50	0.50	0.50	0.50	0.50
	3	0.55	0.50	0.50	0.50	0.50	0.50	0.50	0.50	0.50	0.50	0.50	0.50	0.50	0.50
	2	0.80	0.65	0.65	0.55	0.55	0.55	0.50	0.50	0.50	0.50	0.50	0.50	0.50	0.50
	1	1.30	1.00	1.00	0.80	0.75	0.70	0.70	0.70	0.65	0.65	0.60	0.55	0.55	0.55

续表

m	n \\ $\overline{K}$	0.1	0.2	0.3	0.4	0.5	0.6	0.7	0.8	0.9	1.0	2.0	3.0	4.0	5.0
8	8	−0.20	0.05	0.15	0.20	0.25	0.30	0.30	0.35	0.35	0.35	0.45	0.45	0.45	0.45
	7	0.00	0.20	0.30	0.35	0.35	0.40	0.40	0.40	0.40	0.45	0.50	0.50	0.50	0.50
	6	0.15	0.30	0.35	0.40	0.40	0.45	0.45	0.45	0.45	0.45	0.50	0.50	0.50	0.50
	5	0.30	0.35	0.40	0.45	0.45	0.45	0.45	0.45	0.45	0.45	0.50	0.50	0.50	0.50
	4	0.40	0.45	0.45	0.45	0.45	0.45	0.45	0.50	0.50	0.50	0.50	0.50	0.50	0.50
	3	0.60	0.50	0.50	0.50	0.50	0.50	0.50	0.50	0.50	0.50	0.50	0.50	0.50	0.50
	2	0.85	0.65	0.60	0.55	0.55	0.55	0.50	0.50	0.50	0.50	0.50	0.50	0.50	0.50
	1	1.30	1.00	0.90	0.80	0.75	0.70	0.70	0.70	0.65	0.65	0.60	0.55	0.55	0.55
9	9	−0.25	0.00	0.15	0.20	0.25	0.30	0.30	0.35	0.35	0.40	0.45	0.45	0.45	0.45
	8	0.00	0.20	0.30	0.35	0.35	0.40	0.40	0.40	0.40	0.45	0.45	0.50	0.50	0.50
	7	0.15	0.30	0.35	0.40	0.40	0.45	0.45	0.45	0.45	0.45	0.45	0.50	0.50	0.50
	6	0.25	0.35	0.40	0.40	0.40	0.45	0.45	0.45	0.45	0.50	0.50	0.50	0.50	0.50
	5	0.35	0.40	0.45	0.45	0.45	0.45	0.45	0.50	0.50	0.50	0.50	0.50	0.50	0.50
	4	0.45	0.45	0.45	0.45	0.50	0.50	0.50	0.50	0.50	0.50	0.50	0.50	0.50	0.50
	3	0.60	0.50	0.50	0.50	0.45	0.50	0.50	0.50	0.50	0.50	0.50	0.50	0.50	0.50
	2	0.85	0.65	0.60	0.55	0.55	0.55	0.55	0.50	050	0.50	0.50	0.50	0.50	0.50
	1	1.35	1.00	0.90	0.80	0.75	0.70	0.70	0.70	0.65	0.65	0.60	0.55	0.55	0.55
10	10	−0.25	0.00	0.15	0.20	0.25	0.30	0.30	0.35	0.35	0.40	0.45	0.45	0.45	0.45
	9	−0.05	0.20	0.30	0.35	0.35	0.40	0.40	0.40	0.40	0.45	0.45	0.50	0.50	0.50
	8	0.10	0.30	0.35	0.40	0.40	0.40	0.45	0.45	0.45	0.45	0.50	0.50	0.50	0.50
	7	0.20	0.35	0.40	0.40	0.45	0.45	0.45	0.45	0.45	0.50	0.50	0.50	0.50	0.50
	6	0.30	0.40	0.40	0.45	0.45	0.45	0.45	0.45	0..45	0.50	0.50	0.50	0.50	0.50
	5	0.40	0.45	0.45	0.45	0.45	0.45	0.45	0.50	0.50	0.50	0.50	0.50	0.50	0.50
	4	0.50	0.45	0.45	0.45	0.50	0.50	0.50	0.50	0.50	0.50	0.50	0.50	0.50	0.50
	3	0.60	0.55	0.50	0.50	0.50	0.50	0.50	0.50	0.50	0.50	0.50	0.50	0.50	0.50
	2	0.85	0.65	0.60	0.55	0.55	0.55	0.55	0.50	0.50	0.50	0.50	0.50	0.50	0.50
	1	1.35	1.00	0.90	0..80	0.75	0.75	0.70	0.70	0.65	0.65	0.60	0.55	0.55	0.55
11	11	−0.25	0.00	0.15	0.20	0.25	0.30	0.30	0.30	0.35	0.35	0.45	0.45	0.45	0.45
	10	0.05	0.20	0.25	0.30	0.35	0.40	0.40	0.40	0.40	0.45	0.45	0.50	0.50	0.50
	9	0.10	0.30	0.35	0.40	0.40	0.40	0.45	0.45	0.45	0.45	0.50	0.50	0.50	0.50
	8	0.20	0.35	0.40	0.40	0.45	0.45	0.45	0.45	0.45	0.45	0.50	0.50	0.50	0.50
	7	0.25	0.40	0.40	0.45	0.45	0.45	0.45	0.45	0.45	0.50	0.50	0.50	0.50	0.50
	6	0.35	0.40	0.45	0.45	0.45	0.45	0.45	0.50	0.45	0.50	0.50	0.50	0.50	0.50
	5	0.40	0.45	0.45	0.45	0.45	0.50	0.50	0.50	0.50	0.50	0.50	0.50	0.50	0.50
	4	0.50	0.50	0.50	0.50	0.50	0.50	0.50	0.50	0.50	0.50	0.50	0.50	0.50	0.50
	3	0.65	0.55	0.50	0.50	0.50	0.50	0.50	0.50	0.50	0.50	0.50	0.50	0.50	0.50
	2	0.85	0.65	0.60	0.55	0.50	0.55	0.50	0.50	0.50	0.50	0.50	0.50	0.50	0.50
	1	1.35	1.50	0.90	0.80	0.75	0.75	0.70	0.70	0.65	0.65	0.60	0.55	0.55	0.55
12及以上	↓1	−0.30	0.00	0.15	0.20	0.25	0.30	0.30	0.30	0.35	0.35	0.40	0.45	0.45	0.45
	2	−0.10	0.20	0.25	0.30	0.35	0.40	0.40	0.40	0.40	0.40	0.45	0.45	0.45	0.50
	3	0.05	0.25	0.35	0.40	0.40	0.40	0.45	0.45	0.45	0.45	0.45	0.50	0.50	0.50
	4	0.15	0.30	0.40	0.40	0.45	0.45	0.45	0.45	0.45	0.45	0.45	0.50	0.50	0.50
	5	0.25	0.35	0.40	0.45	0.45	0.45	0.45	0.45	0.45	0.45	0.50	0.50	0.50	0.50
	6	0.30	0.40	0.40	0.45	0.45	0.45	0.45	0.50	0.50	0.50	0.50	0.50	0.50	0.50
	7	0.35	0.40	0.40	0.45	0.45	0.50	0.50	0.50	0.50	0.50	0.50	0.50	0.50	0.50
	8	0.35	0.45	0.45	0.45	0.50	0.50	0.50	0.50	0.50	0.50	0.50	0.50	0.50	0.50
	中	0.45	0.45	0.45	0.45	0.50	0.50	0.50	0.50	0.50	0.50	0.50	0.50	0.50	0.50
	4	0.55	0.50	0.50	0.50	0.50	0.50	0.50	0.50	0.50	0.50	0.50	0.50	0.50	0.50
	3	0.65	0.55	0.50	0.50	0.50	0.50	0.50	0.50	0.50	0.50	0.50	0.50	0.50	0.50
	2	0.70	0.70	0.60	0.55	0.55	0.55	0.55	0.50	0.50	0.50	0.50	0.50	0.50	0.50
	↑1	1.35	1.05	0.90	0.80	0.75	0.75	0.70	0.70	0.65	0.65	0.60	0.55	0.55	0.55

注：m 为层数；n 为所在楼层；$\overline{K}$ 为平均线刚度比。

附表 15.3　上、下层梁相对线刚度变化时的修正值 y_1

α_1 ＼ $\overline{K}$	0.1	0.2	0.3	0.4	0.5	0.6	0.7	0.8	0.9	1.0	2.0	3.0	4.0	5.0
0.4	0.55	0.40	0.30	0.25	0.20	0.20	0.20	0.15	0.15	0.15	0.05	0.05	0.05	0.05
0.5	0.45	0.30	0.20	0.20	0.15	0.15	0.15	0.10	0.10	0.10	0.05	0.05	0.05	0.05
0.6	0.30	0.20	0.15	0.15	0.10	0.10	0.10	0.10	0.05	0.05	0.05	0.05	0.00	0.00
0.7	0.20	0.15	0.10	0.10	0.10	0.10	0.10	0.05	0.05	0.05	0.05	0.00	0.00	0.00
0.8	0.15	0.10	0.05	0.05	0.05	0.05	0.05	0.05	0.05	0.05	0.00	0.00	0.00	0.00
0.9	0.05	0.05	0.05	0.05	0.05	0.05	0.05	0.05	0.00	0.00	0.00	0.00	0.00	0.00

注：当 $i_1+i_2<i_3+i_4$ 时，令 $\alpha_1=(i_1+i_2)/(i_3+i_4)$；当 $i_3+i_4<i_1+i_2$ 时，令 $\alpha_1=(i_3+i_4)/(i_1+i_2)$，并且 y_1 值取负号 "一"；对底层柱不考虑 α_1 值，不做此项修正。

附表 15.4　上、下层层高不同时的修正值 y_2 和 y_3

α_2	α_3 ＼ $\overline{K}$	0.1	0.2	0.3	0.4	0.5	0.6	0.7	0.8	0.9	1.0	2.0	3.0	4.0	5.0
2.0	—	0.25	0.15	0.15	0.10	0.10	0.10	0.10	0.10	0.10	0.05	0.05	0.05	0.00	0.00
1.8	—	0.20	0.15	0.10	0.10	0.10	0.05	0.05	0.05	0.05	0.05	0.00	0.00	0.00	0.00
1.6	0.4	0.15	0.10	0.10	0.05	0.05	0.05	0.05	0.05	0.05	0.05	0.00	0.00	0.00	0.00
1.4	0.6	0.10	0.05	0.05	0.05	0.05	0.05	0.05	0.05	0.00	0.00	0.00	0.00	0.00	0.00
1.2	0.8	0.05	0.05	0.05	0.05	0.05	0.00	0.00	0.00	0.00	0.00	0.00	0.00	0.00	0.00
1.0	1.0	0.00	0.00	0.00	0.00	0.00	0.00	0.00	0.00	0.00	0.00	0.00	0.00	0.00	0.00
0.8	1.2	−0.05	−0.05	−0.05	−0.05	−0.05	0.00	0.00	0.00	0.00	0.00	0.00	0.00	0.00	0.00
0.6	1.4	−0.10	−0.05	−0.05	−0.05	−0.05	−0.05	−0.05	−0.05	0.00	0.00	0.00	0.00	0.00	0.00
0.4	1.6	−0.15	−0.10	−0.10	−0.05	−0.05	−0.05	−0.05	−0.05	−0.05	−0.05	0.00	0.00	0.00	0.00
—	1.8	−0.20	−0.15	−0.10	−0.10	−0.10	−0.05	−0.05	−0.05	−0.05	−0.05	0.00	0.00	0.00	0.00
—	2.0	−0.25	−0.15	−0.15	−0.10	−0.10	−0.10	−0.10	−0.10	−0.05	−0.05	−0.05	0.00	0.00	0.00

注：1. y_2—上层层高变化的修正值，按照 α_2（上层层高与本层层高的比值）求得，但对于最上层 y_2 可不考虑。

2. y_3—下层层高变化的修正值，按照 α_3（下层层高与本层层高的比值）求得，但对于最下层 y_3 可不考虑。

附表 16　部分城市基本风压和基本雪压值

城市	基本风压 /(kN/m²)	基本雪压 /(kN/m²)	雪荷载准永久值系数分区	城市	基本风压 /(kN/m²)	基本雪压 /(kN/m²)	雪荷载准永久值系数分区
北京市	0.45	0.40	II	温州市	0.60	0.35	III
上海市	0.55	0.20	III	宁波市	0.50	0.30	III
天津市	0.50	0.40	II	合肥市	0.35	0.60	II
重庆市	0.40	—	—	安庆市	0.40	0.35	III
石家庄市	0.35	0.30	II	福州市	0.70	—	—
保定市	0.40	0.35	II	厦门市	0.80	—	—
太原市	0.40	0.35	II	南昌市	0.45	0.45	III
大同市	0.55	0.25	II	九江市	0.35	0.40	III
呼和浩特市	0.55	0.40	II	济南市	0.45	0.30	II
包头市	0.55	0.25	II	青岛市	0.60	0.20	II
沈阳市	0.55	0.50	I	烟台市	0.55	0.40	II
大连市	0.65	0.40	II	郑州市	0.45	0.40	II
长春市	0.65	0.45	I	洛阳市	0.40	0.35	II
吉林市	0.50	0.45	I	开封市	0.45	0.30	II
哈尔滨市	0.55	0.45	I	武汉市	0.35	0.50	II
牡丹江市	0.50	0.75	I	黄石市	0.35	0.35	III
南京市	0.40	0.65	II	宜昌市	0.30	0.30	III
无锡市	0.45	0.40	III	长沙市	0.35	0.45	III
连云港市	0.55	0.40	II	岳阳市	0.40	0.55	III
杭州市	0.45	0.45	III	广州市	0.50	—	—

续表

城市	基本风压 /(kN/m²)	基本雪压 /(kN/m²)	雪荷载准永久 值系数分区	城市	基本风压 /(kN/m²)	基本雪压 /(kN/m²)	雪荷载准永久 值系数分区
深圳市	0.75	—	—	拉萨市	0.30	0.15	Ⅲ
南宁市	0.35	—	—	日喀则市	0.30	0.15	Ⅲ
柳州市	0.30	—	—	西安市	0.35	0.25	Ⅱ
桂林市	0.30	—	—	延安市	0.35	0.25	Ⅱ
海口市	0.75	—	—	汉中市	0.30	0.20	Ⅲ
三亚市	0.85	—	—	兰州市	0.30	0.15	Ⅱ
成都市	0.30	0.10	Ⅲ	天水市	0.35	0.20	Ⅱ
绵阳市	0.30	—	—	张掖市	0.50	0.10	Ⅱ
泸州市	0.30	—	—	西宁市	0.35	0.20	Ⅱ
达州市	0.35	—	—	格尔木市	0.40	0.20	Ⅱ
西昌市	0.30	0.30	Ⅲ	银川市	0.65	0.20	Ⅱ
贵阳市	0.30	0.20	Ⅲ	中卫市	0.45	0.10	Ⅱ
安顺市	0.30	0.30	Ⅲ	乌鲁木齐市	0..60	0.90	Ⅰ
昆明市	0.30	0.30	Ⅲ	哈密市	0.60	0.25	Ⅱ
大理市	0.65	—	—	喀什市	0.55	0.45	Ⅱ

附表 17 风压高度变化系数 μ_z

离地面或海 平面高度/m	地面粗糙度类别			
	A	B	C	D
5	1.09	1.00	0.65	0.51
10	1.28	1.00	0.65	0.51
15	1.42	1.13	0.65	0.51
20	1.52	1.23	0.74	0.51
30	1.67	1.39	0.88	0.51
40	1.79	1.52	1.00	0.60
50	1.89	1.62	1.10	0.69
60	1.97	1.71	1.20	0.77
70	2.05	1.79	1.28	0.84
80	2.12	1.87	1.36	0.91
90	2.18	1.93	1.43	0.98
100	2.23	2.00	1.50	1.04
150	2.46	2.25	1.79	1.33
200	2.64	2.46	2.03	1.58
250	2.78	2.63	2.24	1.81
300	2.91	2.77	2.43	2.02
350	2.91	2.91	2.60	2.22
400	2.91	2.91	2.76	2.40
450	2.91	2.91	2.91	2.58
500	2.91	2.91	2.91	2.74
≥550	2.91	2.91	2.91	2.91

附表 18 部分城市抗震设防烈度

城市	设防烈度	设计地震 分组	设计基本地震 加速度	城市	设防烈度	设计地震 分组	设计基本地震 加速度
北京市	8	第一组	0.20g	保定市	7	第二组	0.10g
上海市	7	第一组	0.10g	太原市	8	第一组	0.20g
天津市	7	第二组	0.15g	大同市	7	第一组	0.15g
重庆市	6	第一组	0.05g	呼和浩特市	8	第一组	0.20g
石家庄	7	第二组	0.10g	包头市	8	第一组	0.20g

城市	设防烈度	设计地震分组	设计基本地震加速度	城市	设防烈度	设计地震分组	设计基本地震加速度
沈阳市	7	第一组	0.10g	深圳市	7	第一组	0.10g
大连市	7	第二组	0.10g	南宁市	6	第一组	0.05g
长春市	7	第一组	0.10g	柳州市	6	第一组	0.05g
吉林市	7	第一组	0.10g	桂林市	6	第一组	0.05g
哈尔滨市	6	第一组	0.05g	海口市	8	第一组	0.30g
牡丹江市	6	第一组	0.05g	三亚市	6	第一组	0.05g
南京市	7	第一组	0.10g	成都市	7	第三组	0.10g
无锡市	6	第一组	0.05g	绵阳市	7	第二组	0.10g
连云港市	7	第三组	0.10g	泸州市	6	第一组	0.05g
杭州市	6	第一组	0.05g	达州市	6	第一组	0.05g
温州市	6	第一组	0.05g	西昌市	9	第二组	0.40g
宁波市	7	第一组	0.10g	贵阳市	6	第一组	0.05g
合肥市	7	第一组	0.10g	安顺市	6	第一组	0.05g
安庆市	7	第一组	0.10g	昆明市	8	第三组	0.20g
福州市	7	第二组	0.10g	大理市	8	第二组	0.20g
厦门市	7	第二组	0.15g	拉萨市	8	第三组	0.20g
南昌市	6	第一组	0.05g	日喀则市	7	第三组	0.15g
九江市	6	第一组	0.05g	西安市	8	第一组	0.20g
济南市	6	第三组	0.05g	延安市	6	第一组	0.05g
青岛市	6	第三组	0.05g	汉中市	7	第二组	0.10g
烟台市	7	第一组	0.10g	兰州市	8	第三组	0.20g
郑州市	7	第二组	0.15g	天水市	8	第二组	0.30g
洛阳市	7	第二组	0.10g	张掖市	7	第二组	0.10g
开封市	7	第二组	0.10g	西宁市	7	第三组	0.10g
武汉市	6	第一组	0.05g	格尔木市	7	第三组	0.10g
黄石市	6	第一组	0.05g	银川市	8	第二组	0.20g
宜昌市	6	第一组	0.05g	中卫市	8	第三组	0.20g
长沙市	6	第一组	0.05g	乌鲁木齐市	8	第二组	0.20g
岳阳市	7	第一组	0.10g	哈密市	7	第二组	0.10g
广州市	7	第一组	0.10g	喀什市	8	第三组	0.30g

附表 19　烧结普通砖和烧结多孔砖砌体的抗压强度设计值　　　　　单位：MPa

砖强度等级	砂浆强度等级					砂浆强度
	M15	M10	M7.5	M5	M2.5	0
MU30	3.94	3.27	2.93	2.59	2.26	1.15
MU25	3.60	2.98	2.68	2.37	2.06	1.05
MU20	3.22	2.67	2.39	2.12	1.84	0.94
MU15	2.79	2.31	2.07	1.83	1.60	0.82
MU10	—	1.89	1.69	1.50	1.30	0.67

注：当烧结多孔砖的孔洞率大于 30% 时，表中数值应乘以 0.9。

附表 20　混凝土普通砖和混凝土多孔砖砌体的抗压强度设计值　　　　　单位：MPa

砖强度等级	砂浆强度等级					砂浆强度
	Mb20	Mb15	Mb10	Mb7.5	Mb5	0
MU30	4.61	3.94	3.27	2.93	2.59	1.15
MU25	4.21	3.60	2.98	2.68	2.37	1.05
MU20	3.77	3.22	2.67	2.39	2.12	0.94
MU15	—	2.79	2.31	2.07	1.83	0.82

附表21　蒸压灰砂普通砖和蒸压粉煤灰普通砖砌体的抗压强度设计值　　单位：MPa

砖强度等级	砂浆强度等级				砂浆强度
	M15	M10	M7.5	M5	0
MU25	3.60	2.98	2.68	2.37	1.05
MU20	3.22	2.67	2.39	2.12	0.94
MU15	2.79	2.31	2.07	1.83	0.82

注：当采用专用砂浆砌筑时，其抗压强度设计值按表中数值采用。

附表22　砌体的弹性模量　　单位：MPa

砌体种类	砂浆强度等级			
	≥M10	M7.5	M5	M2.5
烧结普通砖、烧结多孔砖砌体	$1600f$	$1600f$	$1600f$	$1390f$
混凝土普通砖、混凝土多孔砖砌体	$1600f$	$1600f$	$1600f$	—
蒸压灰砂普通砖、蒸压粉煤灰普通砖砌体	$1060f$	$1060f$	$1060f$	—
非灌孔混凝土砌块砌体	$1700f$	$1600f$	$1500f$	—
粗料石、毛料石、毛石砌体	—	5650	4000	2250
细料石砌体	—	17000	12000	6750

注：1. 轻集料混凝土砌块砌体的弹性模量，可按表中混凝土砌块砌体的弹性模量采用。

2. 表中砌体抗压强度设计值 f 不需要乘调整系数 γ_a。

3. 表中砂浆为普通砂浆，采用专用砂浆砌筑的砌体的弹性模量也按此表取值。

4. 对混凝土普通砖、混凝土多孔砖、混凝土和轻集料混凝土砌块砌体，表值的砂浆强度等级分别为≥Mb10、Mb7.5 及 Mb5。

5. 对蒸压灰砂普通砖和蒸压粉煤灰普通砖砌体，当采用专用砂浆砌筑时，其抗压强度设计值 f 按附表21的数值采用。

附表23　无筋砌体受压构件承载力影响系数 φ

影响系数 φ（砂浆强度等级≥M5）

β	e/h 或 e/h_T												
	0	0.025	0.05	0.075	0.1	0.125	0.15	0.175	0.2	0.225	0.25	0.275	0.3
≤3	1	0.99	0.97	0.94	0.89	0.84	0.79	0.73	0.68	0.62	0.57	0.52	0.48
4	0.98	0.95	0.90	0.85	0.80	0.74	0.69	0.64	0.58	0.53	0.49	0.45	0.41
6	0.95	0.91	0.86	0.81	0.75	0.69	0.64	0.59	0.54	0.49	0.45	0.42	0.38
8	0.91	0.86	0.81	0.76	0.70	0.64	0.59	0.54	0.50	0.46	0.42	0.39	0.36
10	0.87	0.82	0.76	0.71	0.65	0.60	0.55	0.50	0.46	0.42	0.39	0.36	0.33
12	0.82	0.77	0.71	0.66	0.60	0.55	0.51	0.47	0.43	0.39	0.36	0.33	0.31
14	0.77	0.72	0.66	0.61	0.56	0.51	0.47	0.43	0.40	0.36	0.34	0.31	0.29
16	0.72	0.67	0.61	0.56	0.52	0.47	0.44	0.40	0.37	0.34	0.31	0.29	0.27
18	0.67	0.62	0.57	0.52	0.48	0.44	0.40	0.37	0.34	0.31	0.29	0.27	0.25
20	0.62	0.57	0.53	0.48	0.44	0.40	0.37	0.34	0.32	0.29	0.27	0.25	0.23
22	0.58	0.53	0.49	0.45	0.41	0.38	0.35	0.32	0.30	0.27	0.25	0.24	0.22
24	0.54	0.49	0.45	0.41	0.38	0.35	0.32	0.30	0.28	0.26	0.24	0.22	0.21
26	0.50	0.46	0.42	0.39	0.35	0.33	0.30	0.28	0.26	0.24	0.22	0.21	0.19
28	0.46	0.42	0.39	0.36	0.33	0.30	0.28	0.26	0.24	0.22	0.21	0.19	0.18
30	0.42	0.39	0.36	0.33	0.31	0.28	0.26	0.24	0.22	0.21	0.20	0.18	0.17

影响系数 φ（砂浆强度等级 M2.5）

β	e/h 或 e/h_T												
	0	0.025	0.05	0.075	0.1	0.125	0.15	0.175	0.2	0.225	0.25	0.275	0.3
≤3	1	0.99	0.97	0.94	0.89	0.84	0.79	0.73	0.68	0.62	0.57	0.52	0.48
4	0.97	0.94	0.89	0.84	0.78	0.73	0.67	0.62	0.57	0.52	0.48	0.44	0.40
6	0.93	0.89	0.84	0.78	0.73	0.67	0.62	0.57	0.52	0.48	0.44	0.40	0.37
8	0.89	0.84	0.78	0.72	0.67	0.62	0.57	0.52	0.48	0.44	0.40	0.37	0.34
10	0.83	0.78	0.72	0.67	0.61	0.56	0.52	0.47	0.43	0.40	0.37	0.34	0.31
12	0.78	0.72	0.67	0.61	0.56	0.52	0.47	0.43	0.40	0.37	0.34	0.31	0.29
14	0.72	0.66	0.61	0.56	0.51	0.47	0.43	0.40	0.36	0.34	0.31	0.29	0.27
16	0.66	0.61	0.56	0.51	0.47	0.43	0.40	0.36	0.34	0.31	0.29	0.26	0.25
18	0.61	0.56	0.51	0.47	0.43	0.40	0.36	0.33	0.31	0.29	0.26	0.24	0.23
20	0.56	0.51	0.47	0.43	0.39	0.36	0.33	0.31	0.28	0.26	0.24	0.23	0.21

影响系数 φ（砂浆强度等级 M2.5）

β	e/h 或 e/hT												
	0	0.025	0.05	0.075	0.1	0.125	0.15	0.175	0.2	0.225	0.25	0.275	0.3
22	0.51	0.47	0.43	0.39	0.36	0.33	0.31	0.28	0.26	0.24	0.23	0.21	0.20
24	0.46	0.43	0.39	0.36	0.33	0.31	0.28	0.26	0.24	0.23	0.21	0.20	0.18
26	0.42	0.39	0.36	0.33	0.31	0.28	0.26	0.24	0.22	0.21	0.20	0.18	0.17
28	0.39	0.36	0.33	0.30	0.28	0.26	0.24	0.22	0.21	0.20	0.18	0.17	0.16
30	0.36	0.33	0.30	0.28	0.26	0.24	0.22	0.21	0.20	0.18	0.17	0.16	0.15

影响系数 φ（砂浆强度 0）

β	e/h 或 e/hT												
	0	0.025	0.05	0.075	0.1	0.125	0.15	0.175	0.2	0.225	0.25	0.275	0.3
≤3	1	0.99	0.97	0.94	0.89	0.84	0.79	0.73	0.68	0.62	0.57	0.52	0.48
4	0.87	0.82	0.77	0.71	0.66	0.60	0.55	0.51	0.46	0.43	0.39	0.36	0.33
6	0.76	0.70	0.65	0.59	0.54	0.50	0.46	0.42	0.39	0.36	0.33	0.30	0.28
8	0.63	0.58	0.54	0.49	0.45	0.41	0.38	0.35	0.32	0.30	0.28	0.25	0.24
10	0.53	0.48	0.44	0.41	0.37	0.34	0.32	0.29	0.27	0.25	0.23	0.22	0.20
12	0.44	0.40	0.37	0.34	0.31	0.29	0.27	0.25	0.23	0.21	0.20	0.19	0.17
14	0.36	0.33	0.31	0.28	0.26	0.24	0.23	0.21	0.20	0.18	0.17	0.16	0.15
16	0.30	0.28	0.26	0.24	0.22	0.21	0.19	0.18	0.17	0.16	0.15	0.14	0.13
18	0.26	0.24	0.22	0.21	0.19	0.18	0.17	0.16	0.15	0.14	0.13	0.12	0.12
20	0.22	0.20	0.19	0.18	0.17	0.16	0.15	0.14	0.13	0.12	0.12	0.11	0.12
22	0.19	0.18	0.16	0.15	0.14	0.14	0.13	0.12	0.12	0.11	0.10	0.10	0.09
24	0.16	0.15	0.14	0.13	0.13	0.12	0.11	0.11	0.10	0.10	0.09	0.09	0.08
26	0.14	0.13	0.13	0.12	0.11	0.11	0.10	0.10	0.09	0.09	0.08	0.08	0.07
28	0.12	0.12	0.11	0.11	0.10	0.10	0.09	0.09	0.08	0.08	0.08	0.07	0.07
30	0.11	0.10	0.10	0.09	0.09	0.09	0.08	0.08	0.07	0.07	0.07	0.07	0.06

附表 24　钢材的设计用强度指标

单位：N/mm²

钢材牌号		钢材厚度或直径 /mm	强度设计值			屈服强度 f_y	抗拉强度 f_u
			抗拉、抗压、抗弯 f	抗剪 f_v	端面承压（刨平顶紧）/f_{ce}		
碳素结构钢	Q235	≤16	215	125	320	235	370
		>16,≤40	205	120		225	
		>40,≤100	200	115		215	
低合金高强度结构钢	Q345	≤16	305	175	400	345	470
		>16,≤40	295	170		335	
		>40,≤63	290	165		325	
		>63,≤80	280	160		315	
		>80,≤100	270	155		305	
	Q390	≤16	345	200	415	390	490
		>16,≤40	330	190		370	
		>40,≤63	310	180		350	
		>63,≤100	295	170		330	
	Q420	≤16	375	215	440	420	520
		>16,≤40	355	205		400	
		>40,≤63	320	185		380	
		>63,≤100	305	175		360	
	Q460	≤16	410	235	470	460	550
		>16,≤40	390	225		440	
		>40,≤63	355	205		420	
		>63,≤100	340	195		400	

注：1. 表中直径指实芯棒材直径，厚度系指计算点的钢材或钢管壁厚度，对轴心受拉和轴心受压构件系指截面中较厚板件的厚度。

2. 冷弯型材和冷弯钢管，其强度设计值应按国家现行有关标准的规定采用。

附表 25　焊缝的强度指标　　　　　　　　　　　　　　　　　　单位：N/mm²

焊接方法和焊条型号	构件钢材		对接焊缝强度设计值				角焊缝强度设计值 抗拉、抗压和抗剪 f_f^w	对接焊缝抗拉强度 f_u^w	角焊缝抗拉、抗压和抗剪强度 f_u^f
	牌号	厚度或直径/mm	抗压 f_c^w	焊缝质量为下列等级时，抗拉 f_t^w		抗剪 f_v^w			
				一级、二级	三级				
自动焊、半自动焊和 E43 型焊条手工焊	Q235	≤16	215	215	185	125	160	415	240
		>16,≤40	205	205	175	120			
		>40,≤100	200	200	170	115			
自动焊、半自动焊和 E50、E55 型焊条手工焊	Q345	≤16	305	305	260	175	200	480(E50) 540(E55)	280(E50) 315(E55)
		>16,≤40	295	295	250	170			
		>40,≤63	290	290	245	165			
		>63,≤80	280	280	240	160			
		>80,≤100	270	270	230	155			
	Q390	≤16	345	345	295	200	200(E50) 220(E55)		
		>16,≤40	330	330	280	190			
		>40,≤63	310	310	265	180			
		>63,≤100	295	295	250	170			
自动焊、半自动焊和 E55、E60 型焊条手工焊	Q420	≤16	375	375	320	215	220(E55) 240(E60)	540(E55) 590(E60)	315(E55) 340(E60)
		>16,≤40	355	355	300	205			
		>40,≤63	320	320	270	185			
		>63,≤100	305	305	260	175			
自动焊、半自动焊和 E55、E60 型焊条手工焊	Q460	≤16	410	410	350	235	220(E55) 240(E60)	540(E55) 590(E60)	315(E55) 340(E60)
		>16,≤40	390	390	330	225			
		>40,≤63	355	355	300	205			
		>63,≤100	340	340	290	195			
自动焊、半自动焊和 E50、E55 型焊条手工焊	Q345GJ	>16,≤35	310	310	265	180	220	480(E50) 540(E55)	280(E50) 315(E55)
		>35,≤50	290	290	245	170			
		>50,≤100	285	285	240	165			

注：表中厚度系指计算点的钢材厚度，对轴心受拉和轴心受压构件系指截面中较厚板件的厚度。

附表 26　螺栓连接的强度指标　　　　　　　　　　　　　　　　单位：N/mm²

螺栓的性能等级、锚栓和构件钢材的牌号		强度设计值										高强度螺栓的抗拉强度 f_u^b
		普通螺栓						锚栓	承压型连接或网架用高强度螺栓			
		C 级螺栓			A 级、B 级螺栓							
		抗拉 f_t^b	抗剪 f_v^b	承压 f_c^b	抗拉 f_t^b	抗剪 f_v^b	承压 f_c^b	抗拉 f_t^a	抗拉 f_t^b	抗剪 f_v^b	承压 f_c^b	
普通螺栓	4.6 级、4.8 级	170	140	—	—	—	—	—	—	—	—	—
	5.6 级	—	—	—	210	190	—	—	—	—	—	—
	8.8 级	—	—	—	400	320	—	—	—	—	—	—
锚栓	Q235	—	—	—	—	—	—	140	—	—	—	—
	Q345	—	—	—	—	—	—	180	—	—	—	—
	Q390	—	—	—	—	—	—	185	—	—	—	—
承压型连接高强度螺栓	8.8 级	—	—	—	—	—	—	—	400	250	—	830
	10.9 级	—	—	—	—	—	—	—	500	310	—	1040
螺栓球节点用高强度螺栓	9.8 级	—	—	—	—	—	—	—	385	—	—	—
	10.9 级	—	—	—	—	—	—	—	430	—	—	—
构件钢材牌号	Q235	—	—	305	—	—	405	—	—	—	470	—
	Q345	—	—	385	—	—	510	—	—	—	590	—
	Q390	—	—	400	—	—	530	—	—	—	615	—
	Q420	—	—	425	—	—	560	—	—	—	655	—
	Q460	—	—	450	—	—	595	—	—	—	695	—
	Q345GJ	—	—	400	—	—	615	—	—	—	—	—

注：1. A 级螺栓用于 $d≤24mm$ 和 $L≤10d$ 或 $L≤150mm$（按较小值）的螺栓；B 级螺栓用于 $d>24mm$ 和 $L>10d$ 或 $L>150mm$（按较小值）的螺栓；d 为公称直径，L 为螺栓公称长度。

2. A 级、B 级螺栓孔的精度和孔壁表面粗糙度，C 级螺栓孔的允许偏差和孔壁表面粗糙度，均应符合现行国家标准《钢结构工程施工质量验收规范》GB 50205 的要求。

3. 用于螺栓球节点网架的高强度螺栓，M12～M36 为 10.9 级，M39～M64 为 9.8 级。

附表 27　钢材和钢铸件的物理性能指标

弹性模量 $E/(\text{N}/\text{mm}^2)$	剪变模量 $G/(\text{N}/\text{mm}^2)$	线膨胀系数 α（以每℃计）	质量密度 $\rho/(\text{kg}/\text{m}^3)$
206×10^3	79×10^3	12×10^{-6}	7850

附表 28　轴心受压构件的截面分类

（1）板厚 $t<40\text{mm}$

截面形式		对 x 轴	对 y 轴
轧制		a 类	a 类
轧制	$b/h\leqslant0.8$	a 类	b 类
	$b/h>0.8$	a* 类	b* 类
轧制等边角钢		a* 类	a* 类
焊接、翼缘为焰切边	焊接		
轧制			
轧制、焊接（板件宽厚比>20）	轧制或焊接	b 类	b 类
焊接	轧制截面和翼缘为焰切边的焊接截面		
格构式	焊接，板件边缘焰切		
焊接，翼缘为轧制或剪切边		b 类	c 类
焊接，板件边缘轧制或剪切	轧制、焊接（板件宽厚比≤20）	c 类	c 类

注：1. a* 类含义为 Q235 钢取 b 类，Q345、Q390、Q420 和 Q460 钢取 a 类；b* 类含义为 Q235 钢取 c 类，Q345、Q390、Q420 和 Q460 钢取 b 类。

2. 无对称轴且剪心和形心不重合的截面，其截面分类可按有对称轴的类似截面确定，如不等边角钢采用等边角钢的类别；当无类似截面时，可取 c 类。

（2）板厚 $t \geqslant 40\text{mm}$

截面形式		对 x 轴	对 y 轴
轧制工字形或 H 形截面	$t<80\text{mm}$	b 类	c 类
轧制工字形或 H 形截面	$t \geqslant 80\text{mm}$	c 类	d 类
焊接工字形截面	翼缘为焰切边	b 类	b 类
焊接工字形截面	翼缘为轧制或剪切边	c 类	d 类
焊接箱形截面	板件宽厚比>20	b 类	b 类
焊接箱形截面	板件宽厚比≤20	c 类	c 类

附表 29　钢结构轴心受压构件的稳定系数

a 类截面轴心受压构件的稳定系数 φ

$\lambda\sqrt{\dfrac{f_y}{235}}$	0	1	2	3	4	5	6	7	8	9
0	1.000	1.000	1.000	1.000	0.999	0.999	0.998	0.998	0.997	0.996
10	0.995	0.994	0.993	0.992	0.991	0.989	0.988	0.986	0.985	0.983
20	0.981	0.979	0.977	0.976	0.974	0.972	0.970	0.968	0.966	0.964
30	0.963	0.961	0.959	0.957	0.955	0.952	0.950	0.948	0.946	0.944
40	0.941	0.939	0.937	0.934	0.932	0.929	0.927	0.924	0.921	0.919
50	0.916	0.913	0.910	0.907	0.904	0.900	0.897	0.894	0.890	0.886
60	0.883	0.879	0.875	0.871	0.867	0.863	0.858	0.854	0.849	0.844
70	0.839	0.834	0.829	0.824	0.818	0.813	0.807	0.801	0.795	0.789
80	0.783	0.776	0.770	0.763	0.757	0.750	0.743	0.736	0.728	0.721
90	0.714	0.706	0.699	0.691	0.684	0.676	0.668	0.661	0.653	0.645
100	0.638	0.630	0.622	0.615	0.607	0.600	0.592	0.585	0.577	0.570
110	0.563	0.555	0.548	0.541	0.534	0.527	0.520	0.514	0.507	0.500
120	0.494	0.488	0.481	0.475	0.469	0.463	0.457	0.451	0.445	0.440
130	0.434	0.429	0.423	0.418	0.412	0.407	0.402	0.397	0.392	0.387
140	0.383	0.378	0.373	0.369	0.364	0.360	0.356	0.351	0.347	0.343
150	0.339	0.335	0.331	0.327	0.323	0.320	0.316	0.312	0.309	0.305
160	0.302	0.298	0.295	0.292	0.289	0.285	0.282	0.279	0.276	0.273
170	0.270	0.267	0.264	0.262	0.259	0.256	0.253	0.251	0.248	0.246
180	0.243	0.241	0.238	0.236	0.233	0.231	0.229	0.226	0.224	0.222
190	0.220	0.218	0.215	0.213	0.211	0.209	0.207	0.205	0.203	0.201
200	0.199	0.198	0.196	0.194	0.192	0.190	0.189	0.187	0.185	0.183
210	0.182	0.180	0.179	0.177	0.175	0.174	0.172	0.171	0.169	0.168
220	0.166	0.165	0.164	0.162	0.161	0.159	0.158	0.157	0.155	0.154
230	0.153	0.152	0.150	0.149	0.148	0.147	0.146	0.144	0.143	0.142
240	0.141	0.140	0.139	0.138	0.136	0.135	0.134	0.133	0.132	0.131
250	0.130									

b类截面轴心受压构件的稳定系数 φ

$\lambda\sqrt{\dfrac{f_y}{235}}$	0	1	2	3	4	5	6	7	8	9
0	1.000	1.000	1.000	0.999	0.999	0.998	0.997	0.996	0.995	0.994
10	0.992	0.991	0.989	0.987	0.985	0.983	0.981	0.978	0.976	0.973
20	0.970	0.967	0.963	0.960	0.957	0.953	0.950	0.946	0.943	0.939
30	0.936	0.932	0.929	0.925	0.922	0.918	0.914	0.910	0.906	0.903
40	0.899	0.895	0.891	0.887	0.882	0.878	0.874	0.870	0.865	0.861
50	0.856	0.852	0.847	0.842	0.838	0.833	0.828	0.823	0.818	0.813
60	0.807	0.802	0.797	0.791	0.786	0.780	0.774	0.769	0.763	0.757
70	0.751	0.745	0.739	0.732	0.726	0.720	0.714	0.707	0.701	0.694
80	0.688	0.681	0.675	0.668	0.661	0.655	0.648	0.641	0.635	0.628
90	0.621	0.614	0.608	0.601	0.594	0.588	0.581	0.575	0.568	0.561
100	0.555	0.549	0.542	0.536	0.529	0.523	0.517	0.511	0.505	0.499
110	0.493	0.487	0.481	0.475	0.470	0.464	0.458	0.453	0.447	0.442
120	0.437	0.432	0.426	0.421	0.416	0.411	0.406	0.402	0.397	0.392
130	0.387	0.383	0.378	0.374	0.370	0.365	0.361	0.357	0.353	0.349
140	0.345	0.341	0.337	0.333	0.329	0.326	0.322	0.318	0.315	0.311
150	0.308	0.304	0.301	0.298	0.295	0.291	0.288	0.285	0.282	0.279
160	0.276	0.273	0.270	0.267	0.265	0.262	0.259	0.256	0.254	0.251
170	0.249	0.246	0.244	0.241	0.239	0.236	0.234	0.232	0.229	0.227
180	0.225	0.223	0.220	0.218	0.216	0.214	0.212	0.210	0.208	0.206
190	0.204	0.202	0.200	0.198	0.197	0.195	0.193	0.191	0.190	0.188
200	0.186	0.184	0.183	0.181	0.180	0.178	0.176	0.175	0.173	0.172
210	0.170	0.169	0.167	0.166	0.165	0.163	0.162	0.160	0.159	0.158
220	0.156	0.155	0.154	0.153	0.151	0.150	0.149	0.148	0.146	0.145
230	0.144	0.143	0.142	0.141	0.140	0.138	0.137	0.136	0.135	0.134
240	0.133	0.132	0.131	0.130	0.129	0.128	0.127	0.126	0.125	0.124
250	0.123									

c类截面轴心受压构件的稳定系数 φ

$\lambda\sqrt{\dfrac{f_y}{235}}$	0	1	2	3	4	5	6	7	8	9
0	1.000	1.000	1.000	0.999	0.999	0.998	0.997	0.996	0.995	0.993
10	0.992	0.990	0.988	0.986	0.983	0.981	0.978	0.976	0.973	0.970
20	0.966	0.959	0.953	0.947	0.940	0.934	0.928	0.921	0.915	0.909
30	0.902	0.896	0.890	0.884	0.877	0.871	0.865	0.858	0.852	0.846
40	0.839	0.833	0.826	0.820	0.814	0.807	0.801	0.794	0.788	0.781
50	0.775	0.768	0.762	0.755	0.748	0.742	0.735	0.729	0.722	0.715
60	0.709	0.702	0.659	0.689	0.682	0.676	0.669	0.662	0.656	0.649
70	0.643	0.636	0.629	0.623	0.616	0.610	0.604	0.597	0.591	0.584
80	0.578	0.572	0.566	0.559	0.553	0.547	0.541	0.535	0.529	0.523
90	0.517	0.511	0.505	0.500	0.494	0.488	0.483	0.477	0.472	0.467
100	0.463	0.458	0.454	0.449	0.445	0.441	0.436	0.432	0.428	0.423
110	0.419	0.415	0.411	0.407	0.403	0.399	0.395	0.391	0.387	0.383
120	0.379	0.375	0.371	0.367	0.364	0.360	0.356	0.353	0.349	0.346
130	0.342	0.339	0.335	0.332	0.328	0.325	0.322	0.319	0.315	0.312
140	0.309	0.306	0.303	0.300	0.297	0.294	0.291	0.288	0.285	0.282
150	0.280	0.277	0.274	0.271	0.269	0.266	0.264	0.261	0.258	0.256
160	0.254	0.251	0.249	0.246	0.244	0.242	0.239	0.237	0.235	0.233
170	0.230	0.228	0.226	0.224	0.222	0.220	0.218	0.216	0.214	0.212
180	0.210	0.208	0.206	0.205	0.203	0.201	0.199	0.197	0.196	0.194
190	0.192	0.190	0.189	0.187	0.186	0.184	0.182	0.181	0.179	0.178
200	0.176	0.175	0.173	0.172	0.170	0.169	0.168	0.166	0.165	0.163
210	0.162	0.161	0.159	0.158	0.157	0.156	0.154	0.153	0.152	0.151
220	0.150	0.148	0.147	0.146	0.145	0.144	0.143	0.142	0.140	0.139
230	0.138	0.137	0.136	0.135	0.134	0.133	0.132	0.131	0.130	0.129
240	0.128	0.127	0.126	0.125	0.124	0.124	0.123	0.122	0.121	0.120
250	0.119									

$\lambda\sqrt{\dfrac{f_y}{235}}$	0	1	2	3	4	5	6	7	8	9
0	1.000	1.000	0.999	0.999	0.998	0.996	0.994	0.992	0.990	0.987
10	0.984	0.981	0.978	0.974	0.969	0.965	0.960	0.955	0.949	0.944
20	0.937	0.927	0.918	0.909	0.900	0.891	0.883	0.874	0.865	0.857
30	0.848	0.840	0.831	0.823	0.815	0.807	0.799	0.790	0.782	0.774
40	0.766	0.759	0.751	0.743	0.735	0.728	0.720	0.712	0.705	0.697
50	0.690	0.683	0.675	0.668	0.661	0.654	0.646	0.639	0.632	0.625
60	0.618	0.612	0.605	0.598	0.591	0.585	0.578	0.572	0.565	0.559
70	0.552	0.546	0.540	0.534	0.528	0.522	0.516	0.510	0.504	0.498
80	0.493	0.487	0.481	0.476	0.470	0.465	0.460	0.454	0.449	0.444
90	0.439	0.434	0.429	0.424	0.419	0.414	0.410	0.405	0.401	0.397
100	0.394	0.390	0.387	0.383	0.380	0.376	0.373	0.370	0.366	0.363
110	0.359	0.356	0.353	0.350	0.346	0.343	0.340	0.337	0.334	0.331
120	0.328	0.325	0.322	0.319	0.316	0.313	0.310	0.307	0.304	0.301
130	0.299	0.296	0.293	0.290	0.288	0.285	0.282	0.280	0.277	0.275
140	0.272	0.270	0.267	0.265	0.262	0.260	0.258	0.255	0.253	0.251
150	0.248	0.246	0.244	0.242	0.240	0.237	0.235	0.233	0.231	0.229
160	0.227	0.225	0.223	0.221	0.219	0.217	0.215	0.213	0.212	0.210
170	0.208	0.206	0.204	0.203	0.201	0.199	0.197	0.196	0.194	0.192
180	0.191	0.189	0.188	0.186	0.184	0.183	0.181	0.180	0.178	0.177
190	0.176	0.174	0.173	0.171	0.170	0.168	0.167	0.166	0.164	0.163
200	0.162									

d 类截面轴心受压构件的稳定系数 φ

附表 30　截面塑性发展系数 γ_x、γ_y

项次	截面	γ_x	γ_y
1			1.2
2		1.05	1.05
3		$\gamma_{x1}=1.05$ $\gamma_{x2}=1.2$	1.2
4			1.05
5		1.2	1.2
6		1.15	1.15
7			1.05
8		1.0	1.0

附表31 钢结构受弯构件的挠度容许值

项次	构件类别	挠度容许值	
		$[\nu_T]$	$[\nu_Q]$
1	吊车梁和吊车桁架(按自重和起重量最大的一台吊车计算挠度) (1)手动起重机和单梁起重机(含悬挂起重机) (2)轻级工作制桥式起重机 (3)中级工作制桥式起重机 (4)重级工作制桥式起重机	$l/500$ $l/750$ $l/900$ $l/1000$	
2	手动或电动葫芦的轨道梁	$l/400$	
3	有重轨(重量等于或大于38kg/m)轨道的工作平台梁 有轻轨(重量等于或小于24kg/m)轨道的工作平台梁	$l/600$ $l/400$	
4	楼(屋)盖梁或桁架、工作平台梁(第3项除外)和平台板 (1)主梁或桁架(包括设有悬挂起重设备的梁和桁架) (2)仅支承压型金属板屋面和冷弯型钢檩条 (3)除支承压型金属板屋面和冷弯型钢檩条外,尚有吊顶 (4)抹灰顶棚的次梁 (5)除第(1)款～第(4)款外的其他梁(包括楼梯梁) (6)屋盖檩条 　支承压型金属板屋面者 　支承其他屋面材料者 　有吊顶 (7)平台板	$l/400$ $l/180$ $l/240$ $l/250$ $l/250$ $l/150$ $l/200$ $l/240$ $l/150$	$l/500$ $l/350$ $l/300$
5	墙架构件(风荷载不考虑阵风系数) (1)支柱(水平方向) (2)抗风桁架(作为连续支柱的支承时,水平位移) (3)砌体墙的横梁(水平方向) (4)支承压型金属板的横梁(水平方向) (5)支承其他墙面材料的横梁(水平方向) (6)带有玻璃窗的横梁(竖直和水平方向)	 $l/200$	$l/400$ $l/1000$ $l/300$ $l/100$ $l/200$ $l/200$

注:1. l 为受弯构件的跨度(对悬臂梁和伸臂梁为悬伸长度的2倍)。

2. $[\nu_T]$ 为永久和可变荷载标准值产生的挠度(如有起拱应减去拱度)的容许值,$[\nu_Q]$ 为可变荷载标准值产生的挠度的容许值。

3. 当吊车梁或吊车桁架跨度大于12m时,其挠度容许值 $[\nu_T]$ 应乘以0.9的系数。

4. 当墙面采用延性材料或与结构采用柔性连接时,墙架构件的支柱水平位移容许值可采用 $l/300$,抗风桁架(作为连续支柱的支承时)水平位移容许值可采用 $l/800$。

附表32 轧制普通工字钢简支梁的 φ_b

项次	荷载情况			工字钢型号	自由长度 l_1/m								
					2	3	4	5	6	7	8	9	10
1	跨中无侧向支承点的梁	集中荷载作用于	上翼缘	10～20 22～32 36～63	2.00 2.40 2.80	1.30 1.48 1.60	0.99 1.09 1.07	0.80 0.86 0.83	0.68 0.72 0.68	0.58 0.62 0.56	0.53 0.54 0.50	0.48 0.49 0.45	0.43 0.45 0.40
2			下翼缘	10～20 22～40 45～63	3.10 5.50 7.30	1.95 2.80 3.60	1.34 1.84 2.30	1.01 1.37 1.62	0.82 1.07 1.20	0.69 0.86 0.96	0.63 0.73 0.80	0.57 0.64 0.69	0.52 0.56 0.60
3		均布荷载作用于	上翼缘	10～20 22～40 45～63	1.70 2.10 2.60	1.12 1.30 1.45	0.84 0.93 0.97	0.68 0.73 0.73	0.57 0.60 0.59	0.50 0.51 0.50	0.45 0.45 0.44	0.41 0.40 0.38	0.37 0.36 0.35
4			下翼缘	10～20 22～40 45～63	2.50 4.00 5.60	1.55 2.20 2.80	1.08 1.45 1.80	0.83 1.10 1.25	0.68 0.85 0.95	0.56 0.70 0.78	0.52 0.60 0.65	0.47 0.52 0.55	0.42 0.46 0.49
5	跨中有侧向支承点的梁(不论荷载作用点在截面高度上的位置)			10～20 22～40 45～63	2.20 3.00 4.00	1.39 1.80 2.20	1.01 1.24 1.38	0.79 0.96 1.01	0.66 0.76 0.80	0.57 0.65 0.66	0.52 0.56 0.56	0.47 0.49 0.49	0.42 0.43 0.43

注:1. 表中项次3、4的集中荷载是指一个或少数几个集中荷载位于跨中央附近的情况,对其他情况的集中荷载,应按表中项次1、2内的数字采用。

2. 荷载作用在上翼缘系指荷载作用点在翼缘表面,方向指向截面形心;荷载作用在下翼缘系指荷载作用点在翼缘表面,方向背向截面形心。

3. 表中的 φ_b 适用于Q235钢。对其他钢号,表中数值应乘以 $235/f_y$。

附表 33 　等边角钢截面尺寸、截面面积、理论质量及截面特性（GB/T 706—2008）

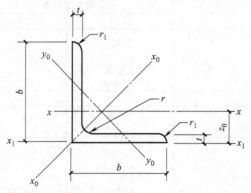

符号意义：b——边宽度（肢宽度）；
t——边厚度（肢厚度）；
r——内圆弧半径；
r_1——边端圆弧半径；
I——惯性矩；
i——惯性半径；
W——截面模量（弯曲截面系数）；
z_0——形心距离。

型号	截面尺寸/mm			截面面积/cm²	理论质量/(kg/m)	外表面积/(m²/m)	惯性矩/cm⁴				惯性半径/cm			截面模量/cm³			形心距离/cm
	b	t	r				I_x	I_{x1}	I_{x0}	I_{y0}	i_x	i_{x0}	i_{y0}	W_x	W_{x0}	W_{y0}	z_0
2	20	3	3.5	1.132	0.889	0.078	0.40	0.81	0.63	0.17	0.59	0.75	0.39	0.29	0.45	0.20	0.60
		4		1.459	1.145	0.077	0.50	1.09	0.78	0.22	0.58	0.73	0.38	0.36	0.55	0.24	0.64
2.5	25	3		1.432	1.124	0.098	0.82	1.57	1.29	0.34	0.76	0.95	0.49	0.46	0.73	0.33	0.73
		4		1.859	1.459	0.097	1.03	2.11	1.62	0.43	0.74	0.93	0.48	0.59	0.92	0.40	0.76
3.0	30	3		1.749	1.373	0.117	1.46	2.71	2.31	0.61	0.91	1.15	0.59	0.68	1.09	0.51	0.85
		4		2.276	1.786	0.117	1.84	3.63	2.92	0.77	0.90	1.13	0.58	0.87	1.37	0.62	0.89
3.6	36	3	4.5	2.109	1.656	0.141	2.58	4.68	4.09	1.07	1.11	1.39	0.71	0.99	1.61	0.76	1.00
		4		2.756	2.163	0.141	3.29	6.25	5.22	1.37	1.09	1.38	0.70	1.28	2.05	0.93	1.04
		5		3.382	2.654	0.141	3.95	7.84	6.24	1.65	1.08	1.36	0.70	1.56	2.45	1.00	1.07
4.0	40	3	5	2.359	1.852	0.157	3.59	6.41	5.69	1.49	1.23	1.55	0.79	1.23	2.01	0.96	1.09
		4		3.086	2.422	0.157	4.60	8.56	7.29	1.91	1.22	1.54	0.79	1.60	2.58	1.19	1.13
		5		3.791	2.976	0.156	5.53	10.74	8.76	2.30	1.21	1.52	0.78	1.96	3.10	1.39	1.17
4.5	45	3	5	2.659	2.088	0.177	5.17	9.12	8.20	2.14	1.40	1.76	0.89	1.58	2.58	1.24	1.22
		4		3.486	2.736	0.177	6.65	12.18	10.56	2.75	1.38	1.74	0.89	2.05	3.32	1.54	1.26
		5		4.292	3.369	0.176	8.04	15.25	12.74	3.33	1.37	1.72	0.88	2.51	4.00	1.81	1.30
		6		5.076	3.985	0.176	9.33	18.36	14.76	3.89	1.36	1.70	0.88	2.95	4.64	2.06	1.33
5	50	3	5.5	2.971	2.332	0.197	7.18	12.50	11.37	2.98	1.55	1.96	1.00	1.96	3.22	1.57	1.34
		4		3.897	3.059	0.197	9.26	16.69	14.70	3.82	1.54	1.94	0.99	2.56	4.16	1.96	1.38
		5		4.803	3.770	0.196	11.21	20.90	17.79	4.64	1.53	1.92	0.98	3.13	5.03	2.31	1.42
		6		5.688	4.465	0.196	13.05	25.14	20.68	5.42	1.52	1.91	0.98	3.68	5.85	2.63	1.46
5.6	56	3	6	3.343	2.624	0.221	10.19	17.56	16.14	4.24	1.75	2.20	1.13	2.48	4.08	2.02	1.48
		4		4.390	3.446	0.220	13.18	23.43	20.92	5.46	1.73	2.18	1.11	3.24	5.28	2.52	1.53
		5		5.415	4.251	0.220	16.02	29.33	25.42	6.61	1.72	2.17	1.10	3.97	6.42	2.98	1.57
		6		6.420	5.040	0.220	18.69	35.26	29.66	7.73	1.71	2.15	1.10	4.68	7.49	3.40	1.61
		7		7.404	5.812	0.219	21.23	41.23	33.63	8.82	1.69	2.13	1.09	5.36	8.49	3.80	1.64
		8		8.367	6.568	0.219	23.63	47.24	37.37	9.89	1.68	2.11	1.09	6.03	9.44	4.16	1.68

型号	截面尺寸/mm			截面面积/cm²	理论质量/(kg/m)	外表面积/(m²/m)	惯性矩/cm⁴				惯性半径/cm			截面模量/cm³			形心距离/cm
	b	t	r				I_x	I_{x1}	I_{x0}	I_{y0}	i_x	i_{x0}	i_{y0}	W_x	W_{x0}	W_{y0}	z_0
6	60	5	6.5	5.829	4.576	0.236	19.89	36.05	31.57	8.21	1.85	2.33	1.19	4.59	7.44	3.48	1.67
		6		6.914	5.427	0.235	23.25	43.33	36.89	9.60	1.83	2.31	1.18	5.41	8.70	3.98	1.70
		7		7.977	6.262	0.235	26.44	50.65	41.92	10.96	1.82	2.29	1.17	6.21	9.88	4.45	1.74
		8		9.020	7.081	0.235	29.47	58.02	46.66	12.28	1.81	2.27	1.17	6.98	11.00	4.88	1.78
6.3	63	4	7	4.978	3.907	0.248	19.03	33.35	30.17	7.89	1.96	2.46	1.26	4.13	6.78	3.29	1.70
		5		6.143	4.822	0.248	23.17	41.73	36.77	9.57	1.94	2.45	1.25	5.08	8.25	3.90	1.74
		6		7.288	5.721	0.247	27.12	50.14	43.03	11.20	1.93	2.43	1.24	6.00	9.66	4.46	1.78
		7		8.412	6.603	0.247	30.87	58.60	48.96	12.79	1.92	2.41	1.23	6.88	10.99	4.98	1.82
		8		9.515	7.469	0.247	34.46	67.11	54.56	14.33	1.90	2.40	1.23	7.75	12.25	5.47	1.85
		10		11.657	9.151	0.246	41.09	84.31	64.85	17.33	1.88	2.36	1.22	9.39	14.56	6.36	1.93
7	70	4	8	5.570	4.372	0.275	26.39	45.74	41.80	10.99	2.18	2.74	1.40	5.14	8.44	4.17	1.86
		5		6.875	5.397	0.275	32.21	57.21	51.08	13.31	2.16	2.73	1.39	6.32	10.32	4.95	1.91
		6		8.160	6.406	0.275	37.77	68.73	59.93	15.61	2.15	2.71	1.38	7.48	12.11	5.67	1.95
		7		9.424	7.398	0.275	43.09	80.29	68.35	17.82	2.14	2.69	1.38	8.59	13.81	6.34	1.99
		8		10.667	8.373	0.274	48.17	91.92	76.37	19.98	2.12	2.68	1.37	9.68	15.43	6.98	2.03
7.5	75	5	9	7.412	5.818	0.295	39.97	70.56	63.30	16.63	2.33	2.92	1.50	7.32	11.94	5.77	2.04
		6		8.797	6.905	0.294	46.95	84.55	74.38	19.51	2.31	2.90	1.49	8.64	14.02	6.67	2.07
		7		10.160	7.976	0.294	53.57	98.71	84.96	22.18	2.30	2.89	1.48	9.93	16.02	7.44	2.11
		8		11.503	9.030	0.294	59.96	112.97	95.07	24.86	2.28	2.88	1.47	11.20	17.93	8.19	2.15
		9		12.825	10.068	0.294	66.10	127.30	104.71	27.48	2.27	2.86	1.46	12.43	19.75	8.89	2.18
		10		14.126	11.089	0.293	71.98	141.71	113.92	30.05	2.26	2.84	1.46	13.64	21.48	9.56	2.22
8	80	5	9	7.912	6.211	0.315	48.79	85.36	77.33	20.25	2.48	3.13	1.60	8.34	13.67	6.66	2.15
		6		9.397	7.376	0.314	57.35	102.50	90.98	23.72	2.47	3.11	1.59	9.87	16.08	7.65	2.19
		7		10.860	8.525	0.314	65.58	119.70	104.07	27.09	2.46	3.10	1.58	11.37	18.40	8.58	2.23
		8		12.303	9.658	0.314	73.49	136.97	116.60	30.39	2.44	3.08	1.57	12.83	20.61	9.46	2.27
		9		13.725	10.744	0.314	81.11	154.31	128.60	33.61	2.43	3.06	1.56	14.25	22.73	10.29	2.31
		10		15.126	11.874	0.313	88.43	171.74	140.09	36.77	2.42	3.04	1.56	15.64	24.76	11.08	2.35
9	90	6	10	10.637	8.350	0.354	82.77	145.87	131.26	34.28	2.79	3.51	1.80	12.61	20.63	9.95	2.44
		7		12.301	9.656	0.354	94.83	170.30	150.47	39.18	2.78	3.50	1.78	14.54	23.64	11.19	2.48
		8		13.944	10.946	0.353	106.47	194.80	168.97	43.97	2.76	3.48	1.78	16.42	26.55	12.35	2.52
		9		15.566	12.219	0.353	117.72	219.39	186.77	48.66	2.75	3.46	1.77	18.27	29.35	13.46	2.56
		10		17.167	13.476	0.353	128.58	244.07	203.90	53.26	2.74	3.45	1.76	20.07	32.04	14.52	2.59
		12		20.306	15.940	0.352	149.22	293.76	236.21	62.22	2.71	3.41	1.75	23.57	37.12	16.49	2.67

型号	截面尺寸/mm			截面面积/cm²	理论质量/(kg/m)	外表面积/(m²/m)	惯性矩/cm⁴				惯性半径/cm			截面模量/cm³			形心距离/cm
	b	t	r				I_x	I_{x1}	I_{x0}	I_{y0}	i_x	i_{x0}	i_{y0}	W_x	W_{x0}	W_{y0}	z_0
10	100	6	12	11.932	9.366	0.393	114.95	200.07	181.98	47.92	3.10	3.90	2.00	15.68	25.74	12.69	2.67
		7		13.796	10.830	0.393	131.86	233.54	208.97	54.74	3.09	3.89	1.99	18.10	29.55	14.26	2.71
		8		15.638	12.276	0.393	148.24	267.09	235.07	61.41	3.08	3.88	1.98	20.47	33.24	15.75	2.76
		9		17.462	13.708	0.392	164.12	300.73	260.30	67.95	3.07	3.86	1.97	22.79	36.81	17.18	2.80
		10		19.261	15.120	0.932	179.51	334.48	284.68	74.35	3.05	3.84	1.96	25.06	40.26	18.54	2.84
		12		22.800	17.898	0.391	208.90	402.34	330.95	86.84	3.03	3.81	1.95	29.48	46.80	21.08	2.91
		14		26.256	20.611	0.391	236.53	470.75	374.06	99.00	3.00	3.77	1.94	33.73	52.90	23.44	2.99
		16		29.627	23.257	0.390	262.53	539.80	414.16	110.89	2.98	3.74	1.94	37.82	58.57	25.63	3.06
11	110	7	12	15.196	11.928	0.433	177.16	310.64	280.94	73.38	3.41	4.30	2.20	22.05	36.12	17.51	2.96
		8		17.238	13.535	0.433	199.46	355.20	316.49	82.42	3.40	4.28	2.19	24.95	40.69	19.39	3.01
		10		21.261	16.690	0.433	242.19	444.65	384.39	99.98	3.38	4.25	2.17	30.60	49.42	22.91	3.09
		12		25.200	19.782	0.431	282.55	534.60	448.17	116.93	3.35	4.22	2.15	36.05	57.62	26.15	3.16
		14		29.056	22.809	0.431	320.71	625.16	508.01	133.40	3.32	4.18	2.14	41.31	65.31	29.14	3.24
12.5	125	8		19.750	15.504	0.492	297.03	521.01	470.89	123.16	3.88	4.88	2.50	32.52	53.28	25.86	3.37
		10		24.373	19.133	0.491	361.67	651.93	573.89	149.46	3.85	4.85	2.48	39.97	64.93	30.62	3.45
		12		28.912	22.696	0.491	423.16	783.42	671.44	174.88	3.83	4.82	2.46	41.17	75.96	35.03	3.53
		14		33.367	26.193	0.490	481.65	915.61	763.73	199.57	3.80	4.78	2.45	54.16	86.41	39.13	3.61
		16		37.739	29.625	0.489	537.31	1048.62	850.98	223.65	3.77	4.75	2.43	60.93	96.28	42.96	3.68
14	140	10	14	27.373	21.488	0.551	514.65	915.11	817.27	212.04	4.34	5.46	2.78	50.58	82.56	39.20	3.82
		12		32.512	25.522	0.551	603.68	1099.28	958.79	248.57	4.31	5.43	2.76	59.80	96.85	45.02	3.90
		14		37.567	29.490	0.550	688.81	1284.22	1093.56	284.06	4.28	5.40	2.75	68.75	110.47	50.45	3.98
		16		42.593	33.393	0.549	770.24	1470.07	1221.81	318.67	4.26	5.36	2.74	77.46	123.42	55.55	4.06
15	150	8		23.750	18.644	0.592	521.37	899.55	827.49	215.25	4.69	5.90	3.01	47.36	78.02	38.14	3.99
		10		29.373	23.058	0.591	637.50	1125.09	1012.79	262.21	4.66	5.87	2.99	58.35	95.49	45.51	4.08
		12		34.912	27.406	0.591	748.85	1351.26	1189.97	307.73	4.63	5.84	2.97	69.04	112.19	52.38	4.15
		14		40.367	31.688	0.590	855.64	1578.25	1359.30	351.98	4.60	5.80	2.95	79.45	128.16	58.83	4.23
		15		43.063	33.804	0.590	907.39	1692.10	1441.09	373.69	4.59	5.78	2.95	84.56	135.87	61.90	4.27
		16		45.739	35.905	0.589	958.08	1806.21	1521.02	395.14	4.58	5.77	2.94	89.59	143.40	64.89	4.31
16	160	10	16	31.502	24.729	0.630	779.53	1365.33	1237.30	321.76	4.98	6.27	3.20	66.70	109.36	52.76	4.31
		12		37.441	29.391	0.630	916.58	1639.57	1455.68	377.49	4.95	6.24	3.18	78.98	128.67	60.74	4.39
		14		43.296	33.987	0.629	1048.36	1914.68	1665.02	431.70	4.92	6.20	3.16	90.95	147.17	68.24	4.47
		16		49.067	38.518	0.629	1175.08	2190.82	1865.57	484.59	4.89	6.17	3.14	102.63	164.89	75.31	4.55
18	180	12		42.241	33.159	0.710	1321.35	2332.80	2100.10	542.61	5.59	7.05	3.58	100.82	165.00	78.41	4.89
		14		48.896	38.383	0.709	1514.48	2723.48	2407.42	621.53	5.56	7.02	3.56	116.25	189.14	88.38	4.97
		16		55.467	43.542	0.709	1700.99	3115.29	2703.37	698.60	5.54	6.98	3.55	131.13	212.40	97.83	5.05
		18		61.055	48.634	0.708	1875.12	3502.43	2988.24	762.01	5.50	6.94	3.51	145.64	234.78	105.14	5.13

型号	截面尺寸/mm			截面面积/cm²	理论质量/(kg/m)	外表面积/(m²/m)	惯性矩/cm⁴				惯性半径/cm			截面模量/cm³			形心距离/cm
	b	t	r				I_x	I_{x1}	I_{x0}	I_{y0}	i_x	i_{x0}	i_{y0}	W_x	W_{x0}	W_{y0}	z_0
20	200	14	18	54.642	42.894	0.788	2103.55	3734.10	3343.26	863.83	6.20	7.82	3.98	144.70	236.40	111.82	5.46
		16		62.013	48.680	0.788	2366.15	4270.39	3760.89	971.41	6.18	7.79	3.96	163.65	265.93	123.96	5.54
		18		69.301	54.401	0.787	2620.64	4808.13	4164.54	1076.74	6.15	7.75	3.94	182.22	294.48	135.52	5.62
		20		76.505	60.056	0.787	2867.30	5347.51	4554.55	1180.04	6.12	7.72	3.93	200.42	322.06	146.55	5.69
		24		90.661	71.168	0.785	3338.25	6457.16	5294.97	1381.53	6.07	7.64	3.90	236.17	374.41	166.65	5.87
22	220	16	21	68.664	53.901	0.866	3187.36	5681.62	5063.73	1310.99	6.81	8.59	4.37	199.55	325.51	153.81	6.03
		18		76.752	60.250	0.866	3534.30	6395.93	5615.32	1453.27	6.79	8.55	4.35	222.37	360.97	168.29	6.11
		20		84.756	66.533	0.865	3871.49	7112.04	6150.08	1592.90	6.76	8.52	4.34	244.77	395.34	182.16	6.18
		22		92.676	72.751	0.865	4199.23	7830.19	6668.37	1730.10	6.73	8.48	4.32	266.78	428.66	195.45	6.26
		24		100.512	78.902	0.864	4517.83	8550.57	7170.55	1865.11	6.70	8.45	4.31	288.39	460.94	208.21	6.33
		26		108.264	84.987	0.864	4827.58	9273.39	7656.98	1998.17	6.68	8.41	4.30	309.62	492.21	220.49	6.41
25	250	18	24	87.842	68.956	0.985	5268.22	9379.11	8369.04	2167.41	7.74	9.76	4.97	290.12	473.42	224.03	6.84
		20		97.045	76.180	0.984	5779.34	10426.97	9181.94	2376.74	7.72	9.73	4.95	319.66	519.41	242.85	6.92
		24		115.201	90.433	0.983	6763.93	12529.74	10742.67	2785.19	7.66	9.66	4.92	377.34	607.70	278.38	7.07
		26		124.154	97.461	0.982	7238.08	13585.18	11491.33	2984.84	7.63	9.62	4.90	405.50	650.05	295.19	7.15
		28		133.022	104.422	0.982	7700.60	14643.62	12219.39	3181.81	7.61	9.58	4.89	433.22	691.23	311.42	7.22
		30		141.807	111.318	0.981	8151.80	15705.30	12927.26	3376.34	7.58	9.55	4.88	460.51	731.28	327.12	7.30
		32		150.508	118.149	0.981	8592.01	16770.41	13615.32	3568.71	7.56	9.51	4.87	487.39	770.20	342.33	7.37
		35		163.402	128.271	0.980	9232.44	18374.95	14611.16	3853.72	7.52	9.46	4.86	526.97	826.53	364.30	7.48

注：截面图中的 $r_1=t/3$ 及表中 r 的数据用于孔型设计，不做交货条件。

附表34　不等边角钢截面尺寸、截面面积、理论质量及截面特性（GB/T 706—2008）

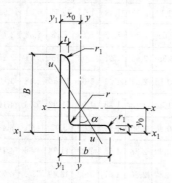

符号意义：B——长边宽度；
b——短边宽度；
t——边厚度；
r——内圆弧半径；
r_1——边端圆弧半径；
x_0——形心距离；
y_0——形心距离。

型号	截面尺寸/mm				截面面积/cm²	理论质量/(kg/m)	外表面积/(m²/m)	惯性矩/cm⁴					惯性半径/cm			截面模量/cm³			tanα	形心距离/cm	
	B	b	t	r				I_x	I_{x1}	I_y	I_{y1}	I_u	i_x	i_y	i_u	W_x	W_y	W_u		x_0	y_0
2.5/1.6	25	16	3	3.5	1.162	0.912	0.080	0.70	1.56	0.22	0.43	0.14	0.78	0.44	0.34	0.43	0.19	0.16	0.392	0.42	0.86
			4		1.499	1.176	0.079	0.88	2.09	0.27	0.59	0.17	0.77	0.43	0.34	0.55	0.24	0.20	0.381	0.46	1.86
3.2/2	32	20	3		1.492	1.171	0.102	1.53	3.27	0.46	0.82	0.28	1.01	0.55	0.43	0.72	0.30	0.25	0.382	0.49	0.90
			4		1.939	1.522	0.101	1.93	4.37	0.57	1.12	0.35	1.00	0.54	0.42	0.93	0.39	0.32	0.374	0.53	1.08

型号	截面尺寸/mm				截面面积/cm²	理论质量/(kg/m)	外表面积/(m²/m)	惯性矩/cm⁴					惯性半径/cm			截面模量/cm³			tanα	形心距离/cm	
	B	b	t	r				I_x	I_{x1}	I_y	I_{y1}	I_u	i_x	i_y	i_u	W_x	W_y	W_u		x_0	y_0
4/2.5	40	25	3	4	1.890	1.484	0.127	3.08	5.39	0.93	1.59	0.56	1.28	0.70	0.54	1.15	0.49	0.40	0.385	0.59	1.12
			4		2.467	1.936	0.127	3.93	8.53	1.18	2.14	0.71	1.36	0.69	0.54	1.49	0.63	0.52	0.381	0.63	1.32
4.5/2.8	45	28	3	5	2.149	1.687	0.143	4.45	9.10	1.34	2.23	0.80	1.44	0.79	0.61	1.47	0.62	0.51	0.383	0.64	1.37
			4		2.806	2.203	0.143	5.69	12.13	1.70	3.00	1.02	1.42	0.78	0.60	1.91	0.80	0.66	0.380	0.68	1.47
5/3.2	50	32	3	5.5	2.431	1.908	0.161	6.24	12.49	2.02	3.31	1.20	1.60	0.91	0.70	1.84	0.82	0.68	0.404	0.73	1.51
			4		3.177	2.494	0.160	8.02	16.65	2.58	4.45	1.53	1.59	0.90	0.69	2.39	1.06	0.87	0.402	0.77	1.60
5.6/3.6	56	36	3	6	2.743	2.153	0.181	8.88	17.54	2.92	4.70	1.73	1.80	1.03	0.79	2.32	1.05	0.87	0.408	0.80	1.65
			4		3.590	2.818	0.180	11.45	23.39	3.76	6.33	2.23	1.79	1.02	0.79	3.03	1.37	1.13	0.408	0.85	1.78
			5		4.415	3.466	0.180	13.86	29.25	4.49	7.94	2.67	1.77	1.01	0.78	3.71	1.65	1.36	0.404	0.88	1.82
6.3/4	63	40	4	7	4.058	3.185	0.202	16.49	33.30	5.23	8.63	3.12	2.02	1.14	0.88	3.87	1.70	1.40	0.398	0.92	1.87
			5		4.993	3.920	0.202	20.02	41.63	6.31	10.86	3.76	2.00	1.12	0.87	4.74	2.07	1.71	0.396	0.95	2.04
			6		5.908	4.638	0.201	23.36	49.98	7.29	13.12	4.34	1.96	1.11	0.86	5.59	2.43	1.99	0.393	0.99	2.08
			7		6.802	5.339	0.201	26.53	58.07	8.24	15.47	4.97	1.98	1.10	0.86	6.40	2.78	2.29	0.389	1.03	2.12
7/4.5	70	45	4	7.5	4.547	3.570	0.226	23.17	45.92	7.55	12.26	4.40	2.26	1.29	0.98	4.86	2.17	1.77	0.410	1.02	2.15
			5		5.609	4.403	0.225	27.95	57.10	9.13	15.39	5.40	2.23	1.28	0.98	5.92	2.65	2.19	0.407	1.06	2.24
			6		6.647	5.218	0.225	32.54	68.35	10.62	18.58	6.35	2.21	1.26	0.98	6.95	3.12	2.59	0.404	1.09	2.28
			7		7.657	6.011	0.225	37.22	79.99	12.01	21.84	7.16	2.20	1.25	0.97	8.03	3.57	2.94	0.402	1.13	2.32
7.5/5	75	50	5	8	6.125	4.808	0.245	34.86	70.00	12.61	21.04	7.41	2.39	1.44	1.10	6.83	3.30	2.74	0.435	1.17	2.36
			6		7.260	5.699	0.245	41.12	84.30	14.70	25.37	8.54	2.38	1.42	1.08	8.12	3.88	3.19	0.435	1.21	2.40
			8		9.467	7.431	0.244	52.39	112.50	18.53	34.23	10.87	2.35	1.40	1.07	10.52	4.99	4.10	0.429	1.29	2.44
			10		11.590	9.098	0.244	62.71	140.80	21.96	43.43	13.10	2.33	1.38	1.06	12.79	6.04	4.99	0.423	1.36	2.52
8/5	80	50	5	8	6.375	5.005	0.255	41.96	85.21	12.82	21.06	7.66	2.56	1.42	1.10	7.78	3.32	2.74	0.388	1.14	2.60
			6		7.560	5.935	0.255	49.49	102.53	14.95	25.41	8.85	2.56	1.41	1.08	9.25	3.91	3.20	0.387	1.18	2.65
			7		8.724	6.848	0.255	56.16	119.33	46.96	29.82	10.18	2.54	1.39	1.08	10.58	4.48	3.70	0.384	1.21	2.69
			8		9.867	7.745	0.254	62.83	136.41	18.85	34.32	11.38	2.52	1.38	1.07	11.92	5.03	4.16	0.381	1.25	2.73
9/5.6	90	56	5	9	7.212	5.661	0.287	60.45	121.32	18.32	29.53	10.98	2.90	1.59	1.23	9.92	4.21	3.49	0.385	1.25	2.91
			6		8.557	6.717	0.286	71.03	145.59	21.42	35.58	12.90	2.88	1.58	1.23	11.74	4.96	4.13	0.384	1.29	2.95
			7		9.880	7.756	0.286	81.01	169.60	24.36	41.71	14.67	2.86	1.57	1.22	13.49	5.70	4.72	0.382	1.33	3.00
			8		11.183	8.779	0.286	91.03	194.17	27.15	47.93	16.34	2.85	1.56	1.21	15.27	6.41	5.29	0.380	1.36	3.04
10/6.3	100	63	6	10	9.617	7.550	0.320	99.06	199.71	30.94	50.50	18.42	3.21	1.79	1.38	14.64	6.35	5.25	0.394	1.43	3.24
			7		11.111	8.722	0.320	113.45	233.00	35.26	59.14	21.00	3.20	1.78	1.38	16.88	7.29	6.02	0.394	1.47	3.28
			8		12.534	9.878	0.319	127.37	266.32	39.39	67.88	23.50	3.18	1.77	1.37	19.08	8.21	6.78	0.391	1.50	3.32
			10		15.467	12.142	0.319	153.81	333.06	47.12	85.73	28.33	3.15	1.74	1.35	23.32	9.98	8.24	0.387	1.58	3.40

型号	截面尺寸/mm				截面面积/cm²	理论质量/(kg/m)	外表面积/(m²/m)	惯性矩/cm⁴					惯性半径/cm			截面模量/cm³			tanα	形心距离/cm	
	B	b	t	r				I_x	I_{x1}	I_y	I_{y1}	I_u	i_x	i_y	i_u	W_x	W_y	W_u		x_0	y_0
10/8	100	80	6	10	10.637	8.350	0.354	107.04	199.83	61.24	102.68	31.65	3.17	2.40	1.72	15.19	10.16	8.37	0.627	1.97	2.95
			7		12.301	9.656	0.354	122.73	233.20	70.08	119.98	36.17	3.16	2.39	1.72	17.52	11.71	9.60	0.626	2.01	3.0
			8		13.944	10.946	0.353	137.92	266.61	78.58	137.37	40.58	3.14	2.37	1.71	19.81	13.21	10.80	0.625	2.05	3.04
			10		17.167	13.476	0.353	166.87	333.63	94.65	172.48	49.10	3.12	2.35	1.69	24.24	16.12	13.12	0.622	2.13	3.12
11/7	110	70	6	10	10.637	8.350	0.354	133.37	265.78	42.92	69.08	25.36	3.54	2.01	1.54	17.85	7.90	6.53	0.403	1.57	3.53
			7		12.301	9.656	0.354	153.00	310.07	49.01	80.82	28.95	3.53	2.00	1.53	20.60	9.09	7.50	0.402	1.61	3.57
			8		13.944	10.946	0.353	172.04	354.39	54.87	92.70	32.45	3.51	1.98	1.53	23.30	10.25	8.45	0.401	1.65	3.62
			10		17.167	13.476	0.353	208.39	443.13	65.88	116.83	39.20	3.48	1.96	1.51	28.54	12.48	10.29	0.397	1.72	3.70
12.5/8	125	80	7	11	14.096	11.066	0.403	227.98	454.99	74.42	120.32	43.81	4.02	2.30	1.76	26.86	12.01	9.92	0.408	1.80	4.01
			8		15.989	12.551	0.403	256.77	519.99	83.49	137.85	49.15	4.01	2.28	1.75	30.41	13.56	11.18	0.407	1.84	4.06
			10		19.712	15.474	0.402	312.04	650.09	100.67	173.40	59.45	3.98	2.26	1.74	37.33	16.56	13.64	0.404	1.92	4.14
			12		23.351	18.330	0.402	364.41	780.39	116.67	209.67	69.35	3.95	2.24	1.72	44.01	19.43	16.01	0.400	2.00	4.22
14/9	140	90	8	12	18.038	14.160	0.453	365.64	730.53	120.69	195.79	70.83	4.50	2.59	1.98	38.48	17.34	14.31	0.411	2.04	4.50
			10		22.261	17.475	0.452	445.50	913.20	140.03	245.92	85.82	4.47	2.56	1.96	47.31	21.22	17.48	0.409	2.12	4.58
			12		26.400	20.724	0.451	521.59	1096.09	169.79	296.89	100.21	4.44	2.54	1.95	55.87	24.95	20.54	0.406	2.19	4.66
			14		30.456	23.908	0.451	594.10	1279.26	192.10	348.82	114.13	4.42	2.51	19.4	64.18	28.54	23.52	0.403	2.27	4.74
15/9	150	90	8	12	18.839	14.788	0.473	442.05	898.35	122.80	195.96	74.14	4.84	2.55	1.98	43.86	17.47	14.48	0.364	1.97	4.92
			10		23.261	18.260	0.472	539.24	1122.85	148.62	246.26	89.86	4.81	2.53	1.97	53.97	21.38	17.69	0.362	2.05	5.01
			12		27.600	21.666	0.471	632.08	1347.50	172.85	297.46	104.95	4.79	2.50	1.95	63.79	25.14	20.80	0.359	2.12	5.09
			14		31.856	25.007	0.471	720.77	1572.38	195.62	349.74	119.53	4.76	2.48	1.94	73.33	28.77	23.84	0.356	2.20	5.17
			15		33.952	26.652	0.471	763.62	1684.93	206.50	376.33	126.67	4.74	2.47	1.93	77.99	30.53	25.33	0.354	2.24	5.21
			16		36.027	28.281	0.470	805.51	1797.55	217.07	403.24	133.72	4.73	2.45	1.93	82.60	32.27	26.82	0.352	2.27	5.25
16/10	160	100	10	13	25.315	19.872	0.512	668.69	1362.89	205.03	336.59	121.74	5.14	2.85	2.19	62.13	26.56	21.92	0.390	2.28	5.24
			12		30.054	23.592	0.511	784.91	1635.56	239.06	405.94	142.33	5.11	2.82	2.17	73.49	31.28	25.79	0.388	2.36	5.32
			14		34.709	27.247	0.510	896.30	1908.50	271.20	476.42	162.23	5.08	2.80	2.16	84.56	35.83	29.56	0.385	2.43	5.40
			16		29.281	30.835	0.510	1003.04	2181.79	301.60	548.22	182.57	5.05	2.77	2.16	95.33	40.24	33.44	0.382	2.51	5.48
18/11	180	110	10	14	28.373	22.273	0.571	956.25	1940.40	278.11	447.22	166.50	5.80	3.13	2.42	78.96	32.49	26.88	0.376	2.44	5.89
			12		33.712	26.440	0.571	1124.72	2328.38	325.03	538.94	194.87	5.78	3.10	2.40	93.53	38.32	31.66	0.374	2.52	5.98
			14		38.967	30.589	0.570	1286.91	2716.60	369.55	631.95	222.30	5.75	3.08	2.39	107.76	43.97	36.32	0.372	2.59	6.06
			16		44.139	34.649	0.569	1443.06	3105.15	411.85	726.46	248.94	5.72	3.06	2.38	121.64	49.44	40.87	0.369	2.67	6.14
20/12.5	200	125	12	14	37.912	29.716	0.641	1570.90	3193.85	483.16	787.74	285.79	6.44	3.57	2.74	116.73	49.99	41.23	0.392	2.83	6.54
			14		43.687	34.436	0.640	1800.97	3726.17	550.83	922.47	326.58	6.41	3.54	2.73	134.65	57.44	47.34	0.390	2.91	6.62
			16		49.739	39.045	0.639	2023.35	4258.86	615.44	1058.86	366.21	6.38	3.52	2.71	152.18	64.89	53.32	0.388	2.99	6.70
			18		55.526	43.588	0.639	2238.30	4792.00	677.19	1197.13	404.83	6.35	3.49	2.70	169.33	71.74	59.18	0.385	3.06	6.78

注：截面图中的 $r_1 = t/3$ 及表中 r 的数据用于孔型设计，不做交货条件。

附表35 槽钢截面尺寸、截面面积、理论质量及截面特性（GB/T 706—2008）

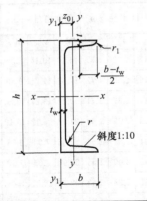

符号意义：h——高度；

b——腿宽度（翼缘宽度）；

t_w——腰厚度（腹板厚度）；

t——平均腿厚度（平均翼缘厚度）；

r——内圆弧半径；

r_1——腿端圆弧半径；

z_0——$y-y$轴与y_1-y_1轴间距。

型号	截面尺寸/ mm						截面面积/cm²	理论质量/(kg/m)	惯性矩/cm⁴			惯性半径/cm		截面模量/cm³		形心距离/cm
	h	b	t_w	t	r	r_1			I_x	I_y	I_{y1}	i_x	i_y	W_x	W_y	z_0
5	50	37	4.5	7.0	7.0	3.5	6.928	5.438	26.0	8.30	20.9	1.94	1.10	10.4	3.55	1.35
6.3	63	40	4.8	7.5	7.5	3.8	8.451	6.634	50.8	11.9	28.4	2.45	1.19	16.1	4.50	1.36
6.5	65	40	4.3	7.5	7.5	3.8	8.547	6.709	55.2	12.0	28.3	2.54	1.19	17.0	4.59	1.38
8	80	43	5.0	8.0	8.0	4.0	10.248	8.045	101	16.6	37.4	3.15	1.27	25.3	5.79	1.43
10	100	48	5.3	8.5	8.5	4.2	12.748	10.007	198	25.6	54.9	3.95	1.41	39.7	7.80	1.52
12	120	53	5.5	9.0	9.0	4.5	15.362	12.059	346	37.4	77.7	4.75	1.56	57.7	10.2	1.62
12.6	126	53	5.5	9.0	9.0	4.5	15.692	12.318	391	38.0	77.1	4.95	1.57	62.1	10.2	1.59
14a	140	58	6.0	9.5	9.5	4.8	18.516	14.535	564	53.2	107	5.52	1.70	80.5	13.0	1.71
14b	140	60	8.0	9.5	9.5	4.8	21.316	16.733	609	61.1	121	5.35	1.69	87.1	14.1	1.67
16a	160	63	6.5	10.0	10.0	5.0	21.960	17.240	866	73.3	144	6.28	1.83	108	16.3	1.08
16b	160	65	8.5	10.0	10.0	5.0	25.162	19.752	935	83.4	161	6.10	1.82	117	17.6	1.75
18a	180	68	7.0	10.5	10.5	5.2	25.699	20.174	1270	98.6	190	7.04	1.96	141	20.0	1.88
18b	180	70	9.0	10.5	10.5	5.2	29.299	23.000	1370	111	210	6.84	1.95	152	21.5	1.84
20a	200	73	7.0	11.0	11.0	5.5	28.837	22.637	1780	128	244	7.86	2.11	178	24.2	2.01
20b	200	75	9.0	11.0	11.0	5.5	32.837	25.777	1910	144	268	7.64	2.09	191	25.9	1.95
22a	220	77	7.0	11.5	11.5	5.8	31.846	24.999	2390	158	298	8.67	2.23	218	28.2	2.10
22b	220	79	9.0	11.5	11.5	5.8	36.246	28.453	2570	176	326	8.42	2.21	234	30.1	2.03
24a	240	78	7.0	12.0	12.0	6.0	34.217	26.860	3050	174	325	9.45	2.25	254	30.5	2.10
24b	240	80	9.0	12.0	12.0	6.0	39.017	30.628	3280	194	355	9.17	2.23	274	32.5	2.03
24c	240	82	11.0	12.0	12.0	6.0	43.817	34.396	3510	213	388	8.96	2.21	293	34.4	2.00
25a	250	78	7.0	12.0	12.0	6.0	34.917	27.410	3370	176	322	9.82	2.24	270	30.6	2.07
25b	250	80	9.0	12.0	12.0	6.0	39.917	31.335	3530	196	353	9.41	2.22	282	32.7	1.98
25c	250	82	11.0	12.0	12.0	6.0	44.917	35.260	3690	218	384	9.07	2.21	295	35.9	1.92
27a	270	82	7.5	12.5	12.5	6.2	39.284	30.838	4360	216	393	10.5	2.34	323	35.5	2.13
27b	270	84	9.5	12.5	12.5	6.2	44.684	35.077	4690	239	428	10.3	2.31	347	37.7	2.06
27c	270	86	11.5	12.5	12.5	6.2	50.084	39.316	5020	261	467	10.1	2.28	372	39.8	2.03
28a	280	82	7.5	12.5	12.5	6.2	40.034	31.427	4760	218	388	10.9	2.33	340	35.7	2.10
28b	280	84	9.5	12.5	12.5	6.2	45.634	35.823	5130	242	428	10.6	2.30	366	37.9	2.02
28c	280	86	11.5	12.5	12.5	6.2	51.234	40.219	5500	268	463	10.4	2.29	393	40.3	1.95
30a	300	85	7.5	13.5	13.5	6.8	43.902	34.463	6050	260	467	11.7	2.43	403	41.1	2.17
30b	300	87	9.5	13.5	13.5	6.8	49.902	39.173	6500	289	515	11.4	2.41	433	44.0	2.13
30c	300	89	11.5	13.5	13.5	6.8	55.902	43.883	6950	316	560	11.2	2.38	463	46.4	2.09
32a	320	88	8.0	14.0	14.0	7.0	48.513	38.083	7600	305	552	12.5	2.50	475	46.5	2.24
32b	320	90	10.0	14.0	14.0	7.0	54.913	43.107	8140	336	593	12.2	2.47	509	49.2	2.16
32c	320	92	12.0	14.0	14.0	7.0	61.313	48.131	8690	374	643	11.9	2.47	543	52.6	2.09

型号	截面尺寸/ mm						截面面积 /cm²	理论质量 /(kg/m)	惯性矩/cm⁴			惯性半径/cm		截面模量 /cm³		形心距 离/cm
	h	b	t_w	t	r	r_1			I_x	I_y	I_{y1}	i_x	i_y	W_x	W_y	z_0
36a		96	9.0				60.910	47.814	11900	455	818	14.0	2.73	660	63.5	2.44
36b	360	98	11.0	16.0	16.0	8.0	68.110	53.466	12700	497	880	13.6	2.70	703	66.9	2.37
36c		100	13.0				75.310	59.118	13400	536	948	13.4	2.67	746	70.0	2.34
40a		100	10.5				75.068	58.928	17600	592	1070	15.3	2.81	879	78.8	2.49
40b	400	102	12.5	18.0	18.0	9.0	83.068	65.208	18600	640	1140	15.0	2.78	932	82.5	2.44
40c		104	14.5				91.068	71.488	19700	688	1220	14.7	2.75	986	8.62	2.42

注：表中 r、r_1 的数据用于孔型设计，不做交货条件。

附表 36　工字钢截面尺寸、截面面积、理论质量及截面特性（GB/T 706—2008）

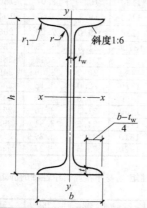

符号意义：h——高度；

b——腿宽度（翼缘宽度）；

t_w——腰厚度（腹板厚度）；

t——平均腿厚度（平均翼缘厚度）；

r——内圆弧半径；

r_1——腿端圆弧半径。

型号	截面尺寸/ mm						截面面积 /cm²	理论质量 /(kg/m)	惯性矩/cm⁴		惯性半径/cm		截面模量/cm³	
	h	b	t_w	t	r	r_1			I_x	I_y	i_x	i_y	W_x	W_y
10	100	68	4.5	7.6	6.5	3.3	14.345	11.261	245	33.0	4.14	1.52	49.0	9.72
12	120	74	5.0	8.4	7.0	3.5	17.818	13.987	436	46.9	4.95	1.62	72.7	12.7
12.6	126	74	5.0	8.4	7.0	3.5	18.118	14.223	488	46.9	5.20	1.61	77.5	12.7
14	140	80	5.5	9.1	7.5	3.8	21.516	16.890	712	64.4	5.76	1.73	102	16.1
16	160	88	6.0	9.9	8.0	4.0	26.131	20.513	1130	93.1	6.58	1.89	141	21.2
18	180	94	6.5	10.7	8.5	4.3	30.756	24.143	1660	122	7.36	2.00	185	26.0
20a	200	100	7.0	11.4	9.0	4.5	35.578	27.929	2370	158	8.15	2.12	237	31.5
20b	200	102	9.0	11.4	9.0	4.5	39.578	31.069	2500	169	7.96	2.06	250	33.1
22a	220	110	7.5	12.3	9.5	4.8	42.128	33.070	3400	225	8.99	2.31	309	40.9
22b	220	112	9.5	12.3	9.5	4.8	46.528	36.524	3570	239	8.78	2.27	325	42.7
24a	240	116	8.0	13.0	10.0	5.0	47.741	37.477	4570	280	9.77	2.42	381	48.4
24b	240	118	10.0	13.0	10.0	5.0	52.541	41.245	4800	297	9.57	2.38	400	50.4
25a	250	116	8.0	13.0	10.0	5.0	48.541	38.105	5020	280	10.2	2.40	402	48.3
25b	250	118	10.0	13.0	10.0	5.0	53.541	42.030	5280	309	9.94	2.40	423	52.4
27a	270	122	8.5	13.7	10.5	5.3	54.554	42.825	6550	345	10.9	2.51	485	56.6
27b	270	124	10.5	13.7	10.5	5.3	59.954	47.064	6870	366	10.7	2.47	509	58.9
28a	280	122	8.5	13.7	10.5	5.3	55.404	43.492	7110	345	11.3	2.50	508	56.6
28b	280	124	10.5	13.7	10.5	5.3	61.004	47.888	7480	379	11.1	2.49	534	61.2
30a	300	126	9.0	14.4	11.0	5.5	61.254	48.084	8950	400	12.1	2.55	597	63.5
30b	300	128	11.0	14.4	11.0	5.5	67.254	52.794	9400	422	11.8	2.50	627	65.9
30c	300	130	13.0	14.4	11.0	5.5	73.254	57.504	9850	445	11.6	2.46	657	68.5
32a	320	130	9.5	15.0	11.5	5.8	67.156	52.717	11100	460	12.8	2.62	692	70.8
32b	320	132	11.5	15.0	11.5	5.8	73.556	57.741	11600	502	12.6	2.61	726	76.0
32c	320	134	13.5	15.0	11.5	5.8	79.956	62.765	12200	544	12.3	2.61	760	81.2

型号	截面尺寸/ mm						截面面积/cm²	理论质量/(kg/m)	惯性矩/cm⁴		惯性半径/cm		截面模量/cm³	
	h	b	t_w	t	r	r_1			I_x	I_y	i_x	i_y	W_x	W_y
36a		136	10.0				76.480	60.037	15800	552	14.4	2.69	875	81.2
36b	360	138	12.0	15.8	12.0	6.0	83.680	65.689	16500	582	14.1	2.64	919	84.3
36c		140	14.0				90.880	71.341	17300	612	13.8	2.60	962	87.4
40a		142	10.5				86.112	67.598	21700	660	15.9	2.77	1090	93.2
40b	400	144	12.5	16.5	12.5	6.3	94.112	73.878	22800	692	15.6	2.71	1140	96.2
40c		146	14.5				102.112	80.158	23900	727	15.2	2.65	1190	99.6
45a		150	11.5				102.446	80.420	32200	855	17.7	2.89	1430	114
45b	450	152	13.5	18.0	13.5	6.8	111.446	87.485	33800	894	17.4	2.84	1500	118
45c		154	15.5				120.446	94.550	35300	938	17.1	2.79	1570	122
50a		158	12.0				119.304	93.654	46500	1120	19.7	3.07	1860	142
50b	500	160	14.0	20.0	14.0	7.0	129.304	101.504	48600	1170	19.4	3.01	1940	146
50c		162	16.0				139.304	109.354	50600	1220	19.0	2.96	2080	151
55a		166	12.5				134.185	105.335	62900	13700	21.6	3.19	2290	164
55b	550	168	14.5				145.185	113.970	65600	1420	21.2	3.14	2390	170
55c		170	16.5	21.0	14.5	7.3	156.185	122.605	68400	1480	20.9	3.08	2490	175
56a		166	12.5				135.435	106.316	65600	1370	22.0	3.18	2340	165
56b	560	168	14.5				146.635	115.108	68500	1490	21.6	3.16	2450	174
56c		170	16.5				157.835	123.900	71400	1560	21.3	3.16	2550	183
63a		176	13.0				154.658	121.407	93900	1700	24.5	3.31	2980	193
63b	630	178	15.0	22.0	15.0	7.5	167.258	131.298	98100	1810	24.2	3.29	3160	204
63c		180	17.0				179.858	141.189	102000	1920	23.8	3.27	3300	214

注：表中 r、r_1 的数据用于孔型设计，不做交货条件。

在计算工字钢梁中性轴上的弯曲剪应力时，要用到截面对中性轴的惯性矩 I_x 与半截面对中性轴的静矩 S_x 的比值。下面给出部分型号工字钢的 $I_x : S_x$ 值，以供参考。

型号	10	12.6	14	16	18	20a	20b	22a	22b	25a	25b	28a
$I_x : S_x$/cm	8.59	10.8	12.0	13.8	15.4	17.2	16.9	18.9	18.7	21.6	21.3	24.6
型号	28b	32a	32b	32c	36a	36b	36c	40a	40b	40c	45a	45b
$I_x : S_x$/cm	24.2	27.5	27.1	26.8	30.7	30.3	29.9	34.1	33.6	33.2	38.6	38.0
型号	45c	50a	50b	50c	56a	56b	56c	63a	63b	63c		
$I_x : S_x$/cm	37.6	42.8	42.4	41.8	47.7	47.2	46.7	54.2	53.5	52.9		

附表37 热轧H型钢截面尺寸、截面面积、理论质量及截面特性（GB/T 11263—2005）

热轧 H 型钢分宽翼（HW）、中翼（HM）、窄翼（HN）和薄壁（HT）四种类型。

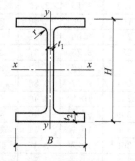

产品规格：高度×宽度×腹板厚度×翼缘厚度

H——高度；

B——宽度；

t_1——腹板厚度；

t_2——翼缘厚度；

r——圆角半径。

类别	型号（高度×宽度）/(mm×mm)	截面尺寸 /mm					截面面积/cm²	理论质量/(kg/m)	惯性矩/cm⁴		惯性半径/cm		截面模量/cm³	
		H	B	t_1	t_2	r			I_x	I_y	i_x	i_y	W_x	W_y
HW	100×100	100	100	6	8	8	21.59	16.9	386	134	4.23	2.49	77.1	26.7
	125×125	125	125	6.5	9	8	30.00	23.6	843	293	5.30	3.13	135	46.9
	150×150	150	150	7	10	8	39.65	31.1	1620	563	6.39	3.77	216	75.1
	175×175	175	175	7.5	11	13	51.43	40.4	2918	983	7.53	4.37	334	112
	200×200	200	200	8	12	13	63.53	49.9	4717	1601	8.62	5.02	472	160
		200	204	12	12	13	71.53	56.2	4984	1701	8.35	4.88	498	167

附录

续表

类别	型号(高度×宽度)/(mm×mm)	截面尺寸/mm H	B	t_1	t_2	r	截面面积/cm²	理论质量/(kg/m)	惯性矩/cm⁴ I_x	I_y	惯性半径/cm i_x	i_y	截面模量/cm³ W_x	W_y
HW	250×250	244	252	11	11	13	81.31	63.8	8573	2937	10.27	6.01	703	233
		250	250	9	14	13	91.43	71.8	10689	3648	10.81	6.32	855	292
		250	255	14	14	13	103.93	81.6	11340	3875	10.45	6.11	907	304
	300×300	294	302	12	12	13	106.33	83.5	16384	5513	12.41	7.20	1115	365
		300	300	10	15	13	118.45	93.0	20010	6753	13.00	7.55	1334	450
		300	305	15	15	13	133.45	104.8	21135	7102	12.58	7.29	1409	466
	350×350	338	351	13	13	13	133.27	104.6	27352	9376	14.33	8.39	1618	534
		344	348	10	16	13	144.01	113.0	32545	11242	15.03	8.84	1892	646
		344	354	16	16	13	164.65	129.3	34581	11841	14.49	8.48	2011	669
		350	350	12	19	13	171.89	134.9	39637	13582	15.19	8.89	2265	776
		350	357	19	19	13	196.39	154.2	42138	14427	14.65	8.57	2408	808
	400×400	388	402	15	15	22	178.45	140.1	48040	16255	16.41	9.54	2476	809
		394	398	11	18	22	186.81	146.6	55597	18920	17.25	10.06	2822	951
		394	405	18	18	22	214.39	168.3	59165	19951	16.61	9.65	3003	985
		400	400	13	21	22	218.69	171.7	66455	22410	17.43	10.12	3323	1120
		400	408	21	21	22	250.69	196.8	70722	23804	16.80	9.74	3536	1167
		414	405	18	28	22	295.39	231.9	93518	31022	17.79	10.25	4518	1532
		428	407	20	35	22	360.65	283.1	12089	39357	18.31	10.45	5649	1934
		458	417	30	50	22	528.55	414.9	19093	60516	19.01	10.70	8338	2902
		498*	432	45	70	22	770.05	604.5	30473	94346	19.89	11.07	12238	2902
	500×500*	492	465	15	20	22	257.95	202.5	115559	33531	21.17	11.40	4698	1442
		502	465	15	25	22	304.45	239.0	145012	41910	21.82	11.73	5777	1803
		502	470	20	25	22	329.55	258.7	150283	43295	21.35	11.46	5987	1842
HM	150×100	148	100	6	9	8	26.35	20.7	995.3	150.3	6.15	2.39	134.5	30.1
	200×150	194	150	6	9	8	38.11	29.9	2586	506.6	8.24	3.65	266.6	67.6
	250×175	244	175	7	11	13	55.49	43.6	5908	983.5	10.32	4.21	484.3	112.4
	300×200	294	200	8	12	13	71.05	55.8	10858	1602	12.36	4.75	738.6	160.2
	350×250	340	250	9	14	13	99.53	78.1	20867	3468	14.48	6.05	1227	291.9
	400×300	390	300	10	16	13	133.25	104.6	37363	7203	16.75	7.35	1916	480.2
	450×300	440	300	11	18	13	153.89	120.8	54067	8105	18.74	7.26	2458	540.3
	500×300	482	300	11	15	13	141.17	110.8	57212	6756	20.13	6.92	2374	450.4
		488	300	11	18	13	159.17	124.9	67916	8106	20.66	7.14	2783	540.4
	550×300	544	300	11	15	13	147.99	116.2	74874	6756	22.49	6.76	2753	450.4
		550	300	11	18	13	165.99	130.3	88470	8106	23.09	6.99	3217	540.4
	600×300	582	300	12	17	13	169.21	132.8	97287	7659	23.98	6.73	3343	510.6
		588	300	12	20	13	187.21	147.0	112827	9009	24.55	6.94	3838	600.6
		594	302	14	23	13	217.09	170.4	132179	10572	24.68	6.98	4450	700.1
HN	100×50	100	50	5	7	8	11.85	9.3	191.0	14.7	4.02	1.11	38.2	5.9
	125×60	125	60	6	8	8	16.69	13.1	407.7	29.1	4.94	1.32	65.2	9.7
	150×75	150	75	5	7	8	17.85	14.0	645.7	49.4	6.01	1.66	86.1	13.2
	175×90	175	90	5	8	8	22.90	18.0	1174	97.4	7.16	2.06	134.2	21.6
	200×100	198	99	4.5	7	8	22.69	17.8	1484	113.4	8.09	2.24	149.9	22.9
		200	100	5.5	8	8	26.67	20.9	1753	133.7	8.11	2.24	175.3	26.7
	250×125	248	124	5	8	8	31.99	25.1	3346	254.5	10.23	2.82	269.8	41.1
		250	125	6	9	8	36.97	29.0	3868	293.5	10.23	2.82	309.4	47.0
	300×150	298	149	5.5	8	13	40.80	32.0	5911	441.7	12.04	3.29	396.7	59.3
		300	150	6.5	9	13	46.78	36.7	6829	507.2	12.08	3.29	455.3	67.6
	350×175	346	174	6	9	13	52.45	41.2	10456	791.1	14.12	3.88	604.4	90.9
		350	175	7	11	13	62.91	49.4	12980	983.8	14.36	3.95	741.7	112.4

类别	型号（高度×宽度）/(mm×mm)	截面尺寸 /mm					截面面积/cm²	理论质量/(kg/m)	惯性矩/cm⁴		惯性半径/cm		截面模量/cm³	
		H	B	t_1	t_2	r			I_x	I_y	i_x	i_y	W_x	W_y
HN	400×150	400	150	8	13	13	70.37	55.2	17906	733.2	15.95	3.23	895.3	97.8
	400×200	396	199	7	11	13	71.41	56.1	19023	1446	16.32	4.50	960.8	145.3
		400	200	8	13	13	83.37	65.4	22775	1735	16.53	4.56	1139	173.5
	450×200	446	199	8	12	13	82.97	65.1	27146	1578	18.09	4.36	1217	158.6
		450	200	9	14	13	95.43	74.9	31973	1870	18.30	4.43	1421	187.0
	500×200	496	199	9	14	13	99.29	77.9	39628	1842	19.98	4.31	1598	185.1
		500	200	10	16	13	112.25	88.1	45685	2138	20.17	4.36	1827	213.8
		506	201	11	19	13	129.31	101.5	54478	2577	20.53	4.46	2153	256.4
	550×200	546	199	9	14	13	103.79	81.5	49245	1842	21.78	4.21	1804	185.2
		550	200	10	16	13	149.25	117.2	79515	7205	23.08	6.95	2891	480.3
	600×200	596	199	10	15	13	117.75	92.4	64739	1975	23.45	4.10	2172	198.5
		600	200	11	17	13	131.71	103.4	73749	2273	23.66	4.15	2458	227.3
		606	201	12	20	13	149.77	117.6	86656	2716	24.05	4.26	2860	270.2
	650×300	646	299	10	15	13	152.75	119.9	107794	6688	26.56	6.62	3337	447.4
		650	300	11	17	13	171.21	134.4	122739	7657	26.77	6.69	3777	510.5
		656	301	12	20	13	195.77	153.7	144433	9100	27.16	6.82	4403	604.6
	700×300	692	300	13	20	18	207.54	162.9	164101	9014	28.12	6.59	4743	600.9
		700	300	13	24	18	231.54	181.8	193622	10814	28.92	6.83	5532	720.9
	750×300	734	299	12	16	18	182.70	143.4	155539	7140	29.18	6.25	4238	477.6
		742	300	13	20	18	214.04	168.0	191989	9015	29.95	6.49	5175	601.0
		750	300	13	24	18	238.04	186.9	225863	10815	30.80	6.74	6023	721.0
		758	303	16	28	18	284.78	223.6	271350	13008	30.87	6.76	7160	858.6
	800×300	792	300	14	22	18	239.50	188.0	242399	9919	31.81	6.44	6121	661.3
		800	300	14	26	18	263.50	206.8	280925	11719	32.65	6.67	7023	781.3
	850×300	834	298	14	19	18	227.46	178.6	243858	8400	32.74	6.08	5848	563.8
		842	299	15	23	18	259.72	203.9	291216	10271	33.49	6.29	6917	687.0
		850	300	16	27	18	292.14	229.3	339670	12179	34.10	6.46	7992	812.0
		858	301	17	31	18	324.72	254.9	389234	14125	34.62	6.60	9073	938.5
	900×300	890	299	15	23	18	266.92	209.5	330588	10273	35.19	6.20	7419	687.1
		900	300	16	28	18	305.85	240.1	397241	12631	36.04	6.43	8828	842.1
		912	302	18	34	18	360.06	282.6	484615	15652	36.69	6.59	10628	1037
	1000×300	970	297	16	21	18	276.00	216.7	382977	9203	37.25	5.77	7896	619.7
		980	298	17	26	18	315.50	247.7	462157	11508	38.27	6.04	9432	772.3
		990	298	17	31	18	345.30	271.1	535201	13713	39.37	6.30	10812	920.3
		1000	300	19	36	18	395.10	310.2	626396	16256	39.82	6.41	12528	1084
		1008	302	21	40	18	439.26	344.8	704572	17437	40.05	6.48	13980	1221
HT	100×50	95	48	3.2	4.5	8	7.62	6.0	109.7	8.4	3.79	1.05	23.1	3.5
		97	49	4	5.5	8	9.38	7.4	141.8	10.9	3.89	1.08	29.2	4.4
	100×100	96	99	4.5	6	8	16.21	12.7	272.7	97.1	4.10	2.45	56.8	19.6
	125×60	118	58	3.2	4.5	8	9.26	7.3	202.4	14.7	4.68	1.26	34.3	5.1
		120	59	4	5.5	8	11.40	8.9	259.7	18.9	4.77	1.29	43.3	6.4
	125×125	119	123	4.5	6	8	20.12	15.8	523.6	186.2	5.10	3.04	88.0	30.3
	150×75	145	73	3.2	4.5	8	11.47	9.0	383.2	29.3	5.78	1.60	52.9	8.0
		147	74	4	5.5	8	14.13	11.1	488.0	37.3	5.88	1.62	66.4	10.1
	150×100	139	97	3.2	4.5	8	13.44	10.5	447.3	68.5	5.77	2.26	64.4	14.1
		142	99	4.5	6	8	18.28	14.3	632.7	97.2	5.88	2.31	89.1	19.6
	150×150	144	148	5	7	8	27.77	21.8	1070	378.4	6.21	3.69	148.6	51.1
		147	149	6	8.5	8	33.68	26.4	1338	468.9	6.30	3.73	182.1	62.9

类别	型号（高度×宽度）/(mm×mm)	截面尺寸 /mm					截面面积 /cm²	理论质量 /(kg/m)	惯性矩/cm⁴		惯性半径/cm		截面模量/cm³	
		H	B	t_1	t_2	r			I_x	I_y	i_x	i_y	W_x	W_y
HT	175×90	168	88	3.2	4.5	8	13.56	10.6	619.6	51.2	6.76	1.94	73.8	11.6
		171	89	4	6	8	17.59	13.8	852.1	70.6	6.96	2.00	99.7	15.9
	175×175	167	173	5	7	13	33.32	26.2	1731	604.5	7.21	4.26	207.2	69.9
		172	175	6.5	9.5	13	44.65	35.0	2466	849.2	7.43	4.36	286.8	97.1
	200×100	193	98	3.2	4.5	8	15.26	12.0	921.0	70.7	7.77	2.15	95.4	14.4
		196	99	4	6	8	19.79	15.5	1260	97.2	7.98	2.22	128.6	19.6
	200×150	188	149	4.5	6	8	26.35	20.7	1669	331.0	7.96	3.54	177.6	44.4
	200×200	192	198	6	8	13	43.69	34.3	2984	1036	8.26	4.87	310.8	104.6
	250×125	244	124	4.5	6	8	25.87	20.3	2529	190.9	9.89	2.72	207.3	30.8
	250×175	238	173	4.5	8	13	39.12	30.7	4045	690.8	10.17	4.20	339.9	79.9
	300×150	294	148	4.5	6	13	31.90	25.0	4342	324.6	11.67	3.19	295.4	43.9
	300×200	286	198	6	8	13	49.33	38.7	7000	1036	11.91	4.58	489.5	104.6
	350×175	340	173	4.5	6	13	36.97	29.0	6823	518.3	13.58	3.74	401.3	59.9
	400×150	390	148	6	8	13	47.57	37.3	10900	433.2	15.14	3.02	559.0	58.5
	400×200	390	198	6	8	13	55.57	43.6	13819	1036	15.77	4.32	708.7	104.6

注：1. 同一型号的产品，其内侧尺寸高度一致。

2. 截面面积计算公式为 $t_1(H-2t_2)+2Bt_2+0.858r^2$。

3. "＊"所示规格表示国内暂不能生产。

参 考 文 献

[1] 《工程结构可靠性设计统一标准》（GB 50153—2008）.

[2] 《混凝土结构设计规范》（GB 50010—2010）.

[3] 《建筑抗震设计规范》（GB 50011—2010）.

[4] 《建筑结构荷载规范》（GB 50009—2012）.

[5] 《建筑地基基础设计规范》（GB 50007—2011）.

[6] 《高层建筑混凝土结构技术规程》（JGJ 3—2010）.

[7] 《砌体结构设计规范》（GB 50003—2011）.

[8] 《钢结构设计规范》（GB 50017—2003）.

[9] 陈孟诗，彭盈，李章政. 建筑结构原理与设计初步. 北京：化学工业出版社，2010.

[10] 李章政主编. 土力学与地基基础. 北京：化学工业出版社，2011.

[11] 李章政主编. 混凝土结构基本原理. 北京：化学工业出版社，2013.

[12] 李章政，郝献华主编. 混凝土结构基本原理. 武汉：武汉大学出版社，2013.

[13] 郝献华，李章政主编. 混凝土结构设计. 武汉：武汉大学出版社，2013.

[14] 李章政编著. 建筑结构设计原理. 第二版. 北京：化学工业出版社，2014.

[15] 白国良，王毅红主编. 混凝土结构设计. 武汉：武汉理工大学出版社，2011.

[16] 沈蒲生编著. 高层建筑结构设计. 北京：中国建筑工业出版社，2006.

[17] 熊丹安，杨冬敏主编. 建筑结构. 第六版. 广州：华南理工大学出版社，2014.

[18] 李章政编著. 砌体结构. 北京：化学工业出版社，2015.

[19] 熊峰主编. 土木工程概论. 武汉：武汉理工大学出版社，2015.

[20] 祝英杰主编. 建筑抗震设计. 第二版. 北京：中国电力出版社，2011.

[21] 徐有邻，刘刚. 混凝土结构设计规范理解与应用（按 GB 50010—2010）. 北京：中国建筑工业出版社，2013.

[22] 住房和城乡建设部工程质量安全监管司，中国建筑标准设计研究院. 2009 全国民用建筑工程设计技术措施结构（混凝土结构）. 北京：中国计划出版社，2012.

[23] 住房和城乡建设部工程质量安全监管司，中国建筑标准设计研究院. 2009 全国民用建筑工程设计技术措施结构（地基与基础）. 北京：中国计划出版社，2010.

[24] 赵风华，齐永胜主编. 钢结构原理与设计. 重庆：重庆大学出版社，2010.